Sven Lundershausen

Moderation und Prozessbegleitung im strategischen Change-Projekt

Grundlagen, Methoden und Instrumente für Berater, Moderatoren und Entscheider

managerSeminare Verlags GmbH – Edition Training aktuell

Sven Lundershausen
Moderation und Prozessbegleitung im strategischen Change-Projekt
Grundlagen, Methoden und Instrumente für Berater, Moderatoren und Entscheider

2. Aufl. 2023
Endenicher Str. 41, D-53115 Bonn
Tel: 0228-977910
info@managerseminare.de
www.managerseminare.de/shop

Printed in Germany

ISBN: 978-3-95891-058-4

Herausgeber der Edition Training aktuell:
Ralf Muskatewitz, Jürgen Graf, Nicole Bußmann

Lektorat: Vera Sleeking
Cover: ©Brian Jackson, Adobe Stock
Druck: Beltz Grafische Betriebe, Bad Langensalza

Das Buch wurde gedruckt auf Schönfelder Brillant (100% Recycling-Papier, Blauer Engel, EU Eco-Label). Die mit dem Druck verbundenen CO_2-Emissionen werden vom Verlag kompensiert und fließen in unterschiedliche Aufforstungsprojekte zum Klimaschutz. Nähere Informationen finden Sie unter: www.managerseminare.de/verlag/umwelt

Inhalt

Vorwort ... 5

Nutzungshinweise und Systematisierung ... 9

1. Prozessbegleitung und Moderation ... 19

Begriffsklärungen ... 21

Systemisch-konstruktivistisches Denken und Handeln ... 28

Fragen in Prozessbegleitung und Moderation ... 39

Weitere unverzichtbare Fragen-Klassiker ... 67

2. Change: Grundlagen und Modelle, die Sie kennen sollten ... 77

Einführung ... 79

Die Einstufung von Change-Prozessen ... 85

Handlungsfelder des Changemanagements ... 95

3. Auftragsklärung ... 117

Grundlagen der Auftragsklärung ... 119

Prozess der Auftragsklärung ... 122

Das Change-Canvas ... 129

4. Diagnose und Hypothesen ... 149

Systemische Interventionen als Prozessergebnis ... 151

Transparenz herstellen: Das Situationsmodell ... 154

Stakeholder-Analyse und Perspektivwechsel ... 161

Risiken in Projekten ... 181

Kraftfeldanalyse ... 190

Diagnosetool „Ich würde, so ich könnte“ ... 194

Mitarbeiterbefragung ... 199

Beispiel-Fragebogen und Fokusgruppe ... 212

Kulturcheck 221
Die Projektumfeldanalyse 231
Hypothesen 234

5. Interventionen planen und steuern 237
Interventionen, Techniken und Instrumente 239
Architektur und Design von Veränderungsprozessen 243
Typische Architekturelemente in Change-Prozessen 249
Controlling: Einführung in das Change Monitoring 258
Planungsinstrumente für Interventionen 264

6. Interventionen zukunftsgestaltender Prozesse 275
Instrumente für eine Annäherung an Ziele 277
Kulturdiskurs 291
Führung 297
Wertearbeit 310
Visionsarbeit 330
Ein Leitbild entwickeln 334
Regeln entrümpeln: Kann das weg oder wird das noch gebraucht? . 350

7. Interventionen des Informations- und Lernprozesses 355
Instrumente im Informationsprozess 357
Grundlagen und Instrumente im Lernprozess 367

Literatur 386
Stichwortverzeichnis 393

Download-Ressourcen
Beispielfragebogen Mitarbeiterbefragung
Canvas-Bausteine und Modelle
Empathy Map
Fragensammlung Wesenselemente
Learning-Log-Vorlage
Vorlage Change-Canvas
Wertesammlung

Vorwort

Strategien zu entwickeln, gilt als Königsdisziplin in der Betriebswirtschaft. Doch damit diese Maßnahmenbündel auch ihre Nachhaltigkeit entwickeln und die erwünschten Effekte eintreten können, bedarf es ebenfalls einer angemessenen Umsetzung. Hierbei helfen zahlreiche Standardwerke auf dem Markt mit den Schwerpunkten Planung – Ausführung – Kontrolle und Steuerung. Die dort dargestellten Inhalte übergehen jedoch, dass es Menschen sind, die die erarbeitete Strategie verwirklichen sollen. Dabei zeigt sich in der Praxis, dass die beste Strategie nichts nützt, wenn die Menschen nicht beteiligt und in die Lösungsfindung eingebunden werden.

Die klassischerweise gerne ins Auge gefassten betriebswirtschaftlichen Kennzahlen an sich sind nicht per se gut oder schlecht. Sie bilden im Sinne eines Fieberthermometers unterschiedliche Zustände ab, die zu interpretieren sind. Doch Kennzahlen sind (weitestgehend) menschengemacht. Es sind Menschen, die hoch motiviert und engagiert Strategien und Programme umsetzen – oder eben auch nicht. Beide Verhaltensoptionen bestimmen, ob Strategien tatsächlich Wirklichkeit werden. In diesem Buch konzentriere ich mich daher genau auf diesen Aspekt: Hier geht es um das Einbinden der Mitarbeiter* in Organisationen und Unternehmen, um Führungskräfte und Entscheider, Vorstände und Geschäftsführungen ..., also um das Einbinden von all jenen Menschen, denen in Veränderungsprozessen – ein anderes Wort für Strategieumsetzung – eine bedeutende Rolle zukommt. Ignoriert man diese, wird's wohl nichts mit der anvisierten Neuausrichtung der Unternehmung. Eine Neuausrichtung erfordert es zudem, dass Dinge tatsächlich anders getan werden als zuvor. Oft wird in Veränderungsprozessen der Wunsch adressiert, zu verbessern, jedoch eher „bei den anderen".

* In diesem Buch wird auf die Nennung aller Geschlechtsformen personenbezogener Bezeichnungen verzichtet, weil dies zu einer besseren Lesbarkeit führt und es auch das Schreiben erleichtert. Es sind, sofern nicht ausdrücklich benannt, sowohl weibliche, diverse als auch männliche Personen gleichermaßen gemeint.

Im eigenen Umfeld könne alles so bleiben. Oder es wird verändert, ohne dass es zu Verbesserungen beiträgt. Es sei also ausdrücklich vorangestellt: Es geht darum, im Change-Projekt Besserung herbeizuführen, was eine Veränderung voraussetzt. Hierauf fokussiert die in diesem Buch vielfach genutzte Ausdrucksweise „anders besser".

Hinsichtlich einer betriebswirtschaftlichen Steuerung, die im Veränderungsmanagement ebenfalls unverzichtbar ist, verweist dieses Buch auf bestehende Konzepte. Dass sich Disziplinen wie Changemanagement bzw. Organisationsentwicklung auch gedanklich mit solchen Überlegungen befassen, ist geteilte Erkenntnis. Doch „Theoriegebäude" allein lösen den Knoten noch nicht. Sie, liebe Leserinnen und Leser, finden in diesem Buch daher neben **theoretischen Herleitungen** und Fundierungen vor allem eines: **praxiserprobte Instrumente**, die Sie bei Ihren Veränderungsvorhaben unterstützen und der Einbindung der Menschen in diese. Hierbei handelt es sich vor allem um **Moderationsformate**, bestimmt also für den Einsatz in Gruppen (zum Einsatz der Instrumente bei Einzelpersonen s. S. 12). Alle Instrumente werden jeweils hinsichtlich der Ziele bzw. des Nutzens eingeführt und anhand von **Schritt-für-Schritt-Anleitungen** für die Anwendung in Gruppen dargestellt. Einige wenige Modelle und Instrumente richten sich außerdem an die **Prozessbegleiter** selbst, sie erläutern ihnen bestimmte Vorgehensweisen oder erklären bzw. vertiefen den theoretischen Hintergrund. Zudem finden Sie in den Beschreibungen Hinweise auf beachtenswerte praktische Aspekte – es soll ja bei der Nutzung der praxiserprobten Instrumente auch alles klappen. Zu der thematischen Strukturierung des Buches lesen Sie bitte ab S. 9 „Nutzungshinweise und Systematisierung".

Das hier aufgezeigte Instrumentarium verknüpft dabei zahlreiche Disziplinen, die bei der Verwirklichung eines strategischen Projektes eine Rolle spielen: Da gesellt sich zu der **Strategie** das **Projekt** mit eigenen etablierten Instrumenten, **agil** oder **klassisch**. Daneben (und dies ist hier der Hauptinhalt) finden sich, wie bereits angedeutet, zahlreiche Formate aus der **Moderation** wieder. Jede dieser Kategorien entwickelt ihre Wirkungen als Intervention. Veränderungsprozesse zu verstehen, heißt zudem auch, **systemische Ansätze** und Erfahrungswissen zu adaptieren und Change-Kompetenz nutzbar zu machen. Natürlich gibt es Bücher zu all diesen Disziplinen. Die hier hergestellte Verknüpfung dieser Disziplinen unter Bezug auf ein konkretes Veränderungsvorhaben ist die Herausforderung, aber auch der besondere Nutzen des vorliegenden Buches. Insoweit ist der gewählte Buchtitel unter Marketing-Aspekten zwar etwas sperrig – er gibt aber verlässlich Aufschluss über den Inhalt.

Auf dem Buchmarkt beobachte ich hier und da einen Hype, dass alles neu sein soll in einem Buch. Nun – dies ist wohl kaum möglich. Alles, was wir denken, ist vermutlich schon einmal gedacht worden. Das „Neue" entpuppt sich dann auch als alter Wein in neuen Schläuchen. Ich beziehe mich daher in diesem Buch auf Bekanntes und übertrage dieses in eine Arbeitsform, die Sie gerne ausprobieren und übernehmen dürfen. Insoweit finden Sie hier auch Instrumente, die bereits an anderer Stelle publiziert sind. Sie machen dieses Buch rund und sorgen für eine Dichtheit, die in einem Change-Projekt tatsächlich Fundgrube zur Auflösung zahlreicher Fragestellungen sein kann. „Gebraucht" im Sinne von „nicht neu" ist dabei eher förderlich, denn Etabliertes einzusetzen, heißt auch, Bewährtes zu nutzen. Ich habe mich darauf konzentriert, meine Erfahrungen in Form von Schritt-für-Schritt-Anleitungen nebst Hinweisen einfließen zu lassen. Alle Instrumente haben eine Bereicherung um Prozeduren aus der Moderation erfahren – wie bereits ausgeführt, finden Sie hier eine Verknüpfung verschiedener Disziplinen vor. Ein von mir neu entwickeltes Instrument möchte ich Ihnen schon jetzt besonders ans Herz legen: das Change-Canvas. Als Instrument der prozessunterstützenden Visualisierung sind Canvases seit dem bekannten „Business Model Canvas" etabliert. Die hier gezeigte Variante ist Ergebnis einer langjährigen Entwicklung und hat sich als wertvolle Unterstützung während des gesamten Changemanagement-Prozesses bewiesen. In diesem Fall ist also die Idee „gebraucht", das Instrument in meiner Fassung: „neu". Also schauen Sie als geneigte Leser, was es Neues zu entdecken gilt, was Bestätigung von Bewährtem sein kann und was in neue Kontexte eingebettet und um Handlungsabläufe bereichert ist.

Der Impuls, ein solches Buch zu schreiben, war schon sehr früh gesetzt. Einige Rückmeldungen und Fragen von Lesern des Vorgängerbuches „Die Moderation strategischer Initiativen – Strategie-Workshops und Klausuren erfolgreich moderieren" haben mich dann darin bestärkt, nach dem Buch über das Entstehen von Strategien die **Strategieumsetzung** zum Thema zu machen. Aus dieser Erfahrung kann ich auch sagen, dass das Buch einen viel weiteren Leserkreis erreicht hat, als ursprünglich angenommen. Angesprochen wurde ich neben Beratern, Trainern, Moderatoren und Coaches auch von Führungskräften und Verantwortungsträgern aus Unternehmen sowie Mitgliedern von Personalvertretungen. Insoweit richtet sich dieses zweite Buch an all jene, die verstehen wollen wie es gelingen kann, mit einer **möglichst intensiven Beteiligung** aller Betroffenen tatsächlich Veränderungen in Organisationen zu **starten**, zu **verwirklichen** und sodann auch **nachhaltig zu verankern**.

Dieses Buch würde nur als Gedanke existieren, wenn der Verlag managerSeminare und hier ganz speziell Herr Muskatewitz sowie Frau Sleeking nicht nur die Buchidee unterstützt hätten, darüber hinaus haben sie auch das Lektorat übernommen. Vielen Dank Ihnen beiden für die förderliche und wertschätzende Zusammenarbeit, die weiterführenden Fragen und die Unterstützung sowie Nachsicht, wenn mal wieder alles zusammenkam!

Ein solches praxisorientiertes Buch zu schreiben, bedarf jedoch vor allem eines: Praxis. Daher gilt mein Dank auch all jenen Mandanten, die es mir mit ihren Aufträgen immer wieder auch ermöglichen, Instrumente nicht nur einzusetzen, sondern auch abzuwandeln und weiterzuentwickeln. Es ist schon faszinierend und Bestätigung zugleich, auf welche Bereitschaft und auf welches Vertrauen ich stoße, wenn Projektvorschläge besprochen werden. Dass sich das Vertrauen in Kompetenz und Erfahrung auszahlt, zeigen die zahlreichen Weiterempfehlungen. Das hier vorgestellte Konzept – es funktioniert auch aus Kundensicht.

Und so ein Buch ist Arbeit. Viele sogenannte freie Zeit wird aufgebraucht, bis die ersten Gedanken und Skizzen mit Text angereichert und in lesbarer Form zusammengetragen sind. Insoweit hat meine Frau einen erheblichen Anteil an diesem Werk, durch Verzicht und Geduld. Danke Karin!

Ich habe in dieses Vorwort eingeleitet mit dem Gedanken, dass Strategieentwicklung als Königsdisziplin beschrieben wird. Im Vergleich dazu sehe ich Prozessberatung und -begleitung als Wegbereiter. Auch Könige kommen nicht an, wenn der Weg zum Ziel nicht klar und eben bereitet ist.

Nutzungshinweise und Systematisierung

Die Arbeit mit Menschen ist ohne Kommunikation nicht denkbar. Die Denkarbeit braucht zudem noch eine Visualisierung und Gesprächssteuerung. Folglich kommt ein Buch, wie hier vorgelegt, nicht ohne **Fragetechniken** und **Moderations-Know-how** aus. Denn: Ohne Moderation keine Strategie, kein Projekt, kein Change! Beides wird insbesondere auch im **ersten Kapitel** dieses Buches vertieft (ab S. 20). Ich knüpfe damit an mein oben genanntes Buch mit dem Schwerpunkt auf der Beteiligung der Betroffenen während der Strategieentwicklung an. Dieses hier ist sozusagen die Fortsetzung: Die Beteiligung der Betroffenen im Changemanagement. Um Überschneidungen möglichst gering zu halten und dabei ein in sich rundes und abgeschlossenes Buch vorzulegen, habe ich weitestgehend auf Doppelungen verzichtet und verweise in einigen Passagen zur Vertiefung auf das genannte Buch. Dieser Service soll Sie unterstützen, darf aber gern auch ignoriert werden. Selbstredend gibt es noch weitere Bücher am Markt, die ebenfalls entsprechende Aspekte vertiefen, werfen Sie hierfür gern einen Blick in das **Literaturverzeichnis** (S. 386 ff.).

In die weiteren theoretischen Grundlagen im Kontext der hier behandelten Disziplinen **Strategie**, **Projekt, Prozess und Change** leitet das **zweite Kapitel** ein (ab S. 77). Hier werden wesentliche Modelle und Methoden so skizziert, dass nachfolgende Passagen darauf aufbauen (können). Dieser Teil richtet sich an diejenigen Leser, die eine Einordnung suchen oder eine Beschreibung des Kontextes dieses Buches erwarten. Der fachkundige Leser steigt einfach etwas später ein.

Das **dritte Kapitel** (ab S. 117) beschreibt die Grundlagen der **Auftragsklärung** und bietet entsprechende Instrumente praxisnah beschrieben. Hier wird auch das den gesamten Prozess begleitende **Change-Canvas** vorgestellt (ab S. 129).

Der nachfolgende und damit überwiegende Teil dieses Buches befasst sich mit den unterschiedlichen Prozessen, die während eines Veränderungsprojekts zu beachten sind. Hier bezieht sich die Kapitelgliederung auf das Modell der sieben Basisprozesse (Glasl u.a. 2014, vgl. S. 105 ff.) und folgt zudem einer (mit Einschränkungen zutreffenden) zeitlichen Reihenfolge.

Das heißt, das **vierte Kapitel** umfasst **Diagnose und Hypothesen** (ab S. 149), das **fünfte Kapitel** vertieft das **Planen bzw. Steuern** von Interventionen (ab S. 237), das **sechste Kapitel** stellt Interventionen **zukunftsgestaltender Prozesse** vor (ab S. 275) und das abschließende **siebte Kapitel** erläutert das Vorgehen bei Interventionen des **Informations- und Lernprozesses** (ab S. 355).

Nicht eigenständig als Basisprozesse vertieft werden die psycho-sozialen Prozesse und Umsetzungsprozesse. Psycho-soziale Prozesse sind eher implizit in den dargestellten Instrumenten und Interventionen in Form von Tipps und Hinweisen zu Risiken enthalten. Zudem ist es instrumenteneigen, dass während der Interventionen psycho-soziale Prozesse angestoßen und gefördert werden. Und für den spezifischen Umsetzungsprozess gilt, dass er schwerlich theoretisch vorweggenommen werden kann, denn je weiter ein Change-Projekt voranschreitet, desto differenzierter werden auch die Themen und Ansatzpunkte, die sich dort bieten, sodass nicht erahnt werden kann, welche speziellen Fragen in einem vorangeschrittenen Veränderungsprozess im Detail auftauchen. Dennoch sind auch Umsetzungsprozesse implizit in den hier dargestellten Prozessen enthalten – beispielsweise in Lernprozessen, die helfen, das Neue zu verankern.

In dem **vierten bis siebten Kapitel** finden Sie zahlreiche Anregungen (Tipps und Hinweise zu Risiken), welche jeweils auf die oben genannten Prozesse fokussieren. Es werden Modelle, Methoden und Instrumente bzw. Interventionen vorgestellt, deren Anwendungsfokus zum Ersten beim Prozessbegleiter (bzw. Prozessberater) selbst liegt. Hier finden Sie theoretische Herleitungen und Begründungen, die den erforderlichen Background für Moderatoren bzw. Prozessbegleiter bereitstellen. Eine weitere Kategorie sind Instrumente für die eher individuelle Verwendung durch den Moderator bzw. Prozessbegleiter. Diese unterstützen insbesondere Planungs- und Steuerungsaufgaben im Changemanagement-Prozess, die dem Prozessbegleiter (bzw. Prozessberater) obliegen. In einigen Fällen kann es angezeigt sein, diese Instrumente gemeinsam mit der Steuergruppe (vgl. S. 250 f.) zu erarbeiten und zu nutzen.

Zweitens finden Sie andere Interventionen so aufbereitet, dass sie als moderiertes Format für Workshop oder Veranstaltung eingesetzt werden können. Diese Moderationsformate sind mit gut nachvollziehbaren Schritt-für-Schritt-Anleitungen versehen, die einen Praxistransfer strukturiert unterstützen. Konkrete Zeitangaben und Materialhinweise sind ebenfalls aufgeführt.

Bei einer spezifischen Suche sind Ihnen das **Stichwortverzeichnis** im Anhang behilflich sowie eine mit Merkmalen versehene **Auflistung aller Interventionen und Modelle dieses Buches** (ab S. 13). Am Anfang jeden Kapitels finden Sie zudem ein detailliertes **Kapitelinhaltsverzeichnis.** Nicht zuletzt verweisen Sie beim Umblättern die folgenden Piktogramme auf einen schnellen Blick auf Eigenschaften bzw. auf zusätzliches Material.

Wenn es um Definitionen oder Sacherläuterungen geht, finden Sie dort dieses nebenstehende Piktogramm.

Ideen und Tipps werden durch dieses Icon kenntlich gemacht.

Bei diesem Icon finden Sie Erläuterungen zu Ziel und Nutzen eines Instruments.

Hier finden Sie Hinweise zum Zeitpunkt des Einsatzes sowie Erfahrungswerte zur aufzuwendenden Zeit (Dauer).

Nicht selten finden Sie direkt darunter das Icon für den Text, der über Materialaufwand aufklärt.

Einige Instrumente oder Vorgehensweisen haben bekannte Risiken und Nebenwirkungen. Hier finden Sie Hinweise bzw. Vorschläge für einen geeigneten Umgang damit in der Praxis.

Download-Ressourcen zum Buch ergänzen den Transfer und ermöglichen das Ausdrucken einiger Buchinhalte. Sie sind gekennzeichnet durch das nebenstehende Symbol. Den Link zu den Download-Ressourcen finden Sie in der inneren Umschlagklappe des Buches, er ist in die Browser-Zeile einzugeben.

Verzeichnis der Interventionen, Methoden und Modelle in diesem Buch

Die erste nun dargestellt Tabelle zeigt alle Interventionen, Methoden und Modelle in diesem Buch, die einen **Background für Prozessbegleiter** bieten. Die zweite Tabelle listet alle **Moderationsformate für Gruppen** auf, die im Buch mit Schritt-für-Schritt-Anleitung vorgestellt werden.

Innerhalb der Interventionen unterscheide ich zwischen **Interventionen** und **Mini-Interventionen.** Diese Unterscheidung mag höchst akademisch wirken, versucht jedoch aufzugreifen, dass Instrumente bzw. Interventionen als Format mit etablierten Prozeduren für sich stehen und so wie beschrieben eingesetzt werden können. Mini-Interventionen sind eher kleinere Prozeduren, die wahlweise dann zum Einsatz kommen, wenn dies in der Arbeit im Klientensystem erforderlich erscheint. Findet eine Gruppe beispielsweise im moderierten Diskurs keine Priorisierung verschiedener Aspekte, so kann ein Umschwenken auf „Magic Estimation“ (vgl. S. 268 ff.) nützlich sein. Mini-Interventionen bieten also innerhalb von Instrumenten eine andere alternative Vorgehensweise an, wenn „Bordmittel“ ausgeschöpft sind.

Für einen ersten Eindruck finden Sie zudem eine Klassifizierung für die hier dargestellten Modelle, Methoden und Instrumente. Hier unterscheide ich zwischen der **Komplexität** des Modells (sowie der Methode und des Instrumentes) selbst sowie dem **Anspruch**, den der Anwender idealerweise erfüllen sollte. Hiermit sind Erfahrung und Kenntnisse des fachlichen Hintergrundes, der Gruppendynamik sowie der Steuerung von emotionalen oder konfliktgeladenen Situationen gemeint. Unterschieden wird zwischen o = gering, oo = mittel, ooo = hoch.

Die **Moderationsformate** in der zweiten Tabelle sind im Normalfall für **Gruppengrößen** bis ca. 15 Teilnehmende geeignet. 12 Teilnehmende gelten als Idealgruppe (eine Ausnahme ist der Fokusgruppen-Workshop, hier liegt die Empfehlung bei 6–10 Teilnehmenden). Eine Teilnehmerzahl unter 2 erfordert einen Wechsel der Methodik – zum Beispiel in Richtung Mind Mapping oder moderiertes Gespräch bzw. Coaching-Sitzung. Die Prozedur selbst kann jedoch (mit Ausnahme der Arbeit in Kleingruppen) beibehalten werden. Insoweit ist eine Risikoanalyse auch mit einem Teilnehmer möglich.

Background für Prozessbegleiter

Intervention · Mini-Intervention · Modell · Methode

Bezeichnung	Art	Prozess							Komple-xität	Anspruch	Seite
		Diagnose	Zukunft gestalten	Changema-nagement	Lernen	Informa-tion	Umsetzung	Psycho-sozial			
72-Stunden-Regel	Mini-Intervention		X	X	X	X	X	X	o	o	73
Acht-Schritte-Modell (Kotter)	Modell			X				X	o	ooo	90
Auftragsklärung	Methode	X		X					o	o	119
Bedingungen des Verhaltens	Modell	X		X	X		X	X	o	o	367
Bodenanker	Mini-Intervention	X	X				X	X	o	o	271
Change-Canvas	Intervention, Methode	X	X	X	X	X	X	X	oo	oo	129
Change-Monitoring	Methode			X			X		oo	oo	258
Change Roadmap	Intervention	X		X			X		o	oo	264
Drei-Phasen-Modell (Lewin)	Modell			X				X	o	o	89
Fragen-Preview: Fragebogen verproben	Methode	X						X	o	o	208
Führungsgrund-sätze	Intervention		X	X			X	X	o	o	299
Handlungsfelder des Changemana-gements (Vahs)	Modell			X					o	o	95
Informations-flussmatrix	Modell			X		X		X	o	o	358

Background für Prozessbegleiter

Intervention · Mini-Intervention · Modell · Methode

Bezeichnung	Art	Prozess							Komple-xität	Anspruch	Seite
		Diagnose	Zukunft gestalten	Changema-nagement	Lernen	Informa-tion	Umsetzung	Psycho-sozial			
Klatsch und Tratsch	Intervention	X	X	X	X	X	X	X	o	o o	72
Kommunikations-plan	Intervention			X		X		X	o	o	359
Kompetenzmodell (3/5-stufig)	Modell				X			X	o	o	370
Kongruenzprinzip im Changemana-gement (Vahs)	Modell			X	X			X	o	o	114
Lage-Check (Situ-ation klären)	Intervention	X	X	X	X	X		X	o	o	157
Learning Log	Intervention				X			X	o	o	373
Learning Map	Intervention				X			X	o	o	376
Leitbild-entwicklung	Methode		X					X	o o o	o o o	341
Meta-Ebene	Mini-Intervention	X	X	X	X	X	X	X	o	oo	273
Mitarbeiter-befragung	Intervention, Methode	X						X	o o	o o o	199
Pay-off-Matrix	Intervention			X		X	X	X	o	o	360
Projektumfeld-analyse (PUMA)	Modell	X		X			X		o	o o	231
Real Time Strategic Change	Intervention		X			X		X	o	o o o	278

Roadshow			X	X	X	X	X	X	o o	o	367
SAGA-Dimensionen		X		X					o	o	124
Sieben Basisprozesse (Glasl)		X	X	X	X	X	X	X	o	o	105
Sieben Wesenselemente (Glasl)				X				X	o	o	100
Sieben-Phasen-Modell (Streich)				X				X	o o	o	92
Situationsmodell (Schulz v. Thun)		X	X	X	X	X		X	o	o	154
System-Check-Perspektiven		X	X	X	X	X		X	o	o o	69
Systemische Fragen		X	X	X	X	X	X	X	o o o	o o	42
Systemische Schleife		X	X	X	X	X	X	X	o o o	o o	151
TCP-Matrix		X	X	X					o	o	126
Überlebens-Set bei Problemen		X	X	X	X	X	X	X	o o	o o	35
Unternehmenskultur-Modell (Schein)							X	X	o	o	222
VAKOG-Perspektiven		X	X	X	X	X		X	o	o o	47
Veränderungsarchitektur		X		X			X		o	o o	245
VUCA-Welt		X	X		X		X	X	o	o	112
Wandel 1. und 2. Ordnung				X				X	o o	o o	86

Moderationsformat

Intervention · Mini-Intervention · Modell · Methode

Bezeichnung	Art	Prozess							Minuten	Komple-xität	Anspruch	Seite
		Diagnose	Zukunft gestalten	Change-manage-ment	Lernen	Informa-tion	Um-setzung	Psycho-sozial				
Arbeitsregeln vereinbaren	Mini-Intervention	X	X	X	X	X	X	X	ca. 10	o	o	195
Fokusgruppen-Workshop	Intervention, Methode	X						X	ca. 120	o	o o	214
Fragen-Preview: Fragebogen verproben	Methode	X						X	nach Kontext	o	o	208
Führungs-Gap	Intervention	X	X	X			X	X	ca. 180	o	o o	307
Ich würde, so ich könnte	Intervention	X	X					X	ca. 120	o	o	195
Kraftfeldanalyse	Intervention	X	X	X				X	ca. 90	o	o o	190
Kultur-Diskurs	Intervention	X	X				X	X	ca. 180-240	o o	o o o	291
Kulturcheck-Workshop:	Intervention	X					X	X	ca. 240	o	o o	226
Lernunterstützende Rückschau	Intervention			X	X		X	X	ca. 45-90	o	o o	378
Lessons Learned	Intervention			X	X		X	X	60–90	o	o o	380
Magic Estimation in der Wertearbeit	Mini-Intervention	X	X						40–50	o	o	268
Modulare Leitbildentwicklung	Intervention		X					X	160-180 je Modul	o o o	o o o	346

Nicht anwesende Dritte		X	X					X	ca. 60	o	oo	176
Projekt-Fieber-kurve				X	X		X	X	120-180	o	oo	383
Regeln entrümpeln		X	X	X			X	X	ca. 180	o	oo	350
Risikoanalyse		X	X	X					ca. 90	o	o	183
SCORE			X					X	ca. 20	o	o	283
Stakeholder-Empathy-Map		X	X	X				X	ca. 60	o	oo	172
Stakeholder Mapping		X	X	X				X	ca. 180	o	oo	169
Stakeholder-Portfolio		X	X	X				X	ca. 180	o	oo	164
Time Line		X	X					X	20 je TN	o	o	287
Town Hall Mee-ting						X	X	X	90-120	o	oo	362
Visionsarbeit – Mein Arbeitstag im Jahr 2030			X					X	ca. 180	o	oo	330
Vorausschauende Einsicht		X	X					X	ca. 90	o	oo	187
Werte-Diskurs – Werte-Gap		X	X				X	X	ca. 180	oo	ooo	327
Wertedialog – Unsere Werte			X				X	X	ca. 165	oo	ooo	316
Workshop Fragenfächer		X						X	ca. 120	o	o	205
Workshop Füh-rungsgrundsätze			X	X			X	X	ca. 180	o	o	303

I. Kapitel

Prozessbegleitung und Moderation

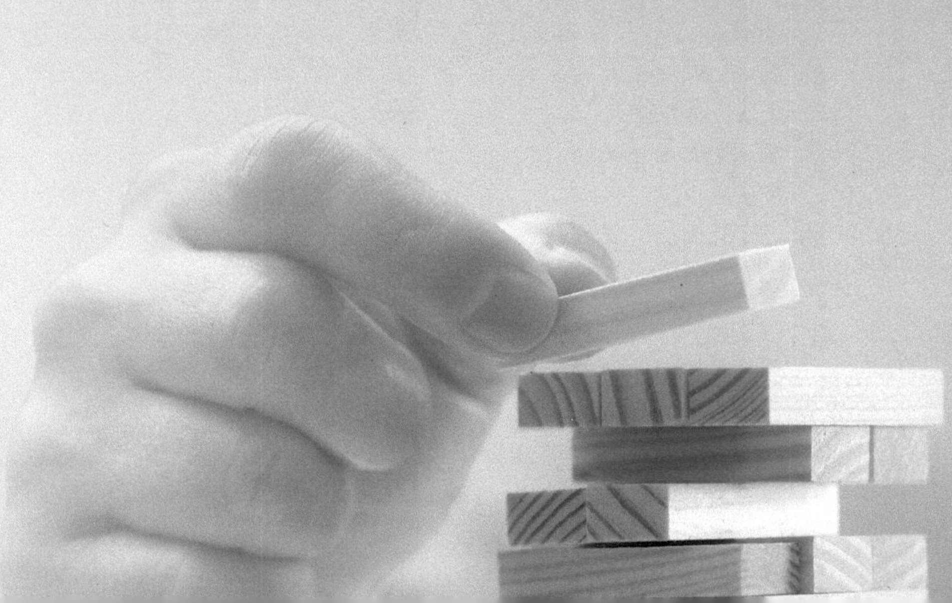

Inhalt des Kapitels

Begriffsklärungen 21

  Prozess und Prozessbegleitung 25

Systemisch-konstruktivistisches Denken und Handeln 28

  Mindset: Haltung als Moderator und Prozessbegleiter 33

  Überlebens-Set: Wenn es mal problematisch wird 35

Fragen in Prozessbegleitung und Moderation 39

  Geschlossene und offene Fragen 41

  Systemisches Fragen 42

  VAKOG-Perspektiven 47

  Zielorientierte Fragen 49

  Lösungsorientierte Fragen 52

  Ressourcenorientierte Fragen 55

  Fragen nach dem Problemnutzen 56

  Skalierungsfragen 57

  Dissoziierende Fragen 59

  Reframing: Fragen, die den Rahmen ändern 60

  Hypothetische Fragen 62

  Paradoxe Fragen 63

  Zirkuläre Fragen 64

  Verrückte Fragen 66

  Was noch? 67

Weitere unverzichtbare Fragen-Klassiker 67

  Gegenfragen: „Unmoralische Angebote“ adressieren 68

  System-Check-Perspektiven 69

  Klatsch und Tratsch 72

  72-Stunden-Regel 73

Begriffsklärungen

Diesem Buch liegt die Annahme zugrunde, dass Strategien nur dann greifen, wenn die Menschen, die im Mittelpunkt der Prozesse stehen, sich die Veränderungen zu eigen machen. Sie sollen ihre Expertise, ihre Energien und ihr Engagement motiviert einbringen (können).

Dementsprechend geht es in diesem Buch nicht um die Strategieumsetzung herkömmlicher betriebswirtschaftlicher Natur – ein Bereich, der hinreichend mit Fach- und Praxisliteratur ausgestattet ist. (In diesem Falle würden Sie, liebe Leserinnen und Leser eher Ausführungen beispielsweise zu etablierten Planungs-, Steuerungs- bzw. Controlling-Elementen aus dem Strategischen Management erwarten.)

Partizipative Strategieumsetzung

Mit dem Titel dieses Buches „Moderation und Prozessbegleitung im strategischen Change-Projekt" werden demgegenüber zwei wesentliche Methoden aus dem Alltag der Strategieverwirklichung in den Fokus genommen, die darauf abzielen, dass Menschen ihre Energien und ihre Expertise engagiert und aus eigenem Antrieb in Veränderungsprozesse einbringen: Gemeint sind die Methoden der **Moderation** und **Prozessbegleitung**.

Moderation

Moderation ist eine Methode, um Gruppen bei der Erreichung von deren Zielen zu unterstützen. Dies geschieht auf der Prozessebene insbesondere durch Fragetechniken, Visualisierung sowie mithilfe von Techniken zur Auswahl, Bewertung, Lösungs- und Entscheidungsfindung. Konkret bedeutet das, dass Moderatoren Menschen dabei unterstützen, Problem- bzw. Fragestellungen zu bearbeiten, um hierdurch vorab definierte und vereinbarte Ziele zu erreichen. Moderatoren erbringen insoweit eine sehr wesentliche Dienstleistung für solche Gruppen, da

Moderatoren verantworten den Weg

die Gruppenmitglieder sich auf die Inhalte eines Themas konzentrieren können, während der Moderator den Prozess – also den Weg zum Ziel – beachtet und sicherstellt.

Gruppen bestimmen das Ziel und bringen Expertise ein

Moderatoren verantworten folglich auf dem Weg zum Ziel das *Wie*. In der Hoheit der Gruppe liegen die Bestimmungen des Ziels und die Ausgestaltung des Weges dorthin, also das *Wohin* und *Was*.

Die Rolle des Moderators ist es, den Prozess auf dem Weg zum Ziel der Gruppe so zu gestalten, dass die Gruppe sich inhaltlich auch tatsächlich Richtung Ziel bewegt und bewegen kann. Insoweit sorgt ein Moderator dafür, dass:

Nutzen der Moderation

- die Teilnehmer sich auf das Wesentliche fokussieren und Zeit und Kosten durch effektives und effizientes Arbeiten gespart werden.
- Teilnehmende durch das Übertragen der Prozessverantwortung auf den Moderator entlastet werden. So können sie sich voll auf die Inhalte konzentrieren.
- die Basis für eine vertrauensvolle Zusammenarbeit hergestellt bzw. ausgebaut wird, indem Entscheidungsprozesse transparent werden.
- Ziele gefunden, hinreichend beschrieben und priorisiert werden.
- Themen aufgezeigt und Handlungsfelder abgeleitet werden.
- Ideen und Diskussionsergebnisse durch Visualisierung festgehalten werden.
- dank vielfältiger Methoden die Veranstaltung abwechslungsreicher gestaltet werden kann.
- Techniken und Instrumente passend zum jeweiligen Arbeitsstand zum Einsatz kommen können (mit Schwerpunkten wie „Problemlösung", „Kreativität", „Priorisierung", „Auswahl", „Entscheidung" usw.).
- komplexe und unübersichtliche Sachverhalte durch strukturierende Techniken aufgegliedert werden, die in der Folge sicherstellen, dass auch schwierige Themen erfasst, bearbeitet und bewertet werden können.
- die gemeinsame Kreativität und Motivation gefördert wird.

- alle Teilnehmenden eingebunden und aktiviert werden, sodass das Potenzial (Wissen, Erfahrung, Kreativität ...) aller Teilnehmenden genutzt wird. Hierarchische Unterschiede werden durch eine neutrale Gesprächsleitung ausgeglichen.
- jeder eine verstärkte Identifikation mit der Gruppe (Wir-Gefühl) erlebt bzw. mit dem Unternehmen und den gemeinsamen Zielen.
- Meinungsaustausch und Willensbildung gefördert werden, was zu einem besseren inhaltlichen Gesamtverständnis führt und den Erkenntnisgewinn unterstützt.
- kreative Prozesse gestaltet werden und in durch die Gruppe akzeptierte Lösungen münden.
- Missverständnisse durch das Beachten von Kommunikationsregeln reduziert werden. Die manchmal verdeckt hinter den Sachargumenten liegenden, oft bedeutsamen Ziele, Bedürfnisse und Gefühle der Teilnehmenden werden transparent und damit diskutierbar.
- die Gruppe in die Lage versetzt wird, mit Störungen und Konflikten konstruktiv umzugehen. Deeskalation und Dialogförderung finden auch bei stark voneinander abweichenden Standpunkten der Teilnehmenden statt. Problemdiskussionen werden in Richtung Lösungsorientierung geführt.
- vermeintlich naheliegende, wünschenswerte und „einfache" Lösungen im Ergebnis des erkenntnisbasierten Dialoges aufgegeben und durch der Situation angemessene Lösungen ersetzt werden. Es werden qualitativ hochwertigere Entscheidungen und Lösungen erreicht, indem unterschiedliche Interessen und Meinungen beleuchtet werden sowie die in der Gruppe vertretene Kompetenz genutzt wird.
- eine hohe Akzeptanz gegenüber gemeinsam erarbeiteten Entscheidungen entwickelt wird und selbst unpopuläre Ergebnisse eine höhere Akzeptanz erzielen.
- Lösungen in konkretes Handeln überführt werden (zum Beispiel durch Maßnahmenpläne).
- vereinbarte Zeiten eingehalten werden können.
- ...

Innere Haltung des Moderators

Als Methode bestimmt sich Moderation im Wesentlichen durch die innere Haltung des Moderators – eine bestimmte Haltung, wie sie auch in der Prozessbegleitung gesehen wird. Auf die Haltung des Moderators wird ab S. 33 vertieft eingegangen – inklusive Hilfestellung, diese einzunehmen. Dieser Haltung liegt die Annahme zugrunde, dass sowohl das Ziel als auch der Weg dahin nur aus dem System heraus selbst am besten bestimmt werden können. Insoweit spricht man auch bei Mitgliedern eines Systems von Inhalts-Experten. Diese wissen am ehesten um die komplexen Beziehungen innerhalb einer Organisation einschließlich zugehöriger Wirkungen und Wechselwirkungen. Dies mag den „Inhalts-Experten" selbst zwar nicht immer bewusst sein, ihnen jedoch mithilfe geeigneter Fragestellungen bewusst werden.

Eigene Lösungen werden eher akzeptiert

Dass eine Lösung aus der Gruppe heraus stets eine höhere Akzeptanz erreicht als alle vermeintlich klugen externen Ansätze, davon darf ausgegangen werden. Zudem wird die Qualität einer Lösung aus einer Gruppe heraus in der Regel als qualitativ höherwertiger angesehen als dies Einzelleistungen vermögen.

Damit eine Gruppe sich konstruktiv, vollumfänglich und ergebnisorientiert um die anstehenden Themen und deren Inhalte kümmern kann, unterstützt sie eine professionelle Moderation auf der Prozessebene. Der Moderator sichert dabei, dass

Sicherstellung durch den Moderator

- (Weiter-)denken möglich wird und sogenannte „blinde Flecken" sowie Denkbarrieren überwunden werden.
- Statements bzw. Meinungen hinterfragt und für die Teilnehmenden plausibel und nachvollziehbar erklärt werden.
- Thesen bzw. mögliche Lösungen infrage gestellt und auf Wirkungen bzw. Wechselwirkungen überprüft werden.
- im Sinne einer Lösungsorientierung auch Ausnahmen von vermeintlich feststehenden Aspekten entdeckt werden können.
- Zusammenhänge, Zielkonflikte oder Widersprüche entdeckt bzw. diskutiert werden.
- Perspektiv- bzw. Positionswechsel möglich werden.
- Entscheidungsoptionen auf ihre Auswirkungen verprobt werden.
- Entscheidungen herbeigeführt werden.

Goldene Moderationsregel

Auf der inhaltlichen Ebene verhält sich der Moderator neutral und leistet keine eigenen Beiträge. Er gibt daher mögliche Erwartungen aus der Gruppe in Form einer geeigneten Frage wieder in die Verantwortung der Gruppe zurück (vgl. „Systemisches Fragen" S. 42 ff.). Ein wesentliches Merkmal von Moderation ist also **„Fragen statt sagen!"**

An folgenden weiteren nach außen hin sicht- bzw. erlebbaren Merkmalen ist die innere Haltung des Moderators erkennbar. Moderatoren:

Merkmale der Haltung des Moderators

- gebrauchen unterstützende Sprache, zum Beispiel „Ich statt man".
- hören aufmerksam und empathisch zu/hin.
- achten auf nonverbale Signale in der Gruppe und thematisieren sie bei Bedarf.
- unterscheiden zwischen Wahrnehmen, Vermuten und Bewerten – und unterstützen hierbei auch die Gruppe.
- lassen sich Unklarheiten und Bedeutungen erklären.
- nehmen Störungen bzw. Konflikte auf, zeigen sie an und führen diese einer Bearbeitung zu.
- enthalten sich der Bewertung oder Beurteilung von Aspekten.
- wenden Methoden bzw. Techniken an, statt sie zu diskutieren.

Prozess und Prozessbegleitung

Prozess

Ein Prozess (von lateinisch „procedere", vorwärtsgehen) wird in der Betriebswirtschaftslehre zunächst als ein Bündel logisch miteinander verknüpfter Aktivitäten verstanden, um Organisationsziele zu erreichen. Hierbei führt ein definierter „Input" über definierte und in ihrer Reihenfolge feststehende sowie zeitlich abgegrenzte Transformationsaktivitäten (Arbeitsabläufe) zu einem wertgebenden „Output". Insoweit bieten solche auch Geschäftsprozess genannten Abläufe eine Standardisierbarkeit. Indem solche Prozesse beschrieben, optimiert und im Sinne einer Regel standardisiert werden, werden der Grad der Wirtschaftlichkeit und der Grad einer Zielerreichung wesentlich bestimmt. Daher ist Prozessmanagement die wesentliche Grundlage für Qualitätsmanagement.

Ein Prozess kann also als gerichteter Ablauf eines Geschehens beschrieben werden, durch den (in der Betriebswirtschaftslehre)

- ein messbarer Nutzen entsteht,
- ein Beitrag zur Erreichung von Organisationszielen geleistet wird,
- Regeln für eine einheitliche Bearbeitung von Arbeitsabläufen vorgegeben werden und
- Kundenerwartungen erfüllt werden.

Prozessbegleitung

Unter Prozessbegleitung innerhalb der Organisationsentwicklung werden jedoch nicht Geschäftsprozesse im zuvor dargestellten Kontext gemeint. Hier geht es um einen Ablauf einzelner Aktivitäten bzw. Interventionen, die auf das Ziel gerichtet sind. Diese unterstützen in der Summe die Organisation bzw. das System dabei, die gemeinsamen Ziele zu erreichen.

Unterstützung durch Methodenkompetenz

Prozessbegleitung meint also, die betroffenen Menschen eines Systems über eine Zeitdauer hinweg insbesondere mit Methodenkompetenz zu unterstützen. Sie werden dabei in die Lage versetzt, die eigene gegenwärtige Situation gut zu erfassen und zu bewerten, um daraus Schlüsse für eigene Verbesserungsansätze abzuleiten und diese sodann auch nachhaltig umsetzen zu können. (Dies wird gemeinhin auch als **Prozessberatung** bezeichnet. Da ein solches Buch aber kaum die Möglichkeit bietet, alle in der Prozessberatung enthaltenen Facetten abzubilden, grenze ich hier unter dem Begriff Prozessbegleitung ab.)

Erlebbare Partizipation

In der Prozessbegleitung wird davon ausgegangen, dass die durch Veränderung betroffenen Menschen nur dann motiviert wertvolle Beiträge für die anstehenden Veränderungen leisten können und wollen, wenn sie tatsächlich und auch aus dem eigenen Erleben heraus partizipieren können. Dies ist eine sehr wesentliche Voraussetzung dafür, dass sie sich mit dem wie auch immer gearteten Ergebnis identifizieren können. Insoweit sorgt Prozessbegleitung dafür, dass Betroffene sich die Veränderung zu eigen machen. Sie werden also durch den Prozess in die Lage versetzt, eigene Ideen in die Lösung einzubringen, was auch bedeutet, dass sie ihre Lösungsansätze in der späteren Lösung auch wiederfinden. Damit ist das oberste Prinzip in der Organisationsentwicklung umrissen: **Betroffene zu Beteiligten machen!**

Rollenverteilung

Dabei findet sich eine ähnliche Unterscheidung der Rollen wie sie zuvor zwischen Gruppe und Moderator beschrieben worden ist: Der Unterschied zwischen den Mitgliedern des „Klientensystems" und den Angehörigen des „Beratersystems".

Der Begriff **Klientensystem** bezeichnet jenes Unternehmen (und deren Mitglieder), welches vertreten durch die Entscheider (Unternehmer, Geschäftsführer etc.) den Beratungsauftrag erteilt hat. Insoweit ist der Auftraggeber nicht nur die juristische Person (zum Beispiel GmbH), sondern vielmehr auch diejenige Person, welche letztlich vertretend für diese juristische Person als natürliche Person die Unterschrift unter den Beratungsvertrag setzt.

Das **Beratersystem** bezeichnet den Auftragnehmer in einem Change-Projekt. Hier reicht die Spannweite vom unternehmensinternen

Changemanager über externe Einzelberater bzw. Beratungsunternehmen bis hin zu als Netzwerk, Kooperation oder Bietergemeinschaft verbundene Beratungsunternehmen.

Systemische Prozessbegleitung stellt sicher, dass das Klientensystem auf der Inhaltsebene das *Wohin* und *Was* verantwortet, während der Prozessbegleiter den Weg zum Ziel auf der Prozessebene plant, organisiert und steuert, also das *Wie* verantwortet. Man könnte auch eine inzwischen etablierte Formulierung wählen: Es geht in der Prozessbegleitung um das **Organisieren und managen des Veränderns!**

Es geht nicht allein darum, dass der erwünschte Wandel auch tatsächlich eintritt und nachhaltig verankert wird. Ein Veränderungsprozess ist auch stets ein Lernprozess. Indem die Mitglieder des Klientensystems erfahren,

Was das Klientensystem lernt

- wie das Verändern organisiert und gemanagt wird.
- wie Problemlösungen angegangen werden.
- wie die Positionen und Meinungen in geteiltes Wissen übergehen können.
- wie kreative Prozesse angeregt und zu praxistauglichen Lösungen geführt werden können.
- wie Erkenntnisgewinn gestaltet und verinnerlicht werden kann.
- wie man Partizipation Motivation, Commitment oder auch Einsichten und Akzeptanz stärken kann.
- ...

Sie werden also auch in die Lage versetzt, die eigene Veränderungsfähigkeit und damit letztlich auch die Veränderungsfähigkeit der Organisation zu verbessern.

Das lässt deutlich werden: Prozessberatung hat vor allem die Aufgabe, psycho-soziale Prozesse zu gestalten. Hierfür bedarf es vonseiten des Beraters einer besonderen Ausprägung insbesondere der Kommunikationskompetenzen. Es geht um das Initiieren, Entwerfen und Steuern von Kommunikationsprozessen, welche regelmäßig im Kontext von Interaktion, Dynamik, Rollenverhalten innerhalb sozialer Strukturen Entwicklungsprozesse ermöglichen sollen. (Darin unterscheidet sich der Prozessberater von anderen Beratern.)

Systemisch-konstruktivistisches Denken und Handeln

Dieses Buch und die meisten der hier vorgestellten Modelle und Instrumente basieren auf der sogenannten systemischen Arbeit, ergänzt um einige wenige etablierte (klassische) Ansätze. Hinter der Überlegung zum systemischen Ansatz steckt die Systemtheorie, welche inzwischen zahlreiche Bereiche der Sozial-, Geistes- und Naturwissenschaften mit Denkansätzen bereichert hat. Mithilfe der Systemtheorie wird versucht, das Wirken von Menschen in unübersichtlichen komplexen Situationen zu erfassen, zu beschreiben, Wechselwirkungen zu erkennen und angemessene Interventionen auf der Prozessebene zu entwickeln. Damit ist die Systemtheorie interdisziplinär ausgelegt. Der nachfolgende Vergleich beschreibt sehr schön die hinter der Systemtheorie stehende Grundüberlegung.

Mechanik vs. Komplexität

Bei einer mechanischen Uhr soll der Zeigerstand verändert werden. Zieht man die Krone heraus und dreht diese in Uhrzeigerrichtung, dann bewegen sich durch die im Uhrwerk verbundenen Zahnräder erkennbar die Zeiger auf dem Zifferblatt. Wird das Drehen beendet, endet auch die Rundreise der Zeiger. Es gibt also einen klaren Zusammenhang zwischen Ursache und Wirkung.

Stellen Sie sich demgegenüber den menschlichen Körper als System vor. In diesem System stehen Organe, Muskeln, Sensoren in einem stetigen, komplexen Wirkungszusammenhang. Werden im Rahmen einer Therapie Medikamente gegeben, wirken diese nicht nur zielgenau vorhersagbar an einer bestimmten Stelle. Sie haben weitere Wirkungen, auch unerwünschte Nebenwirkungen. Woher sollte ein Aspirin auch wissen, dass es gegen Schmerzen im Knie eingenommen wird?

Absage an mechanistische Betrachtungen

Dieses Bild des Körpers lässt sich auf Organisationen übertragen, denn auch Unternehmungen sind komplexe Systeme, keine mechanischen. Und komplexe Sachverhalte, wie z.B. das Zusammenleben von Menschen, können nicht über einfache „Ursache-Wirkungs-Zusammenhänge" erklärt werden, wie dies im mechanistischen Weltbild verankert ist.

Wer also glaubt, der Berater oder eine Führungskraft interveniert (tut etwas) und es werde eine konkret vorhersagbare Folge eintreten, ohne dass es weitere Wirkungen gäbe, der irrt. Wirkungen durch Interventionen sind weder genau berechenbar noch genau vorhersehbar.

Offene soziale Systeme

Organisationen bzw. Unternehmen werden in der systemischen Welt als sogenannte „offene soziale Systeme" bezeichnet. „Offen" deshalb, weil die Systemmitglieder zum Beispiel nach Feierabend in andere soziale Systeme wechseln, beispielsweise die Familie, den Freundeskreis oder einen Verein. „Sozial" drückt aus, dass es sich eben nicht um ein mechanisches System handelt wie bei einer Uhr. Vielmehr besteht das soziale System aus einzelnen Individuen, welche von sich aus oder von außen formal gegeben in einem bestimmten Kontext, in eine Beziehung zueinander treten. Solche Beziehungen sind stets durch Wirkung und Wechselwirkung geprägt. Offene soziale Systeme haben zudem die Eigenschaft, sich selbst zu organisieren.

Hierzu gibt es noch eine zweite Sichtweise, die mit dem bereits erwähnten Thema der Haltung sowie den Grundannahmen der Prozessbegleitung zusammenhängt. Wie bereits beschrieben, besteht eine Grundannahme darin, dass Systemmitglieder die Lösung für ihr Problem bereits in sich tragen und wir als systemische Prozessbegleiter, Coachs, Moderatoren oder Berater die Gruppe **„nur"** auf der **Prozessebene** unterstützen müssen, bis die bestmögliche Lösung zutage tritt. Im Rahmen von Problemlösungen fasst man dies in der systemischen Beratung so zusammen: „Das Problem gehört dem Klienten."

In der Prozessbegleitung ist es daher besser, aus der **Haltung des Nichtwissens** heraus eine Frage zu formulieren, statt aus einem inneren Impuls heraus eine vermeintliche Lösung darzubieten, die oft mit einem sehr bekannten „Ja, aber" beantwortet würde. „Ratschläge" sind gerade nicht das Instrument guter systemischer Beratung, Moderation oder Prozessbegleitung.

Gesamtzusammenhänge entdecken

Systemische Ansätze verstehen das Handeln Einzelner als ein Handeln in sozialen Systemen. Solche Systeme setzen sich ganz unterschiedlich zusammen, beispielsweise als Team am Arbeitsplatz, als Projektsteuerungsgremium oder auch als Angehörige einer Familie. Wie bereits beschrieben, gehen wir z.B. abends nach Hause „in ein anderes System". Wir werden also durch verschiedene Systeme beeinflusst, wie eben Familie, Verein oder Freundeskreis. Daher ist ein System wie ein Arbeitsteam nicht in sich geschlossen, sondern ein „offenes System". Und bei einem solchen sind einzelne Aspekte und Phänomene wie Probleme, Personen oder Teams nie isoliert zu betrachten, sondern stehen zueinander als System in Beziehung. Wird der systemische Ansatz berücksichtigt, so geht es deshalb stets darum, den Gesamtzusammenhang und die Wechselwirkung aller Systemteile und -akteure im Blick zu haben und zu behalten.

Wechselseitige Beeinflussung

Da wir uns ständig in verschiedenen sozialen Bezügen bewegen, kann unser Handeln und unser Erleben nicht unabhängig voneinander gesehen werden. Wir beeinflussen uns immer wieder gegenseitig. Dadurch bilden sich mit der Zeit ganz unbewusst Verhaltens- und Interaktionsmuster aus, die nach festen, vorhersagbaren Riten oder Regeln funktionieren, die oft aber von den Beteiligten nicht erkannt werden. Solche Verhaltensmuster können stark die Interaktionen bestimmen, oft unbewusst. Zudem müssen wir darauf achten, nicht nur die einzelne Person oder Personengruppe, sondern das jeweilige soziale System als Ganzes und zudem in seinem Kontext, seiner Umwelt, zu betrachten.

Die beschriebenen Wirkzusammenhänge sind Forschungsgegenstand von systemtheoretischen Überlegungen aus vielerlei Wissenschaften und Strömungen. (Wie bei allen wissenschaftlichen Disziplinen üblich, gibt es auch unter der Begrifflichkeit „systemisch" verschiedene Strömungen, Kritiken oder auch Fehlentwicklungen.) Wesentlich bei diesen Überlegungen ist: Gibt man einen Impuls in ein System, bewirkt das eine Reaktion. Diese kann systemisch eingegrenzt, aber nicht hinsichtlich ihrer konkreten Wirkung bestimmt werden. Wir können Situationen nicht verändern. Wir können jedoch Verhalten ändern, was andere Reaktionen und Aktionen hervorruft.

Hierzu stehen die verschiedenen systemischen Sicht- und Denkweisen in folgenden grundlegenden Betrachtungen im Einvernehmen (vgl. zu systemischen Grundannahmen u.a Schlippe/Schweitzer 2000):

Ansatzpunkt: Verhalten und Bewertungen

- Jedes Verhalten macht Sinn, wenn man den Kontext kennt.
- Jedes Verhalten hat eine sinnvolle Bedeutung für den Zusammenhalt des Gesamtsystems.
- Es gibt nur Fähigkeiten. Probleme ergeben sich manchmal daraus, dass Kontext und Fähigkeit nicht optimal zueinander passen.
- Jeder scheinbare Nachteil in einem Teil des Systems zeigt sich an anderer Stelle als möglicher Vorteil.

Was sich neben dem Verhalten im System außerdem ändern kann, ist die Sichtweise sowie die Beurteilung eines bestimmten Phänomens bzw. einer Situation. Dies insbesondere, weil sich eine Wahrnehmung und Meinung über das Phänomen oder die Situation verändern kann. Neben einer Veränderung von Verhalten ist es also auch möglich, Bewertungen zu verändern.

Eine Veränderung in der Bewertung einer bestimmten Situation oder eines Phänomens kann bereits dazu führen, dass ein ursprünglich als problematisch gesehener Aspekt nach Bewertungsänderung mit Leichtigkeit und motiviert angegangen werden kann. Kurz gesagt können aus Problemen durch Umdeutung Herausforderungen im besten Sinne entstehen, was abseits von Worthülsen reale Wirkungen auf unser Handeln haben kann.

Aus diesem Grund werden in Veränderungsprojekten die Betroffenen eines Systems (z.B. alle Teammitglieder) möglichst umfänglich und frühzeitig in den Veränderungsprozess einbezogen, einschließlich der Entwicklung und Etablierung einer Lösung. Dies mag zahlenmäßig an Grenzen der Machbarkeit stoßen. Dann wäre das Minimum eine sogenannte **repräsentierende Teilnahme** Einzelner stellvertretend für eine Gruppe. In dem Fall haben die repräsentierenden Teilnehmer den klaren Auftrag, sich im Sinne eines Multiplikators ihrerseits entsprechend an den Überlegungen zu beteiligen. Auch aus der Kundensicht ergeben sich so nicht selten wichtige Erkenntnisse für Optimierungen, sodass auch diese Perspektive zu berücksichtigen ist.

Insgesamt sollen die agierenden Personen, die sie umgebenden Rahmenbedingungen (Umwelten, Stakeholder etc.) sowie die Aufbau- und Ablauforganisation angemessen bei der Ausgestaltung von Veränderungen berücksichtigt werden. Wie oben beschrieben wurde, ist ein rein mechanistisches Vorgehen, in dem einer definierten Aktion eindeutig eine vorab bestimmte Folge zugeordnet werden könnte, unter Berücksichtigung der Ausführungen eher unrealistisch (vgl. S. 28).

Konstruktivistisches Denken

Neben systemtheoretischen Ansätzen sind Aspekte der Erkenntnistheorie des Konstruktivismus für Prozessberatung und Moderation relevant. Kernthese des Konstruktivismus ist, dass wir uns ein **individuelles Bild der Wirklichkeit** schaffen. Menschliches Erleben und Lernen ist **Konstruktionsprozessen** unterworfen, welche vielfältig beeinflusst werden. Es muss also davon ausgegangen werden, dass gewisse Zweifel darüber angebracht sind, dass Wissen und Wirklichkeit übereinstimmen.

Wirklichkeit entsteht im Auge des Betrachters

Die objektive Wirklichkeit gibt es folglich nicht. Sie entsteht im Auge des Betrachters und ist unter anderem abhängig von Erfahrungen, Wissen, Sozialisation, kultureller Herkunft usw.

„Wahrnehmen" wird also so verstanden, dass die Umwelt, wie wir sie erleben, durch uns konstruiert ist. Dabei werden Aspekte der Umwelt ausgeblendet oder durch (vermeintlich Fehlendes) ergänzt.
Hierzu ein (sehr kleines) Experiment. Was lesen Sie?

Abb.: Experiment zu Konstrukten

Die meisten Menschen werden die zehn Buchstaben und damit das Wort schnell als „Smartphone" erkennen. Dieses Phänomen ist eine wahre Denkleistung unseres Gehirns und dennoch – das Wort steht dort nicht. Es ist konstruiert, also gedanklich vervollständigt.

Konstrukte

Auch die Wirklichkeit aus Sicht eines Mitarbeiters ist folglich konstruiert und basiert u.a. auf seinen gemachten Erfahrungen und seiner Situation im sozialen System. Wahrnehmungsstörungen und Denken beeinflussen zusätzlich die Bewertungen. Änderungen im Erfahrungshorizont können zu Neubewertungen des Problems, der Ziele bzw. der Situation führen, wie oben bereits ausgeführt (s. S. 30).

Wahrheit ist die Erfindung eines Lügners

Vor diesem Hintergrund sieht man Überzeugungen darüber, dass Annahmen richtig seien oder man die Wahrheit kenne, mit anderen Augen. Es muss nun ernüchtert festgehalten werden, dass es *die* Wahrheit nicht gibt. Zur Vertiefung sei empfohlen: „Wahrheit ist die Erfindung eines Lügners" von v. Foerster/Pörksen 2006. Missverständnisse haben so ihre einfache Erklärung. Sie haben ihre Ursache darin, dass Annahmen bzw. Vermutungen über die Wirklichkeit nicht von einer persönlichen Wahrnehmung der Realität unterschieden werden. Die Folge ist, dass Vermutungen schnell in Bewertungen von Situationen übergehen.

Für Prozessbegleiter bedeutet dies: Die Entstehung von Schwierigkeiten und Problemen ist im sozialen Miteinander sowie der Wahrnehmung und Interpretation Einzelner zu suchen – und auch deren Lösung. Das Problem wird dabei als ein Konstrukt wahrgenommen, welches zeit- und situationsabhängig existiert. Eine andere Person kann (zulässigerweise) zu der Einschätzung kommen, dies sei doch kein Problem! Doch allein durch so eine Äußerung ist die Meinung über das Problem noch nicht verändert. Erst, wenn Lösungen zugelassen werden und Erkenntnisse oder Lösungsstrategien hinzutreten, kann das Problem durch eine Neubewertung „verschwinden".

Mindset: Haltung als Moderator und Prozessbegleiter

Prozesshilfe

Aus Sicht des Klientensystems gibt es eine Haltung aufseiten des Beraters, welche typischerweise auf einen systemisch-konstruktivistischen Hintergrund hinweist. Denn im systemisch-konstruktivistischen Denken ist verankert, dass jeder als Experte für sein Problem und dessen Lösung selbst verantwortlich ist und auch die Ressourcen bereits in sich trägt, Lösungen zu entwickeln. Dementsprechend können Prozessbegleiter die Probleme anderer weder verstehen noch lösen. Aber sie können unterstützen, indem sie helfen und anregen:

- Ziele zu klären,
- Ressourcen zu entdecken und
- Lösungsansätze auf ihre Umsetzungswahrscheinlichkeit und Umweltverträglichkeiten zu prüfen.

Ein systemisch-konstruktivistisch arbeitender Prozessbegleiter ist also nicht daran interessiert, das Problem lösen zu wollen. Er ist vielmehr unterstützend durch geeignete Fragen und Techniken tätig, indem er die Gruppe anregt, eigene in das System passende Lösungen zu entwickeln. Welche konkreten Fragen und Techniken in diesem Prozess geeignet sind, wird im folgenden Teil dieses Buches vorgestellt.

Dabei geht es aber nicht allein um ein Verhalten des Beraters, sondern es geht vielmehr um innere Einstellungen, die sich letztlich in einem manifestierten Verhalten widerspiegeln. Für eine systemisch-konstruktivistische Haltung ist es zunächst förderlich, sich folgende Überlegungen zu eigen zu machen:

Systemisch-konstruktivistische Haltung

- Jeder Mensch hat eine eigene, unantastbare Würde, unabhängig von seinen persönlichen Fähigkeiten.
- Beachte die Haltung des Nichtwissens und lass Probleme bei denjenigen, die sie kennen: besser fragen statt sagen.
- Begegne Mitgliedern des Klientensystems stets mit Respekt, Achtung und Wertschätzung – sie haben Gründe für ihr Tun und Unterlassen. Finde diese Gründe heraus.
- Behandle Informationen, die im Rahmen der Tätigkeit zugänglich werden, stets vertraulich. Und: Weise Absichten, Dir die Botenrolle anzutragen, zurück.

- Nimm Aufträge nur dann an, wenn in selbstkritischer Einschätzung um die Grenzen der eigenen Kompetenzen Aufträge Erfolg versprechend bearbeitet werden können.
- Beachte die gegenseitige Bedingtheit und Wechselbeziehungen. Das heißt, berücksichtige die Interaktionen (System-Wirkungen) statt linearer Ursache-Wirkungs-Zusammenhänge.
- Beachte den Kontextbezug von Aussagen und Verhalten, weil der Kontext die Bedeutung der Kommunikation bestimmt.
- Beachte das gesamte System und den einzelnen Beteiligten in seinen Verflechtungen und Interaktionsmustern. Betrachte daher auch Wirkungsdynamiken, Muster, Regeln, Grenzen, mentale Modelle, Blockaden und unterschiedliche Perspektiven von Beziehungen (Muster, Regeln, Strukturen) anstatt individueller Eigenschaften.
- Beachte: Alles Gesagte ist durch die individuelle Wahrnehmung (und somit Sichtweisen, Bedeutungszuschreibungen und Konstruktion) bestimmt.
- Die Wahrheit gibt es nicht, sie ist individuell konstruiert.
- Es bedarf der Schaffung gemeinsamer, geteilter (also auch brauchbarer) Wirklichkeiten, statt an vermeintlich „objektiven" Wahrheiten festzuhalten.
- Es empfiehlt sich eher die Arbeit mit Wahrscheinlichkeiten und Hypothesen statt mit Absolutheiten.
- Unterscheide Wahrnehmen von Vermuten und Bewerten und rege die Differenzierung in Gruppen an.
- Erkenne Probleme an, versuche aber nicht, die Probleme anderer zu lösen. (Jedoch: Hilf ihnen, sie für sich selbst zu lösen.)
- Agiere lösungsorientiert und richte die Konzentration auf Ressourcen und Ziele statt problemorientiert auf die Suche nach Ursachen oder Schuld.
- Ermögliche Erkenntnisse, statt überzeugen oder überreden zu wollen.
- Sorge für eine Übertragung von Überlegungen in zeitnahes, konkretes Handeln. Prüfe Wirkungen und Wechselwirkungen sowie Verträglichkeiten.

In der Praxis zeigt sich, dass der eine oder andere hier genannte Grundsatz in unterschiedlichen Situationen und Umfeldern in verschiedenem Ausmaß gelingt. Zwei Überlegungen unterstützen eine Annäherung an die skizzierte Haltung in Prozessbegleitung und Moderation:

Reflexion ist unerlässlich

1. Zum einen können eigene blinde Flecken überwunden werden, indem das Feedback Dritter (aus dem Beratersystem genauso wie aus dem Klientensystem) die Grundlage für eigene Erkenntnisse und Reflexionsprozesse darstellt. Insoweit sind Fragen danach, wie sich Mitglieder des Klientensystems gefühlt und unterstützt gesehen haben, von besonderem Wert.

2. Daneben ist die Reflexion im Sinne einer persönlichen Bilanz von besonderer Bedeutung. Als Prozessbegleiter wird die Expertise unterstellt, Prozesse zu gestalten. Insoweit sind alle Erkenntnisse in der Nachbereitung einer Veranstaltung nützlich für Folgeveranstaltungen.

Überlebens-Set: Wenn es mal problematisch wird

Moderatoren und Change-Berater stehen stets im Fokus, besonders dann, wenn die Stimmung in der Gruppe kippt oder aber Meinungsverschiedenheiten offen ausgetragen werden. Dann tritt häufig gespannte Ruhe bei den übrigen Teilnehmenden ein und alle Augen sind auf den Externen (bzw. Internen) gerichtet. Die nachfolgenden Zeilen sollen anhand weniger Interventionen aufzeigen, wie solche problematischen Situationen in der Praxis souverän gemeistert werden können. Grundsätzlich möchte ich dazu auch auf das systemische Fragen verweisen (s. ab S. 42). Diese Fragen fördern, dass Angesprochene sich von ihrer bisherigen Sicht bzw. ihren gefestigten Verhaltensweisen lösen und sich auf andere Blickwinkel und Einstellungen einlassen können.

Praxisbeispiele

Zwei Teilnehmer schreien sich an. Ein Teilnehmer bricht in Tränen aus. Ein anderer verlässt nach einer Auseinandersetzung wütend und mit deutlich vernehmbarem Türschlag den Raum. Ausnahmesituationen kommen selten vor, kündigen sich nicht immer an und bestimmen sodann die gegenwärtige Situation. Was ist zu tun? Solche Situationen zu übergehen, ist vermutlich keine glückliche Lösung. Alle Teilnehmer sind im wahrsten Sinne des Wortes beteiligt, und dies auch emotional. Das Geschehene einfach so stehen zu lassen, oder womöglich nur kurz relativierend zu kommentieren, hätte womöglich weitreichende Folgen für das Vertrauen in den Berater und somit für den weiteren Prozessverlauf.

Ruhe bewahren und eigene Anteile reflektieren

Zunächst einmal: Ein Schnellschuss nützt jetzt niemandem! Bewahren Sie selbst die Ruhe. Hektisches Agieren, unglückliche Kommentare oder gar Sprüche, die Öl ins Feuer gießen, sind in jedem Fall zu vermeiden. Also: kurz tief durchatmen. In einem ersten Schritt sollte Ihnen klar werden, ob und gegebenenfalls welche eigenen Anteile Sie an dieser Situation haben.

Situation verstehen

Sofern es solche Anteile gibt, werden gerade von Ihnen auch angemessene Aktivitäten erwartet. Dies kann beispielsweise eine klärende Frage sein. Hierbei empfiehlt es sich besonders, sich auf Grundregeln der Kommunikation in Konfliktsituationen zu erinnern. Eine Frage unter Verwendung einer sogenannten Ich-Botschaft könnte beispielsweise lauten: *„Ich nehme gerade eine besondere Betroffenheit wahr. Was habe ich dazu beigetragen oder wodurch habe ich dies noch befördert?"*

Störungen haben Vorrang

Im Zweifelsfall erfahren Sie jetzt Kontext, der im weiteren Projekt noch nützlich sein kann. In einem realen Projekt bestand beispielsweise das eigentliche Vorhaben darin, mit den Angehörigen einer Abteilung eine wertebasierte Strategie im Sinne einer Neuausrichtung der Geschäftsfelder zu erarbeiten. Erst das Weinen einer Teilnehmerin brachte zu Tage, dass in der Gruppe erhebliche Sorgen wegen eines möglichen Arbeitsplatzabbaus bestanden. Damit wurde deutlich, dass zunächst dieses Thema zu bearbeiten war. Beachten Sie hier den Grundsatz: **Störungen haben Vorrang**! In diesem Fall konnte am Nachmittag eine moderierte Sequenz mit dem Geschäftsführer des Unternehmens für Klarheit sorgen. Danach waren, wie man so schön sagt „die Hebel umgeschaltet" und erst dann konnte ein kreativer und wertvoller Arbeitsprozess starten.

Eskalation stoppen und Grenzen setzen

In sehr emotionalen Situationen zwischen Teilnehmenden werden Interventionen des Beraters mitunter überhört. Hier bedarf es einer klaren, deutlich und vor allem mit verbindlicher Stimme formulierten Intervention. Diese wird gestartet mit einem durch Körpersprache untermauerten „Stopp". Dabei wird zusätzlich zu einer freundlich bestimmenden Mimik auch die Hand zum Stoppzeichen erhoben. Die Stimme sollte dabei deutlich vernehmbar, jedoch nicht zu laut und damit nicht zu provozierend wirken. So wäre es eher zu empfehlen dass man ein zweites noch deutlich vernehmbares „Stopp" formuliert, sofern man zunächst überhört wurde. Dieses „Stopp" soll zunächst allein für sich stehen, es folgt mithin eine kleine Pause. Die Grenze kann dabei beispielsweise so gesetzt werden:

- *„Setzen Sie sich bitte wieder hin!"*
- *„Wiederholen Sie bitte Ihr Anliegen mit ruhiger Stimme!"*

Lösungsorientierung erzeugen

Soweit Emotionen die Situation bestimmen, bedarf es nun der Rückkehr von der Beziehungsebene auf die Sachebene. Dies gelingt üblicherweise mit lösungsorientierten Fragen (vgl. S. 52 ff.). Beim weiteren Vorgehen ist auch wichtig, dass ein Gesichtsverlust durch den Berater vermieden wird.

Die „störende" Person hat ihre Bedürfnisse. So kann es beispielsweise sein, dass ein Teilnehmer wütend mitteilt, er wolle den ganzen Sch... hier nicht mehr mitmachen, er habe schließlich genug Wichtiges zu tun. Nach meinem Verständnis gilt für die Teilnahme an Workshops und Meetings Freiwilligkeit. Dies zumindest aus Sicht des Prozessbegleiters, daneben stehen sicherlich auch Pflichten aus dem Arbeitsvertrag. Insoweit braucht es in einer solchen Situation keinen Zwang zum Bleiben. Der Berater kann beispielsweise wie folgt reagieren: *„Nun. Sie sagen, Sie haben noch anderes Wichtiges zu tun. Das verstehe ich. Es steht Ihnen frei, zu gehen. Bedenken Sie jedoch auch, dass Ihre Mitwirkung hier wichtig ist und dass hier Dinge besprochen werden, die auch Ihre künftige Arbeit betreffen. Sie dürfen gehen, oder aber noch ein wenig schauen, ob Sie sich hier einbringen möchten. Ganz wie Sie wollen."*

Auf Nachfrage bestätige ich an dieser Stelle auch gern, dass ich zu meinem Angebot, jemand dürfe gehen, stehe. Dies auch gegenüber Vorgesetzten. Das Angebot gehen zu dürfen, wurde bislang noch nie genutzt.

Workshop unterbrechen

Je nach Betroffenheit in der Gruppe kann es auch nützlich sein, die Veranstaltung für eine kurze Sequenz zu unterbrechen. Diese kurze Pause ermöglicht es den Teilnehmenden (und dem Prozessbegleiter), den Kopf wieder frei zu bekommen. Diese kurze Unterbrechung für ca. 30 bis 45 Minuten wird wie folgt eingeleitet: *„Die letzten Minuten haben unsere gesamte Aufmerksamkeit verbraucht. Es ist daher nützlich, mal durchzuatmen und den Kopf wieder frei zu bekommen. Wir unterbrechen daher für 30 Minuten. Vertreten Sie sich gern die Beine. Gehen Sie an die frische Luft. Sie dürfen auch hier im Raum bleiben. Nach dieser Pause besprechen wir, wie wir wieder arbeitsfähig werden können. Nach der Pause werde ich Sie fragen, wie eine gute Lösung aus Ihrer Sicht aussehen kann."*

Richtungswechsel Lösungsorientierung

Die belastende Situation ist hiermit bereits beendet. Zudem wurden die Gedanken weg vom Problem Richtung Lösung verändert, das ist eine gute Voraussetzungen, zumal die Gruppe mit in die Verantwortung genommen wird. Nach der Pause sollten die Ideen eingesammelt, durch die Gruppe bewertet und ausgewählt werden.

Bildkarten

Sicher kennen Sie den Spruch: „Bilder sagen mehr als 1.000 Worte." In der Coaching- und Trainingswelt könnte er aber auch lauten: „Bilder übersetzen Gefühle in Worte." Mithilfe von Bildkarten können Gefühle leichter in Sprache übertragen werden (z.B. „EmotionCards" von metalog; „Bildbar - Das KartenSet" von managerSeminare). Hierzu werden die Karten etwa auf dem Boden ausgelegt und die Teilnehmenden gebeten, sich eine Karte auszuwählen, die zu ihrer gegenwärtigen Stimmung passt. Danach werden die Teilnehmenden aufgefordert, zu beschreiben, weshalb sie genau diese Karte ausgewählt haben und was ihres Erachtens als Nächstes passieren sollte, damit alle gemeinsam zu guten Ergebnissen kommen können.

Methodik und Entscheidung in der Hand behalten

Wesentlich für den weiteren Verlauf ist, dass der Change-Berater als Methodenexperte die eigentliche Lösung in der Hand behält. Durch Nachfragen gelingt es üblicherweise, geeignete von ungeeigneteren Lösungsvorschlägen zu trennen. Dann kann die von der Gruppe vorgeschlagene Lösung gewählt und umgesetzt werden.

Ist dies in seltenen Fällen einmal nicht möglich, so liegt die Verantwortung für einen lösungs- und ergebnisorientierten Fortgang beim Berater. Sofern also das weitere Vorgehen von diesem kommt, sollte dies im Sinne eines Vorschlages formuliert werden. Beispielsweise: *„Wir hatten im Vorfeld unserer jetzigen Sequenz eine belastende Situation (Streit, Auseinandersetzung etc.). Sie erwarten von mir zu Recht, ein geeignetes Vorgehen zu wählen. Daher schlage ich Ihnen vor, ... In vergleichbaren Situationen hat sich dies bewährt. Was meinen Sie, möchten Sie dies so versuchen?"*

Versuch vorschlagen

Im Normalfall wird die Gruppe einem solchen Vorschlag folgen, da es zuvor an eigenen Ideen mangelte oder aber die Verantwortung hierfür ohnehin beim Berater gesehen wurde. Zudem besteht in der Gruppe meist ein Interesse, die unangenehme Situation hinter sich zu lassen. Sollten nun auf Grundlage des eigenen Vorschlags doch weitere Vorschläge aus der Gruppe kommen, ist aufseiten des Prozessbegleiters abzuwägen, ob dies methodisch nützlich ist. In diesem Fall darf man gern der Gruppe folgen, andernfalls den eigenen Vorschlag wiederholen. Die Wiederholung kann mit einem Angebot verbunden werden, die Lösung auszuprobieren und dann gemeinsam zu schauen, ob das Vorgehen funktioniert.

Fragen in Prozessbegleitung und Moderation

Fragen fragen

Moderation und Prozessbegleitung, der Fokus dieses Buches, haben ein wesentliches und verbindendes Merkmal in der Kommunikation. Beide legen einen Schwerpunkt darauf, Fragen zu fragen. Auch wenn es etwas seltsam klingt, Fragen werden gerade in der moderierenden oder prozessbegleitenden Rolle viel weniger beantwortet, sondern vielmehr gefragt.

Prozessbegleitung vs. Beratung

Mit dieser Schwerpunktsetzung auf Fragen unterscheiden sich diese beiden Disziplinen erheblich von anderen Beratungskonzepten. Ein Steuerberater wird auf die Frage seines Mandanten im Idealfall verständlich, ausführlich und vor allem rechtlich richtig antworten wollen. Gleiches gilt in der Beziehung Rechtsanwalt zu Mandant. Und auch Unternehmensberatung erfolgt in der Grundstruktur des Vorhaltens und des Weitergebens von Expertise. Zwar stellt auch ein Steuer- oder Unternehmensberater selbstredend Fragen, beispielsweise im Interesse einer fundierten Auftragsklärung. Doch im Übrigen und Üblichen erwarten die Mandanten fachlich fundierte Bewertungen bzw. Hilfestellungen von solchen Beratern. Ganz anders ist das Konzept in der Prozessbegleitung und in der Moderation.

Fragen statt sagen

Moderatoren und Prozessbegleiter (nachfolgend der Einfachheit halber synonym Prozessbegleiter genannt) gehen einen anderen Weg. Sie wissen, dass die Mitglieder des Klientensystems ihre Organisation und deren Wirkmechanismen sowie mögliche Probleme sachlich-inhaltlicher Art besser kennen als Außenstehende.

Ein Prozessbegleiter wirkt als Methodenexperte. Wie bereits erwähnt, unterstützt er mit Methodenkompetenz das Klientensystem auf dem Weg von einer nach und nach konkretisierten Problem- oder Fragestellung hin zu einer durch das Klientensystem ebenso erarbeiteten Lösung. Der Prozessbegleiter verantwortet folglich, *wie* das Klientensystem sich Richtung Ziel bewegt. Er verantwortet den Prozess. Das Klientensystem seinerseits verantwortet das *Wohin* und *Was*, indem es aus sich heraus das Ziel der Veränderung definiert und beschreibt, was künftig anders besser getan werden soll. Der Prozessbegleiter hält sich inhaltlich, also in Bezug auf das *Wohin* und *Was* zurück. Diese Art der Zurückhaltung mündet in einem Wesensmerkmal der Prozessbegleitung: Fragen zu fragen. Es ist allgemein bekann, dass Fragen zum Denken anregen. Damit ist gleichzeitig auch eine der wirksamsten Interventionen beschrieben, die von Prozessbegleitern ausgehen kann.

Fragen bestimmen die Denkrichtung

Stellt der Berater also beispielsweise eine Frage nach dem Problem, so darf es nicht verwundern, dass sich die Adressaten dieser Frage gedanklich mit Problemen beschäftigen. Der Berater hat also bereits mit der ersten Intervention, dem Stellen einer simplen Frage, die Denkrichtung der Teilnehmenden für die kommende Sequenz bestimmt. Was zeigt, dass das Fragen von Fragen von außen zwar leicht aussieht, gleichwohl aber Herausforderungen bietet.

Was also machen Fragen mit dem Adressaten? Was zeichnet eine gute Frage aus? Und welche Frage passt zum jeweiligen Kontext? Auf den folgenden Seiten werden diese Punkte beantwortet und die aus meiner Sicht wichtigsten Aspekte und Fragearten aufgezeigt. Dort werden Sinn und Zweck von wichtigen Fragetechniken und zahlreiche Beispiele für den Einsatz in der Moderation und Prozessbegleitung erläutert. Die dort angegebenen beispielhaften Fragen zu jeder Kategorie sind vielmehr als Anregung denn als Blaupause gedacht. Sie sollen deutlich machen, wie weit das Spektrum möglicher Fragen ausfallen kann. Die Ausführungen sind für Einsteiger und Profis gleichermaßen nützlich, um ein geeignetes Fragen-Set zu entwickeln bzw. zu vervollständigen.

Zeit zum Antworten lassen

Dem Grundanliegen dieses Buches folgend, sind die meisten Fragen der systemischen Praxis entlehnt. Sie sind daher sehr bewusst ziel-, lösungs-, sowie ressourcenorientiert gestellt. Dabei gilt stets: Maßgeblich für eine gute Frage ist, dass die Frage ihre Adressaten darin unterstützt, das Anliegen für sich zu bearbeiten, also einen Schritt weiterzukommen. Wenn eine formulierte Frage nicht gleich beantwortet wird, oder zu Stirnrunzeln führt, heißt dies nicht, sie sei schlecht. Wie bereits ausgeführt, regen Fragen zum Denken an. Eine „gute“ Frage beleuchtet also auch Perspektiven, Aspekte oder Facetten, über die durch die Adressaten bisher noch nicht nachgedacht wurde. Die Frage war also möglicherweise sehr wirkungsvoll, auch wenn die Antworten nicht gleich sprudeln. Geben Sie der Gruppe ausreichend Gelegenheit, die Antworten auf eine Frage zu finden. Unterlassen Sie es auch, die Frage fortwährend umzuformulieren und damit den Denkprozess zu stören. Haben Sie Geduld! Die Adressaten werden Verständnisfragen stellen, sollte doch einmal eine Umformulierung benötigt werden.

Geschlossene und offene Fragen

Zunächst werden bei Frageformen sogenannte geschlossene und offene Fragen voneinander unterschieden. Geschlossene Fragen können üblicherweise mit „Ja" oder „Nein" beantwortet werden. Alternative Antworten wären beispielsweise „Das weiß ich nicht" oder spitzfindiger „Es kommt darauf an". Offene Fragen hingegen zielen nicht auf eine zustimmende oder ablehnende Antwort ab. Sie beinhalten keinerlei Vorgaben zu möglichen Antworten. Der Befragte hat folglich vollkommene Freiheit zur Beantwortung der Frage.

Beispiele für geschlossene Fragen

- *„Können wir beginnen?"*
- *„Benötigen Sie noch etwas?"*
- *„Ist etwas nicht in Ordnung?"*
- *„Stimmen Sie mir zu?"*
- *„Sind Sie fertig?"*
- *„Brauchen Sie noch etwas Zeit?"*
- *„Fehlt Ihnen noch etwas?"*
- ...

Beispiele für offene Fragen

- *„Wann können wir beginnen?"*
- *„Was benötigen Sie noch?"*
- *„Was ist nicht in Ordnung?"*
- *„Wie sehen Sie diesen Sachverhalt?"*
- *„Wie lange brauchen Sie noch?"*
- *„Wie soll es jetzt weitergehen?"*
- *„Was genau fehlt Ihnen noch zur Bearbeitung des Auftrags?"*
- ...

Diese Beispielfragen in beiden Frageformen gehören zu einem jeweils ähnlichen Kontext. Während die geschlossenen Fragen jedoch eher Meinungen, Positionen oder Ansichten erfragen, führen die offenen Fragen zu einem Dialog, der dem Befragten die Freiheit zu einer umfassenden und aus seiner Sicht maßgeblichen Antwort gibt.

Einsatz von geschlossenen Fragen

Für geschlossene Fragen spricht, dass diese das Antworten erleichtern können. Im einfachsten Fall ist nur ein „Ja" oder „Nein" zu formulieren. Dies mag insbesondere beim Einstieg in Veranstaltungen hilfreich sein. Zudem führt diese Frageform schnell zu Statements, die sich miteinander vergleichen lassen.

Nachteilig an geschlossenen Fragen ist das Antwortspektrum, insbesondere dann, wenn die formulierte geschlossene Frage nicht der aktuellen Intention des Befragten entspricht. Zudem sind neue Aspekte so nicht zu ermitteln. Geschlossene Fragen entwickeln daher eher keine Denkprozesse, sie schließen diese allenfalls ab. Das heißt, geschlossene Fragen eignen sich als Abschluss, beispielsweise für die abschließende Meinungsbildung einer Gruppe.

Offene Fragen hingegen eignen sich besonders für den Einstieg in die Denkarbeit. Sie ermöglichen eine intensive Beschäftigung mit dem jeweiligen Thema und ermöglichen es, möglichst viele Facetten bezogen auf den Kontext zu ermitteln. Sie schränken darüber hinaus die Befragten nicht ein und ermöglichen so Dialoge bzw. Gespräche. Offene Fragen zielen also darauf ab, zu erkunden, was die Adressaten zum Thema beitragen können (Informationen, Zusammenhänge, Positionen und Meinungen etc.). Sie schaffen offene Gesprächssituationen.

Die Frageform der „offenen Fragen" ist damit die Frageform für zahlreiche Instrumente der Moderation und Prozessbegleitung sowie der systemischen Arbeit insgesamt. Die Vielfalt der Antwortmöglichkeiten muss im Rahmen eines Coachings oder innerhalb eines Moderationsprozesses geordnet, gewichtet und letztlich durch die Adressaten abschließend geklärt werden. Einen schnellen Überblick über die Meinungsvielfalt im Sinne von „dafür" oder „dagegen" kann man so weniger erlangen.

Systemisches Fragen

Klarheit über Denken, Wollen, Fühlen

Systemische Fragen sind als Sammelbegriff für unterschiedliche Fragetypen zu verstehen, die in der systemischen Beratung, dem Coaching oder der Prozessbegleitung zur Anwendung kommen. Sie haben sich zum wohl wichtigsten und am meisten eingesetzten Werkzeug in systemischen Kontexten entwickelt. Mit systemischen Fragen will der Berater die Teilnehmenden anregen, über Denken, Wollen und Fühlen Klarheit zu gewinnen. Ziel ist es, die Gesprächspartner von ihrer Fokussierung auf die eigene (bisherige) Sicht oder gefestigte Verhaltensweisen zu lösen. Sie sollen sich auf andere Blickwinkel, Einstellungen und Werte einlassen wollen und die Möglichkeit zu Erkenntnisgewinnen erhalten. Diese können beispielsweise darin bestehen, Wechselwirkungen zu entdecken, komplexere Zusammenhänge zu erkennen, Ziele zu formulieren und letztlich auch Lösungsansätze bis hin zu Lösungen zu entwickeln. Der Nutzen systemischer Fragen kann entsprechend wie folgt beschrieben werden:

Nutzen systemischer Fragen

- Sie ermöglichen neue Einsichten und konstruktive Lösungen.
- Sie sichern bessere und vor allem von den Beteiligten akzeptierte Ergebnisse.
- Sie regen an, festgefahrene Meinungen und Einstellungen zu hinterfragen und sich für andere zu öffnen.
- Sie erlauben Erkenntnisgewinn.
- Sie sichern die Umsetzbarkeit, indem sie Systemaspekte einbeziehen.
- Sie fördern den Praxistransfer, da erste „wilde" Ideen bewertet, ausgewählt und bis zur konkreten Umsetzung (wer, was, wann, wie ...) geführt werden.

Wirkungen systemischer Fragen

Das geschieht durch die Wirkungen systemischer Fragen. Systemische Fragen:

- stoßen Denkprozesse an.
- unterstützen Reflexionsprozesse.
- verlassen das problembehaftete Denken (Loslassen des Problems).
- schälen Stück für Stück den eigentlichen Kern eines Themas (Problems) heraus.
- entdecken neue Perspektiven und Bewertungen.
- wenden zu möglichen Zielen hin.
- schaffen Klarheit über das (eigentlich) zu erreichende Ziel.
- decken Möglichkeiten (Chancen) auf.
- bauen Motivation für Veränderungen auf (und für den erforderlichen Eigenanteil daran).
- entwickeln mögliche Lösungen (bzw. Optionen).
- verproben mögliche Lösungsansätze.
- denken weiter, auch „um die Ecke".
- machen mögliche Ressourcen bewusst.
- machen Unterschiede messbar.
- zeigen Verhaltensmuster, Wirkung und Wechselwirkung auf.
- gestalten Beziehungen.
- machen Widersprüche bewusst.
- decken den sogenannten „Problemnutzen" auf und machen ihn diskutierbar.
- berücksichtigen mögliche Hindernisse.
- führen Erkenntnisse (Absichtserklärungen) in Taten über. Legen konkretes Handeln fest, terminieren es, versehen es mit Verantwortlichkeiten und machen es messbar.

Fragen können als Einladung vorgebracht werden, sich mit sich selbst und mit der eigenen Rolle innerhalb von Kontexten auseinanderzusetzen – und können auch vom Befragten so verstanden werden. Die Antworten können begriffen werden als ein Schritt hin zu den Wünschen, Erwartungen, Zielen oder Lösungen der Befragten. Dazu werden Fragen so formuliert, dass die Teilnehmer ...

Was bei den Teilnehmenden erreicht wird

- andere (neue) Sichtweisen einnehmen (können).
- Was-wäre-wenn-Überlegungen zulassen, (was auch bedeuten kann, den Problemraum zu verlassen).
- lösungsorientiert denken.
- handlungsorientiert (aktionsorientiert) denken.
- ressourcenorientiert denken.
- Prioritäten entdecken und bestimmen.
- Lösungen zulassen.
- Lösungsoptionen hinterfragen und werten.
- mögliche Lösungen erkennen.
- Lösungen auf Wirkungen und unerwünschte Wirkungen bzw. Wechselwirkungen verproben.

Nicht selten sind Teilnehmer dann schließlich verblüfft darüber, es aus eigener Kraft geschafft zu haben. Eine Formulierung aus dem Klientensystem wie etwa: *„Da hätten wir eigentlich auch selbst draufkommen können!“* zeigt die Wirkung eingesetzter Methoden auf der Prozessebene und darf, so denke ich, als Kompliment verstanden werden.

Wichtig ist, dass all dies wertschätzend und frei von Manipulation oder Druck passiert. Durch systemische Fragen werden nicht einfach nur Informationen abgefragt, sondern Gedanken und Ideen erschaffen, die zuvor (häufig) noch nicht beim Adressaten vorhanden waren.

Fragend intervenieren

Fragen Sie daher nicht aus lauter Neugier, sondern formulieren sie bewusst und mit der Absicht, eine bestimmte Wirkung zu erzielen. Diese erwartete Wirkung basiert auf Hypothesen (vgl. S. 234 ff.). Aus systemischer Sicht wird dabei nicht von „mechanischen“ Ursache-Wirkungs-Zusammenhängen ausgegangen (vgl. S. 28). Das bedeutet, als Wirkung kann auch etwas völlig anderes, Unerwartetes entstehen. Es wird passieren, was passieren wird und das ist in Ordnung. Werden Fragen allerdings unreflektiert gestellt, kann das problematische Auswirkungen haben, wie im Folgenden beschrieben.

Mögliche Wirkung systemischer Fragen

Für alle Fragen – ganz unabhängig davon, welche Inhalte im Fokus stehen und ob es sich um offene oder geschlossene Fragen handelt – gilt:

Die fragende Person leitet durch sie das Gespräch. Dabei können eine Reihe von Unterstellungen und Annahmen in diesen Fragen implizit enthalten sein, wovon sich die am Gespräch Beteiligten nicht immer frei machen können. Dies gilt in Gesprächen ebenso wie in moderierten Veranstaltungen, aufseiten der Befragten genauso wie seitens des Fragenden.

Wenn also jemand etwas fragt, so kann in der Frage noch eine andere Aussage stecken, die nur „implizit" angedeutet ist (also unterschwellig und möglicherweise unbedacht). Das Implizite kann beim Stellen einer Frage aber auch absichtlich genutzt werden: Soll beispielsweise eine bestimmte Verhaltensweise kritisiert werden, geschieht dies oft nicht, indem diese Verhaltensweise direkt angesprochen wird (also „explizit"), sondern indem sie sprachlich mit etwas anderem verbunden wird, um den Betroffenen nicht bloßzustellen. Umgangssprachlich heißt das „durch die Blume sprechen".

Fragen können auch mit Nachdruck gestellt werden bzw. vom Befragten so empfunden werden. Dies erzeugt bei ihm das Gefühl, er sei zu einer Antwort gezwungen. Die Frage wird dann als Angriff erlebt, insbesondere dann, wenn der Fragende (tatsächlich oder vermeintlich) etwas Bestimmtes erreichen will und weiß (oder zu wissen glaubt), womit sich der Befragte auseinanderzusetzen hat.

Im Gegensatz hierzu können Fragen auch als Einladung zur Auseinandersetzung vorgebracht und auch vom Befragten so verstanden werden. Die Antworten können begriffen werden als ein Schritt hin zu den Wünschen, Erwartungen, Zielen oder Lösungen des Befragten.

Fragen, die Sie besser weglassen

Es gibt im allgemeinen Sprachgebrauch außerdem eine Reihe von Frageformen, hinter denen die Absicht steckt, eine Person bloßzustellen bzw. zu dominieren, individuelle Ziele zu verwirklichen oder aber auch Gespräche abzutöten. Solche Frageformen finden bewusst oder unbewusst Verwendung. Dann gibt es Fragen, die aufgrund ihrer Konstruktion verwirren oder die Gedanken in aus systemischer Sicht ungeeignete Richtungen lenken. Solche Frageformen sind für die Verwendung durch professionelle Moderatoren oder Prozessbegleiter nicht geeignet.

Eine besondere Frageform ist die sogenannte „Warum-Frage". Warum-Fragen zielen zunächst einmal auf Ursachen ab und sind daher bereits per se keine systemische Frageform. Sie finden in der Moderation keine Verwendung. Die Warum-Frage ist zusätzlich kulturell negativ belegt. Bereits in sehr früher Kindheit wird diese besondere Form der Frage durch Autoritätspersonen wie Eltern oder Lehrer verwendet. Aber auch im Arbeitsleben wird auf „Fehler" oft mit dieser besonderen Form detektivischer Fragen eingegangen. In der Kindheit prägend beispielsweise:

Warum-Fragen

- *„Warum hast Du deine Hausaufgaben nicht gemacht?"*
- *„Warum hast Du dein Zimmer nicht aufgeräumt?"*
- *„Warum kommst Du (schon wieder) zu spät?"*

Später im Arbeitsleben klingt das dann so:

- *„Warum haben Sie das nicht sehen können?"*
- *„Warum haben Sie das nicht verhindert?"*
- *„Warum ist das passiert?"*
- *„Warum sind Sie (schon wieder) zu spät?"*

Auf der psychologischen Ebene entsteht für den Befragten eine unangenehme „Verhör-Situation", die möglichst schnell wieder enden soll. Die Frage drängt förmlich „in die Ecke" und provoziert ein immer wiederkehrendes Verteidigungsmuster. Im Allgemeinen folgt auf eine solche Frage eine Rechtfertigung bzw. Verteidigung. Über den Wahrheitsgehalt der abverlangten Stellungnahmen bzw. den so provozierten Anteil möglicher „Notlügen" soll an dieser Stelle nicht spekuliert werden. Die Warum-Frage gehört daher nicht zu den durch Moderatoren und Prozessbegleiter genutzten Fragen.

Folgende Frageformen hingegen gehören darüber hinaus nicht in das Repertoire eines Moderators (vgl. u.a. Klebert/Schrader/Straub 2006):

Ungeeignete Frageformen

- Suggestivfragen
- Rhetorische Fragen
- Kettenfragen
- Bloßstellende Fragen
- Lehrerfragen – Fragen, deren Ergebnis richtig oder falsch sein kann
- Fangfragen
- Fragen, deren Ergebnis selbstverständlich ist

Sie widersprechen in ihrer Gesamtheit der beschriebenen Haltung in Moderation und Prozessbegleitung.

Vielleicht an dieser Stelle noch eine Anmerkung zur Einordnung. Wie Sie sehr leicht beim Lesen der einen oder anderen nachfolgenden Frage feststellen werden, lassen sich einzelne Fragen durchaus mehreren Kategorien zuordnen. Daher meine Empfehlung: Probieren Sie die einzelnen Fragen hinsichtlich ihrer Wirkung einfach aus. Im Laufe der Zeit wird sich ein individuelles Fragen-Set entwickeln.

VAKOG-Perspektiven

Das Akronym VAKOG entstammt ursprünglich der NLP-Tradition (**n**euro**l**inguistische **P**rogrammierung). VAKOG hilft dabei, Fragen um Sinneseindrücke anzureichern. Die Grundüberlegung, die Sinne eines Menschen anzusprechen, ist auch außerhalb der NLP zu Recht verbreitet. Ich möchte an dieser Stelle den Grundgedanken von VAKOG herausgreifen und verdeutlichen, dass beispielsweise die Fragen nach Zielen oder Lösungen durch die Verstärkung über Sinneswahrnehmungen eine noch größere Wirkung erfahren können. VAKOG umfasst die folgenden fünf Sinne:

Erfragbare Sinneswahrnehmungen

- **V**isuell *(Sehen)*
- **A**uditiv *(Hören)*
- **K**inästhetisch *(Fühlen)*
- **O**lfaktorisch *(Riechen)*
- **G**ustatorisch *(Schmecken)*

Auf diese fünf Sinne greifen wir im Rahmen systemischer Fragen in erster Linie zurück. Die Grundüberlegung von VAKOG gilt dabei für verschiedene Fragenkategorien gleichermaßen – insbesondere für die ziel-, lösungs- und ressourcenorientierten Fragen.

In der Prozessbegleitung hat es sich bewährt, Ziele bzw. Lösungen oder Lösungsansätze über das Einbinden „aller" Sinne möglichst spürbar und erlebbar werden zu lassen. Sinne – wie hier gemeint – stellen die Fähigkeit dar, Reize der Umwelt wahrzunehmen. Die Sinneswahrnehmung selbst ist die Verarbeitung der wahrgenommenen Reize und in der Folge Grundlage für unser Denken und unser Handeln. Dies sowohl bewusst als auch unbewusst (s. auch Erläuterungen zum konstruktivistischen Denken und Handeln, S. 28 ff.).

Menschen erleben die Welt also unter Zuhilfenahme ihrer Sinne. Sinneswahrnehmungen werden genauso abgespeichert wie Wissen und Erfahrungen. So werden beispielsweise mit bestimmten Liedern oder auch Gerüchen ganz bestimmte Ereignisse verbunden und so auch wieder erinnert. Selbst vermeintlich Vergessenes kann über das Verknüpfen mit Sinneswahrnehmungen wieder zurück in das Gedächtnis geholt werden. Inwieweit und vor allem welche Sinne eine dominantere Rolle spielen, ist individuell unterschiedlich. Nach allgemeiner Auffassung haben Menschen bevorzugte Kanäle. Nicht vergessen werden darf auch, dass Sinne von Geburt an oder durch Unfall oder Krankheit weniger ausgeprägt oder auch gar nicht mehr vorhanden sein können. Aus diesen Gründen sollten möglichst immer mehrere Sinne angesprochen werden.

Positive Reize motivierend einbinden

VAKOG erinnert uns daran, dass bei besonders intensiven Erlebnissen häufig auch mehrere Sinne besonders aktiv sind. Dies gilt für positiv belegte Erlebnisse (Erfolge, Freude, Glück, Liebe) gleichermaßen wie für Negatives, wie zum Beispiel Misserfolge, Tiefschläge oder Traumata. Im positiven Sinne können also sinnesbetonte Beschreibungen von beispielsweise Zielen oder auch Lösungen das „Hineinspüren" ermöglichen und so auch stark wirkende ergänzende intrinsische Motive setzen. Die Annahme ist, dass eine Lösung dann stärker angestrebt wird, wenn sie mit positiven Reizen angereichert und damit noch besser vorstellbar ist.

Sachlich ist eine Unterscheidung beispielsweise von zielorientierten Fragen mit VAKOG und ohne VAKOG weder nützlich, noch tatsächlich möglich. Die fünf VAKOG-Perspektiven werden vielmehr in die zu stellenden Fragen an passender Stelle eingeflochten. Gerade wenn Sie den Eindruck haben, von gegenwärtig erarbeiteten Zielen gehe kaum Motivation aus, es existiere kaum Verlangen, das Ziel auch zu erreichen, dann können die VAKOG-Perspektiven helfen, entweder

Nutzen von VAKOG-Fragen

- in das Ziel motivierend hineinzuspüren, das Ziel zu verstärken (Intensivierung)
- mögliche innere Widerstände aufzuspüren
- oder auch aufzudecken, dass noch nicht das geeignete Ziel formuliert wurde.

Praxisbeispiel

Beispiel aus der Praxis:
Frage: *„Was möchten Sie erreichen?"*
... Denkt nach, Antwort: *„Mehr Zusammenhalt. Und mehr Kollegialität."*
Frage: *„O.K. Mehr Zusammenhalt und mehr Kollegialität. Mal unterstellt, dieses Ziel wäre erreicht. Wie würde sich die Veränderung spüren lassen? Wie würde es sich anfühlen, anhören oder gar riechen lassen?"*
Kurze Pause ... Antwort: *„Es riecht nach Kaffee. Ja! Nach frischem Kaffee."*
Kurze Pause ... Antwort: *„Und Stimmengewirr. Die Kollegen würden sich morgens wieder in der Kaffeeküche treffen. Sich kurz austauschen oder abstimmen. Sicher auch nach dem Wochenende oder der Familie fragen. Eben alles, was zu einem guten Betriebsklima gehört." (...)*

Wann VAKOG eingesetzt wird

Setzen Sie Fragen mit VAKOG-Verstärkung immer dann ein, wenn Sie den Eindruck haben, dass formulierte Ziele sich noch nicht als wirklich erstrebenswert anhören. Diese Hypothese wird sodann entweder widerlegt oder es werden Zielkonflikte erkennbar oder aber die Suche nach einem besser geeigneten Ziel beginnt.

Anmerkung: VAKOG wird an anderer Stelle auch als Kommunikationsmodell bezeichnet. Es sei daher hier angemerkt, dass sich an den Begriff „Modell" höhere Erwartungen richten, als dies Akronyme wie VAKOG, SMART, PESTEL oder auch SCORE vermögen. VAKOG ist folglich mehr als Erinnerungshilfe für ein bestimmtes Vorgehen zu verstehen.

Mit VAKOG ist auch das Spektrum unserer Sinne noch nicht ganz vollständig erfasst. Es existieren weitere Sinne, zum Beispiel:

Weitere Sinne

- Temperaturempfinden
- Gleichgewichtssinn
- Bewegungssinn und Selbstwahrnehmung im räumlichen Bezug
- Zeitwahrnehmung
- Schmerzempfinden
- ...

Je nach wissenschaftlicher Disziplin werden darüber hinaus noch weitere Sinne definiert und beschrieben.

Zielorientierte Fragen

Ziel-, lösungs- und ressourcenorientierte Fragen folgen dem Grundprinzip systemisch-konstruktivistischen Denkens. Sie stellen einen Gegensatz zu problemorientierten Fragen dar und helfen, eine Klärung zu den angestrebten Zielen zu erreichen. Zielorientierte Fragen führen zu einer Beschreibung des erwünschten Zustands, decken die Folgen für den Befragten und für dessen Umfeld auf und ermöglichen es, Hindernisse aufzuspüren.

Eine Lebensweisheit besagt: „Wer nicht weiß wohin er will, kommt auch nicht an." Insoweit ist in Veränderungsprozessen innerhalb des Klientensystems eine Klarheit darüber, was nach der Veränderung anders besser sein soll, von erheblicher Bedeutung. Bereits in der Auftragsklärung wird die Frage danach, was am Ende des Beratungsprozesses erreicht sein soll, umfänglich erörtert.

„Negative" vs. „positive" Ziele

Nicht selten formulieren Menschen Aspekte, die sie nicht mehr erleben wollen, wie: *„Ich will nicht mehr so viel Streit."* Dies entspricht wohl dem allgemeinen Sprachgebrauch, ist jedoch in der Prozessbegleitung ebenso wie im Coaching oder in der Moderation wenig förderlich. Ich spreche bei solchen Formulierungen auch von „negativen Zielen". Der

Fokus liegt hierbei noch auf dem Problem. Das Wissen um Aspekte, die (aus dem heutigen Ist-Zustand künftig) nicht mehr sein sollen, ersetzt jedoch nicht das unverzichtbare Wissen darüber, was stattdessen (anders besser) sein soll. *„Nicht mehr so viel Streit"* kann vieles bedeuten: nicht mehr miteinander reden, versetzt werden wollen, den anderen versetzen lassen wollen, ein Machtwort vom Chef ...

Negierungen vermeiden

Um Lösungen entwickeln zu können, braucht es ein „positives Ziel" – im Sinne von: Da will ich hin! Erst dieses ermöglicht es auch, über eigene Schritte in Richtung dieses „positiven" Ziels nachdenken zu können. „Positive" Ziele erst ermöglichen es, den in der Zukunft liegenden Lösungsraum zu betreten. „Positiv" steht also auch für „Daran kann ich arbeiten", es ist „gestaltbar". Hinterfragen Sie daher Verneinungen in Zielformulierungen und orientieren Sie durch Fragen auf den Zielfokus.

Praxisbeispiel „negatives" Ziel

Tauchen „negative" Zielformulierungen auf, ist dies ein möglicher Ausdruck davon, dass der Befragte für sich noch nicht die angestrebte Veränderung gefunden und formuliert hat. Im fragenden Dialog ist es daher zunächst Aufgabe, hier für Klarheit beim Klienten zu sorgen:

(...) *„Ich möchte nicht mehr so viel Streit."*
Frage: *„O.K., weniger Streit. Was soll stattdessen sein? Was möchten Sie stattdessen erreichen?"*

Das Ergebnis einer Zielklärung zu „nicht mehr so viel Streit" könnte zum Beispiel sein:

Beispiele für Zielklärung

- der Prozess ist geklärt und beschrieben,
- organisatorische Schnittstellen in Arbeitsabläufen sind vereinbart und beschrieben,
- es existieren Regeln zur Zusammenarbeit, an die sich alle halten (können und wollen).

In zahlreichen weiteren Interventionen steht ebenso die Frage im Raum, was genau erreicht werden soll und wie dieses Neue aussehen soll. Doch dahinter steckt noch mehr! Im Idealfall wird das Ziel so ausgestaltet, dass allein aus dieser Beschreibung heraus Energien freigesetzt werden und eine für den Veränderungsprozess nachhaltige Motivation entwickelt wird.

Nicht-Ziele können für Klarheit sorgen

Im Projektmanagement kennen wir auch sogenannte „Nicht-Ziele". Diesen kommt eine besondere Bedeutung in der Auftragsklärung zu. Nicht-Ziele beschreiben sehr klar, was **nicht** Bestandteil der Lösung sein soll. Nicht-Ziele werden als wichtiger Baustein im Rahmen der Anforderungsanalyse erfasst. Sie stellen dort für eine Abgrenzung zu Anforderungen (häufig Funktionalitäten) dar, die ausdrücklich nicht Bestandteil eines Projektes sind. Insoweit können neben „positiven Zielen" zur Bestimmung des Umfangs von Projekten auch Nicht-Ziele für mehr Klarheit sorgen. Was ist Bestandteil des Projektes? Und was ausdrücklich nicht? „Negative Ziele" und Nicht-Ziele sind daher zu unterscheiden (vgl. dazu auch „Zielkategorien", auf S. 123).

Beispiele für zielorientierte Fragen

- *„Was ist das (Ihr) Ziel?"*
- *„Was genau möchten Sie erreichen?"*
- *„Was soll künftig anders besser sein?"*
- *„Seit wann besteht dieses Ziel?"* Mögliche Folgefrage: *„Was hat Sie davon abgehalten, das Ziel bereits zu erreichen?"*
- *„Was haben Sie bereits versucht, um dieses Ziel zu erreichen?", „Woran messen Sie, dass wir erfolgreich gearbeitet haben?", „Woran erkennen Sie, dass das Ziel erreicht wurde?"*
- *„Was wird mit Erreichen des Ziels ...*
  - *... anders oder besser?"*
  - *... noch möglich?"*
- *„Bis wann soll das Ziel erreicht sein?"*
- *„Welche wichtigen Zwischenergebnisse (Meilensteine) sehen Sie auf dem Weg zum Ziel?"*
- *„Was wird durch Erreichen des Ziels noch verändert?"*
- *„Wer könnte etwas gegen dieses Ziel haben?"*
- *„Wer noch neben Ihnen möchte dieses Ziel auch erreichen?"*
- *„Welche weiteren Ziele wären denkbar?"*
- *„Was ist Ihrer Auffassung nach nicht Bestandteil des Ziels?"* (Nicht-Ziele) Mögliche Folgefrage: *„Wie begründet sich diese Auffassung?"*
- *„Bezogen auf die von Ihnen genannten Ziele ...*
  - *... welche sind zwingend zu erreichen?"* (Muss-Ziele)
  - *... welche wären auch noch wichtig?"* (Soll-Ziele)
  - *... welches Anliegen wäre zwar kein Ziel, Ihnen jedoch auch noch wichtig?"* (Wunsch-Ziel).
- *„Was wäre aus Ihrer Sicht beim Verfolgen des Ziels zu beachten?"*
- *„Wer ist Ihrer Auffassung nach bei der Verwirklichung des Ziels mit einzubinden?"*

Negative in positive Ziele übersetzen

Werden ziel- oder lösungsorientierte Fragen manchmal negativ beantwortet, also mit Formulierungen wie bei dem Beispiel: *„Es soll nicht mehr so viel Streit sein"*, so kann Nachfragen und das Wort „stattdessen" bei einem Wechsel der Denkrichtung helfen.

Weg vom Problem, hin zur Lösung

- *„O.K.! Was wollen Sie stattdessen?"*
- *„Hm. Wie soll die Lösung stattdessen aussehen?"*
- *„Ich verstehe. Wie werden Sie sich stattdessen verhalten?"*

Dies hier sind weitere Beispielfragen in Richtung Zielfokus:

- *„Sondern? Was stattdessen?"*
- *„Ja. O.K. Was stattdessen?"*
- *„Woran werden Sie erkennen, dass (Sie) nicht mehr ...?"*
- *„Was genau streben Sie an Stelle von ... an?"*
- *„Was ist dann, wenn ... nicht mehr auftritt, was ist anders besser?"*
- *„Wie oder wodurch ließe sich ... ersetzen?"*
- *„Was müsste passieren, damit ... weniger auftritt?"*
- *„Woran könnte ich erkennen, dass ... nicht mehr passiert? Was hätte sich dann verändert?"*

Ein Zielklärungsprozess in Gruppen oder aber auch für Einzelakteure lässt sich auch mit einer Time Line gestalten (s. S. 287 ff.).

Lösungsorientierte Fragen

Auch lösungsorientierte Fragen folgen dem Grundprinzip systemisch-konstruktivistischen Denkens. Sie unterstützen eine positive Haltung, indem sie den Fokus auf hilfreiche Menschen, Umstände oder Dinge richten. Auch werden Ausnahmen vom Problem gesucht, um darauf aufbauend Lösungen zu erarbeiten.

Vielleicht kennen Sie das auch: Die Gedanken kreisen um ein Problem. Je länger Sie sich damit befassen, desto manifester und nahezu unumgänglich erscheint dieses Problem. Gerade diese Konzentration auf Probleme ist es beispielsweise, die zu Einschlafstörungen führt. Genauso häufig werden in Diskussionen zu Problemen Defizite erörtert und Schuldige gesucht bzw. Schuldzuweisungen vorgenommen. Aber Achtung: Außer einer miesen Stimmung ist bis dahin noch nichts erreicht – noch keine Lösung in Sicht –, geschweige denn erarbeitet.

Mit lösungsorientierten Fragen wird die Aufmerksamkeit gezielt und bewusst vom Problem und damit von der Vergangenheit weg in Richtung Zukunft auf mögliche Lösungen gelenkt. Die Zukunft ist im Gegensatz zur Vergangenheit auch gestaltbar. In der Folge wird der weitere Diskussionsverlauf positiver gestaltet, da es nicht mehr darum geht, was nicht klappt. Die krampfhafte Suche nach Schuldigen oder aber Verteidigungsreden sind manchmal bereits mit einer einzigen Frage beendet und die Gedanken der Gruppe befassen sich mit künftigem Handeln.

Perspektivwechsel hin zu Lösungen

Lösungsorientierte Fragen sind, wenn man so will, der eigentliche Kern systemischer Arbeit. Es ist genau nicht das Anliegen, detailliert ein Problem zu sezieren und damit stundenlang die Vergangenheit zu durchleuchten. Es geht also nicht darum, Probleme zu finden, sondern vielmehr darum, über das Denken in Lösungen an der erwünschten Zukunft zu arbeiten. Denn der Blick in die Vergangenheit führt nicht selten neben einer Problemorientierung auch zu wenig förderlichen Auseinandersetzungen mit einer möglichen Schuldfrage. Allein der Perspektivenwechsel weg von der Vergangenheit hin zur Zukunft reicht hier aus, um geeignete Aktivitäten zu identifizieren, so die Grundannahme. Darüber hinaus sichert diese Blickrichtung in die Zukunft engagiertes und positiv-konstruktives Denken und Handeln. Man spricht an dieser Stelle auch davon, den Problemraum zu verlassen und den Lösungsraum zu betreten. Dies beachtend ist es also förderlicher, die Zukunft und den Weg dahin durch Fragen zu erforschen.

Lösungsorientierte Fragen ergänzen und vertiefen jene Fragen nach Zielen. Insoweit sind sich zielorientierte und lösungsorientierte Fragen sehr ähnlich. Es geht darum, die mögliche Lösung näher kennenzulernen und Anforderungen an die Lösung aus Sicht der Klienten aufzuzeigen. Manchmal favorisieren Mandanten bereits eine eigene Lösung, die sie jedoch nicht umsetzen. Hier wäre ein Ansatz für eine Klärung durch lösungsorientierte Fragen – es gibt ja immer einen Grund, weshalb Vorhaben keine Realität werden.

Beispiele für lösungsorientierte Fragen

- *„Welche Lösung streben Sie an?“*
- *„Wie sieht das Neue aus, das erreicht werden soll?“*
- *„Bezogen auf eine mögliche Lösung: Was soll so bleiben, wie es ist, was soll Bestand haben?“*
- *„Was soll oder muss anders besser getan werden als bisher, um die genannten Ziele zu erreichen?“*

- *„Welche Eigenschaften sollte eine mögliche Lösung aufzeigen?"*
- *„Wer wird Ihres Erachtens von einer möglichen Lösung betroffen sein? Auf wen sollten wir achten?"*
- *„Wie genau sollte Ihres Erachtens nach eine Lösung aussehen?"*
- *„Woran genau würden Sie feststellen, dass Sie eine tragfähige Lösung gefunden haben?"*
- *„Welche Lösungen haben Sie bereits in Erwägung gezogen?*
- *Was spricht dafür und was dagegen?"*
- *„Was müssen Sie anders (besser, mehr) tun, um Ihr Ziel zu erreichen?"*
- *„Was muss passieren, damit die Situation besser wird?"*
- *„Was möchten Sie erreichen? Wie könnte eine Lösung aussehen?"*
- *„Wer wird außer Ihnen die Zielerreichung noch merken und woran?"*
- *„Wer sollte im Sinne einer Erfolgssicherung mit eingebunden werden? Und aus welchem Grund?"*
- *„Was ist für einen reibungslosen Ablauf von Bedeutung?"*
- *„Woran können Sie erkennen, dass Sie eine geeignete Lösung entwickelt haben?"*
- *„Welche Eigenschaften sollte eine potenzielle Lösung beinhalten?"*
- *„Welche Erwartungen genau haben Sie an eine mögliche Lösung?"*
- *„Welche Lösungsansätze haben Sie bereits in Erwägung gezogen?"*
  - *„Was spricht für und was gegen diese Überlegung?"*
  - *„Wer oder was steht einer möglichen Lösung entgegen?"*
  - *„Worauf basiert diese Annahme?"*
  - *„Was muss daher aus Ihrer Sicht bei der Erarbeitung einer Lösung beachtet werden?"*
  - *„Welche Personen oder Personengruppen sollten in die Erarbeitung einer Lösung eingebunden sein?"*
- *„Wer profitiert von einer möglichen Lösung und kann Sie deshalb bei der Erarbeitung unterstützen?"*

Ressourcenorientierte Fragen

Ressourcenorientierte Fragen folgen ebenfalls dem Grundprinzip systemisch-konstruktivistischen Denkens. Die Ressourcenorientierung sichert, dass gefundene Lösungsansätze auch umsetzbar sind.

Aspekte getrennt betrachten

Wir verknüpfen im Denken sehr häufig Aspekte, die besser getrennt voneinander betrachtet werden sollten. Typisch ist beispielsweise ein Widerstand gegen Problemlösungen, weil diese wiederum Probleme schaffen oder schaffen können. Zeitressourcen stehen beispielsweise vielerorts nur begrenzt zur Verfügung. Jede neue Aufgabe macht so das Problem noch größer. Vielleicht aber auch nur vermeintlich!

Mit Fragen nach Ressourcen werden Überlegungen unterstützt, welche die „Herausforderung" als weniger groß und beschwerlich wirken lassen. Dies auch, weil Hilfe und Unterstützung nicht permanent im Fokus stehen und Menschen sich ihrer eigenen Ressourcen nicht immer bewusst sind.

Die vermeintliche Dramatik verliert sich nicht selten und Menschen erkennen auch, dass sie ähnliche Herausforderungen in der Vergangenheit bereits erfolgreich bewältigt haben. Sich ihrer eigenen Fähigkeiten bewusst zu sein, unterstützt sie beim Annehmen von Herausforderungen. Schließlich steht dahinter die beste Absicht: eigene Ziele verwirklichen!

Beispiele zu ressourcenorientierten Fragen

- *„Was oder welche Stärke könnte Sie dabei unterstützen?"*
- *„Auf wen können Sie zählen, wenn es schwierig wird?"*
- *„Was hat bereits in der Vergangenheit dazu beigetragen, dass sich die Situation nicht verschlimmert hat?"*
- *„Wann hat es schon einmal geklappt? Was war damals anders?"*
- *„Welche zur Verfügung stehenden Möglichkeiten sollten unbedingt Verwendung finden?"*
- *„Wie haben Sie das bisher geschafft? Und wie können Sie diese Fähigkeiten für die Zukunft nutzen?"*
- *„Wer kann Sie dabei wie unterstützen?"*

Fragen nach dem Problemnutzen

Die Frage danach, welcher Nutzen aus dem Fortbestand eines Problems erwächst, macht den (bisherigen) Nutzen (oder besser: den verdeckten Gewinn) eines Problems durchschaubar. Oder anders ausgedrückt: Das Problem besteht noch, was also hat daran gehindert, das Problem einer Lösung zuzuführen? Es kann vermutet werden, dass hinter dem Halten eines Problems noch ein weiterer Aspekt stehen könnte, der dafür sprach, das Problem besser zu belassen. Unter „verdecktem Gewinn" sind solche Aspekte zu verstehen, die bisher dafür gesorgt haben, dass das Problem nicht angegangen wurde oder die bestehen, wenn durch das Angehen künftig neue Probleme bereitet würden.

Beispiele für Fragen nach dem Problemnutzen

- *„Welchen Nutzen hätte es für Ihr Team, wenn das Problem noch eine Weile bestehen würde?"*
- *„Mal angenommen, das Problem würde noch eine Weile weiterbestehen, welches andere Problem würde dadurch vermieden?"*
- *„Nur mal angenommen, das Problem wäre gelöst, welche neuen Aspekte tauchen dann auf, die dadurch bisher vermieden wurden?"*
- *„Was wäre schlechter, wenn das Problem nicht mehr bestünde?"*
- *„Wer hätte etwas dagegen, dass das Problem plötzlich weg wäre?"*
- *„Wer hätte einen Nutzen davon, wenn das Problem noch eine Weile fortbestünde?"*

Für die Erarbeitung künftiger und tragfähiger Lösungen ist es wichtig, dass der verdeckte Gewinn eingebunden wird, also in der Lösung gebührend berücksichtigt wird. In der Praxis hat sich gezeigt, dass bei einem tatsächlichen oder bei einem von der Gruppe angenommenen Nutzen eines Problems das Etablieren der Lösung nicht vorangebracht wird, die Situation stagniert also. Manchmal führen erst solche Indizien dazu, den Problemnutzen kennenzulernen, indem dieser Umstand angesprochen wird, zum Beispiel:

Verdeckten Nutzen ansprechen

- *„Ich habe den Eindruck, dass das in der letzten Woche von Ihnen beabsichtige Gespräch zum Thema XXX noch nicht stattgefunden hat. Was hielten Sie davon, es dabei zu belassen? Was genau wäre ein möglicher Vorteil dieses Vorgehens?"*

- *„Sie berichten, dass Sie mit diesem To-do noch nicht vorangekommen sind. Nur mal angenommen, Sie würden die Situation so belassen. Was wäre der Vorteil? Wer würde sich darüber freuen?"*

Skalierungsfragen

Qualitative Aspekte greifbar machen

Nach allgemeiner Auffassung lassen sich qualitative Aspekte wie beispielsweise Gefühle oder Frust nur schlecht messen. Oft sind zudem gerade Unterschiede nur unzureichend in Worte zu fassen. In der Bearbeitung von Anliegen bzw. Themen aber gilt es, Empfindungen und Gefühle wie Erfolg oder Misserfolg, Freude oder Frustration zu bewerten – also messbar zu machen. Das Instrument hierfür sind Fragen nach Unterschieden.

Daher und genau für diesen Zweck werden skalierende Fragen als Hilfsmittel eingesetzt, die Unterschiede „greifbarer" werden lassen. Gruppe und Moderator erhalten so einen Eindruck davon, auf welcher Stufe der Bearbeitung die Gruppe steht. Zudem lassen sich so in der Moderation und Prozessberatung leicht Fortschritte im Prozess überprüfen.

Ein Beispiel aus der Praxis mag dies vielleicht verdeutlichen: In der Schmerztherapie geht es dem Namen nach um Schmerzen. Doch wie lässt sich die Wahrnehmung von Schmerz deklarieren? Wie kann der Arzt etwas so individuelles wie Schmerz messen? Nun, es gibt inzwischen bildgebende Verfahren, um die Hirnaktivität bei Schmerzereignissen zu messen, doch was tun, wenn der Schmerz nur von Zeit zu Zeit und wenig provozierbar auftritt? Dann kann die hier vorgestellte Frage helfen, denn in diesem Fall kann der Patient auf einer Skala seinen Schmerz einordnen. Ganz individuell natürlich und für den Mediziner vermutlich nur bedingt überprüfbar. Werden nun therapeutische Maßnahmen ergriffen, kann der Patient nun bezogen auf diese ihm bekannte Skala und seine individuelle Einordnung Veränderungen kommunizieren. Der Schmerz nimmt auf seiner Skala ab oder zu. Und auch das Ausmaß der Veränderung im Sinne von viel geringer oder viel höher kann so sprachlich eingeordnet werden.

In der Praxis hat sich eine Skala von 0 bis 10 etabliert (vgl. u.a. de Shazer 2009). Auch andere Skalierungen, von 1 bis 10 oder auch 100 werden publiziert. Die Null stellt auf der Skala die geringste (minimale, schlechteste) und die Zehn die höchste (maximale, beste) Ausprägung dar. Soll zum Beispiel die Zufriedenheit mit dem derzeitig erreichten Ergebnis eingeschätzt werden, so bedeutet der Wert 0 „absolut unzufrieden", und der Wert 10 „absolut zufrieden". Der Wert 10 wird auch schon mal mit der Beschreibung versehen „Sensationell, dass ich das noch erleben durfte!".

Standardeinstieg in Skalierungsfragen: *„Wie würden Sie auf einer Skala von 0 bis 10 Ihre aktuelle Zufriedenheit mit dem Ergebnis einschätzen, wenn*

- *0 für ‚schlechter geht's' nicht und*
- *10 für ‚sensationell, dass ich das noch erleben durfte'*
steht?"

Die Frage lässt sich durch eine einfache Geste unterstützen, indem die flache, ausgestreckte Hand beim Aussprechen der „0" kurz auf Gürtelhöhe und beim Aussprechen der „10" kurz auf Schulterhöhe verharrt.

Planen der nächsten Schritte

Mit Skalierungsfragen können auch Veränderungen und Erfolgswahrscheinlichkeiten erfragt und somit transparent für alle Beteiligten geklärt werden. Darüber hinaus können sie zum Planen der nächsten Schritte eingesetzt werden. Voraussetzung ist, dass ein erster Ausgangswert formuliert wurde.

Beispiele für Skalierungsfragen

- *„Auf einer Skala von 0 bis 10 ausgedrückt, wie hat sich die Zusammenarbeit in Ihrem Team seit unserem letzten Treffen verändert?"*
  - Mögliche Folgefrage: *„Was müsste passieren, damit sich die Qualität der Zusammenarbeit von heute 4 auf künftig 5 verbessert?"*
- *„Wenn Sie Ihre Zusammenarbeit im Team heute bei 4 sehen, was müsste geschehen, um auf 6 zu kommen?"*
- *„Was müsste passieren, damit Ihre Bewertung sich um einen Punkt auf der Skala verbessert?"*
- *„Wie würden Sie die Intensität des Konflikts auf einer Skala von 0 bis 10 bewerten?"*
- *„Für wie wahrscheinlich halten Sie es, dass sich das Arbeitsklima durch die neue Aufgabenverteilung von 4 auf 6 verbessert?"*
- *„Was meinen Sie, war die Ursache dafür, dass sich der Wert auf der Skala von 6 auf 4 verschlechtert hat?"*

Die Skala sollte jedes Mal erklärt werden, zumal sich die Bedeutung je nach Anlass sprachlich ändert. Dabei sollte im Sinne einer Aufwärtsentwicklung stets mit dem geringeren Wert (hier also 0) begonnen werden. Zudem geht es nicht um den absoluten Erfolg. Nicht immer muss eine 10 erreicht werden. Es geht um erste kleine und umsetzbare Schritte, die motivierend wirken. Um „Quick Wins", wenn Sie so wollen. Und seien Sie nicht verwirrt, wenn ein Teilnehmer präzise den aktuellen Stand mit *„5,75"* angibt. Ihr Gesprächspartner hat einen Aspekt für sich auf seiner Skala verortet und ist so in die Lage versetzt, auch Unterschiede abzubilden. Entscheidend ist also die Veränderung, also wohin die Adressaten sich (zunächst) entwickeln wollen. Welche Veränderung hat sich nach der Problembearbeitung bereits gezeigt? Beispiel: *„Wir sind jetzt auf 7."*

Dissoziierende Fragen

Gruppen, die schon lange mit einem Problem zu kämpfen haben, sind häufig sehr stark in „ihrem" Problem verhaftet. Die Gedanken kreisen förmlich nur noch um das Problem herum, ein Ausweg wird nicht erkannt und eine Lösung scheint unmöglich. Dies nennt man „assoziiert". Assoziierte Teilnehmer sind stark emotional beteiligt und angespannt. Sie wiederholen Aussagen und verhalten sich bezogen auf das Problem entmutigt und „verbohrt". Die Teilnehmenden sind also ungewöhnlich stark mit ihrem Problem verbunden und befinden sich, was die Bereitschaft zur Lösungsfindung angeht, in einem sogenannten Teufelskreislauf.

Abstand zum Problem gewinnen

Dissoziierende Fragen helfen, aus dem Problem gedanklich herauszutreten, vom Problem Abstand zu nehmen, dieses also beispielsweise aus der Vogelperspektive zu betrachten. Es zeigt auch gewünschte Wirkungen, die Perspektive einer dritten Person einzunehmen. Dissoziierende Fragen ermöglichen mit ihrer Sicht von außen, das Problem mit größerer Distanz zu betrachten und so „mit mehr Abstand" überhaupt an bzw. in Lösungen zu denken und sodann zumindest Lösungsoptionen zu entwickeln. Es ergeben sich dafür mindestens drei mögliche Perspektiven (vgl. Backhausen/Thommen 2003):

Mögliche Perspektiven

- die eigene assoziierte Perspektive, wie eingangs beschrieben,
- die Perspektive eines Interaktionspartners als Teil des Themas (Problems),
- die Perspektive eines unbeteiligten Dritten als Außenperspektive.

Dissoziierende Fragen schaffen durch die „Vogelperspektive" eine Übersicht und ermöglichen ein Loslösen vom Problem. Sie setzen Denkprozesse in Gang und decken unbewusstes Wissen auf.

Beispiele für dissoziierende Fragen

- *„Was würde Ihr Gegenüber Ihnen raten zu tun?"*
- *„Was würde Ihr Vorgesetzter in genau solch einer Situation tun?"*
- *„Was würde Ihr bester Freund Ihnen in dieser Situation empfehlen?"*
- *„Was würde jemand völlig Unbeteiligtes an Ihrer Stelle tun (oder empfehlen)?"*
- *„Angenommen, eine fremde Person, die weder Sie noch das Problem kennt, käme herein. Wie würde diese mir Ihre Situation schildern?"*
- *„Wenn Sie an meiner Stelle wären, welche Frage würden Sie dann stellen?"*

Reframing: Fragen, die den Rahmen ändern

Unter „Reframing" werden Interventionen verstanden, die dem Gesprächspartner (Klienten) einen neuen Rahmen für ein Problem anbieten. Dieser neue Rahmen ermöglicht beispielsweise neue Bewertungen und zeigt zuvor nicht erkannte Lösungsoptionen. Ganz besonders nützlich ist das Vorgehen dann, wenn die Betroffenen kaum oder gar nicht bereit sind, in Lösungen zu denken.

Beispiel

Reframing kann man gut an einem kleinen Beispiel veranschaulichen: Ehen werden geschlossen und manchmal auch wieder aufgehoben. Nicht ganz ungewöhnlich ist, dass Scheidungen bei den beteiligten – nun ehemaligen – Partnern mit vielen Emotionen und auch Gefühlsausbrüchen einhergehen. Man könnte also annehmen, Scheidungen stellen typischerweise ein Problem dar. Partner sind enttäuscht, verärgert oder klammern möglicherweise und verleugnen den unerfreulichen Umstand, weil sie diesen nicht wahrhaben wollen. In seltenen Fällen entwickelt sich das, was als „Rosenkrieg" bezeichnet wird. Doch es geht auch anders. Ein von beiden Seiten bewusster Schnitt, bei dem auch mit schönen Erinnerungen verbundene Vergangenheit erhalten wird aber auch bewusst auf die nun frei gestaltbare Zukunft fokussiert wird.

Wie an diesem Beispiel erkennbar ist, kann eine Situation je nach Perspektive bzw. Rahmung ganz unterschiedlich betrachtet und bewertet werden. Wenn Menschen die sich ergebenden Herausforderungen eher als Chancen verstehen, kann sich dadurch so ziemlich alles in der Bewertung dieser Herausforderungen verändern.

Wenn Menschen gedanklich tief in ihrem Problem stecken, hilft es daher, die mit der Problemlösung verbundene Herausforderung in einen neuen Kontext im Sinne von neuen Möglichkeiten oder Chancen zu übertragen. Mit dieser neuen Perspektive gelingt die Ablösung bzw. Abwendung vom Problem, was eine wesentliche Voraussetzung dafür ist, nach Lösungsansätzen bzw. Lösungen zu suchen.

Das Reframing, also die Umdeutung eines Problems, unterscheidet sich daher erheblich von der zuvor genannten dissoziierenden Frage. Die dissoziierende Frage ermöglicht eine Außensicht auf das Problem, zum Beispiel aus der Vogelperspektive. Das Reframing hingegen verhilft dazu, die Ereignisse in einem anderen Blickwinkel zu sehen oder aber diesen zu erweitern, um so die Bedeutungszuschreibungen für die Situation bzw. die Bedeutung des eigenen Verhaltens in der Situation zu verändern und damit auch die Bedeutung des unerwünschten Verhaltens.

Am Rande erwähnt: Die meisten Witze funktionieren nach dem gleichen Prinzip. Eine bestimmte Situation wird in einem zumeist mehrdeutigen und missverständlichen Zusammenhang (Rahmen) ausgeschmückt, um dann eine verblüffende Wendung zu nehmen (neuer Rahmen). Der Lacher entsteht, weil man die Geschichte zunächst in einem anderen typischen und erwartbaren Kontext gesehen hat.

In der Literatur zur Familientherapie bzw. Kurzzeittherapie finden sich mehrere Reframing-Ansätze. Aus den dort genannten möchte ich zwei herausgreifen.

1. Eine Möglichkeit besteht darin, den Kontext eines Problems, einer Situation oder eines Verhaltens so zu verändern, dass diese in dem neuen Rahmen als weniger problematisch und im besten Falle sogar als positiv empfunden werden. *Neuer Kontext*

   Beispiel: Ein Mitarbeiter setzt im Vergleich zu anderen Mitarbeitern erheblich mehr Zeit ein und gelangt so zu stets fehlerfreien Ergebnissen. Seine Kollegen wenden nur die Hälfte der Zeit auf, um zu durchschnittlich 96 % Fehlerfreiheit zu gelangen. Wäre dieser Mitarbeiter beispielsweise in der Buchhaltung beschäftigt, so wäre die Akribie eine besonders nützliche Eigenschaft, da dort regelmäßig Qualität vor Quantität geht und Fehlerfreiheit faktisch eine Mindestanforderung ist.

2. Eine zweite Möglichkeit besteht darin, allein die Bewertung einer Situation oder eines Verhaltens unter Beibehaltung des Kontextes und der Situation zu verändern. *Neue Bedeutung*

   Beispiel: Sie befinden sich in einem wichtigen Meeting und haben die Tür mit dem Hinweis „Bitte nicht stören" gekennzeichnet. Dennoch klopft es, ein Mitarbeiter tritt ein und berichtet von einem Ereignis. Sie könnten sich über diese Störung trotz Hinweises an der Tür ärgern – oder Sie nehmen das Verhalten des Mitarbeiters als Hinweis darauf, dass dieser seine Aufgabe besonders verantwortungsbewusst erfüllen und Sie zeitnah unterrichten möchte. Mit der Zuschreibung dieser neuen Bedeutung erscheint das Verhalten in einem anderen, vermutlich auch positiveren Licht. Auf der nächsten Seite sehen Sie mögliche Reframing-Fragen am Beispiel.

Ausgangs-Statement	Reframing
„Damit haben wir nur Probleme."	– *„O.K. Welche Herausforderungen sehen Sie auf dem Weg zum Ziel?"* Da „Herausforderung" gelegentlich überstrapaziert wird, alternativ auch: – *„O.K. Welche Aufgaben sehen Sie auf dem Weg zum Ziel?"* – *„O.K. Welche Angelegenheiten möchten Sie noch auf dem Weg zum Ziel klären?"* – *„O.K. Welchen Haken an der Sache möchten Sie noch geradebiegen?"*
„Das kann ich nicht."	– *„O.K. Sie können das **noch** nicht. Was würde Sie bei der Ausübung unterstützen?"*
„Der Meyer hat gestern im Meeting alles nur schwarzgesehen."	– *„Überlegen Sie bitte mal, in welcher anderen Situation wäre ein solches Verhalten nützlich?"*
„Ich darf im Projekt nicht mitarbeiten."	– *„Wofür werden Sie die so frei werdenden zeitlichen Ressourcen stattdessen einsetzen können?"* – Oder auch einfacher: *„Was wird dadurch möglich?"*

Tab.: Mögliche Reframing-Fragen

Hypothetische Fragen

In eine Situation hineinversetzen

Gerade in der Problemlösung können Gruppen auch schon mal „zum Stillstand" kommen. Schnell gilt dann eine Situation als ausweglos: *„Dafür gibt es keine Lösung."* Für solche Situationen haben sich die sogenannten hypothetischen Fragen bewährt. Diese versetzen die Gruppe in die Zielsituation. Es wird so getan, „als ob" das Ziel bereits erreicht sei. Diese Fragen laden damit zu einem Gedankenexperiment ein.

Wenn es gelingt, dass sich die Gruppe gedanklich in die Situation zu versetzen vermag, in der das Ziel bereits erreicht wäre, sind weiterführende Fragen möglich. Diese können darauf abzielen, welches Verhalten dann durch die Gruppe (oder Dritte) gezeigt würde und welche Reaktionen es darauf geben könnte. Die Antworten der Gruppe sind nützlich für das Ableiten von Lösungsoptionen. Aus den Antworten können Schritte zur Zielerreichung abgeleitet werden.

Hypothetische Fragen haben folglich den positiven Effekt, dass die Gruppe erste Schritte im Sinne einer Trockenübung ausprobieren kann, auch mit dem Ziel, festzustellen, ob diese für sie überhaupt erstrebenswert und durchführbar sind. Sie erlauben es, sich wünschenswerte Situationen vorzustellen und ermöglichen es, die Machbarkeit von Lösungen zu reflektieren. Sie erleichtern das gedankliche Ausprobieren eines gewünschten oder erwogenen Verhaltens.

Beispiele für hypothetische Fragen

- *„Angenommen, das Problem wäre gelöst, was hätten Sie dann wahrscheinlich getan? Wie würden sich Ihre Kollegen dann verhalten? Was wäre dann anders?"*
- *„Angenommen, die gefundene Lösung würde sensationell funktionieren. Was würde dann Ihr Chef als Nächstes tun? Was wäre die Reaktion Ihrer Kollegen?"*
- *„Angenommen, Sie würden heute in einem Jahr auf dieses Projekt zurückschauen. Auf welche Meilensteine und Aspekte wären Sie besonders stolz? Was würden Sie getan haben?"*
- *„Angenommen, Sie haben das Ziel aufgrund von drei Wünschen erreicht, die Ihnen eine gute Fee erfüllt hat. Welche drei Wünsche waren das? Was genau haben Sie verändert oder getan?"*

Paradoxe Fragen

Dieser Fragentyp wirkt auf den ersten Blick etwas merkwürdig. Paradox im eigentlichen Wortsinn steht für „unlogisch", „widersinnig", „widersprüchlich", „absurd" oder auch „abwegig". Paradoxe Fragen sind auf ungewöhnliche Art gegensätzlich formuliert, indem sie das Problem bzw. das Problemverhalten verstärken. Das Verstärken des Problems wird gezielt genutzt, um dadurch Erkenntnisgewinne zu erzielen. Paradoxe Fragen erschüttern festgefahrene Sichtweisen und reizen zu einer Gegenreaktion. Es sind folglich provokante Fragen, die sich besonders dann eignen, wenn die Gruppe in ihren Problemen sehr gefangen ist. Die Fragen regen an und lösen dadurch oft erhellende Reaktionen aus.

Beispiele für paradoxe Fragen

- *„Was müssten Sie tun, damit dieses Projekt ein Misserfolg wird?"*
- *„Wie könnten Sie es schaffen, dass Ihre Wettbewerber noch erfolgreicher am Markt agieren als bisher?"*
- *„Was müssten Sie tun, damit sich die Qualität der Zusammenarbeit totsicher verschlechtert?"*

- *„Wie müssten Sie dieses Projekt durchführen, damit die Mitarbeiter garantiert nicht mitziehen?"*
- *„Was müssten Sie tun, damit das Problem ganz sicher noch schlimmer wird?"*

Aufgrund des provozierenden Charakters sollte diese Frageform sehr dosiert verwendet werden. Zudem empfiehlt es sich, wegen der gewollt provozierenden Fragestellung paradoxe Fragen anzukündigen. Dies fördert die konstruktive Auseinandersetzung mit der Frage und vermeidet Empörung. Eine entsprechende Einleitung könnte beispielsweise lauten: *„Mir fällt gerade eine Frage ein, die Ihnen vielleicht ungewöhnlich erscheint."* Und danach stellen Sie die Frage – zum Beispiel: *„Was müsste ich als Moderator heute tun, damit die Veranstaltung ein voller Reinfall wird?"*

Zirkuläre Fragen

Vermutungen oder Annahmen hinterfragen

Zirkuläre Fragen zielen im Gegensatz zu anderen Frageformen nicht auf die Einstellungen und Meinungen der Befragten selbst ab. Sie fokussieren vielmehr auf deren Vermutungen über Einstellungen und Meinungen Dritter. Hinter dieser zunächst befremdlich erscheinenden Vorgehensweise steht die Überlegung, dass Vermutungen über die Einstellung und Meinung anderer relevanter Personen und Gruppen das Verhalten stark beeinflussen. Allein die Vermutung über mögliche Einstellungen oder Meinungen anderer beeinflusst das Verhalten gegenüber der Umwelt im Sinne einer Anpassungsreaktion. Die Anpassung an vermutete Meinungen Dritter findet also unabhängig davon statt, ob sie mit den tatsächlichen Einstellungen und Beziehungen übereinstimmen – oder eben auch nicht.

Zirkuläres Denken

Zirkuläres Fragen bedeutet auch, zirkulär zu denken. Zirkuläres Denken unterscheidet sich vom linear-kausalen Denken, welches auf einfache Ursachen-Wirkungs-Beziehungen fokussiert. Zirkulär denken bedeutet daher auch, „um die Ecke zu denken", was auch „um die Ecke zu fragen" einschließt. Daher findet diese Frageform in vielen Vorstellungsgesprächen Anwendung.

Den Unterschied macht ein Vergleich deutlich. Ein Beispiel für eine systemische Frage ist etwa, wenn die Projektgruppe befragt wird, wie sie die Zufriedenheit der Geschäftsleitung mit dem Projekt einschätzt: *„Was glauben Sie, welche Meinung hat Ihre Geschäftsführung zu dem Projekt?"*

Die Frageform zielt darauf ab, die eigene Perspektive versuchsweise aufzugeben und sich mit anderen Perspektiven und Sichtweisen auseinanderzusetzen. Weiter kann man davon ausgehen, dass die Vermutungen über die Zufriedenheit oder Unzufriedenheit der Geschäftsleitung Einfluss auf das Verhalten der Projektgruppe hat – unabhängig von der tatsächlichen Auffassung durch die Geschäftsleitung.

Das vermutete Verhalten zwischen Parteien wird erfragt

Eine zirkuläre Frage, auch „triadische Frage" genannt, geht jedoch noch einen Schritt weiter. Hier wird die Beziehung oder das vermutete Verhalten zwischen drei Personen bzw. Personengruppen oder Gremien hinterfragt, wobei (hier in der Moderation) das Plenum (also die Gruppe) einer der drei Beteiligten ist. Die Frage zum erwähnten Projektbeispiel könnte man beispielsweise so formulieren: *„Welche Rückmeldung, glauben Sie, würde Ihre Geschäftsführung* (Person/Gremium 2) *der Abteilungsleitung* (Person/Gremium) *zu Ihrem Projekt geben?"*

Das genannte Beispiel hat also folgende Konstruktion: *„Welche Rückmeldung, glauben Sie,* (an die Gruppe gerichtet) *würde Ihre Geschäftsführung der Abteilungsleitung zu Ihrem Projekt geben?"*

Weitere Beispiele für zirkuläre Fragen an die Gruppe

- *„Welchen Einfluss, glauben Sie, würden die Kunden auf das Projekt nehmen, sofern sie könnten?"*
- *„Wie stellt sich dieses Vorgehen Ihres Erachtens aus der Perspektive der Mitarbeiter anderer Abteilungen gegenüber der Projektgruppe dar?"*
- *„Wie denken Sie, ist das Verhältnis zwischen Frau Schmidt und Herrn Müller?"*
- *„Welche Vermutungen haben Sie darüber, wie es den anderen Führungskräften mit den Veränderungen gegenüber den Kunden ergangen ist?"*
- Denkbar wären auch noch mehr Perspektiven (hier mit A–D gekennzeichnet): *„Was denken Sie* (A), *würden die Kunden* (B) *in der Zusammenarbeit zwischen Außendienst* (C) *und Innendienst* (D) *verbessern, wenn sie könnten?"*

Aber Achtung: Zu komplexe Beziehungskonstrukte könnten missverstanden werden, was zu weniger verwertbaren Antworten führt. Insgesamt können zirkuläre Fragen zu überraschenden neuen Erkenntnissen führen. Es ist damit möglich, eine Landkarte wechselseitiger Zuschreibungen zu erheben und Übereinstimmungen, aber vor allem auch Unterschiede zu verdeutlichen.

Eine erhöhte Wirkung erzielen zirkuläre Fragen dann, wenn Fragen über Dritte in deren Anwesenheit gestellt werden. Die Beantwortung stellt ein bewusst abgefordertes „Tratschen über andere in deren Anwesenheit" dar. Hierdurch ergäbe sich die Chance, wechselseitige Zuschreibungen deutlich zu machen und darüber hinaus auch aufzulösen.

Verrückte Fragen

Verrückte Fragen sind das, was der Titel verheißt. Das macht sie spannend, nicht selten entsteht erst Gelächter und – noch viel wichtiger – anschließend nachdenkliche Beredsamkeit.

Verrückte Fragen können beispielsweise sein

- *„Wenn Sie morgen in der Zeitung etwas über das Projekt lesen würden, was sollte da Ihres Erachtens stehen?"*
- *„Angenommen, Ihr Kugelschreiber könnte sprechen, was würde er über die Zielerreichung zu Ihnen sagen?"*
- *„Wenn Ihre Grünpflanze ein Buch über die Gespräche in diesem Raum verfassen würde, was meinen Sie, welche Tipps zu gelungenen Gesprächen sollte sie unbedingt festhalten?"*
- *„Wenn die Strategie in Ihrem Unternehmen greift, was sollte der regionale Radiosender Ihres Erachtens über die maßgeblichen Erfolgsfaktoren berichten?"*

Auch wenn diese Fragen schon etwas „verrückt" klingen, so lösen sie doch immer wieder kreative Denkprozesse aus. Dies wohl insbesondere deshalb, weil auch über diesen Weg neue Perspektiven in Richtung Lösungsfokus geöffnet werden können. Und Spaß machen sie auch.

Damit die Frage auch Ihre Wirkung entfalten kann, sollten Sie sie ankündigen: *„Ich möchte Ihnen noch eine etwas verrückte Frage stellen. In der Vergangenheit haben andere Gruppen diese als nützlich empfunden. Gern würde ich diese einmal mit Ihnen ausprobieren. Was denken Sie?"* (Pause, Zustimmung abwarten.) *„O.K. Wenn die Strategie in Ihrem Unternehmen greift, was sollte das ZDF, wenn es denn wollte, Ihres Erachtens über die maßgeblichen Erfolgsfaktoren berichten?"*

Aufgrund der doch ungewöhnlichen Fragestellung sollten verrückte Fragen sparsam eingesetzt werden, da sie sonst leicht ihre Wirkung verlieren.

Weitere unverzichtbare Fragen-Klassiker

Über die genannten Fragen hinaus gibt es noch einige weitere Fragen, die ich Ihnen dringend ans Herz legen möchte. Im Gesprächsverlauf haben Sie bereits die eine oder andere zuvor beschriebene Frage gestellt – und diese wird im Idealfall beantwortet. Doch solche Dialoge sind nicht eindimensional. Die Antworten folgen dem Erleben und den Denkmustern der Klienten. Nicht immer führt eine einfache Frage zu einer kurzen und dann auch abschließenden Antwort. Die nachfolgenden Fragen unterstützen Sie darin, „nachzuhaken" und nah an den Beteiligten und deren Arbeitsalltag zu bleiben. Wichtig ist dabei, Ihre neutrale Position als Moderator zu wahren. Zudem geht es darum, erste Lösungsansätze in konkrete Handlungspläne zu übertragen, Umsetzungsrisiken zu berücksichtigen, bzw. überhaupt im Gespräch zu den Aspekten vorzudringen, die aus Sicht der Gesprächsteilnehmer maßgeblich sind. Dieses Kapitel beschreibt entsprechende praktische Herangehensweisen.

Was noch?

Die erste Frage ist die wohl am häufigsten genutzte Frage überhaupt, in Moderation und Coaching gleichermaßen: *„Was noch?"* Diese Frage wird standardmäßig genutzt, um die Gruppe zu weiteren Rückmeldungen zu animieren. Wurde eine der bereits genannten Fragen von Ihnen gestellt, so sind zwei Beobachtungen möglich.

Reaktionen auf Ihre Frage

1. Sie erhalten zahlreiche Rückmeldungen, „wie aus der Pistole geschossen". Das wäre ein Indiz dafür, dass sich die Gruppe bereits zuvor mit dieser Fragestellung intensiv auseinandergesetzt hat.

2. Sie erhalten nur wenige oder keine Antwort. In diesem Fall sollten Sie Ruhe bewahren. Die Frage hat im Idealfall einen Denkprozess angestoßen. Die Gruppe benötigt folglich noch Zeit, Antworten zu

formulieren. Manchmal braucht es auch nur einen „Eisbrecher". Hat dieser geantwortet, kommen dann auch weitere Rückmeldungen.

Stagniert der Prozess der Antworten, sollte die „Was noch?"-Frage gestellt werden. Diese regt erneut zur Beantwortung der eingangs gestellten Frage an. Dieser Prozess, der auf Vollständigkeit der erfragten Aspekte abzielt, kann sich durchaus zeitlich strecken. Mit etwas Geduld kommen dann nicht selten die eigentlich für die Gruppe bedeutsamen Aspekte zutage. Ähnlich wie im Brainstorming auch, nimmt also mit zunehmender Länge des Prozesses die Qualität der Rückmeldungen zu. Fragevarianten können dabei sein:

Fragevarianten zu „Was noch?"

- *„Und was noch?"*
- *„Was darüber hinaus?"*
- *„Welche weiteren Aspekte sind zu berücksichtigen?"*

Die Frage „Was noch?" sollte mit fragendem Unterton und genau in dieser Wortreihung gestellt werden. Bei einer Abänderung zu „Noch was?" entstünde eine völlig andere und zwar geschlossene Frage, die einfach mit „Nein" beantwortet werden kann. Dies würde jedoch den möglichen kreativen Prozess beenden.

Vollständigkeit sichern

In meiner Praxis spielt zudem eine weitere Frage eine entscheidende Rolle: *„Was gibt es darüber hinaus, das ich hätte noch fragen sollen?"* Auch diese Frage stellt Vollständigkeit sicher. Diesmal aber auch, um gerade aus Sicht des Moderators oder Prozessbegleiters sicherzustellen, dass Annahmen in der eigenen Person, welche sich nicht durchgehend ausschließen lassen, nicht zur Vernachlässigung wesentlicher Aspekte führen. Diese Frage macht also den Weg frei für alle weiteren aus Sicht der Teilnehmenden wichtigen Aspekte.

Gegenfragen: „Unmoralische Angebote" adressieren

Während der Meinungsbildung im Plenum und auch in Kleingruppen werden durch die Teilnehmer gern Fragen an den Moderator gerichtet. Solche Fragen werden auch „unmoralische Angebote" genannt, weil sie Moderatoren dazu verführen, eigene Meinungen oder Positionen kundzutun. Gerade dies widerspräche jedoch der Grundhaltung in der systemischen Arbeit, der Gruppe die Lösung zu überlassen.

Keine Rückdelegation von Verantwortung

Diese Rückdelegation der Verantwortung für die Lösung auf den Moderator bzw. Berater gilt es zu verhindern. Doch was tun? In der Moderation sowie in Beratungskontexten empfiehlt sich, was sonst im täglichen Umgang miteinander eher verpönt ist: Gegenfragen stellen. Sie sind ein probates Mittel, denn Gegenfragen ermöglichen ihrerseits wiederum weitere Denkprozesse. Die Gegenfrage sichert, dass der Moderator nicht Gefahr läuft, Ratschläge zu erteilen. Folgende Fragen und Gegenfragen seien beispielhaft genannt:

Frage aus der Gruppe	Gegenfrage des Moderators
„Was würden Sie uns denn empfehlen?“	*„Was glauben Sie, sollte ich Ihnen am ehesten empfehlen?“*
„Welche Lösung ist Ihrer Meinung nach richtig?“	*„Anhand welcher Kriterien würden Sie die Angemessenheit der Lösung ableiten?“* Und weiter: *„Gemessen an diesen Kriterien, was spricht für die gefundenen Varianten?“*
„Wie sollen wir uns entscheiden?“	*„Woran würden Sie erkennen, dass Sie sich richtig entschieden haben?“*
„Welche Lösung schlagen Sie vor?“	*„Welche Lösungen haben Sie bislang in Erwägung gezogen?“* Und weiter: *„Mit welchem Ergebnis?“* *„Was spricht aus Ihrer Sicht für und was gegen die gefundenen Lösungen?“*

Tab.: Gegenfragen als Intervention

System-Check-Perspektiven

Aus der Tradition der systemischen Familientherapie heraus hat sich die Überprüfung formulierter Ziele entwickelt. Überprüft wird, ob und inwieweit die beschriebene erwünschte Veränderung tatsächlich einen individuellen Nutzen aufweist. Dies ist deshalb von Bedeutung, weil nur dann auch tatsächlich Anstrengungen unternommen werden, dieses Ziel zu erreichen. Zudem will abgeklärt sein, ob und inwieweit das formulierte Ziel in das Umfeld der Klienten passt, oder aber dort eher zu erheblichen Störungen führen würde.

Innere Einwände des Klienten

Auch kann es Widersprüche, also innere Einwände des Klienten geben, welche das spätere Verwirklichen von Zielen zunichtemachen. Solche inneren, also unbewussten Anteile gilt es ebenso sichtbar und damit auch besprechbar zu machen. Eine Überprüfung bringt Klarheit für den Klienten, ob und inwieweit ein geeignetes Ziel gefunden ist.

Es geht also darum, Sinnhaftigkeit und Verträglichkeit von Zielen zu überprüfen. In der systemischen Arbeit werden zum Prüfen unterschiedliche Perspektiven eingenommen. Die Frage ist, ob und inwieweit die beabsichtigten Veränderungen auch Nachteile mit sich bringen. Es geht zudem faktisch auch um das Überprüfen sogenannter Risiken, die nur dann gehandled werden können, wenn sie bewusst geworden sind. Aus einer solchen Prüfung können sich drei grundsätzliche Erkenntnisse ergeben:

Ergebnisse einer Prüfung

- das gefundene Ziel ist (nicht) geeignet.
- den zu erwarteten Widerständen kann ich mit folgenden präventiven Maßnahmen begegnen ...
- beim Auftreten der erwarteten Widerstände werde ich wie folgt agieren ... (reaktive Maßnahmen).

Für den hier beschriebenen Check der System-Perspektiven hat sich allgemein auch der Begriff „Öko-Check" oder „Ökologischer Check" etabliert.

Zielkonflikte

Veränderungen bieten Chancen. So also auch jede angestrebte Veränderung. Dabei werden jedoch auch Ziele (eigene und die von Dritten) bedient. Es ist daher empfohlen, auf das Vorhandensein solcher Ziele zu prüfen und mögliche Zielkonflikte frühzeitig aufzulösen. Selbstredend haben Veränderungen ebenso Wirkungen auf das jeweilige System des Klienten. Aus dem System heraus können sich mögliche Hindernisse entdecken lassen, bzw. auch Wirkungen und Wechselwirkungen ergeben. Diese Wirkungen würde man vermutlich auch als sogenannte „unerwünschte Nebenwirkungen" beschreiben.

Suche nach Stabilität

Die Wirkungen und ihre wechselseitige Beeinflussung kann theoretisch auf das Bestreben von Systemen zurückgeführt werden, einen Zustand der Stabilität zu erhalten. Dies bedeutet auch, dass jede Veränderung diese Stabilität erst Mal ins Wanken bringt. Daher ist es in der Arbeit mit Zielen nützlich und angezeigt, solche Wirkungen vorab aufzuzeigen. Denn Veränderungen sind mit Anstrengungen verbunden, deren Aufwand sich lohnen soll. Und Anstrengungen für vermutet falsche Ziele sollten ebenfalls vermieden werden.

Innen- und Außenperspektive

Die beiden hier einzunehmen Perspektiven sind diejenige des Klienten auf sich selbst, also eine Innenperspektive. Darüber hinaus ist die Wechselwirkung mit dem System zu betrachten, also die Außenperspektive. Nur wenn das Ziel stimmig aus beiden Perspektiven erklärt werden kann, ist dieses sinnvoll und erstrebenswert.

Zu beachten ist, dass es hierbei stets um die Perspektiven aus Sicht des Klienten geht. Dabei müssen sich diese Sichtweisen und die damit verbundenen Bewertungen nicht zwingend dem Berater erschließen. Schließlich geht es um die Ziele des Klienten und nicht diejenigen des Beraters.

Typische Fragestellungen für den System-Check können sein

- *„Welche Ihrer Werte begründen das gefundene Ziel?"*
- *„Inwieweit entspricht das gefundene Ziel Ihrem Wesen und ihrem Charakter?"*
- *„Was spräche aus Ihrer Sicht für und auch gegen dieses Ziel?"*
- *„Was müssten Sie zur Erreichung des Ziels aufgeben, worauf künftig verzichten?"*
- *„Was verbessert sich mit Erreichen dieses Ziels und was wird möglicherweise auch schlechter?"*
- *„Inwieweit wäre es nützlich, den heutigen Zustand noch eine Weile zu behalten?"*
- *„Welche positiven Aspekte der heutigen Situation müssen sich auch in der künftigen Situation wieder finden?"*
- *„Was verändert sich in Ihrem Leben noch, wenn Sie dieses Ziel so erreichen?"*
- *„Was würden Sie anders besser tun als heute?"*
- *„Was würden Sie mit der neuen Situation verlieren?"*
- *„Mit welchen Anstrengungen wäre das Erreichen des Ziels für Sie verbunden, was müssten Sie investieren?*
- *„Inwieweit sind Sie bereit und in der Lage, diese Investitionen zu leisten?"*
- *„Wer könnte etwas gegen das Verwirklichen dieses Ziels haben?"*
- *„Wer ist von diesem Ziel oder dieser Veränderung noch betroffen?"*
- *„Welche Gründe könnten denn gegen eine solche Veränderung sprechen?"*
- *„Welche Wirkungen hätte die Veränderung auf Ihr Umfeld?"*
- *„Was steht für wen auf dem Spiel?"*
- *„Wie würden XY* (zum Beispiel Kollegen, Vorgesetzte, Mitarbeiter, Betriebsrat etc.) *reagieren, wenn das Ziel erreicht wäre?"*

Klatsch und Tratsch

Niemand kennt das System besser als die Angehörigen eines Systems. Insoweit sind die Systemmitglieder diejenigen, welche etwas über das System bzw. etwas aus dem System zu berichten haben. Nicht selten braucht es eine Vertrauensebene zwischen Moderator/Prozessbegleiter und den betroffenen Mitarbeitern, ehe diese über das berichten, was sie erleben und wie sie es wahrnehmen. Gemeinsam Zeit zu verbringen – in Kaffeeküchen oder Raucherecken (ja, selbst ich als Nichtraucher) – schafft Möglichkeiten für die Mitarbeiter, sich anzuvertrauen.

Unterstützt Suchrichtung und Hypothesenbildung

Das, was hier aufgenommen werden kann, wird leider häufig als „Klatsch und Tratsch" abgetan. Nach meinem Verständnis sind solche Rückmeldungen aus der Organisation aber wichtig, da sie als einzelne Symptome die eigene Wahrnehmung ergänzen und einen Abgleich ermöglichen. Selbstredend sind Geschichten aus der Kategorie „Klatsch und Tratsch" weiter zu verifizieren. Der Vorteil ist jedoch, dass sie eine Suchrichtung für den Berater aufzeigen und ihn in der Hypothesenbildung unterstützen (vgl. S. 234). Ich habe mir in den vergangenen Jahren angewöhnt, diesen Prozess zu verkürzen und direkt nach Klatsch und Tratsch zu fragen – nicht selten mit verblüffenden Ergebnissen.

Fragen nach Klatsch und Tratsch

- *„Was ist gerade Thema, was bewegt die Menschen?"*
- *„Was war der Aufreger des Tages?"/„Was ist das Thema des Tages?"*
- *„Was ist das neueste Gerücht am Markt?"*
  - *„Was halten Sie davon?"*
  - *„Wären Sie an meiner Stelle, was würden Sie damit anfangen?"*
- *„Welche Fettnäpfchen gibt es?"*
- *„Welche Tabus und ungeschriebenen Regeln gibt es?"*
- *„Was sagt man woanders über Sie?"*
- *„Was hält man von X (zum Beispiel Geschäftsleitung, Betriebsrat, konkrete Person)?"*
- *„Welche Stimmungen nehmen Sie wahr?"*
- *„Wie wird die Zusammenarbeit zwischen X und Y gesehen?"*
- *„Wenn man der Mehrheit Ihrer Kollegen folgen wollte, was wäre deren größtes Anliegen?"*
- *„Wenn der Betriebsrat drei Wünsche frei hätte, welche wären das?"*
- *„Wenn ihre Kollegen drei Wünsche frei hätten, welche wären das?"*

Nicht jede der genannten Fragen ist in jeder Situation und gegenüber jeder Person und zu jedem Zeitpunkt gleich gut geeignet. Ganz im Gegenteil kann eine zu forsche, zu frühe Frage, die vom Adressaten als ausspionierend wahrgenommen wird, eher zum Ende eines Gesprächs bzw. zu erkennbarer Abwehr führen. Ein wenig Menschenkenntnis und Fingerspitzengefühl ist hier schon gefragt.

Die Basis der genannten Fragen ist Vertrauen. Stellen Sie sich also die Frage, ob man Ihnen vertrauen kann. Zu Recht fragen sich auch Adressaten solcher Fragen, ob das Gespräch vertraulich bleibt. Diese Frage dürften externe wie interne Berater häufiger in Beratungsprozessen hören. Sie werden nachvollziehbar und zu Recht gestellt, da Mitarbeiter Unannehmlichkeiten oder gar Repressalien befürchten. Auch das ist ein Indiz! Ich selbst versuche, zwischen zwei Dingen zu trennen:

Was vertraulich sein kann

1. die Nachricht,
2. der Sender der als vertraulich deklarierten Nachricht.

Den Sender behandle ich stets vertraulich – soweit dies nicht anders mit diesem vereinbart ist. Bereits in der Auftragsklärung jedoch braucht es eine klare Positionierung der Auftraggeber und des Beraters zum Umgang mit als vertraulich deklarierten Informationen im Sinne einer Vereinbarung. Ohne eine solche könnte ich meine Aufgabe vermutlich nicht voll umfassend und im Sinne des Systems erfüllen. Hier sehe ich eine ähnliche Vertraulichkeit, wie sie beispielsweise im Innenverhältnis zwischen Coach und Klient gegenüber dem Auftraggeber im Business-Umfeld etabliert ist.

Ob und inwieweit die Nachricht verwendet werden kann, hängt davon ab, ob sie von Dritten bis zum Sender zurückverfolgt werden kann. Manche Nachrichten bleiben so halt zunächst unverwendet bei mir. Für andere Nachrichten erhalte ich vom Sender die Erlaubnis zur Verwendung.

72-Stunden-Regel

In der Coaching-Tradition hat sich ein Denkansatz unter dem Namen „72-Stunden-Regel“ etabliert. Diese bringt sinngemäß zum Ausdruck, dass die Bereitschaft, etwas umzusetzen, einen Graben überwinden muss – zwischen dem Zeitpunkt, an dem die Entscheidung gefällt wird, und dem Zeitpunkt des entsprechenden Handelns. Je breiter der Graben wird, desto unwahrscheinlicher wird es, dass Vorhaben auch tatsächlich begonnen und umgesetzt werden. Konkret besagt die Regel, dass die Wahrscheinlichkeit zur Aktivität mit Ablauf von drei Tagen, also den berühmten 72 Stunden, auf einen verschwindend kleinen Teil sinkt.

Diese Logik spiegelt sich auch in Lebensweisheiten wie in dem Spruch: *„Was Du heute kannst besorgen, das verschiebe nicht auf morgen!"* (Selbst wenn hierzu beispielsweise in populären Songs auch Gegen-Positionen eingenommen werden, so entbehrt der Satz nicht einer gewissen Praxisrelevanz.) Problematisch ist möglicherweise die Formulierung „kannst", denn dieser könnte man eine (noch) nicht entwickelte Entschlossenheit entnehmen. Im Kontext dieses Buchs ist eine deutlich höhere Dringlichkeit gefordert. Wenn etwas also heute erledigt werden „muss", dann sollte es nicht in die Zukunft verschoben werden, auch aufgrund der Annahme, dass dann die Bereitschaft zur Erledigung erheblich absinkt.

Ein weiterer Gedanke dürfte nützlich sein: Aus der Forschung ist bekannt, dass Visionen und langfristige Ziele erheblich intrinsisch motivieren können. Allein aus diesem Gedanken heraus ist das Verknüpfen vager Erwartungen an die Zukunft mit möglichst konkret und positiv formulierten Zielen förderlich. Doch was nützen Ziele, die in einer ersten Begeisterung aus der Situation heraus formuliert und danach nicht angegangen werden? Hier ist die Brücke zwischen Motivation und Demotivation vermutlich eher schmal. In den Bereich der Erfolgserlebnisse wiederum kann auch gezählt werden, den sogenannten „inneren Schweinhund" überwunden und den ersten Schritt gemacht zu haben. Die Welt ohne 72-Stunden-Regel hält genügend Beispiele für verpasste Handlungen bereit:

Verpasste 72-Stunden-Regel

- *„Hätte ich doch nur ... !"*
- *„Eigentlich wollte ich doch ... !"*
- *„Nun müsste ich aber wirklich ... !"*

In der Praxis von Workshops oder Klausuren achte ich daher gerade bei der Übersetzung von Zielen in Aktivitäten darauf, dass zumindest erste Schritte in den kommenden drei (Arbeits-)Tagen starten. Auch an anderer Stelle kann eine Präzisierung und zeitnahe Terminierung nützlich sein. Dies gilt insbesondere für vage Formulierungen, wie beispielsweise:

Signale, die zu Nachfragen führen

- *„Man müsste mal ..."*
- *„Eigentlich wäre doch ... ganz gut."*
- *„Jemand müsste mal ..."*

Typische Fragen, die diese zeitnahe Aktivierung unterstützen, können beipsielsweise die folgenden sein:

Fragen zur zeitnahen Aktivierung

- *„Was ist der erste Schritt?"*
- *„Welche Schritte sind zu tun und welches wird Ihr erster sein?"*
- *„Was genau werden Sie tun?*
  - *In welcher Reihenfolge werden Sie es angehen?*
  - *Was werden Sie sagen?*
  - *Mit welchen Worten genau werden Sie es sagen?"*
- *„Wer wird wann (bis wann) genau aktiv?"*
- *„Bis wann wird XY begonnen?"*
- *„Welche Aktivität startet in den kommenden 72 Stunden?"*
- *„Welche kleine Belohnung gönnen Sie sich, wenn der erste Schritt getan ist?"*
- *„Was wäre gut daran, so schnell wie möglich (*oder alternativ: *in den kommenden drei Tagen) zu beginnen?"*

In der Praxis ist es durchaus möglich, dass eine der zuvor genannten Fragen im Sinne von „Aufschieberitis" beantwortet wird. An einer solchen Stelle empfiehlt es sich, die 72-Stunden-Regel zu erläutern und dann mit den zuvor genannten Fragen fortzufahren. Bisher fanden sich regelmäßig Aktivitäten, die tatsächlich im genannten Zeitraum begonnen werden können, zum Beispiel:

Unverzügliche Aktivitäten

- einen Termin (Folgetermin) vereinbaren
- Mitarbeiter informieren, sie „ins Boot holen"
- Zuarbeiten beauftragen (Berechnungen, Recherchen, Analysen, Auswertungen)
- Detailplanung entwerfen und kommunizieren
- Fotoprotokoll in eine To-do-Liste übertragen
- ...

Überforderung vermeiden

Auch muss klar sein, dass eine Überforderung durch engagiert formulierte Ziele ebenso negative Wirkungen entfaltet. Positiv gestartete Aktivitäten können auch sehr schnell versanden, wenn die zur Verfügung stehenden zeitlichen oder personellen Ressourcen über Gebühr strapaziert sind. Insoweit hat sich die Frage danach als nützlich erwiesen, ob Vorhaben und Terminierung realistisch sind (vgl. SMART-Formel).

Noch ein abschließender Gedanke zu Terminketten: Wer hat nicht bereits erlebt, dass Zuarbeiten für einen Termin in drei Monaten punktgenau am späten Nachmittag des vorgegebenen Termins abgegeben werden? Hier hat vermutlich das Tagesgeschäft Prioritäten verschoben und am Ende dafür gesorgt, dass tatsächlich die vollen drei Monate im Sinne von Zeitdauer vergehen, obgleich die eigentliche Aufgabe innerhalb von zwei Stunden hätte erledigt werden können. Das heißt, dass auch für das Projekt mit dessen Priorität ein Zeitverzug von drei Monaten entsteht. Insoweit sollte sich der Zeitraum für die Erledigung bestimmter Aktivitäten auch daran orientieren, wie viel Zeit für eine Aktivität vermutlich aufgewendet werden muss. Hierbei geht es weniger darum, eine Zeitvorgabe zu diskutieren, sondern vielmehr um das Hinterfragen der Verhältnismäßigkeit von Zeiträumen. So ließe sich vielleicht folgender Zusammenhang in der Terminierung berücksichtigen:

Vermuteter Zeitaufwand für die Bearbeitung	Zeitraum, in dem die Arbeit erledigt sein sollte
bis zu 1 Stunde	innerhalb 1 Woche
bis zu 4 Stunden	innerhalb von 2 Wochen
bis zu 1 Tag	innerhalb 1 Monats
mehr als 1 Tag	innerhalb von 6 Wochen

Tab.: Faustregel für angemessene Fristen

Maßgeblich ist in jedem Fall, was die Gruppe als angemessen empfindet. Dies setzt einen Vorschlag des Verantwortlichen für eine Aktivität und eine entsprechende Verständigung dazu in der Gruppe voraus. Aus der Moderatorenrolle heraus wären jedoch auch unterstützende Fragen denkbar, wie zum Beispiel:

Zeiträume verhandeln

- *„Was müsste passieren, damit die Angelegenheit früher erledigt werden kann?"*
- *„Welche Prioritäten müssten verändert werden, damit die Angelegenheit früher abgeschlossen werden kann?"*
- *„Wer oder was könnte Sie dabei unterstützen, den Auftrag zu einem früheren Zeitpunkt fertigzustellen?"*
- *„Welche Möglichkeiten sehen Sie, einen früheren Fertigstellungszeitpunkt anbieten zu können?"*

II. Kapitel

Change: Grundlagen und Modelle, die Sie kennen sollten

Inhalt des Kapitels

Einführung ... 79
- Begriffsklärung: Strategie ... 80
- Begriffsklärung: Projekte und Change-Projekte ... 81
- Veränderung vs. Verbesserung ... 83
- Folgen eines unzureichenden Changemanagements ... 84

Die Einstufung von Change-Prozessen ... 85
- Veränderungen erster und zweiter Ordnung ... 85
- Drei-Phasen-Modell ... 89
- Acht-Schritte-Modell ... 90
- Sieben-Phasen-Modell ... 92

Handlungsfelder des Changemanagements ... 95
- Commitment und Widerstände ... 96
- Change: Die vier Handlungsfelder ... 98
- Sieben Wesenselemente von Organisationen ... 100
- Sieben Basisprozesse der Organisationsentwicklung ... 105
- VUKA-Welt im Change ... 112
- Kongruenzprinzip im Changemanagement ... 114

Einführung

Zunächst einmal: In Unternehmen finden Veränderungen statt. Diese betreffen beispielsweise Strukturen oder Abläufe. Geschäftsbereiche oder Abteilungen werden zusammengelegt oder aber auch getrennt. Fehlerhafte Prozesse werden erkannt, beschrieben, verbessert und implementiert. Zudem gibt es auch immer wieder Bemühungen, die Einstellung oder das Verhalten von Mitarbeitern im Sinne eines Kulturwandels zu verändern. All dies findet statt, ob nun einfach nur Weisungen umgesetzt werden, oder aber bewusst mit einem Veränderungsmanagement zumindest der Versuch unternommen wird, die maßgeblichen Mitarbeiter und Mitarbeitergruppen in diesen Veränderungsprozess mit einzubinden. Die Motive für Veränderungen sind sehr vielfältig und können vielleicht wie folgt zusammengefasst werden:

Motive für Veränderung

- Erhöhung der Wirtschaftlichkeit
- Verbesserung der Wettbewerbsfähigkeit
- Erschließen neuer Kundengruppen und Märkte
- Erhöhung von Qualität und Kundenzufriedenheit
- Senkung von Kosten (zum Beispiel durch Digitalisierung und Automatisierung)
- Umsetzen rechtlicher bzw. politisch gewollter Faktoren (zum Beispiel Mindestlohn)
- Reagieren (oder besser Agieren) im Hinblick auf demografische und Arbeitsmarktentwicklungen
- Verbesserung der Arbeitsbedingungen und des Betriebsklimas.

Um es festzuhalten: Auch ohne einen Gedanken an ein gelungenes Veränderungsmanagement zu verwenden, gibt es Veränderungen in der Unternehmensumwelt, an die sich erfolgreich agierende Unternehmen im Sinne einer Strategieentwicklung und -umsetzung anpassen müssen und werden. Es ist also vielmehr die Frage, inwieweit Veränderungsprozesse so gestaltet werden können, dass sie unter Einbindung der Betroffenen auch tatsächlich die erwünschten Ziele erreichen. Betriebswirtschaftlich betrachtet kommt ein Unternehmen an Veränderungen nicht vorbei. Um nun in den Blick zu nehmen, wie Veränderungsprozesse strategisch gestaltet werden können, sollen zunächst die zugrunde liegenden Begrifflichkeiten geklärt werden.

Begriffsklärung: Strategie

Unter **Strategien** werden geplante und zumeist langfristig angelegte Aktivitäten zur Erreichung der Unternehmensziele sowie zur Annäherung an die Unternehmensvision verstanden (s. dazu Lundershausen 2015). Umfang und Ausprägung dieser Aktivitäten werden durch die vorhandenen bzw. verfügbaren Ressourcen begrenzt.

Strategien können mithin als längerfristige genauere Pläne bzw. Entscheidungen zur Positionierung im Wettbewerb zur Erlangung von Wettbewerbsvorteilen und damit der Sicherung bzw. Entwicklung von Erfolgspotenzialen bezeichnet werden. Es besteht Einigkeit darüber, dass ein solches planvolles Vorgehen wirtschaftliche Erfolge eher sichert als ein Aktionismus nur so „aus dem Bauch heraus". Dies liegt vor allem daran, dass die Unternehmensumwelt nicht verändert werden kann. So liegt es nahe, dass sich Unternehmen bewusst und unter besonders effizientem Einsatz auf systematisch analysierte und somit erwartete Veränderungen gezielter einstellen können, als dies ohne Kenntnis der Unternehmens-umwelt möglich wäre. Eine typische Folge fehlerhafter oder fehlender Strategien ist ein nicht zielführender Ressourceneinsatz bei gleichzeitigem Eintreten unerwarteter Veränderungen am Markt. Zahlreiche Insolvenzen einst bekannter Unternehmen lassen sich auf Mängel im strategischen Management zurückführen.

Der Strategieentwicklungsprozess

Kurz gesagt sind Strategien längerfristige Maßnahmen bzw. Maßnahmenbündel, deren Entscheidungen über den Ressourceneinsatz die Zielerreichung der Unternehmung gewährleisten sollen. In der Grundstruktur dieses Buches ist der Strategieentwicklungsprozess bereits absolviert. Wie dies gelingen kann, zeigt beispielsweise das Buch „Die Moderation strategischer Initiativen, Strategie-Workshops und Klausuren erfolgreich moderieren" auf (Lundershausen 2015).

Begriffsklärung: Projekte und Change-Projekte

> Ein **Projekt** wird zunächst als ein Vorhaben definiert, das im Wesentlichen durch die Einmaligkeit der Bedingungen in ihrer Gesamtheit gekennzeichnet ist (DIN 69901-5:2009-01).

Damit verbunden sind Aktivitäten, die gerade nicht auf herkömmlichem Wege mit üblichen Mitteln operativ durchgeführt werden können. Während Prozesse standardisierbar sind, bestimmen sich Projekte über die Komplexität und den Bedarf an Innovationen, welches ein genau nicht immer wieder gleiches Vorgehen abverlangt. Das bedeutet, dass der Lösungsweg zu den definierten und priorisierten Zielen grundlegend erarbeitet werden muss. Das macht es erforderlich, mit etablierten Projektmanagementmethoden und -techniken zu arbeiten.

Projektmanagement

Projektmanagement ist die Gesamtheit von Führungsaufgaben, -organisation, -techniken und -mitteln für die Initiierung, Definition, Planung, Steuerung und den Abschluss von Projekten (DIN 69901). Dazu macht sich Projektmanagement die Methoden und Instrumente zahlreicher wissenschaftlicher Richtungen zunutze, was auch noch einmal den Bedarf an einem interdisziplinären Team für die Bearbeitung von Projekten unterstreicht.

Im Changemanagement werden klassische Überlegungen zum Projektmanagement gebraucht (z.B. die „Sieben Basisprozesse“, s. S. 105 ff.). Denn es gilt: Ohne Steuerung gibt es kein Ergebnis, ein anderes Ergebnis, ein zu spätes Ergebnis oder ein teureres Ergebnis.

Change-Projekte bzw. Veränderungsprojekte unterliegen zudem besonderen Rahmenbedingungen und Regeln, welche im weiteren Verlauf dieses Buches noch deutlich werden. In einem Veränderungsprojekt geht es gerade nicht um die konkrete und vor allem abrechenbare Erfüllung von Anforderungen, wie dies gemeinhin in eher technischen Projekten unterstellt wird – und selbst dort werden Projektziele verfehlt, Kostenrahmen überschritten oder Projekte ohne Ergebnis beendet. Veränderungsprojekte haben einen anderen Fokus. In ihnen steht die **Gestaltung psycho-sozialer Prozesse** im Vordergrund. Der Hauptzweck ist also die intensive Beteiligung der betroffenen Menschen an der Ausgestaltung der Aspekte, welche aufgrund kommunizierter und im Idealfall geteilter Ziele angestrebt werden. Insoweit wird es in Veränderungsprojekten eher eine Übereinkunft über die grundsätzliche Richtung angestrebter Ziele geben, als dass es tatsächlich priorisierte und damit auch abrechenbare Anforderungskataloge bzw. Pflichtenhefte gibt. Dies liegt vor allem an der Komplexität, die der erwartete Wandel naturgemäß zeigt. Zu den Bedingungen kann gehören, dass sich beispielsweise einerseits hohe Erwartungen an die Ergebnisse und andererseits ein nur geringer Zeithorizont gegenüberstehen. Zudem sind aus Sicht der Betroffenen Veränderungen verständlicherweise regelmäßig mit Befürchtungen oder Ängsten verbunden. Die erwarteten und auch erforderlichen Aktivitäten der Betroffenen sind in dem Maße begrenzt oder frei verfügbar, in dem diese Personen Notwendigkeiten für die Veränderungen nicht nur kognitiv erkennen, sondern auch tatsächlich annehmen. Und dann taucht da noch ein Dilemma auf, welches vermutlich jedes Projekt bestimmt, also auch ein Veränderungsprojekt: Allgemein ist die Verfügbarkeit personeller, zeitlicher und nicht zuletzt auch finanzieller Ressourcen regelmäßig begrenzt. Dies allein führt neben den richtigerweise einzuplanenden Zeitfenstern für Erkenntnis- und Lernprozesse zu einer sich daraus bedingenden Projektdauer.

Ein weiterer wichtiger Aspekt von Veränderungsprojekten im Vergleich zu anderen Projektarten ist die geringere Detailtiefe der Planung. Konkret abgebildet wird bei Veränderungsprojekten gerade noch der erwartete Verlauf des Projektes. Dies liegt vor allem daran, dass eine mehr oder weniger präzise Vorhersage auf die Reaktionen in sozialen Systemen in Bezug auf Aktionen kaum möglich ist. Die Reaktionen können neben der bereits genannten Angst auch zur Folge haben:

Reaktionen auf Veränderung

- Gerüchte
- Widerstand (passiv und aktiv)
- Konflikte
- Verweigerung
- Resignation
- innere oder auch mitarbeiterinitiierte Kündigung

Dabei sind Art und Ausprägung solcher Entwicklungen kaum sicher vorhersagbar. Es bleibt eher die Erkenntnis, dass

- es solche Entwicklungen geben kann und
- das Auftreten solcher Entwicklungen als wichtiges Symptom zu beachten ist.

Wenn man Changemanagement darauf reduzieren wollte, dann haben alle Bemühungen zum Ziel, dass die beschriebenen destruktiven Reaktionen möglichst gering ausgeprägt verlaufen beziehungsweise dass diese vollständig ausbleiben und im Idealfall ersetzt werden durch eine konstruktive und motivierte Mitgestaltung.

Veränderung vs. Verbesserung

Seit Jahren zeigen wissenschaftliche Studien sowie Untersuchungen von Unternehmensberatungen (zum Beispiel die US-amerikanische Hay Group) auf, dass Change-Vorhaben an der Umsetzung zu etwa 70 % scheitern. Um es positiv auszudrücken: Etwa 25 % der Befragten geben dem Umsetzungsmanagement (Changemanagement) gute bis sehr gute Bewertungen. Wenn wir die zuvor gemachten Ausführungen noch einmal Revue passieren lassen, stellt sich aber auch die Frage danach, inwieweit die angestrebten Veränderungen auch tatsächliche Verbesserungen beinhalten.

Gute Strategiehandhabung

Unternehmen sind dann strategisch gut aufgestellt, wenn sie auf die Veränderungen des Marktes gekonnt reagieren, Chancen ergreifen und Risiken abmildern bzw. vermeiden. Insoweit ergibt sich vermutlich ein Zielkonflikt, da die Veränderung unausweichlich ist. Kurz: Nicht Verändern ist auch keine Lösung.

Bezogen auf die Mitarbeiter in Unternehmen stellt sich jedoch auch die berechtigte Frage, ob und inwieweit die Veränderungen auch Verbesserungen mit sich bringen. Dies sicherlich allein nicht nur deshalb, weil das menschliche Gehirn auf positive Anreize, Belohnungen und Gewinne deutlich konstruktiver reagiert als auf negative Reize (zum Beispiel Bedrohungen oder auch Verluste). Aus dem Gesagten lassen sich bereits zwei Grundsätze des Changemanagements ableiten:

Grundsätze des Changemanagements

1. Binde die von der Veränderung Betroffenen aktiv ein und mache sie zu Beteiligten!
2. Sorge für Verbesserungen und mache diese bewusst!

Dies spielt bereits sehr früh in Veränderungsprojekten eine große Rolle: Im Rahmen der Zielklärung ist es eine herausragende Aufgabe, Ansätze für konkrete Verbesserungen zu identifizieren und hinreichend greifbar beschreiben zu lassen. Diese erwünschten Verbesserungen dürften zu den stärksten Motiven gehören, die die Mitarbeiter eines Unternehmens dazu veranlassen, sich hochengagiert in Change-Projekte einzubringen.

Folgen eines unzureichenden Changemanagements

Die Praxis zeigt, nicht jedes Change-Projekt verläuft erfolgreich. Es ist daher nützlich, unerwünschte negative Folgen solcher Prozesse zu kennen. Ist ein Veränderungsprojekt erst einmal gescheitert, ergeben sich folgende Konsequenzen:

Konsequenzen des Scheiterns eines Change-Projekts

- Erfolglosigkeit – Ziele wurden nicht erreicht
- Zunahme der Fluktuation
- Zuwachs an Fehlzeiten
- Reduzierte Identifikation mit dem Unternehmen
- Demotivation und geringeres Commitment
- Konflikte
- Zunahme von Fehlern
- Produktivitätsverluste
- Widerstände

Die genannten Faktoren bieten in einem Veränderungsprozess einen besonderen Nutzen, insofern, als sie sich als Indikatoren für Erfolg oder Misserfolg innerhalb solcher Prozesse im Sinne eines Controllings einsetzen lassen. (Wobei dies weniger absolut gesehen werden kann.) Diese Indikatoren können darüber Auskunft geben, ob und inwieweit das Projekt sich in die richtige Richtung entwickelt. Hierbei muss jedoch berücksichtigt werden, dass offene soziale Systeme im Rahmen von Veränderungen regelmäßig Irritationen zeigen. Insoweit mag ein negativer Ausschlag zu Beginn eines Projektes noch nicht aussagekräftig oder relevant sein für den weiteren Verlauf des Projektes.

Die genannten Kriterien können also für das Change Monitoring eingesetzt werden. Dies setzt voraus, dass die genannten Aspekte beispielsweise im Rahmen der Diagnostik mit einem Ausgangswert erfasst wurden. Mehr dazu unter „Change Monitoring", S. 258 ff.

Die Einstufung von Change-Prozessen

Da die grundlegenden Modelle zum Thema Change sehr bekannt sind, werden sie hier nur skizziert, kurz und prägnant in ihren wesentlichen Zügen. Sie basieren auf wissenschaftlicher Forschung und zeigen anschaulich komplexere Sachverhalte auf.

In diesem Kapitel wird zunächst erläutert, auf welcher Basis Veränderungsprozesse eingestuft werden. Darauf folgend werden drei Modelle vorgestellt, welche Veränderungsprozesse in Phasen beschreiben. Diese Phasen-Modelle ermöglichen es, einzelne erforderliche Changemanagement-Aktivitäten in einen zeitlichen Verlauf zu bringen, sodass über die zeitlichen Sequenzen eine Vorstellung über das Veränderungsprojekt entstehen kann.

Veränderungen erster und zweiter Ordnung

Ein Veränderungsprozess kann je nach Umfang des Wandels unterschieden werden – in eine Veränderung erster oder zweiter Ordnung (vgl. z.B. Levy/Merry 1986; auch Staehle 1999).

Veränderungen erster Ordnung erfordern Optimierungen bestehender Praktiken und Verhaltensweisen und werden in ihrem Umfang eher gering gesehen. *(Optimierung)*

Veränderungen zweiter Ordnung hingegen zeigen ein größeres Ausmaß an Veränderungen auf. Mit „Ausmaß“ ist sowohl die erforderliche Intensität der Veränderung gemeint als auch die Komplexität der Veränderung, die sich daraus ergibt. *(Musterwechsel)*

Diese Unterscheidung zwischen erster und zweiter Ordnung hilft, die Tragweite der Entscheidung für eine geplante Veränderung im Sinne eines Change-Projektes zu erfassen. Zudem lassen sich in der Umkehrung auch wesentliche Elemente der beabsichtigten Veränderung benennen, wenn der Umfang der Veränderung deutlich wird.

Wandel erster Ordnung bezeichnet die inkrementelle Modifikationen in einer Organisation. Hierbei werden keine Veränderungen der grundlegenden organisationalen Sinnlogik oder des Bedeutungssystems vorgenommen. „Inkrementell" steht für die stetige und schrittweise erfolgende Verbesserung von bereits bestehenden Produkten oder Dienstleistungen, Prozessen oder Geschäftsmodellen. Diese eher evolutionäre Anpassung kann sich auf einzelne Organisationseinheiten beschränken, sodass Komplexität und Intensität der Veränderung überschaubar bleiben.

Wandel zweiter Ordnung bedeutet hingegen einen tiefer gehenden Paradigmenwechsel der gesamten Organisation bzw. grundlegender organisationaler Sinnstrukturen auf allen Ebenen. Anpassungen können beispielsweise an der Organisationskultur, der strategischen Ausrichtung des Unternehmens oder an grundlegenden Prozessen und/oder Strukturen vorgenommen werden. Dies stellt gefühlt einen „Bruch" mit der Vergangenheit dar. Die Organisation unterliegt in ihrer Gesamtheit einer geradezu revolutionären Veränderung, in der sich nicht selten ein lange aufgestauter Veränderungsdruck Bahn bricht.

Veränderungen zweiter Ordnung erfordern häufig neue Geschäftsmodelle, geänderte Organisationsformen sowie neue Regeln, Rollen und Verhaltensweisen. Sie setzen an den Grundfesten der Zusammenarbeit an und bedingen eine vollständige Abkehr bisheriger Denk- und Vorgehensweisen. Veränderungen zweiter Ordnung folgen dabei einem Grundsatz, den bereits Albert Einstein formuliert haben soll: *„Wir können die Probleme nicht auf demselben Niveau des Denkens lösen, auf dem wir waren, als wir sie erschufen."*. Dies kann als Indiz für die fundamentale Änderung bisheriger Herangehensweisen verstanden werden.

Rechts sehen Sie eine zusammenfassende Unterscheidung und Abgrenzung (in Anlehnung u.a. an Staehle 1999; Vahl 2013/2015).

Wandel 1. Ordnung Optimierung Gradual Change/Evolutionärer Wandel	Wandel 2. Ordnung Musterwechsel Radical Change/Revolutionärer Wandel
- (Eher) kein Paradigmenwechsel: Austausche von Elementen ohne Änderung der inneren Systemlogik, der Kultur - Der vorherrschende Bezugsrahmen hat Bestand - Muster und Regeln, wie kommuniziert bzw. kooperiert wird und wie Entscheidungen zustande kommen, bleiben gleich - Ist beschränkt auf einzelne Dimensionen, Ebenen und/oder Organisationseinheiten - Eher quantitativer Wandel - Kontinuität, evolutionäre Veränderung in die bisherige gleichbleibende Richtung - Inkrementell	- Paradigmenwechsel: Kultur und innere Systemlogik unterliegen einer Transformation - Weitreichender Bruch mit der Vergangenheit - Regeln, Werte, Normen verändern sich - Personen und Gruppen verändern ihr Verhalten - Das System verändert seine Kommunikations-, Kooperations-, Reaktions- und Entscheidungsmuster - Mehrdimensional - Umfasst alle Ebenen der Organisation - Qualitativer allumfassender Wandel - Diskontinuität, Veränderung in neue Richtung - Transformativ
Veränderungen eher sogenannter „harter" Faktoren z.B. auf der Ebene der Organisation und Systeme	Veränderungen zusätzlich auch sogenannter „weicher" Faktoren z.B. auf der Ebene der Werte, der Kultur, der Kompetenzen
Frage der Effizienz: *„Tun wir die Dinge richtig?"*	Frage der Effektivität: *„Tun wir die richtigen Dinge?"*

Tab.: Unterscheidung Wandel 1. und 2. Ordnung

Wirkung auf Betroffene

In der Konsequenz dieser Überlegungen ergibt sich ein Unterschied in der Wirkung auf Betroffene. Die vordergründig kommunizierte Wirkung von Veränderung ist die Verbindung mit einem psychologischen Konstrukt – dem der Angst. Es wird davon ausgegangen, dass mit steigender Intensität und Komplexität einer Veränderung die Ängste der von der Veränderung Betroffenen zunehmen (können).

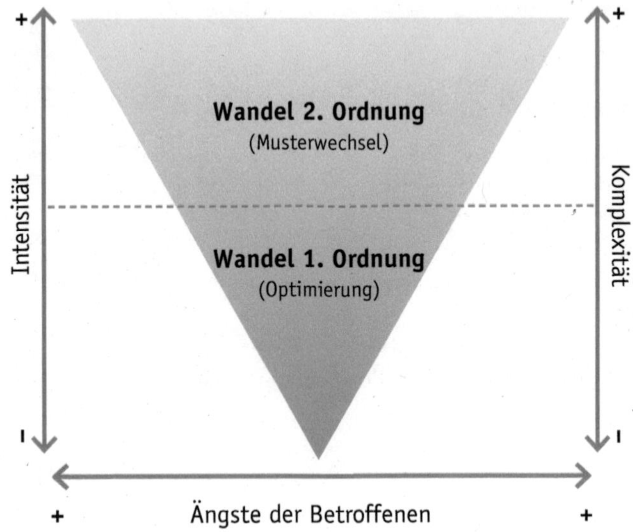

Abb.: Ausmaß von Veränderungen (vgl. Vahs 2015)

In der Praxis ist diese Erkenntnis von weitreichender Bedeutung. Denn hieraus erwächst ein Anspruch an die Interventionen, die erforderlich werden bzw. gemessen am Veränderungsgrad angezeigt sind. Mit der Zunahme von Komplexität und Intensität der Veränderung nehmen beispielsweise zu:

- Anforderungen an Umfang und Intensität von Information und Kommunikation.
- Grad und Intensität der erforderlichen Partizipation über verschiedene Wege.
- Die Anzahl der Betroffenen und die Intensität ihrer Beteiligung an der Erarbeitung von Lösungen.
- Zeitdauer der Veränderung (bzw. des Veränderungsprojektes).
- Anzahl der Themen.
- Anzahl der (Teil-) Projekte.
- ...

Es wird eine Auswirkung insbesondere auf das Projektmanagement-Wissensgebiet „Inhalts- und Umfangsmanagement“ (auch: Scope-Management, Anforderungsmanagement) deutlich.

Drei-Phasen-Modell

Bewahrende Kräfte sind zu verringern

Das Drei-Phasen-Modell, mit dem Veränderungsprozesse in ihrem Ablauf beschrieben werden können, geht auf den Sozialpsychologen Kurt Lewin zurück, der es 1947 auf Grundlage seiner Forschungen beschrieb. Lewins Modell gilt heute als der Klassiker, viel zitiert und doch inzwischen durch weiterführende Überlegungen ersetzt. Aufgrund seines hohen Bekanntheitsgrades werden Sie vermutlich häufiger in Veränderungsprojekten darauf angesprochen werden. Lewin betont, dass es eine Verringerung der bewahrenden Kräfte geben müsse, wenn Veränderung gelingen soll. Dies jedenfalls sei erfolgreicher als eine Verstärkung der Veränderungskräfte.

Aufgabe in der ersten Phase

Lewin nahm an, dass die Organisation zunächst im Start eines Veränderungsprozesses aus ihrem bisherigen Gleichgewicht gebracht werden muss. Diese Phase nennt er **Unfreeze** (Auftauen).

Die Hauptaufgabe besteht darin, Bereitschaft für die anstehenden Veränderungen zu entwickeln, was gleichsam den Abbau von Widerständen einschließt. Dies kann seiner Ansicht nach dadurch erreicht werden, dass die gegenwärtige Situation in das Bewusstsein rückt und die Notwendigkeit für Veränderungen und die dazugehörigen Anforderungen hinreichend kommuniziert werden. Im Vordergrund steht also das Motivieren für den anstehenden Veränderungsprozess – dies auch mithilfe einer entwickelten Vision, erster möglichst attraktiver Ziele und möglicherweise auch bereits erster Lösungsansätze.

Aufgabe in der zweiten Phase

Nach der Phase des Auftauens folgt die Phase **Move** (Veränderung, Bewegen). Hierbei handelt es sich um die eigentliche Phase der Veränderung, in der Zielzustände klar beschrieben, Strategien zu deren Erreichung entwickelt und geeignete Maßnahmen für die Veränderung erarbeitet und eingeleitet werden. Diese Aktivitäten verändern die Leistungsbereitschaft der betroffenen Menschen, die Produktivität sinkt. Daher gilt es weiterhin, sich mit dem Thema der Widerstände zu beschäftigen, also weiterhin an der Veränderungsbereitschaft zu arbeiten. Diese Phase stellt die Transformation aus dem gegenwärtigen Zustand in Richtung des neuen Soll-Zustandes sicher.

Aufgabe in der dritten Phase

Als dritte Phase beschreibt Levin das **Refreeze** (Stabilisieren). Hauptaugenmerk ist es, ein höheres Effizienzniveau zu erreichen als zu Beginn der Veränderung. Dies geschieht durch das Opimieren von Strukturen und Prozessen, das Verankern neuer Verhaltensweisen und durch das ständige Überprüfen und Feinjustieren der Veränderungen im Hinblick auf die angestrebten Ziele als Referenzen. Zudem gilt es, Anreize zur Etablierung des Neuen zu schaffen und den Rückfall in frühere Verhaltensmuster zu vermeiden.

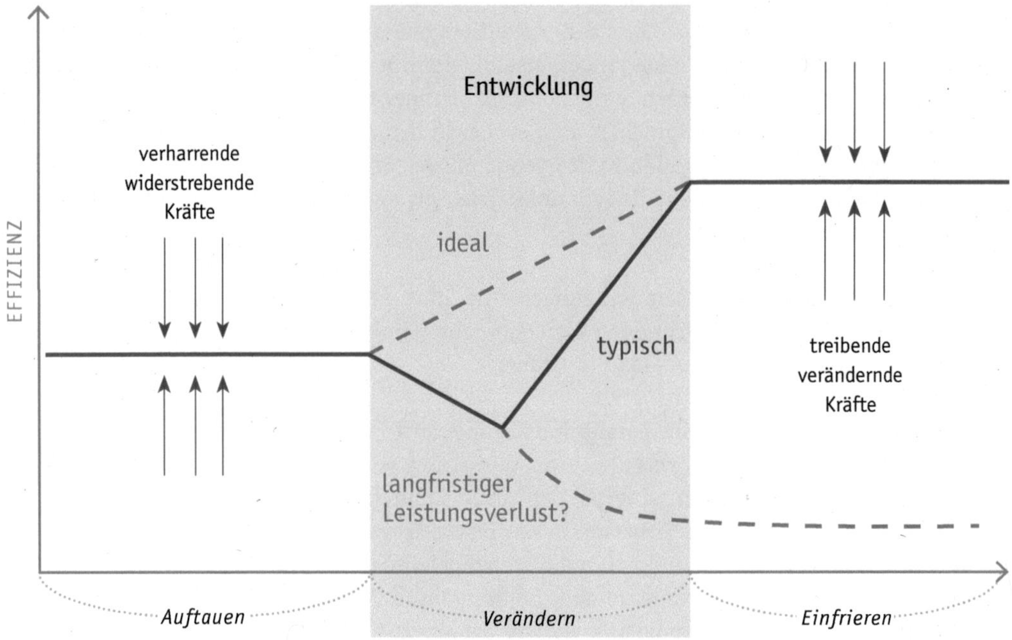

Abb.: 3-Phasen-Modell im Wandel der Gleichgewichte (nach Kurt Lewin)

Acht-Schritte-Modell

Das Modell von Lewin hat in den letzten 70 Jahren zahlreiche Nivellierungen und Weiterentwicklungen erfahren. Eine in der Unternehmenswirklichkeit angekommene und ebenfalls bekannte Variante geht auf den Veränderungsmanagement-Forscher John P. Kotter zurück. Dieser hat acht Schritte beschrieben, mit denen eine erfolgreiche Veränderung gestaltet werden kann. Basis dieses Modells sind Kotters Untersuchungen zum Erfolg von Veränderungsprojekten.

50% scheitern in der Anfangsphase

Kotters Studie zufolge scheitert die Hälfte aller Veränderungsprojekte bereits in der Anfangsphase. Seine Erkenntnisse übertrug er in ein Acht-Schritte-Modell, welches helfen soll, häufige Fehler beim Wandel zu verhindern. Das Modell schafft einen einfachen Zugang zum Verlauf von Veränderungsprojekten und zeigt Handlungsschwerpunkte auf.

Nach Ansicht Kotters sollen in Veränderungsprozessen die folgenden acht Schritte vollständig durchlaufen werden (vgl. Kotter 2011):

8 Schritte eines Veränderungsprozesses

1. Ein Gefühl der Dringlichkeit erzeugen
Das Bewusstsein für die Dringlichkeit des Wandels unter den Führungskräften und den Mitarbeitern schaffen.

2. Eine Führungskoalition aufbauen
Die richtungsweisenden Personen in einer Koalition vereinen und für gegenseitiges Vertrauen sorgen.

3. Eine Vision der Veränderung und Strategien zu deren Umsetzung entwickeln
Eine übergeordnete Vision für das Unternehmen dient als positive Inspiration. Strategien zeigen auf, wie der Wandel unter Berücksichtigung der Rahmenbedingungen und Ressourcen gelingen kann.

4. Die Vision auf breiter Basis kommunizieren
Mitarbeiter überzeugen, gewinnen und Commitment erhöhen.

5. Mitarbeiter auf breiter Basis befähigen
Die empfundene Kompetenz im Veränderungsprozess bestimmt wesentlich die Bereitschaft zur Mitgestaltung.

6. Schnelle Erfolge erzielen
So genannte „Quick Wins" und „Leuchtturmprojekte" zeigen auf: Es geht wirklich! Die Erfolge sind idealerweise durch eine breite Mehrheit erwünscht, eindeutig erkennbar und umfassend kommuniziert, um die erwünschte Strahlkraft zu entfalten.

7. Erfolge und erreichte Ziele konsequent sichern und weitere Veränderungen einleiten
Grundlegende Veränderungen (vergleiche Wandel 2. Ordnung) erfordern einen höheren Einsatz und Ressourcenaufwand, nehmen viel Zeit in Anspruch und bieten allzu viele Möglichkeiten, vom Tagesgeschäft überdeckt zu werden.

8. Neue Ansätze in der Kultur verankern
Kulturveränderung ist die herausfordernste Aufgabe in einem Veränderungsprozess. Neue Werte, Normen und Verhaltensweisen müssen tief verankert werden, damit sie nicht wieder verloren gehen und Althergebrachtes um sich greift. Ziel ist, Nachhaltigkeit zu erlangen, insbesondere durch Kommunikation und indem schleichende Rückfallprozesse aufgedeckt und bewusst gemacht werden.

Kotters Modell zeigt Schritte eines Veränderungsprozesses auf, die nicht einfach ausgelassen werden können. Ihm ist es zuzurechnen, dass ein größeres Augenmerk frühzeitig auf die handelnden Führungskräfte berichtet wird. Zudem weist das Modell eindrucksvoll darauf hin, dass erreichte Fortschritte schnell wieder verloren gehen, wenn nicht auf deren Nachhaltigkeit geachtet wird.

Sieben-Phasen-Modell

Emotionen und Kompetenzgefühl im Fokus

Der Dozent und Coach Richard K. Streich geht bei der Modellierung eines Veränderungsprozesses einen anderen Weg (Streich 1997). Er stellt die Emotionen und die individuell empfundene Kompetenz der Betroffenen in den Mittelpunkt seiner Überlegungen. Dazu greift er andere Modelle auf und verbindet diese (zum Beispiel die Veränderungskurve aus der soziologischen Trauerforschung von Elisabeth Kübler-Ross sowie die Modelle von Kotter und Lewin, s.o.).

Das Sieben-Phasen-Modell zeigt auf, wie betroffene Menschen Veränderungen erleben und wie sie darauf reagieren. Darstellen zu können, dass Verwirrung, Ängste und Widerstände auftreten werden, ist nützlich: Ich verwende das Modell gerne im Rahmen der Auftragsklärung, um im Klientensystem zu verdeutlichen, dass der angestrebte Wandel auch unerwünschte Wirkungen, also Nebenwirkungen haben wird. Zugleich unterstützt das Modell, ergänzt um die Kotter'schen acht Schritte, das Aufzeigen anstehender Interventionen. Die sieben Phasen eines Veränderungsprozesses sind nach Streich folgende (s. dazu auch die Übersichtsgrafik auf S. 94):

7 Phasen eines Veränderungsprozesses

1. Schock
   Mitarbeiter sehen sich mit dem anstehenden Wandel konfrontiert und reagieren mit Schock und Überraschung sowie Ängsten und Unverständnis. Bisher war doch schließlich alles in Ordnung. Eine häufig beobachtete Folge ist der Verlust an Produktivität.

2. Verneinung
   Eine typische Folgereaktion ist nunmehr die Ablehnung von beabsichtigten Maßnahmen, weil diese aus ihrer Sicht als überflüssig erscheinen. Äußerungen wie „Es war doch gar nicht alles schlecht!" oder „Das kann noch gar nicht sein, es geht uns doch gut!" machen die Runde.

3. Wut
   Teil des Übergangs von Verneinung zu Akzeptanz ist Wut und die Suche nach Schuldigen, nicht selten begünstigt durch die überraschenden Aussagen über die gegenwärtige Situation im Abgleich mit dem eigenen Erkenntnisstand. Es manifestiert sich Angst, Gewohntes zu verlieren und die Abwehr, die eigene Komfortzone verlassen zu müssen.

4. Akzeptanz
   Da die Abwehr gegen den Wandel nicht erfolgreich verläuft, legen die Betroffenen ihre Abwehr und Widerstände nach und nach ab. Es greift die Einsicht, dass eine Veränderung nicht nur unvermeidbar, sondern vielmehr erforderlich ist. Am emotionalen Tiefpunkt angelangt (auch „Tal der Tränen" genannt) steigt nun die Akzeptanz für den eingeschlagenen Weg. Gewohnte Verhaltensweisen werden abgelegt und vorsichtig durch neue, bessere ersetzt. Die Mitarbeiter suchen nun nach Orientierung und entwickeln eine Bereitschaft, Neues auszuprobieren. Die Veränderungsbereitschaft erfasst jedoch zunächst nur einfache Retuschen, die Bereitschaft für tiefer greifende Veränderungen besteht noch nicht. Es besteht die Gefahr, dass kurzsichtig gehandelt und nach vermeintlich einfachen Lösungen gegriffen wird.

5. Ausprobieren (Lernen)
   Die Mitarbeiter erkunden die neue Situation. Sie bringen Vorschläge und Ideen ein und suchen nach geeigneten Verhaltensweisen. Aus Erfolgen und Misserfolgen wird gelernt.

6. Erkenntnis
   Erste kleinere Erfolge treten ein und die Erkenntnis reift, dass der Wandel auch Gutes und Wünschenswertes bewirkt. Der Erkenntnisgewinn sorgt für eine Erweiterung der individuell wahrgenommenen Kompetenzen und die Integration des Neuen in den Alltag beginnt.

7. Integration
   Neue Werte, Handlungs- und Verhaltensweisen werden in den Alltag integriert und als folgerichtig betrachtet.

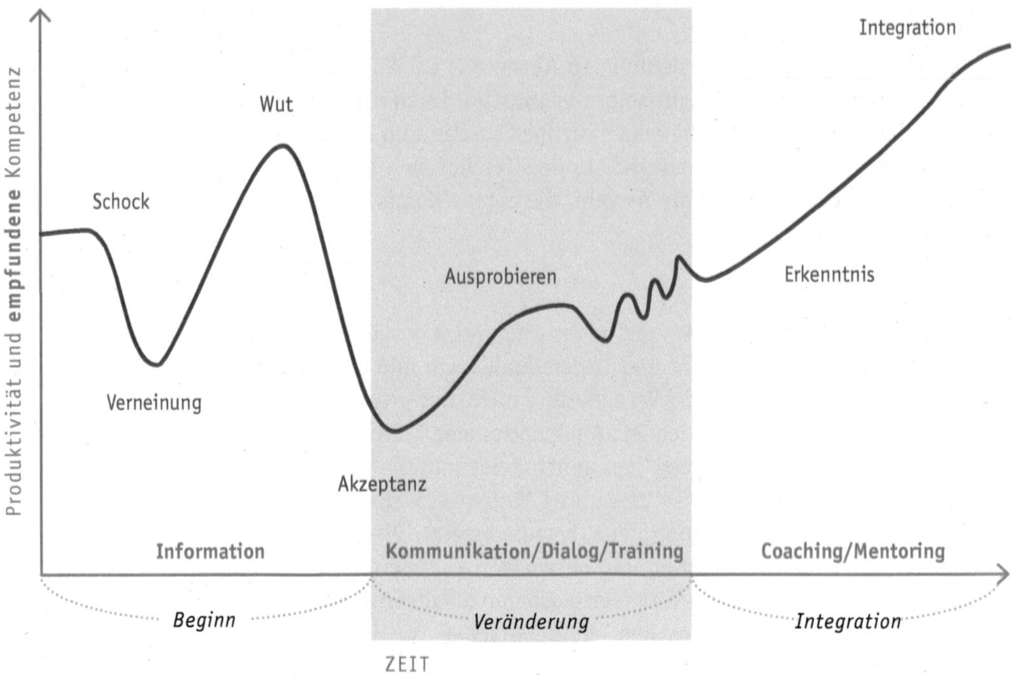

Abb.: Kompetenz der Veränderungssteuerung nach Streich

Streichs Modell verdeutlicht, mit welchen emotionalen Zuständen im Rahmen von Veränderungsprozessen zu rechnen ist. Diese Steuerung von Veränderungen kann im positiven Sinne beeinflusst werden. Das geschieht durch die intensive Beteiligung der Betroffenen, frühzeitige und umfassende sowie adressatengerechte Information und Kommunikation sowie durch das Unterstützen einer Fehlerkultur, welche in der Phase des Ausprobierens Fehler und Erkenntnisgewinn zulässt. Gefragt sind folglich Interventionen, welche den oben aufgezeigten Kurvenverlauf gemäßigter ausfallen lassen.

Hinweis auf Interventionsrichtungen

Die o. a. Grafik gibt auch erste Interventionsrichtungen auf, je nach erreichtem Stadium der Veränderungen. Zu Beginn braucht es umfängliche Informationen. Akzeptanz setzt Kommunikation voraus und eine Unterstützung (Training und dergleichen) fördert erstes zaghaftes Ausprobieren. Beim Erkenntnisgewinn und in der Verankerung helfen z.B. Coaching und Mentoring.

Handlungsfelder des Changemanagements

Auf den letzten Seiten wurde dargestellt, wie sich Wandel nach seinem Grad erster oder zweiter Ordnung unterscheidet und welche Phasen sich dabei unterteilen lassen. Nun wird der Blick auf die Felder gelenkt, auf denen das Changemanagement aktiv wird. Vorab wird dabei zunächst das Thema vertieft, das für alle Interventionen im Changemanagement grundlegende Relevanz hat: der Umgang mit Widerständen bzw. das Fördern des Commitments der Betroffenen. Von dieser sozialen Basis aus geht es dann auf die abstrakte Ebene und es werden darauffolgend die grundlegenden vier Handlungsfelder dargestellt, auf denen der Wandel stattfindet. Um bei der Diagnose (s. ab S. 149 ff.) und der Erarbeitung der Interventionsarchitektur (s. ab S. 243) Wesentliches zu berücksichtigen, ist das daraufhin vorgestellte Modell der „Sieben Wesenselemente von Organisationen" hilfreich. Es dient dazu, relevante Aspekte zu identifizieren und deren Wechselwirkungen untereinander sowie in Bezug auf das Umfeld zu berücksichtigen.

Weil während eines Wandels verschiedene Prozesse stattfinden, ist außerdem das Modell der „Sieben Basisprozesse" wichtig, welches diese veranschaulicht. Es verhilft zu einer Übersicht über die anstehenden Arbeiten bzw. die zu betrachtenden Aspekte und prägt nachfolgend auch die Systematik der dargestellten Interventionen.

Jeder organisationale Wandel geschieht nicht in einem Vakuum, sondern in einer Welt, die ihrerseits durch grundlegende Umbrüche geprägt ist – und die in diesem Kapitel ebenfalls in ihren wesentlichen Zügen skizziert werden.

Schließlich lernen Sie in diesem Kapitel ein Analyseinstrument kennen, welches konkrete Hilfestellung beim Kennenlernen einer Organisation und der Auftragsklärung liefern kann. Das Kongruenzprinzip im Changemanagement zeigt auf, welche Elemente ursächlich dafür verantwortlich sind, dass ein Veränderungsprozess erfolgreich verläuft – oder aber eben nicht.

Commitment und Widerstände

Auf allen Handlungsfeldern des Veränderungsprozesses können dem Wandel Widerstände begegnen. Damit rückt das Thema „Commitment" in den Fokus. Denn Commitment und Widerstand stehen in einem inneren Zusammenhang zueinander. Wer sich dieser Wechselwirkungen bewusst ist, kann daraus geeignetes Handeln ableiten. Nachfolgend finden Sie daher zunächst Erläuterungen zu den beiden Begriffen und daraus abgeleitet Handlungsempfehlungen für die bewusste Gestaltung von Veränderungsprozessen. Diese Handlungsempfehlungen werden zudem wesentlich bestimmt durch die Kommunikation der Akteure bereits zu Beginn des vorgesehenen Wandels.

Commitment ist zunächst beschrieben als eine Einstellung und ein sich daraus erkennbar ergebendes Verhalten, welches das Ausmaß der Identifikation vom Menschen mit einer Sache ausdrückt. Die Folge von Commitment ist Engagement – im Idealfall in Veränderungsprozessen hoch ausgeprägt. Dieses Commitment wird beeinflusst durch kognitive und affektive Faktoren, im wenig förderlichen Sinn also Widerstand.

Das, was als Widerstand beschrieben wird, ist ein multidimensionales Phänomen (vgl. hierzu Stegmaier 2016). Widerstand

Widerstand

- besteht aus Gedanken und Bewertungen (kognitiv),
- ist bestimmend für Gefühle und Stimmungen (affektiv) sowie
- erkennbar an konkreten Handlungen und Verhaltensweisen (behavioral).

Sieht jemand die Notwendigkeit für anstehende Veränderungen nicht oder aber hält sie gar für schädlich, so handelt es sich um einen kognitiven Widerstand. Ob und inwieweit jemand mit Angst und Sorge auf einen bevorstehenden Veränderungsprozess blickt, erklärt sich aus einem affektiven Widerstand. Behavioraler Widerstand hingegen drückt sich in Unterlassungshandlungen, bewussten Störungen bis hin zu Sabotage aus. Diese Widerstände können dabei in sich widersprüchlich ausgeprägt sein. Sieht ein Mitarbeiter beispielsweise die Einführung eines neuen Prozesses zur Reduktion vormaliger Fehlerquellen als vorteilhaft an, können trotzdem Bedenken hinsichtlich der eigenen Fähigkeiten zur Bewältigung der anstehenden Herausforderungen bestehen.

Die Einflussvarianten auf die genannten drei Widerstandsformen sind sehr vielfältig. Nachfolgend werden wichtige ausgewählte Erkenntnisse aus Studien zu dem Thema beispielhaft benannt (Oreg 2006 zit. nach Stegmaier 2016):

Einfluss auf Widerstand

- Sind Einfluss oder Status von Menschen bedroht, so steigt deren kognitiver Widerstand.
- Ein hoher kognitiver Widerstand ist verbunden mit einem geringeren Commitment gegenüber der Organisation.
- Greift die Angst um Arbeitsplätze verstärkt um sich, steigt auch affektiver Widerstand.
- Sehen Menschen ihre Eigenständigkeit bedroht, wächst affektiver Widerstand.
- Ein hoher affektiver Widerstand korreliert mit geringer Arbeitszufriedenheit.
- Ein hoher behavioraler Widerstand ist sehr wahrscheinlich gekoppelt an Überlegungen, die Stelle zu wechseln.
- Je größer das Vertrauen in das Management eines Unternehmens ist, desto niedriger fallen kognitiver und behavioraler Widerstand aus.

Doch wie wird Widerstand vermieden – oder besser gefragt: Wie erlangt man das gewünschte Commitment?

Widerstand begegnen

- Vermeiden Sie Angst und Unsicherheiten: Informieren Sie frühzeitig und umfassend und zeigen Sie Lösungsansätze auf.
- Geben Sie der Veränderung Sinn.
- Sorgen Sie für ein attraktives Zukunftsbild: Integrieren Sie wünschenswerte Ziele der Betroffenen.
- Kommunizieren Sie einen realistischen Zeitverlauf: Tiefer gehende Veränderungen erfordern Zeit.
- Beteiligen Sie die Betroffenen: Integrieren Sie deren Kompetenz bewusst und ergebnisoffen bei der Erarbeitung von Zielen und Lösungen.
- Sorgen Sie für Erfolgserlebnisse: Quick-Wins zeigen, dass es geht.
- Vermeiden Sie Opfer und Gesichtsverlust.
- Würdigen Sie ausdrücklich das Bisherige.
- Lassen Sie Bewährtes Bestandteil des Neuen werden.
- Belohnen Sie Commitment und Engagement und sanktionieren Sie bewusste Fehlleistungen.

Es ist Aufgabe in Veränderungsprozessen, frühzeitig Ängste und Sorgen zu erkennen, um geeignete Interventionen zu entwickeln und so das Commitment zur Verfolgung der angestrebten Ziele zu fördern. Das setzt voraus, dass frühzeitig an Themen wie Wahrnehmung, Beurteilung und Interpretation angesetzt wird und nicht zuletzt, dass konstruktives Handeln auch unterstützt und promotet wird.

Change: Die vier Handlungsfelder

Changemanagement als der sogenannte geplante Wandel von bzw. in Unternehmen, ist in den letzten Jahrzehnten mit zahlreichen Management-Ansätzen und Modellen unterlegt worden. Je nach Intensität der erforderlichen Veränderung sind unterschiedliche Handlungsfelder stärker in den Fokus gerückt. Maßgeblich hierfür ist der Projektumfang, verbunden mit der Frage, ob der vorgesehene Wandel eher evolutionären oder revolutionären Charakter hat.

Vom Wandel betroffene Bereiche

Von der Veränderung betroffen sein können beispielsweise Technologien, Arbeits- und Vorgehensweisen (Methoden) sowie Verfahren. Nicht selten handelt es sich hierbei um sogenannte instrumentelle Anpassungen an aktuelle Erfordernisse (Modifikationen).

Darüber hinaus werden Organisationen häufig vom Markt zu Veränderungen getrieben. Aus Ansätzen der Kundenorientierung ergeben sich in der Regel Veränderungen – beispielsweise für Arbeitsabläufe. Dies greift in die Organisation der Unternehmungen ein, also in Prozesse und Strukturen. Hierbei sind Fragen nach der Zuordnung von Aufgaben, nach Befugnissen und Verantwortung auf bestimmten Stellen betroffen. Dies wirkt sich weiterführend auf die Bewertung von Stellen innerhalb der Organisation aus, gegebenenfalls sind Anpassungen im Rahmen der für diese Stellen erforderlichen Zugangsvoraussetzungen und Kompetenzen gefragt.

Für die Positionierung am Markt, ob als Aktion oder Reaktion, werden strategische Überlegungen erforderlich. Strategien sind als Maßnahmenbündel zur Zielerreichung unter Berücksichtigung der zur Verfügung stehenden Ressourcen überlebensnotwendig. Denn Anpassungen an die Gegebenheiten des Marktes sind für ein erfolgreiches Unternehmen zwingend. Diese Anpassungen haben Wirkungen auf Vision, Mission, Leitbild sowie auf nachgeordnete Geschäftsstrategien. In der Grundstruktur dieses Buches ist der erforderliche Strategieentwicklungsprozess bereits absolviert. Wie ein Strategieentwicklungsprozess moderiert wird, zeigt das Buch „Die Moderation strategischer Initiativen, Strategie-Workshops und Klausuren erfolgreich moderieren“ auf (Lundershausen 2015).

„Weiche“ Faktoren als besondere Herausforderung

Tief greifende Veränderungen berühren Fragen der Qualität der Zusammenarbeit, der Kommunikation und der Kooperation in Unternehmen sowie nicht zuletzt auch Fragen der Führung. Diese Themenfelder – sogenannte „weiche“ Faktoren – stellen besondere Herausforderungen an das Changemanagement, weil sie jedes einzelne Mitglied der Organisation betreffen und berühren. In der Summe lassen sich folglich vier Handlungsfelder identifizieren (nach Vahs/Weiand 2010):

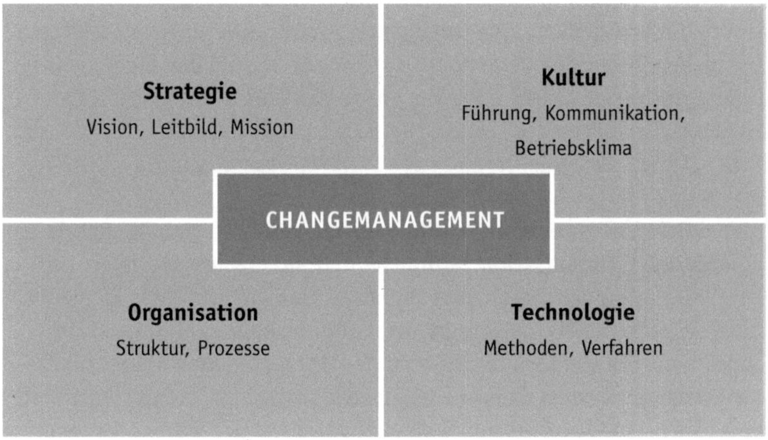

Abb.: Handlungsfelder des Changemanagements

Im Rahmen von Veränderungsprojekten steht stets die Frage im Raum, inwieweit diese genannten Handlungsfelder berührt sind bzw. berührt sein müssen. Die Handlungsfelder stehen zueinander in Beziehung und dürfen daher nicht losgelöst betrachtet werden. Vielmehr empfiehlt es sich, diese Handlungsfelder in ihrer Gesamtheit und Abhängigkeiten untereinander zu betrachten und im Rahmen der Diagnostik, der Veränderungsarchitektur sowie auf der Ebene der Interventionen und des Veränderungsdesigns auf eine angemessene Berücksichtigung zu achten.

Sieben Wesenselemente von Organisationen

In der ganzheitlichen Steuerung von Veränderungsprozessen ist es ohne Zweifel die Aufgabe und Herausforderung, relevante Aspekte zu identifizieren und deren Wechselwirkungen untereinander sowie in Bezug auf das Umfeld zu berücksichtigen. Die „sieben Wesenselemente von Organisationen" bieten ein bewährtes Denkkonzept, das sich in der Praxis bewährt hat, weil es sicherstellt, dass Wesentliches während der Diagnose, bei der Erarbeitung der Interventionsarchitektur und der weiteren Prozesse auch tatsächlich Berücksichtigung findet.

Das Organisationskonzept geht auf die Arbeit der Konfliktforscher und Ökonomen Friedrich Glasl und Hans von Sassen in den 1970er-Jahren zurück. Grundlage ihrer Arbeit war die Suche nach denjenigen Faktoren, die maßgeblich eine Organisation in ihrer Gesamtheit bedingen. Die sieben Wesenselemente von Organisationen sind das Ergebnis ihrer Überlegungen im Sinne eines Modells. Darin stellen die einzeln genannten Elemente eine Einheit vergleichbar mit einem Organismus dar – ein System also (die Organisation in ihrer Gesamtheit).

Wechselseitige Beziehungen

Einem Organismus entsprechend, bestehen zwischen den Wesenselementen einer Organisation zahlreiche und auf Wechselseitigkeit beruhende Beziehungen. Das bringt mit sich, dass ein einzelnes Element für sich betrachtet nicht die Organisation als Ganzes erklären kann. Jedes einzelne Element zeigt Abhängigkeiten zu den weiteren sechs Elementen und kann daher nicht einzeln betrachtet werden. Insoweit muss auch eine Intervention in Bezug auf eines der Wesenselemente regelmäßig auf seine Wirkungen, Wechselwirkungen und folglich auch unerwünschte Nebenwirkungen zu den weiteren Elementen geprüft und es müssen daraus Schlüsse abgeleitet werden.

Die Grafik rechts zeigt die sieben Wesenselemente in ihrer vernetzten Beziehung zueinander, welche in ihrer Gesamtheit die Organisation darstellen (vgl. Glasl u.a. 2014).

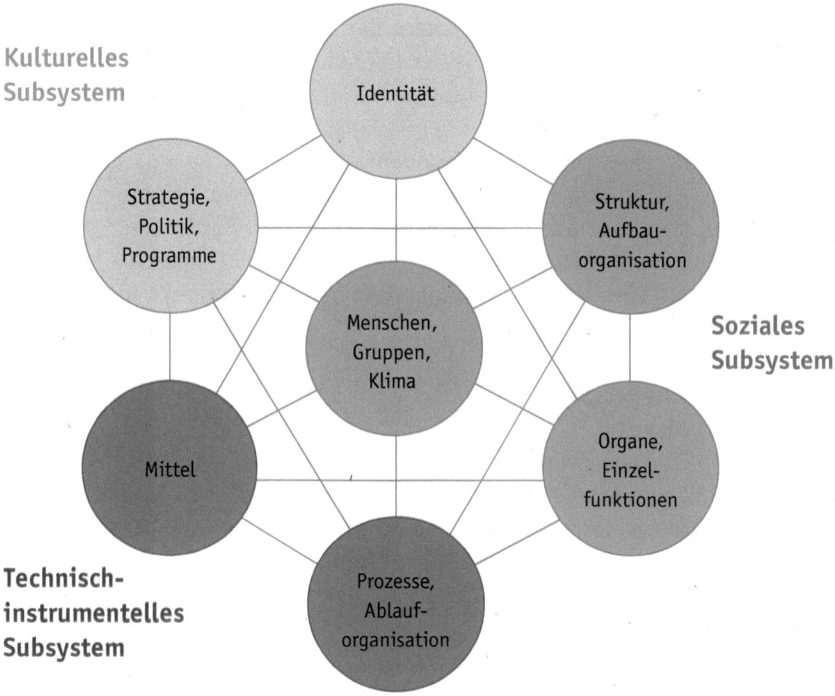

Abb.: Sieben Wesenselemente von Organisationen

Die sieben Wesenselemente sind in der Grafik drei Subsystemen zugeordnet. Subsysteme und die ihnen zugeordneten Wesenselemente der Organisation lassen sich wie folgt näher beschreiben (für ein näheres Verständnis im Innensystem sowie zum Organisationsumfeld vgl. Glasl u.a. 2014):

7 Wesenselemente

- **Soziales Subsystem**
  - Menschen, Gruppen, Klima
    Hierzu zählen beispielsweise: das Know-how der Beschäftigten (Wissen und Können), deren Werte, Haltungen und Beziehungen, das Führungsverhalten, das Betriebsklima, Macht, Rollen sowie informelle Aspekte, Vertrauen, Achtung, Wertschätzung, Konfliktbewältigungsstrategien.

  - Struktur und Aufbauorganisation
    Hierzu zählen beispielsweise: Organisationsstruktur, Hierarchien, Leitungsspannen und Leitungstiefe, Zuordnung von Aufgabenbefugnissen und Verantwortung, Regelungen und Richtlinien in Organisationshandbüchern, Gesellschafterverträ-

gen oder Statuten, Effizienz der Entscheidungswege, Aktualität und Verfügbarkeit von Organigrammen, Aktualität und Qualität von Stellenbesetzungsplänen.

- Organe und Einzelfunktionen
  Hierzu zählen beispielsweise: Zuordnung von Aufgaben, Befugnissen und Verantwortung auf Stellen (Funktionen) sowie Organisationseinheiten, Projektgruppen, Gremien etc., Vertretungsregelungen, Verfügbarkeit von Informationen über die eigene Arbeit usw.

▶ **Kulturelles System**

- Identität
  Hierzu zählen bspw: Vision, Mission (Sinn und Zweck), Leitbild, langfristige Ziele, Unternehmenswerte, Selbstverständnis und Image, Erscheinungsbild (Corporate Identity usw.), Klarheit über Sinn und Nutzen der Organisation, Identifikation der Mitarbeiter mit dem Unternehmen und Produkten, Kundenorientierung.

- Strategie, Politik, Programme
  Hierzu zählen beispielsweise: strategische Programme, Unternehmenspolitik, Aspekte der Qualitäts-, Produkt-, Personal-, Preispolitik etc., Personalentwicklungskonzepte, Konzepte für Produktentwicklung und Innovationen usw.

▶ **Technisch-instrumentelles Subsystem**

- Prozesse und Ablauforganisation
  Hierzu zählen beispielsweise: Leistungserstellungsprozesse, unterstützende Prozesse, Management-Prozesse, Logistik- und Warenflussprozesse, Zusammenarbeit mit Dritten, Ausgestaltung eines Beschwerdemanagements bzw. Reklamationsmanagements, Termintreue, geklärte Schnittstellen usw.

- (Physische) Mittel
  Hierzu zählen beispielsweise: Maschinen, Geräte, Material, Gebäude, Raumausstattung, finanzielle Mittel, Ausgestaltung von Sozial- und Aufenthaltsräumen, Wartungszustand sowie Sicherheit und Bedienungsfreundlichkeit von Anlagen und Maschinen etc.

Wechselbeziehungen zum Umfeld

Im Sinne eines ganzheitlichen Systemkonzepts beschreibt Glasl (Glasl ebenda) neben der Einordnung der sieben Wesenselemente in den unternehmensinternen Zusammenhang auch entsprechende Wechselbeziehungen zum Umfeld der Organisation. Dies bedeutet, dass die Beziehungen nicht nur innerhalb der Organisation zwischen den genannten Elementen, sondern auch zu Elementen außerhalb der Organisation bestehen. Dies sei an dieser Stelle anhand eines einfachen Beispiels aufgezeigt:

Praxisbeispiel

In einem Unternehmen werden verschiedene organische und anorganische Proben laboranalytisch untersucht. Nachdem Fehler festgestellt worden waren, wurden Prüfinstanzen eingeführt. Wir bewegen uns mithin innerhalb des „technisch-instrumentellen Subsystems" im Bereich (u.a.) der „Prozesse, Ablauforganisation", also im Prozessmanagement.

Die Veränderungen wurden mit der Absicht eingeführt, die Qualitätsstandards wieder zu erreichen. Doch was ist auch passiert? Die Prüfinstanzen stellten sich als „Flaschenhals" heraus. Der Arbeitsablauf wurde zeitlich in die Länge gezogen. Das führte zu deutlich verzögerten Mitteilungen der Befunde an die Kunden. Zudem waren diese über die organisationsinternen Umstellungen nicht informiert worden. Dies hatte Verärgerung und Beschwerden zur Folge und führte sowohl zu mehr Arbeit im Rahmen der Beschwerdebeantwortung als auch zu Kundenverlust.

Es fehlten geeignete Aktivitäten innerhalb des „Elementes Mensch". Und was gar nicht erforscht worden war, war die tatsächliche Ursache der fehlerhaften Analyseergebnisse. Mit den betroffenen Mitarbeitern war nicht einmal das Gespräch gesucht worden. Das geschah erst in der Nachbetrachtung. Dabei wurden Lernbedarfe hinsichtlich der Bedienung einzelner Messgeräte festgestellt sowie eine Überforderung der Mitarbeiter konstatiert – in Spitzenzeiten mit Arbeitsmengen im Umfang von bis zu etwa 160 Prozent der tatsächlich zu bewältigenden Arbeitsmenge.

Die tatsächlich zielführende Lösung war also eine angemessene Einarbeitung in die Bedienung der Messgeräte, begleitet durch einen Floorwalker über einen Zeitraum von acht Wochen. Zudem wurden die Arbeitsmengen über angrenzende Arbeitsbereiche so verteilt, dass auch in Spitzenzeiten die zu bearbeitenden Mengen qualitativ zuverlässig bearbeitet werden konnten.

In der praktischen Anwendung kann die Diagnose wie auch die zielgerichtete Gestaltung von Organisationen bei jedem der genannten sieben Elemente ansetzen. Ausgehend von diesem sind jedoch gleichzeitig deren Wechselbeziehungen untereinander und Verknüpfungen mit dem Organisationsumfeld zu berücksichtigen.

Das Modell bietet damit Orientierung und Rahmen zugleich, ohne dass eine absolute Vollständigkeit proklamiert wird. Es erleichtert einerseits die ganzheitlich-systematische Beschreibung von Organisationen. Andererseits assistiert es auch dabei, Störfaktoren aufzuzeigen und auf mögliche „blinde Flecken" hinzuweisen und diese erst damit diskutierbar zu machen.

Ein erster guter Einstieg in die Erhebung relevanter Aspekte kann die nachfolgende Fragensammlung bieten (in Anlehnung an Glasl u.a. 2014). In ausführlicher Form kann die Fragensammlung unter den Download-Ressourcen zu diesem Buch heruntergeladen werden, hier sehen Sie eine gekürzte Fassung:

Element	Klärende Fragestellungen
Identität	– Wie klar wird die Kernaufgabe der Organisation beschrieben? – Welche Werte werden vertreten und wo treten Wertekonflikte auf? Welche Lücke gibt es zwischen deklarierten und tatsächlich gelebten Werten? – ...
Strategie, Politik, Programme	– Welche langfristigen Ziele sind definiert und welche Strategien werden zu deren Umsetzung verfolgt? – Inwieweit sind Unternehmenspolitik, Strategie und Programme konsistent und widerspruchsfrei? – ...
Struktur	– Welchen Aufbauprinzipien folgen Organisationsstruktur und Hierarchien? – Inwieweit spiegeln die Struktur von Linien-, Stabs-, Ausführungs- oder Leitungsstellen transparent Verantwortlichkeiten und Befugnisse wider? – ...
Menschen, Gruppen, Klima	– Wie sind Arbeitszufriedenheit, Motivation und Commitment ausgeprägt? Woran ist dies erkennbar? – Wie klar oder widersprüchlich sind Rollen definiert und wie werden sie tatsächlich gelebt? – ...
Organe & Einzelfunktionen	– Wie klar ist die Abgrenzung der Aufgaben des Einzelnen in Bezug auf andere Mitarbeiter? – In welchem Umfang finden sich Planung, Steuerung und Kontrolle in der einzelnen Stelle wieder? Wie wird dieses gelebt? – ...

Prozesse & Ablauforganisation	– An welchen Stellen und mit welcher Ausprägung gibt es Doppelarbeiten, fehlerhafte Arbeiten, fehlende Arbeiten oder nicht erforderliche Arbeit („Umsonstarbeit“)? Wo finden sich Verzögerungen und „Flaschenhälse“ im Prozess? – Wie wird durch die Arbeitsabläufe die Zielerreichung unterstützt? – ...
(Physische) Mittel	– Wie ist der Arbeitsplatz/sind die Arbeitsplätze gestaltet? – Inwieweit stehen erforderliche Arbeitsmittel auch tatsächlich zur Verfügung? – ...

Tab.: Fragenset Sieben Wesenselemente

Sieben Basisprozesse der Organisationsentwicklung

Komplexere Frage- oder Aufgabenstellungen lassen sich dann am ehesten erfassen und auch eher dann vollständig bearbeiten, wenn eine Übersicht über die anstehenden Arbeiten bzw. die zu betrachtenden Aspekte erfasst bzw. darstellt. Eine solche grundlegende Darstellung der zu berücksichtigenden Aspekte – oder besser Prozesse – stellen die sieben Basisprozesse der Organisationsentwicklung nach Friedrich Glasl u.a. (2014) dar. Diese Basisprozesse umfassen:

1. Diagnoseprozesse
2. Zukunftsgestaltungsprozesse
3. Psycho-soziale Prozesse
4. Lernprozesse
5. Informationsprozesse
6. Umsetzungsprozesse
7. Changemanagement-Prozesse

Die Autoren geben zu diesen sieben Basisprozessen Hinweise, die ich hier zur Klarstellung gern aufnehmen möchte:

- Die sieben Basisprozesse sind vernetzt und bedingen einander. Eine Bearbeitung in einer wie auch immer gearteten Reihenfolge ist mithin nicht gemeint oder sinnvoll.

- Die Reihenfolge der Darstellung sagt nichts über die Bedeutung bzw. Prioritäten der sieben Prozesse aus. Solche ergeben sich allenfalls aus der Besonderheit des jeweiligen Veränderungsprozesses.

- Die Basisprozesse sind ausdrücklich nicht im Sinne eines Phasenmodells zu verstehen. Es handelt sich folglich nicht um Phasen, sondern Prozesse, welche parallel und iterativ (also in Schleifen) verlaufen (können).

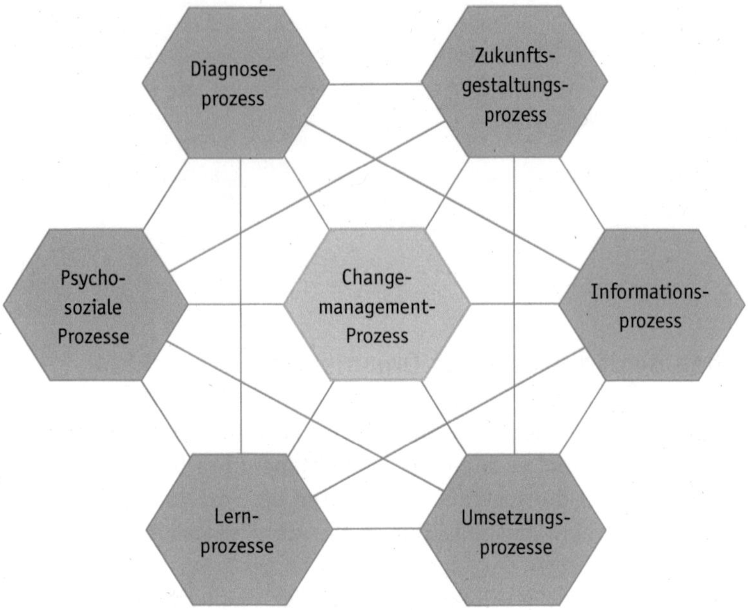

Abb.: Sieben OE-Basisprozesse

Zu den Basisprozessen im Einzelnen

Diagnose als Begriff entstammt ursprünglich dem Altgriechischen und steht für Unterscheidung, Entscheidung bzw. Urteil. Es ist damit eine Erkenntnistiefe gemeint, die über eine „Draufschau" auf die einzelnen Symptome erlangt wird. Es geht also um die zusammenfassende Beurteilung einzelner erhobener Befunde. In Change-Projekten kann (und muss) Diagnostik ganz außerhalb einer (Projekt-)Phasenzuordnung stattfinden.

Voraussetzung ist, dass aufgrund von Analysen und Erhebungen Befunde – im Sinne von Feststellungen – vorliegen. Herbei wird die Feststellung eher als Wirklichkeitskonstrukt verstanden, also die in Worte gefasste Erklärung und Interpretation dessen, was wahrgenommen wurde.

Grundlage für die Diagnostik sind also eine Reihe von Untersuchungen, d.h. Erhebungen und Analysen. Es folgt das Sammeln, Aufbereiten und Auswerten von Daten als Grundlage für Hypothesen (vgl. dazu Hypothesenbildung, S. 234 ff.) und nachgelagert die Auswahl geeigneter Interventionen (etwas, das im Bereich der Medizin mit „Therapie" bezeichnet würde).

Die **Gestaltung der Zukunft**, also das Entwerfen eines Zukunftsbildes, ist in Veränderungsprojekten ein wesentliches Element. Wenn nicht klar ist, wohin sich die Organisation entwickeln will, (und die Ausgangsposition ebenso wenig bekannt ist), ist eine zielgerichtete Veränderung als Prozess nicht möglich. Doch es geht nicht nur um Zielbilder im Sinne von Visionen. Es geht auch um die Umsetzungswege, also Strategien und es geht vor allem darum, *wie* diese Vorstellungen von der angestrebten Zukunft entstehen. Insoweit erfasst der Zukunftsgestaltungsprozess das gemeinsame Skizzieren, Diskutieren und letztlich auch hinreichende Bestimmen der Zielbilder. Wesentliche Elemente sind:

Elemente des Zukunftsgestaltungsprozesses

- Chancen
- Vision
- Werte und Selbstverständnis
- Mission
- Leitbild
- Organisationsziele und Organisationsentwicklungsziele
- Strategie

Der Zukunftsgestaltungsprozess ist deutlich davon geprägt, wie die Mitglieder des Klientensystems partizipieren.

Veränderungen sind per se begleitet von Sorgen, Ängsten, Stress und auch von Konflikten. Innerhalb von gesteuerten Veränderungsprojekten ist dieser Umstand von vornherein bekannt und findet daher angemessen Berücksichtigung. Letztlich ist es das Ziel der zu wählenden Interventionen, Unsicherheiten und Widerstände zu reduzieren und Commitment, Engagement und Motivation gezielt zu fördern (vgl. S. 96 ff.).

Die hierfür erforderlichen **psycho-sozialen Prozesse** sind jedoch kein Selbstzweck. Es geht ausdrücklich nicht darum, Widerstände beispielsweise zu vermeiden, oder gar „zu brechen". Vielmehr geht es um eine an den Zielen orientierte Partizipation der Organisationsmitglieder am Prozess und seinen Ergebnissen. Es gilt maßgeblich, dass die Systemmitglieder ihr System am besten kennen, was auch bedeutet, zu berücksichtigen, dass diese am ehesten in der Lage sind, eine für sich und das System geeignete Lösung zu finden. Weitere Einsatzfelder für die Organisationsentwicklung liegen in der Gestaltung von:

Elemente des psychosozialen Prozesses

- Tragfähigen Rollen(-konzepten)
- Nivellierung von formeller und informeller Macht
- Konfliktmanagement
- Gestalten von Beziehungen, auch Organisationseinheiten übergreifend
- Kulturthemen (z. B. Feedback-Kultur, Fehlerkultur) in Verbindung mit Lernprozessen.

Im Basisprozess „**Lernprozesse**" stehen die Fähigkeiten (und Fertigkeiten) von Menschen im Mittelpunkt. Diese beziehen sich vor allem auf Aktualisierung, Erweiterung bzw. Vervollständigung von explizitem und implizitem Wissen. Und auf dieser Basis auf:

Vorgänge des Lernprozesses

- Entwicklung, Erweiterung, Anpassung bzw. Routinierung von Fähigkeiten und Fertigkeiten
- Entwicklung bzw. Nivellierung sowie Abgleichen und ggf. Nivellieren der Systemmitglieder untereinander in Bezug auf Einstellungen, Haltung und Verhalten

Das Thema „Lernen" und der Kompetenzbegriff stehen hierbei in einem originären Zusammenhang. Über Kompetenzen (Fähigkeiten und Fertigkeiten) verfügt grundsätzlich jeder Mensch, fraglich ist lediglich der Grand ihrer gegenwärtigen Ausprägung (vgl. S. 370 ff.). Um förderliche Lernschritte zu gestalten, sind also die kollektive bzw. individuelle Ausgangsbasis sowie das Lernziel von Bedeutung. Nun ist das Lernen in Veränderungsprojekten kaum mit „Schulungen" oder gar „Unterricht" verbunden. Vielmehr stehen erwachsenengerechte, interaktionsbasierte und auf Erkenntnisgewinn abzielende Lernformate im Vordergrund, z.B.

Elemente des Lernprozesses

- Workshops zur Bearbeitung von Themen und zur Problemlösung und hier insbesondere das Mitwirken an der Erarbeitung und Ausgestaltung der Themen der Veränderung selbst
- Qualitätszirkel
- (Pilot-)Projekte
- Mitwirkung in (heterogen zusammengesetzten) Arbeitsgruppen
- Coaching
- Training (in Differenzierung zu Schulung)
- Hospitationen
- „Lessons Learned" und weitere Formate zur Reflexion.

Die Lernfortschritte können dabei eigenverantwortlich und bewusst mithilfe einzelner Techniken gesteuert und reflektiert werden (s. Kapitel 7 ab S. 367).

Information ist die geringste Form der Beteiligung und dabei zugleich unverzichtbar (vgl. Kapitel 7 ab S. 357). Ohne Informationen ist ein Dialog, eine Feedback-Schleife oder auch eine gemeinsame Arbeit an Themen nicht möglich. Insoweit sind Informationsprozesse für das Veränderungsprojekt überlebensnotwendig – sie sind im Projektmanagement generell unter dem Begriff des Projektmarketings fest etabliert. Bei den Informationsprozessen sind eine Reihe von Aspekten zu berücksichtigen:

Aspekte des Informationsprozesses

- *Wer* ist *worüber* zu informieren?
- *Wann,* in welchen Fristen bzw. *wie häufig* und *wie frühzeitig* ist zu informieren?
- Mit welchem *Kommunikationsmedium* wird informiert? Gegebenenfalls ergänzend: Welcher Kommunikationsweg bzw. -kanal wird gewählt?
- *Wer* informiert bzw. wer ist verantwortlich?
- *Was* sind die geeigneten und erforderlichen Informationen (Umfang, Tiefe, Erläuterungen, Bezugs- und Anknüpfungspunkt)?
- *Wie* wird informiert?
  - Adressatenorientierung und Ansprache
  - Form (Stil)
  - Verständlichkeit
  - Glaubwürdigkeit, Wahrhaftigkeit
  - Überzeugungskraft und Argumentation
  - Anknüpfung an bereits Bekanntem, eigentliche Information (Nachricht), Bedeutung & Aktivierung sowie Ausblick
  - Konstruktiv/positiv formuliert
  - Zugänglichkeit und Verfügbarkeit der Information (z.B. bei Intranet – hat jeder Mitarbeiter eine Zugriffsmöglichkeit, kann der Mitarbeiter auch nach Rückkehr aus dem Urlaub noch auf Informationen zugreifen und wie wird er über das Vorhandensein von Informationen in Kenntnis gesetzt?)
  - Aufzeigen von Feedback- und Frage-Möglichkeiten

Je nach Veränderungszielen werden unterschiedliche Vorbereitungen benötigt, um die dann maßgeblichen Verwirklichungen angehen zu können. Aus Sicht der Systemmitglieder ist das ein „Vorlauf“, der gefühlt umso länger dauert, umso weniger sie beteiligt sind. Auf anfängliche Euphorie würde dann relativ schnell Ernüchterung folgen. Insoweit ist die Frage, welche **Umsetzungsaktivitäten** priorisiert werden, auch unter Motivationsgesichtspunkten von Bedeutung. Den Begriff der „Quick Wins“ kennen Sie sicher bereits. Es stellt sich also sehr gezielt die Frage, welche Aktivitäten schnellen und vor allem sichtbaren Erfolg bringen, neben den Aspekten, die bekanntermaßen länger andauern werden. Für die Priorisierung der Aktivitäten können dabei die folgenden Überlegungen nützlich sein:

Überlegungen des Umsetzungsprozesses

- Welche vorbereitenden Arbeiten stehen an und wie viel Zeit werden diese in Anspruch nehmen?
- Zu wann und mit welchem Aufwand ist die Umsetzung möglich?
- Wessen Bedürfnisse werden damit befriedigt (und wie groß ist der Anteil derer am Gesamtsystem)?

Wenn eine dementsprechende Priorisierung zu ersten sichtbaren Erfolgen führt, zeigen diese den Skeptikern, „die meinen es wirklich ernst". Was solche „Quick Wins" sein können, lässt sich kaum im Sinne einer „Kopiervorlage" nennen. Die nachfolgenden Beispiele zeigen jedoch aus einzelnen Projekten genau solche schnell sichtbaren Erfolge beispielhaft auf (und stehen dabei in Bezug zu Erwartungshaltung und Ausgangssituation in der jeweiligen Organisation):

Quick Wins bei der Umsetzung

- Neueinrichtung und Ausstattung eines Pausenraumes
- Regelmäßige Informationsrunden durch die Geschäftsführung mit selbstbestimmter Teilnahme
- Bereitstellung von frischem Obst in den Pausenzonen
- Aufstellung von Kaffeeautomaten
- Bereitstellen von Wasserspendern
- Erstmalig: Abfrage von Themen für die wöchentliche Besprechung, vorab Bereitstellen der Tagesordnung, Besprechungsleitung rotierend, Verfassen eines Protokolls
- Streichung reservierter Parkplätze für einzelne Mitarbeiter
- Ausstattung der Räume mit Sonnenblenden und Jalousien
- Messung der Luftqualität (Bezug: Laserdrucker) und der Beleuchtungsstärke in den Büros, Umsetzen von angezeigten Veränderungen
- Neuausstattung mit Arbeitskleidung
- Wechsel des Lieferanten für Arbeitsschutzschuhe und Austausch
- ...

Keiner der zuvor genannten Prozesse könnte stattfinden, wenn es nicht einen Prozess gäbe, der das gesamte Management dieser Aktivitäten abbilden würde. Alle im Projektmanagement als Definition,

Planung und Steuerung benannten Aktivitäten gehören zum **Changemanagement-Prozess**, als dem übergeordneten Management-Prozess, der zumindest folgende Aktivitäten in sich vereint:

Aktivitäten des Changemanagement-Prozesses

- Auftragsklärung
- Planung des Projektes (nicht der Interventionen) hinsichtlich der Ergebnisse, der Kosten und der Zeit
- Organisieren der Arbeitsfähigkeit über das Einrichten von Gremien
- Sicherstellen der Abstimmungs- und Entscheidungswege
- Ermitteln und Bereitstellen der erforderlichen Ressourcen
- Controlling des Projektfortschrittes, Evaluieren der Wirksamkeit von Aktivitäten/Interventionen
- Steuern des Projektes
- Change Request – Änderungsanträge/Veränderungen bzw. Ergänzungen der (ursprünglichen) Projektinhalte
- Dokumentation
- Übergabe und Abnahme

Die sieben Basisprozesse der Organisationsentwicklung bieten dem Prozessbegleiter in Veränderungsprojekten eine umfassenden Überblick über anstehende Prozesse und stellen sicher, dass die Veränderungsaktivitäten nicht einseitig und unvollständig angegangen werden. Dieses Buch mit seinem Schwerpunkt auf strategische Change-Projekte geht auf einzelne Basisprozesse vertieft ein: Den Diagnoseprozess spiegelt das vierte Kapitel „Diagnose und Hypothesen" wider (ab S. 149) und das sechste Kapitel beinhaltet Interventionen, die besonders im Bereich der Zukunftsgestaltung wirken (ab S. 275). Das siebte Kapitel stellt schließlich Interventionen vor, die sich insbesondere auf den Informationsprozess und den Lernprozess beziehen (ab S. 355).

In der Praxis ist es mehr als nützlich, in allen Phasen der Veränderung zumindest aufseiten des Beratungssystems zu reflektieren, ob und inwieweit die hier genannten Basisprozesse in angemessenem Umfang Berücksichtigung finden und inwieweit deren relative Beziehung untereinander ausgewogen auf die Besonderheiten des Veränderungsprojektes abgestimmt sind.

VUKA-Welt im Change

> Heutige Umwelten zeichnen sich durch Volatilität, Unsicherheit, Komplexität und Ambiguität aus. **VUKA** (das entsprechende Akronym, engl. VUCA) wird entsprechend verstanden als neue Wirklichkeit in einer zunehmend globalisierten Welt. Das Akronym wurde erstmals von Militärstrategen der US-Streitkräfte benutzt, um spezielle Umfeldsituationen zu beschreiben.

Merkmale des heutigen Umfelds

Volatilität (Volatility) beschreibt die Schwankungsintensität über einen meist kurzen zeitlichen Verlauf. Gemeint ist das Ausmaß der kurzfristigen Schwankungen oder „Ausschläge" oder „Spitzen" einer Zeitreihe um ihren Mittelwert bzw. Trend. Diese werden abgebildet durch Standardabweichungen bzw. Variationskoeffizienten.

Unsicherheit (Uncertainty) bezeichnet hier eine fehlende Vorhersagbarkeit von Ereignissen. Je mehr „Überraschungen" zu erwarten sind, desto unsicherer sind die Umwelten, in denen sich beispielsweise ein Unternehmen bewegt.

Komplexität (Complexity) wird nach allgemeiner Auffassung durch eine ggf. auch unbestimmte Vielzahl möglicher Einflussfaktoren und deren gegenseitige Abhängigkeiten bzw. Wechselwirkungen beeinflusst. Je mehr wechselseitige Abhängigkeiten ein System zeigt, desto komplexer und umso weniger erfassbar ist es.

Ambiguität (Ambiguity) bezeichnet die Mehrdeutigkeit einer Situation oder Information. Das Gegenteil wäre beispielsweise Eindeutigkeit bzw. Eineindeutigkeit im Sinne von umkehrbar eindeutig. „Was genau heißt das?" oder „Was genau bedeutet das?" sind typische Fragen in solchen Situationen.

Eine solche Umfeldsituation macht es erforderlich, neue strategische und taktische Vorgehensweisen zu entwickeln. In VUKA-Umfeldern sind also weniger eine komplexe Detailplanung und „Standardvorgehen" gefragt – auch wenn dies in der Change-Praxis allzu oft gesucht und auch von außen angeboten wird. Erfahrene Prozessbegleiter wissen, dass bis zu einem gewissen Grad ein iteratives und situatives Vorgehen besser zum Erfolg führt. In Zusammenhang mit den Erkenntnissen der VUKA-Umwelten lassen sich für Veränderungsprojekte folgende Überlegungen ableiten:

Überlegungen für Veränderungsprozesse

- Organisationen werden als lebendige offene soziale Systeme verstanden. Folgt man diesem Ansatz, so sollten die Eigenschaften der Selbstorganisation und Selbststeuerung* dieser Systeme erkannt, respektiert und gezielt für einen gesteuerten Projektverlauf genutzt werden. In der Praxis wird dies leider allzu oft übersehen und Akteure reagieren bei ersten vermeintlichen Schwierigkeiten oder Hindernissen mit einer aktiven Übersteuerung.

- Solche Wirklichkeiten wechselhafter, kaum vorhersagbarer und wenig beeinflussbarer Veränderungen gilt es explizit zu benennen und hinsichtlich ihrer Bestandteile klug voneinander zu unterscheiden.

- Erst aus einer gemeinsamen und von allen Beteiligten gleichsam verstandenen Beschreibung der Rahmenbedingungen, welche eine Veränderung bestimmen, können geeignete Lösungsansätze abgeleitet werden. Ziel muss es also sein, eine gemeinsame Sprache und Auslegung für diejenigen Rahmenbedingungen zu finden, in denen sich das System bewegt. Dies ermöglicht es, den Fokus auf diejenige der vier VUKA-Dimensionen zu richten, welche sich am ehesten für eine bestimmte Situation ableiten und nutzen lässt.

  Ein Beispiel: Umweltbedingungen mögen weniger Schwankungen ausgesetzt sein, wenn etwa ein bestimmter Markt frei von neuen Wettbewerbern „aufgeteilt" wurde und der gesetzliche Rahmen langfristige Sicherheit bietet. Gleichwohl können die in diesem Umfeld zu beobachtenden Wechselwirkungen durch gegenseitige Abhängigkeiten (beispielsweise gibt es nur wenige Lieferanten für einen bestimmten Rohstoff) eine hohe Komplexität in Bezug auf beabsichtigte Veränderungen aufweisen.

- Ein situatives Vorgehen erfordert anstelle von Standardlösungen und -instrumenten von den Handelnden eher ein Mindset an Metakompetenzen. Auch wenn diese als eher theoretisch und sperrig daherkommen, können sie im Bedarfsfall gezielt auf die individuelle Situation angepasst werden. Das Changemanagement beschränkt sich auf ein aufmerksames Wahrnehmen und Gestalten von Subjektivität sowie die Fokussierung auf Wahrnehmung und Handeln. Es wäre kontraproduktiv, Wahrheiten und Absolutheiten anzunehmen.

* Der Begriff „Steuerung" hat in diesem Bezug einen eher qualitativen, nichttechnischen Aspekt. Gerade die Annahme, dass offene soziale Systeme wie Maschinen in einem Ursache-Wirkung-Zusammenhang beeinflusst werden könnten, wäre widersprüchlich und falsch.

- Wirklichkeit der heutigen Zeit ist es, dass nahezu unüberschaubar viele Informationen zur Verfügung stehen. Es ist folglich eine Herausforderung, relevante von nicht relevanten Informationen zu unterscheiden.

Kongruenzprinzip im Changemanagement

Ob ein Veränderungsprozess schließlich erfolgreich verläuft oder nicht, dafür sind drei wesentliche, miteinander verschränkte Elemente ursächlich verantwortlich (vgl. u.a. Vahs 2015).

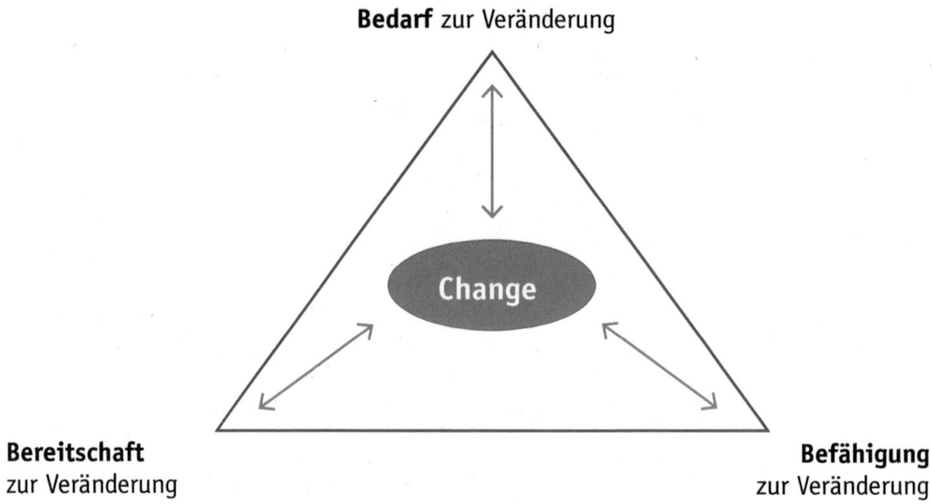

Abb.: Kongruenzprinzip im Changemanagement

Veränderungsbedarf

Erstes wesentliches Element ist der **Bedarf zur Veränderung.** Nach allgemeiner Auffassung ergeben sich solche Bedarfe insbesondere aus der wechselseitigen Beziehung einer Organisation zum Organisationsumfeld. Veränderungen des Marktes, im rechtlichen oder gesetzlichen Rahmen, von Technologien oder auch volkswirtschaftlichen Trends machen letztlich das Erfordernis, also den Bedarf für eine Veränderung aus. Dieser Impuls aus dem Umfeld allein reicht jedoch nicht. Vielmehr muss dieses Erfordernis für eine Veränderung auch als strategisch relevant erkannt, kommuniziert und von allen Beteiligten als dringliche Notwendigkeit aufgefasst werden. Wie an anderer Stelle bereits ausgeführt, würde das Engagement der Betroffenen gering ausfallen, wenn die Erforderlichkeit einer Veränderung und in der Folge Sinn und

Nutzen des angestrebten Soll-Zustandes nicht erkannt bzw. anerkannt würde. Hauptaugenmerk ist also, die Dringlichkeit zu transportieren und zu manifestieren (vgl. Acht-Schritte-Modell, S. 90).

Veränderungsbereitschaft

Eine **Veränderung** ohne die **Bereitschaft** der Betroffenen zur Mitwirkung dürfte zum Scheitern verurteilt sein. Insoweit ist es nicht nur nützlich, sondern essenziell, dass der anstehende Wandel bereitwillig und konstruktiv angegangen wird (vgl. S. 96). Grundvoraussetzung für diese Bereitschaft ist einerseits ein Einsehen in die Notwendigkeit des Wandels, andererseits aber auch die Erkenntnis, dass die anstehenden Herausforderungen tatsächlich bewältigt werden können. Einsicht allein führt noch nicht zu einem erfolgreichen Veränderungsprozess. Vielmehr bedarf es auch der Kompetenz und darüber hinaus des Könnens.

Befähigung zur Veränderung

Ob und inwieweit Veränderungen von den Betroffenen aktiv und konstruktiv angegangen werden, hängt, wie bereits ausgeführt, von der Bereitschaft zur Veränderung und der Notwendigkeit derselben ab. Die erforderlichen Aktivitäten tatsächlich auch anzugehen, bedarf darüber hinaus auch der **Fähigkeit, die Veränderungen** tatsächlich **angehen zu können**. Insoweit ist das Themenfeld Lernen und Erkenntnisgewinn ebenso maßgeblich für den Erfolg eines Veränderungsprozesses wie die genannten Faktoren Notwendigkeit und Bereitschaft. Ergänzend sei erwähnt, dass die Befähigung am ehesten dadurch unterstützt wird, dass anstehende Handlungen auch möglich werden. Dies wiederum bedeutet, dass Strukturen und Prozesse im gleichen Maße wie der Erkenntnisgewinn einer Veränderung unterliegen müssen. Disharmonien würden zu Frustration und Widerstand führen.

Zusammenfassend darf gesagt werden, dass in jedem Veränderungsprozess die genannten drei Faktoren hinreichend Berücksichtigung finden müssen, damit der beabsichtigte Wandel auch tatsächlich durch die Betroffenen vollzogen wird und werden kann. Ganz praktisch unterstützt das „Change-Canvas" (vgl. S. 129 ff.) dabei, die genannten Aspekte hinreichend zu berücksichtigen:

Faktor	Modul	Baustein
Notwendigkeit	Dringlichkeit	Folgen bei Inaktivität
Bereitschaft	Zielbild	Vision, Ziele & Schlüsselergebnisse
Befähigung	Interventionen	Information, Kommunikation, Partizipation
	Interventionen	Kompetenzentwicklung (auch: Prozesse & Strukturen)

Abb.: Berücksichtigen der drei Aspekte des Kongruenzprinzips im Change-Canvas

III. Kapitel

Auftragsklärung

Inhalt des Kapitels

Grundlagen der Auftragsklärung 119

Prozess der Auftragsklärung 122

- Zielklärung im Veränderungsprojekt 123
- SAGA-Dimensionen 124
- TCP-Matrix 126

Das Change-Canvas 129

- Aufbau und Struktur des Change-Canvas 131
- Erarbeiten Sie sich Ihr Projekt: Das Change-Canvas in der Praxis 143

Grundlagen der Auftragsklärung

Die Auftragsklärung ist in Projekten, also auch in Change-Projekten, häufig der erste Austausch zwischen Klienten- und Beratersystem. Sie sichert (oder verhindert) je nach Ausführung, dass der Kunde bekommt, was er eigentlich braucht. Dies wiederum ist nicht zwingend das, was an ersten Erwartungen kommuniziert wird. Dennoch geht es hauptsächlich um die Erwartungen. Der Nutzen einer sorgsamen Auftragsklärung lässt sich entsprechend zusammenfassen:

Ziele

- Gegenseitige Erwartungen sind ausgetauscht und im Idealfall sind einfache Regeln für eine konstruktive Zusammenarbeit vereinbart.
- Wesentliches für eine Projektplanung ist in Erfahrung gebracht.
- Offene Fragen sind geklärt.

Worauf sich die Erwartungen beziehen, das Wesentliche für die Projektplanung und die offenen Fragen – was also die Inhalte der Auftragsklärung sind – kann wie folgt benannt werden:

Aus Auftraggebersicht

Inhalte der Auftragsklärung

- Kennenlernen der Berater
- Prüfen der Expertise und Abschätzen der Einsatzoptionen
- Erkunden von möglichen Vorgehensweisen
- Schildern der Ausgangssituation
- Benennen der Erwartungen an
  - Projektergebnisse
  - Projektverlauf
- In Erfahrung bringen von Konditionen

Aus Beratersicht

- Kennenlernen des Auftraggebers/ggf. maßgeblicher Entscheider
- Herstellen einer guten Arbeitsbeziehung
- Kennenlernen der Ausgangssituation
- Kennenlernen der Erwartungen an
  - Projektziele
  - abrechenbare Projektergebnisse
  - Messgrößen für Erfolg/Misserfolg
  - Projektverlauf
- Kennenlernen
  - von No Gos und „unantastbaren" Aspekten
  - von Bewährtem und von Aspekten, die Bestand haben sollen
  - des möglichen Projektumfangs
  - des Projektbudgets
- In Erfahrung bringen möglicher bereits vorhandener
  - Analysen,
  - Erhebungen,
  - Befragungen,
- Informationen über Aktivitäten, die bereits unternommen wurden, um das Thema zu klären
- Wichtige Akteure/Stakeholder im Projekt
- Dringlichkeit zur Handlung und Auslöser für das Gespräch
- Aufzeigen von Handlungsoptionen
- Aufzeigen von Modellen, Prozessen, Methoden
- Abgleich
  - der Erwartungen mit der eigenen Expertise
  - des klientenseitig mitschwingenden Menschenbildes mit eigenen Beratungsgrundsätzen (Ausschlusskriterien für die Annahme von Aufträgen)
- Über welchen Zeithorizont wird gesprochen und über welchen sollte gesprochen werden
- Ausblick zum möglichen Bedarf an Ressourcen
- Besprechen von Voraussetzungen bzw. Bedingungen aus Sicht des Beraters, Vereinbaren von Regeln
- Aufzeigen von Konditionen
- Klären und Abstimmen des weiteren Vorgehens

Übergeordnete Ziele der Auftragsklärung

Hinter diesen Gesprächsinhalten der Auftragsklärung stehen die folgenden übergeordneten Ziele

Gesprächsqualität

- Anschlussfähigkeit sichern
- Das Verständnis auf beiden Seiten bezüglich der Aspekte des Gesprächs sichern (durch Hinterfragen von Begrifflichkeiten und Paraphrasieren: *„Was ist gemeint mit ...?", „Verstehe ich Sie richtig, dass ...?")*. Besondere Aufmerksamkeit sollte dabei den Zielen des Veränderungsprojektes gelten (s. S. 136 f.).

Nachteilig ist diejenige Auftragsklärung, die direkt im Nachgang zu weiterem Nachfragebedarf führt – zumindest aus Sicht der Auftraggeber. Es ist daher angezeigt, eine (relative) Vollständigkeit zu erzielen, was auch heißen darf und muss, dass im weiteren Projektverlauf mit zunehmendem Erkenntnisgewinn immer wieder auch diagnostische Fragen auftreten werden.

Prozess der Auftragsklärung

In diesem Kapitel werden Varianten der Auftragsklärung aufgezeigt und ein praktisches Instrument zur Auftragsklärung vorgestellt. Dazu ist zunächst die Aufgabe der Auftragsklärung vor Augen zu führen: Sie sorgt dafür, dass der Kontext im Bezug auf das Projekt geklärt ist. Dafür können folgende Dimensionen inhaltlich maßgeblich sein:

Kontexte

- Ausgangssituation
- Rahmenbedingungen
- Erwartungen an Ziele bzw. Ergebnisse
- Klarheit zu Anforderungen
- Vorausschau auf das Projekt
- Vertragliche Aspekte
- ...

Es handelt sich bei der Auftragsklärung um ein erstes, suchendes Kennenlernen des (potenziellen) Projektes sowie der Beteiligten, insbesondere der Auftraggebenden. Dabei werden in der Praxis genauso konkrete wie auch unspezifische Aspekte ermittelt. Insoweit bestimmt der Extrakt aus der Auftragsklärung auch, ob und inwieweit beispielsweise diagnostische Instrumente bzw. Interventionen angezeigt sind. Um die zuvor genannten Dimensionen analysieren zu können, kommen grundsätzlich die folgenden Methoden zum Einsatz:

Methoden der Auftragsklärung

- Fragetechniken (vgl. ab S. 39)
  - Freier Dialog
  - Dialog unter Zuhilfenahme eines strukturierter Fragebogens
- Vorschlagstechniken auf der Grundlage beispielsweise einer Ausschreibung
- Visualisierung bzw. Mitschrift auf einem Change-Canvas (s. S. 130)
- Analyse-Workshops zwischen Auftraggeber und Vertretern des Klientensystems sowie dem Beratersystem

Das Change-Canvas ist die weitreichendste der Methoden, denn damit behalten Sie sowohl während der Auftragsklärung als auch während des gesamten Prozesses durchgängig alle wichtigen Punkte im Auge. Dieses in der Praxis einfach einzusetzende Hilfsmittel wird ab S. 130 erläutert. Die genannten Methoden können jeweils ergänzt werden um:

Weitere Hilfsmittel

- Techniken aus der Problemlösung sowie Kreativitätstechniken
- Visualisierung des Gesprächsverlaufs sowie möglicher Lösungsansätze (Moderationswand, Flipchart)

Zielklärung im Veränderungsprojekt

Im Rahmen der Analyse der Kontext-Dimensionen unter Anwendung der genannten Methoden sollte eine besondere Aufmerksamkeit den Zielen des Veränderungsprojektes gelten (vgl. dazu auch S. 51). Das heißt, sie sollten folgendermaßen unterschieden und entsprechend berücksichtigt werden. Es sind fünf Kategorien zu unterscheiden:

Zielkategorien

- Muss-Ziele
  Was ist essenziell für den Erfolg und muss zwingend erreicht werden?

- Soll-Ziele
  Welche Ziele sind zwar für den Veränderungserfolg nicht maßgeblich, würden aber bei Nichterreichung für Unzufriedenheit sorgen?

- Kann-Ziele
  (werden auch als Wunsch-Ziele bezeichnet) Welche Ziele stellen einen zusätzlichen Anreiz dar und können ohne großen Aufwand bzw. in kurzer Zeit erreicht werden?

- Nicht-Ziele
  (auch Vermeidungsziele genannt) Welche Veränderungen sind ausdrücklich unerwünscht und sollen daher nicht erreicht werden?

- Bestandsziele bzw. Bewahrungsziele
  Welche Aspekte haben sich bewährt und sollen daher ausdrücklich auch Bestandteil einer künftigen Lösung sein?

Die Auftragsklärung stellt sich in der Praxis als ein im Wesentlichen dialogisches Vorgehen dar, in dem vorzugsweise offene systemische Fragen formuliert werden. Eine nützliche Checkliste für die Frage-Themen ist das Change-Canvas (vgl. ab S. 129). Dieses bietet über die enthaltenen Module und Bausteine einen strukturierten und zugleich umfassenden Themenüberblick, der das Auftragsklärungsgespräch gut unterstützt.

Die Auftragsklärung ist jedoch nicht einseitig nur für den Berater Erkenntnisquelle. Auch das Klientensystem möchte Aspekte in Erfahrung bringen und Erläuterungen gut einordnen können. Es empfiehlt sich daher, einzelne Aspekte auf der Grundlage der hier in diesem Buch dargestellten Modelle bzw. Instrumente zu veranschaulichen. Wie zum Beispiel das Sieben-Phasen-Modell nach Richard Streich, welches Bewusstsein über die zu erwartenden Befindlichkeiten der Betroffenen schafft (s. S. 92 ff.).

Ad-hoc-Visualisieren

Neben den in vielen Besprechungsräumen und Büros inzwischen vorhandenen Flipcharts und Whiteboards habe ich regelmäßig auch weißes Papier zur Hand, sodass bei Bedarf auch hierauf einzelne Erläuterungen visualisiert werden können. Bedenken Sie auch, dass Sie in der Auftragsklärung die nächsten Schritte vereinbaren (Zeitschiene, Angebot und Projektvorschlag, Vertragsentwurf etc.).

SAGA-Dimensionen

Die SAGA- Formel hilft, „hinter" Situationen zu schauen, indem Denk- bzw. Verhaltensmuster besser verstanden werden. Insbesondere hilft sie, den Berichterstatter besser zu verstehen, der über eine Situation berichtet. Schließlich berichten Mitglieder des Klientensystems in Gesprächen, Interviews oder auch in Meetings immer wieder von Ereignissen, die bei ihnen Unmut oder Begeisterung ausgelöst haben. Hier kann dieses einfache Instrument den Erkenntnisgewinn anreichern – im Sinne einer Erweiterung dieser Berichte.

Hinter Subjektivität blicken

Denn solche Berichte aus dem Klientensystem sind zunächst selbstverständlich subjektiv. Nimmt man die Mitteilung über ein Ereignis als Indiz dafür, dass es sich um etwas von Bedeutung handelt (sonst wäre es ja nicht berichtet worden), stellt sich daher die Aufgabe, eine umfänglichere Sicht auf das Thema zu erhalten. Das Ziel ist es, die in der Story enthaltene situative Begrenzung aufzulösen. Erst die Erweiterung der Perspektiven mag Möglichkeiten bieten, konstruktiv und in Lösungen denken zu können. Genau hierfür ist die sogenannte SAGA-Formel nützlich.

Die SAGA-Formel ist ein Akronym und steht für die vier Dimensionen (in Anlehnung an Hauser 2018):

Hintergründe von Verhaltensmustern

S ▶ **Situation**: Sachverhalt, ZDF (Zahlen, Daten, Fakten)
Die Frage nach der Situation hilft, den Sachverhalt besser zu verstehen. Dieses Vorgehen dürfte allgemein bekannt sein. Im Normalfall beginnt so die Aufklärung zum Beispiel von Problemen.

Beispielfrage: *„Was hat dazu geführt, dass wir heute hier zusammensitzen?"* Vergleiche auch das Situationsmodell nach Schulz von Thun ab S. 154.

A ▶ **Annahmen**: Vermutungen, Einschätzungen, Hypothesen
Entscheidungen werden der Erfahrung nach nicht allein fundiert auf Tatsachen getroffen. Sie stellen Interpretationen bzw. Wirklichkeitskonstrukte dar (vgl. S. 234). Diese wiederum bestimmen die Bedeutungen und erwartete bzw. befürchtete Wirkungen.

Würden die Fakten anders berücksichtigt, wären die gedanklichen Ableitungen daraus auch andere Erkenntnisse und Entschlüsse. Das Hinterfragen der den Annahmen zugrunde liegenden Interpretationen ist daher wesentlich, um Bereitschaft bzw. Raum für neue Lösungen zu schaffen.

Beispielfrage: *„Was ist Ihres Erachtens nach die Ursache für ... ?"* Vergleiche auch z. B. Hypothetische Fragen (S. 62), Zirkuläre Fragen (S. 64) oder Fragen nach dem Problemnutzen (S. 56).

G ▶ **Gefühle**: Eindrücke, Intuitionen, Emotionen, Motive, „Bauchgefühl"
Die zuvor beschriebenen Annahmen führen auf direktem Wege zu Reaktionen. Diese wiederum sind nicht selten emotional angereichert (Wut, Empörung, Enttäuschung, Freude etc.). Insoweit sind die mit der Situation verbundenen Emotionen eine nützliche Informationsquelle.

Beispielfrage: *„Wie erleben die Mitarbeiter (oder Sie) diese Situation? Was macht diese Situation mit Ihnen (oder den Mitarbeitern)?"* Vergleiche auch VAKOG-Perspektiven ab S. 47.

A ▶ **Aktionen**: Handlungen, Entscheidungen, Ziele
„Welche Handlungsoptionen (nüchtern oder mit Abstand betrachtet) gibt es zusätzlich zu den ersten Gedanken (darüber hinaus)? Was taucht jetzt, wo wir darüber sprechen, noch auf?"

Auch bereits gefundene Lösungsansätze werden durch die Erweiterung der Betrachtungswinkel nach der SAGA-Formel bereichert. Bernhard Hauser, der Ideengeber für dieses kleine Instrument, setzt die SAGA-Dimensionen im Kontext von Action Learning ein.

TCP-Matrix

Die TCP-Matrix wird eingesetzt, um den Prozess fördernde oder behindernde Aspekte bzw. Themen ausfindig zu machen. Als einfaches Instrument kann sie auch ungeübten Anwendern einen ersten Einstieg in das nähere Kennenlernen einer Organisation bieten und bereits in der Auftragsklärung erste Informationen generieren helfen. TCP steht für:

Das Akronym TCP

- **T** ▶ Technical System/Technisches System (sachbezogenes System)
- **C** ▶ Cultural System/Kulturelles System
- **P** ▶ Political System/Politisches System

Manchmal wird die Matrix auch mit anderer Reihenfolge dieser Systeme als TPC-Matrix bezeichnet, im Ursprung geht sie auf den Management-Berater Noel M. Tichy (1995) zurück. Tichy brachte diese drei wichtigen Teilsysteme einer Unternehmung (TCP) in einer Matrix mit den wichtigsten Handlungsfeldern des Managements in Beziehung:

Handlungsfelder des Managements

- der Unternehmensstrategie,
- der Unternehmensorganisation und dem
- Personalmanagement.

	Strategie	Unternehmens-organisation	Personal-management
Technisches System			
Kulturelles System			
Politisches System			

Abb.: TCP-Matrix nach Tichy

Die Grundidee ist, von den drei wesentlichen Systemebenen (1. Spalte) ausgehend, die Wirkung bzw. den Umsetzungs- und Wirkungsgrad der drei wesentlichen Management-Disziplinen (Spalten 2 bis 4) zu verproben und dabei förderliche bzw. hinderliche Aspekte zu erfassen, woraus sich für eine weiterführende Analyse Handlungsfelder ergeben. Entsprechend kann die Matrix als Ergänzung der Stakeholder-Analyse (vgl. S. 161 ff.) und der Kulturanalyse (vgl. S. 221 ff.) gesehen werden. Es ergeben sich auch Parallelen zu einer Stärken-Schwächen-Erhebung als Evaluierung des Strategischen Managements.

In einer späteren Weiterentwicklung der Matrix wurde das „Technische System" angereichert und als „Wertschöpfungsebene" bezeichnet. Zudem erfahren die Handlungsfelder des Managements in dieser Weiterentwicklung eine nützliche Hinterlegung:

	Mission Strategie	**Aufgaben-verteilung Prozess-organisation**	**Personal**
Wertschöpfungs-ebene	Mission/Leitbild Geschäftsmodell Strategische Ausrichtung	Haben wir dafür die richtige Organisation?	Sind die richtigen Leute auf den richtigen Plätzen?
Kulturebene	Welche Werte sind wo zu verstärken?	Haben wir ein strategie-äquivalentes Verhalten?	Haben wir genügend Vorbilder für die Werte?
Politikebene	Wer gewinnt/ verliert durch die Neuausrichtung?	Wer ist Nutznießer welcher organisatorischen Konstellation?	Wer ist ein Promotor/ Opponent?

Abb.: TCP-Matrix nach Fischer/Stettler

Die TCP-Matrix ist die Grundlage, auf der nun die Felder mit den Erkenntnissen befüllt werden. Anschließend sollte als zweiter Schritt eine Priorisierung erfolgen. Welchem der Felder sollte mehr oder weniger Aufmerksamkeit geschenkt werden? Als Skala für die Priorisierung bietet sich beispielsweise an:

Priorisierung in der Matrix

- **0** ▶ keine Aufmerksamkeit
- **1** ▶ geringe Aufmerksamkeit
- **2** ▶ mittlere Aufmerksamkeit
- **3** ▶ hohe Aufmerksamkeit

Als eine detailliertere inhaltliche Hilfestellung zum Ausfüllen kann die unten dargestellte weiterentwickelte Matrix dienen – in Anlehnung an die zuvor genannten Autoren.

Als einfaches Instrument kann die Matrix intuitiv genutzt werden. Zu beachten ist aber, dass die in der Matrix enthaltenen Perspektiven begrenzt sind – eine umfassende Erkenntnis allein auf Grundlage dieser Matrix wird daher kaum möglich sein.

	Normatives Management	Prozesse/Struktur/ Befugnisse/ Verantwortung	Personal Personalentwicklung
Wertschöpfung	Vision Mission Leitbild Strategie Geschäftsfelder Ziele	*„Haben wir die erforderliche Aufbau- und Ablauforganisation?“* *„Inwieweit sind Prozessfehler oder Konflikte beobachtbar?“* *„Wie sind Aufgaben, Befugnis und Verantwortung geklärt?“*	*„Haben die Menschen die zu ihren Kompetenzen passenden Stellen?“* *„Inwieweit sind die Stellen qualitativ und quantitativ besetzt?“* *„Wie ist ein Wissensmanagement etabliert?“* *„Welche Kernkompetenzen sind wo vorhanden und wie nachhaltig gesichert?“*
Kultur	*„Welche Werte bzw. Normen sind wo zu verstärken?“* *„Wir wird miteinander kommuniziert und kooperiert?“* *„Wie wird geführt und wie werden Entscheidungen getroffen?“*	*„Haben bzw. sehen wir ein die Wertschöpfung unterstützendes Verhalten?“* *„Wodurch wird die angestrebte Kultur sichtbar?“*	*„Inwieweit stehen Vorbilder für die angestrebten Werte zur Verfügung?“* *„Wem folgt man im Sinne der Wertschöpfung?“*
Politik	*„Wer gewinnt bzw. verliert durch die Veränderungen?“* *„Wer entscheidet nach welchen Kriterien? Wer vertritt welche (und wessen) Interessen?“*	*„Wer profitiert von welcher organisatorischen Konstellation?“* *„Wer übt Macht aus? Wer bekleidet welche Rolle?“*	*„An welcher Stelle finden sich Promotoren, Opponenten oder Gegner?“* *„Wo, durch wen und für wen findet Förderung und Entwicklung statt?“*

Abb.: Weiterentwicklung der TCP-Matrix

Das Change-Canvas

Ein hilfreiches Instrument, das Sie zunächst in der Auftragsklärung und dann in der Begleitung des ganzen Prozesses unterstützt, ist das Change-Canvas. Um es deutlich zu machen: Dieses praxisbewährte, einfach anzuwendende und in der Prozessbegleitung hochwirksame Instrument werden Sie in anderen Büchern so nicht finden, denn es ist aus langjähriger eigener Praxis entstanden. Zunächst sei kurz erklärt, was ein Change-Canvas ist, wozu es eingesetzt wird und wie es aufgebaut ist. Darauf aufbauend wird anschließend aufgezeigt, wie Sie sich mithilfe des Canvas „Ihr" Projekt Stück für Stück erarbeiten können.

Ganz allgemein gesagt bietet das Change-Canvas einen grafischen Rahmen für einen Veränderungsprozess. In Form eines großflächig ausgedruckten Plakates (häufig größer als DIN A2) stellt es zugleich ein Instrument für eine strukturierte Visualisierung, Planung, Begleitung sowie Reflexion solcher Prozesse dar. (Eine Plakatvorlage für das Change-Canvas können Sie in den Download-Ressourcen zu diesem Buch herunterladen, um es sich in entsprechender Größe auszudrucken.)

„Canvas" als Begriff

Nach seiner ursprünglichen englischsprachigen Bedeutung ist ein „Canvas" eine „Leinwand" oder ein „Gemälde". In der Programmiersprache HTML bezeichnet ein Canvas einen Bereich, in dem der Browser per JavaScript zeichnen kann. In der Moderation sowie auch in der Strategieentwicklung haben zahlreiche Techniken und Instrumente Einzug gehalten, die diese Grundidee eines übersichtlichen und Struktur anbietenden Plakates adaptieren. Zu deren bekanntesten Vertretern gehört vermutlich das „Business Model Canvas" (Osterwalder/Pigneur 2011). Ich selbst verwende bereits im Rahmen der Strategieentwicklung seit einigen Jahren ein für Strategieentwicklungsprozesse geeignetes Strategie-Canvas (Lundershausen 2015). So lag es schon früh nahe, auch für die anschließende Strategieumsetzung, also für Change-Projekte, eine geeignete, ebenfalls einfach zu handhabende Arbeits-

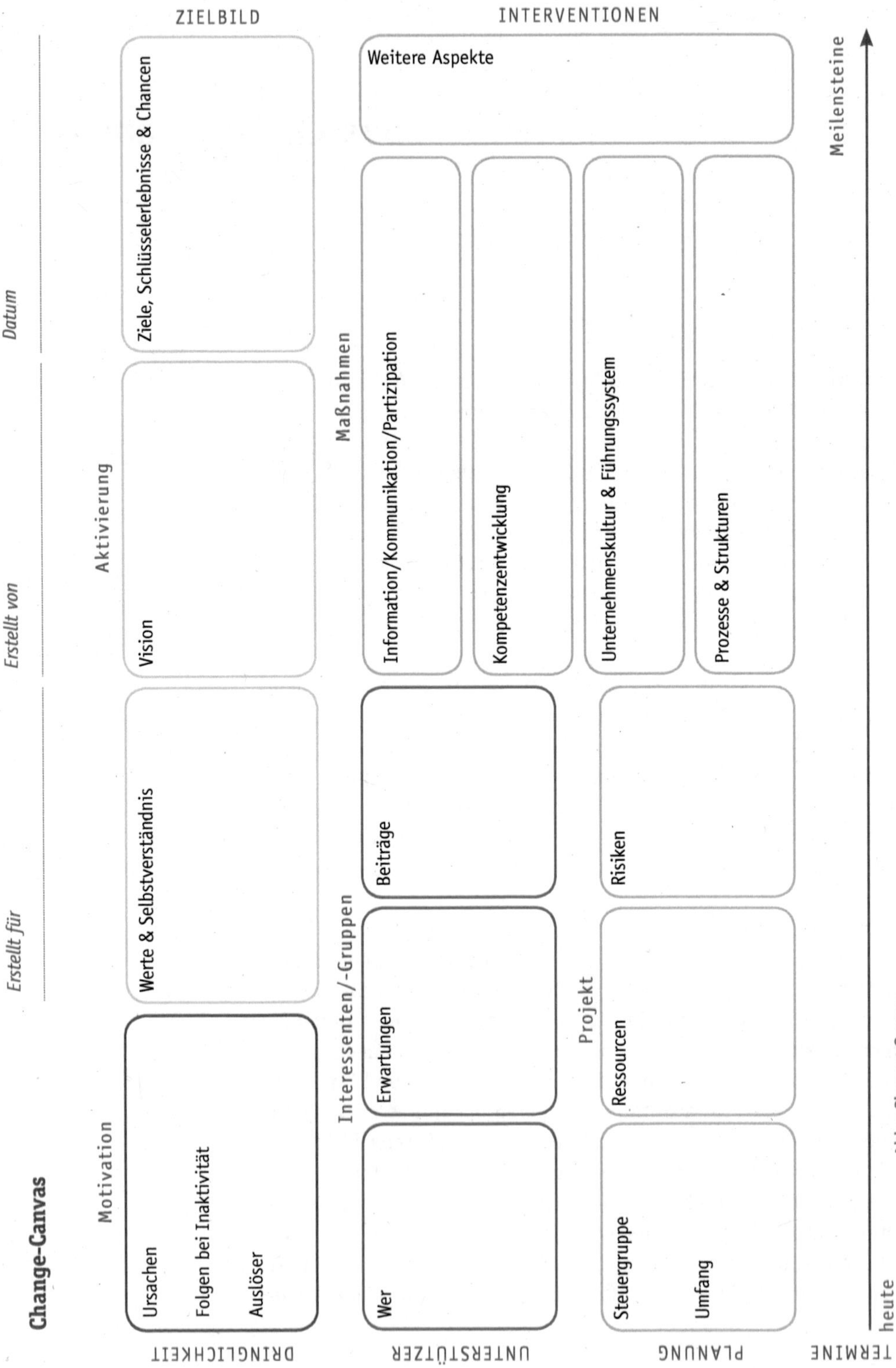

Abb.: Change-Canvas

grundlage zu schaffen. „Arbeitsgrundlage" bezieht sich darauf, dass Change-Projekte, wie Projekte generell, geplant und gesteuert werden müssen. Hierfür, also für

Durch Canvases unterstützte Entwicklung

- die Erarbeitung eines Geschäftsmodell (Business Model)
- die Erarbeitung von Strategien
- die Planung von Projekten

hat sich in den vergangenen Jahrzehnten das Canvas-Prinzip als sehr nützlich erwiesen. Dessen Vorteile beinhalten:

Nutzen von Canvases

- Struktur bieten
- Übersicht ermöglichen
- Vollständigkeit der erforderlichen Arbeiten sichern
- Arbeitsstand und Umfang des Prozesses schnell erfassen können
- helfen, relevante Daten und Fakten im Blick zu haben – und auch zu behalten
- Grundlage schaffen für die Einführungen in das Projekt und
- erste Möglichkeiten für eine Vollständigkeits- und Fortschrittskontrolle bieten
- das Arbeiten und Denken in der Gruppe unterstützen
- Grundlage für moderierte Meetings bieten
- mithilfe von Reduktion eine hohe Akzeptanz bei Stakeholdern erreichen

In diesem Sinne ist also das hier vorgestellte Change-Canvas zu sehen.

Aufbau und Struktur des Change-Canvas

Das Canvas vereint zwei wesentliche Eigenschaften in sich:

Eigenschaften des Change-Canvas

1. Es ist aufgrund seiner Reduktion auf Wesentliches sehr kompakt in seiner Darstellung sowie, oder auch gerade deshalb,

2. einfach in seiner Anwendung. Selbst ungeübte Anwender erkennen intuitiv die erforderlichen Arbeitsschritte. Das Change-Canvas ist dabei sowohl allein auch als gemeinsam in einer Gruppe gut einsetzbar.

Die Canvas-Methode folgt dabei dem etablierten Trend, komplexere Arbeiten zu reduzieren und möglichst einfach zu strukturieren. Beim Einsatz des Canvas muss sich der Nutzer den Spagat zwischen der strukturiert-analytischen Herangehensweise einerseits und der möglichst eingängigen „Übersetzung" der Erkenntnisse in Schlagworte und Kerngedanken vergegenwärtigen. Dabei bietet das Canvas grundsätzliche Strukturen an, sorgt für Vollständigkeit der Überlegungen und sichert über den limitierten Platz eine effiziente Arbeitsweise. Mit dem Blick auf relevante Aspekte hingegen unterstützt und beschleunigt es die Zusammenstellung der Eckdaten im Team, da es eine klare Aufgabenstellung vermittelt. Das Change-Canvas bietet zunächst sechs Module an:

Module des Change-Canvas

- Dringlichkeit
- Zielbild
- Unterstützer
- Interventionen
- Planung
- Termine

Diese sechs Module bestimmen die grundlegendsten Überlegungen, welche in einem Change-Projekt beachtet werden sollten. Die sechs Module sind in insgesamt sechzehn Bausteinen untergliedert. So aufgegliedert, unterstützen sie die praktische Nutzung des Canvas sowie den Denkprozess.

Alle Module bereits ansprechen

Möglichst alle Module sollten bereits in der Auftragsklärung erstmalig angesprochen werden, um ein relativ konkretes Bild des erhofften Change-Prozesses zu erhalten. Insbesondere die Punkte „Dringlichkeit" und „Zielbild" sollten unbedingt vertieft und entsprechend nachgehakt werden (vgl. S. 134 und S. 136). Das Modul „Interventionen" wird inhaltlich eher vom Prozessbegleiter angesprochen und beinhaltet im Sinne von ersten Vorschlägen mögliche Handlungsoptionen, wie beispielweise eine Mitarbeiterbefragung. Im Projektverlauf wird dieses Modul nach und nach weiter mit Inhalt befüllt. Insgesamt geht es im Rahmen der Auftragsklärung um ein zunächst gemeinsames und möglichst übereinstimmendes Skizzieren. Dabei besteht regelmäßig die Aufgabe, das Verstehen auf Beraterseite, zum Beispiel durch Paraphrasieren, zu unterstützen.

Die Tabelle rechts zeigt die Kernfragen und Bausteine der sechs Module. Die einzelnen Module begründen sich mit den Erfordernissen des Changemanagements, die von der Forschung (Glasl, Kotter) wie in diesem Buch beschrieben herausgearbeitet wurden. Die Bezüge zwischen dem Canvas und den Modellen sind in einer Tabelle dargestellt, die Sie unter den Download-Ressourcen herunterladen können.

<table>
<tr><th>Modul</th><th>Baustein</th></tr>
<tr><td>Dringlichkeit</td><td>Motivation
„Weshalb soll etwas gerade jetzt getan werden?“
– Ursachen
– Folgen bei Inaktivität
– Auslöser</td></tr>
<tr><td>Zielbild</td><td>Aktivierung
„Was soll erreicht werden?“
„Wofür lohnt sich der Einsatz?“
– Werte & Selbstverständnis
– Vision
– Ziele/Schlüsselergebnisse & Chancen</td></tr>
<tr><td>Unterstützer</td><td>Stakeholder/Interessenten
„Wer ist betroffen und kann das Projekt beeinflussen?“
– Wer
– Erwartungen
– Beiträge</td></tr>
<tr><td>Interventionen</td><td>Maßnahmen
„Was braucht es, um erfolgreich zu sein?“
„Welche Aktivitäten unterstützen den Prozess Richtung Ziel?“
– Information, Kommunikation, Partizipation
– Kompetenzentwicklung
– Unternehmenskultur & Führungssystem
– Prozesse & Strukturen</td></tr>
<tr><td>Planung</td><td>Projekt-Basics
„Welche Planungsschritte sind unverzichtbar?“
– Steuergruppe
– Umfang
– Ressourcen
– Projektumfeld
– Risiken</td></tr>
<tr><td>Termine</td><td>Terminierung, wichtige Zwischenziele (Meilensteine)
„Wie wird der zeitliche Verlauf sein?“
„Welche wichtigen Zwischenziele sollen erreicht werden?“
– Meilensteine auf einer Zeitachse</td></tr>
</table>

Abb.: Change-Canvas-Bausteine

Zu den Modulen und ihren Bausteinen im Einzelnen

Im Folgenden wird nun vertieft, welche Inhalte die einzelnen Module des Change-Canvas umfassen und weshalb diese relevant sind. Es werden dazu jeweils Beispielfragen genannt, mit denen von den Teilnehmern die wesentlichen Informationen erfragt werden können. Wie genau dabei praktisch vorgegangen werden kann – etwa in welcher Reihenfolge – wird anschließend erläutert.

In der Literatur herrscht Einigkeit darüber, dass Veränderungsprojekte nur dann erfolgreich gestartet, durchgeführt und auch beendet werden können, wenn in der Organisation die Notwendigkeit für die beabsichtigte Veränderung – oder besser: Verbesserung – erkannt wird. So betont zum Beispiel der Veränderungsmanagement-Experte John P. Kotter (2011), dass für einen erfolgreichen Wandel ein Gefühl für Dringlichkeit erzeugt werden muss.

Motivation und Dringlichkeit

Dringlichkeit

Wie kann nun diese Dringlichkeit von den Systemmitgliedern am ehesten erkannt werden? Das geschieht, indem die **Ursachen** für die gegenwärtige Situation hinreichend konkret beleuchtet und kommuniziert werden. (Werden im Gegenteil die eigentlichen Ursachen gegenwärtiger Probleme nicht identifiziert, mag das zudem zur Folge haben, dass ein durchgeführter Wandel ergebnisfrei endet.)

Doch die Kenntnis der Ursachen allein reicht nicht! So manches Problem besteht bereits seit langer Zeit und wurde ebenso lange geduldet. Insoweit braucht es bei den Menschen zweitens ein Verständnis dafür, weshalb nun an diesem Thema gearbeitet werden soll.

Manchmal beantwortet sich dies über die Beschreibung möglicher **Folgen bei Inaktivität**. Inaktivität kann beispielsweise dann zu einem Problem mit Schadwirkung führen, wenn eine (absehbare) Veränderung in den Rahmenbedingungen der Unternehmensumwelt eintritt. Dies ist häufig die Erkenntnis des Managements aus Strategieentwicklungsprozessen. Es nützt jedoch nichts, wenn allein das Management diese Erkenntnis für sich gewonnen hat, vielmehr müssen die Organisationsmitglieder in die Lage versetzt werden, zu erkennen, dass ein weiteres Hinnehmen des Problems negative Folgen für die Organisation haben kann.

Selbst wenn Mitarbeiter erkennen, dass Dinge anders bzw. besser als bisher gemacht werden sollen, ist die Frage noch offen: *„Warum gerade jetzt? Es hat doch bisher auch so funktioniert!“* In der Kommunikation kommt es folglich auch darauf an, deutlich zu machen, was genau der **Auslöser** dafür ist, dass die Veränderung gerade jetzt angegangen wird. Eine Abwesenheit von Krisen sorgt in einer Belegschaft mit zunehmender Dauer für eine Art „Selbstgefälligkeit", wie Kotter es nennt. Fehlen beispielsweise Budgetkürzungen, Abschaffung von Privilegien, betriebsbedingte Kündigungen, realistische Leistungsbeurteilungen, ungeschönte Berichte über Leistungsfähigkeit des Unternehmens und wirtschaftlichen Erfolg, so ist es den Organisationsmitgliedern nachzusehen, dass sie die Lage des Unternehmens gar nicht zutreffend einschätzen können.

Kurz gefasst geht es darum, die Mitglieder der Organisation in die Lage zu versetzen, durch eigene Erkenntnis die Dringlichkeit des vorgesehenen Wandels zu erkennen. Allein dieser Erkenntnisprozess setzt die für den Wandel erforderlichen Energien bei den Organisationsmitgliedern frei. Sie müssen bereit sein, sich über ihr bisheriges Tagesgeschäft hinaus zu engagieren. Mögliche Fragen in diesem Baustein „Motivation" sind:

- *„Welche Probleme genau wollen angegangen werden?"*
- *„Für wen oder was genau ist der gegenwärtige Zustand ein Problem?"*
- *„Was an der heutigen Situation ist gefährlich und aus welchem Grund?"*
- *„Weshalb ist der Wandel gerade jetzt angebracht?"*
- *„Was würde passieren, wenn das Problem weiter bestehen würde?"*
- *„Was ist das Risiko, was steht auf dem Spiel?"*
- *„Warum müssen wir weg von dieser Ausgangssituation?"*
- *„Was genau sind die Ursachen für den unerwünschten Zustand?"*
- *„Was wurde bereits unternommen, um das Problem zu lösen?"*

Aktivierung

Werte sind kurz gefasst Vorstellungen, Ideen, Normen oder auch Verhaltensweisen, welche durch den jeweiligen Betrachter als wünschenswert und erstrebenswert angesehen werden. Sie dienen im Rahmen der Interaktion in Systemen als Orientierung. Im Idealfall passen die Werte einzelner Menschen und die Werte des Unternehmens als Ganzes mit einer hohen Deckung zueinander. Hinterfragt wird also die Wertebasis in der Belegschaft im Verhältnis zu den (sofern bereits formulierten) Werten des Unternehmens. Ebenso ist es eine Frage, ob die kommunizierten und die tatsächlich gelebten Werte übereinstimmen.

Zielbild

Der Begriff **Vision** wird in der Literatur zum strategischen Management unterschiedlich definiert. Grundsätzlich kann man die Vision eines Unternehmens als eine generelle, dem Tagesgeschäft übergeordnete Leitidee verstehen, die zwar beispielhafte, aber dennoch realistische und glaubwürdige Aussagen hinsichtlich einer anzustrebenden und im Prinzip auch erreichbaren Zukunft skizziert. Kurz: Eine Vision ist die Vorstellung davon, wie das Unternehmen in der Zukunft aussehen soll. Sie gibt damit die Richtung und in einem gewissen Sinne auch ein übergeordnetes Ziel vor, welches weit über operatives Handeln hinausgeht. Gute Unternehmensvisionen:

Funktion einer Unternehmensvision

- setzen Impulse
- ermöglichen Orientierung
- fördern Erfolge
- motivieren über deren Strahlkraft
- setzen Energien frei
- unterstützen Entscheidungsprozesse und fokussieren
- sind vorstellbar, wünschenswert und fassbar

Für nichts strengen sich Menschen mehr an als für das, was sie für nützlich und sinnvoll erachten. Wenn sie also das in einer Vision enthaltene Ziel auch tatsächlich erreichen wollen, dann geht von dieser die erwartete motivierende Wirkung aus. In Zeiten des Wandels stellt sich daher umso mehr die Frage, wofür es sich lohnt, sich zu engagieren. Insoweit kommt dem Zielbild eines Veränderungsprozesses und der Vision eine besondere Bedeutung zu.

Ziele beziehen sich zunächst einmal auf einen erwünschten, in der Zukunft liegenden Zustand. Umgangssprachlich könnte man von einem erwünschten Ergebnis sprechen. Es geht also letztlich um die Frage, was genau im Ergebnis des Wandels erreicht sein soll und welche Zwischenschritte und wesentlichen Ergebnisse dabei erzielt werden sollen. Auch von Zielen geht, wie bei einer Vision auch, eine motivierende Wirkung aus. Sie beantworten die Frage, wofür sich die Anstrengungen lohnen. Während im Bereich der Dringlichkeit aufgezeigt wird, wovon man sich entfernen möchte, also wovon man weg will, beschreiben Ziele konstruktiver das *„Wohin?“*.

Chancen stellen Möglichkeiten dar, die sich aufgrund der Rahmenbedingungen bieten und die in Ergebnisse übertragen werden können, wenn Stärken dafür eingesetzt werden können. **Schlüsselergebnisse** stellen solche Ergebnisse dar, die aus Sicht der Organisation maßgeblich Energien freisetzen Die Aussicht auf solche Ergebnisse lässt es lohnenswert erscheinen, sich außergewöhnlich anzustrengen.

Mögliche Fragen aus diesem Modul „Aktivierung" des Change-Canvas sind im Folgenden beispielhaft dargestellt.

Werte und Selbstverständnis

- *„Inwieweit sind bereits Unternehmenswerte definiert?"*
- *„Inwieweit werden diese Unternehmenswerte geteilt?"*
- *„Welche Werte werden gelebt?"*
- *„Welche Kluft steht zwischen deklarierten und gelebten Werten?"*
- *„Welches Selbstverständnis kennzeichnet die Unternehmung?"*
- *„Welche Unternehmensphilosophie wird vertreten und wie wird sie gelebt?"*
- *„Inwieweit entsprechen die Werte der angestrebten Unternehmenskultur?"*

Vision

- *„Welche Vision wird deklariert und welche Strahlkraft geht von ihr aus?"*
- *„Wie sieht das Unternehmen in zehn Jahren aus?"*
- *„Wie stellen Sie sich einen normalen Arbeitsalltag im Jahr 20XX konkret vor?*
  - *Was hat sich dann verändert?*
  - *Was ist dann anders besser?"*
- *„Wenn alle Wünsche und Erwartungen in zehn Jahren erfüllt wären, was wäre dann erreicht:*
  - *in Bezug auf Marktposition, Mitbewerber und Kunden*
  - *in Bezug auf Lieferanten und Geschäftsbeziehungen*
  - *in Bezug auf Produkte bzw. Dienstleistungen*
  - *in Bezug auf Mitarbeiter und Unternehmenskultur*
  - *in Bezug auf Image und Arbeitgebermarke*
  - *...?"*
- *„Wenn aktuelle Probleme überwunden wären, was wäre dann Großartiges erreicht?"*

Ziele/Schlüsselergebnisse/Chancen

- *„Welche konkreten Ziele sollen erreicht werden?"*
- *„Inwieweit sind die Ziele eindeutig, überschneidungsfrei und nach SMART-Kriterien beschrieben?"*
- *„Welche schnellen Ergebnisse können erzielt werden (‚Quick Wins')?"*
- *„Welche Schlüsselergebnisse sind für das Unternehmen und die Mitarbeiter besonders herausragend?"*

- *„Wie lassen sich die Ziele im Change-Projekt gut über Messkriterien verfolgen und den Grad der Zielerreichung kommunizieren?“*
- *„Welche Möglichkeiten* (Chancen) *bieten sich aufgrund der Rahmenbedingungen?“*
- *„Was wird darüber hinaus möglich, wenn das Projekt erfolgreich umgesetzt werden kann?“*
- *„Welche wünschenswerten Nebenwirkungen bietet das Projekt?“*

Unterstützer und Interessenten

Projekte beeinflussen betroffene Menschen. Betroffene Menschen beeinflussen Projekte. Dies kann in beiden Fällen sowohl förderlich als auch hinderlich wirken. Entscheidend ist, ob und inwieweit die sogenannten Stakeholder, also die **Interessenten bzw. Interessentengruppen** als Unterstützer für das Projekt gewonnen werden können. Mögliche Fragen können sein:

Unterstützer

- *„Wer ist direkt oder indirekt durch dieses Projekt betroffen?“*
- *„Wer hat ein vergangenes, gegenwärtiges oder künftiges Interesse an diesem Projekt?“*
- *„Wer kann einen Beitrag für das Gelingen dieses Projektes leisten?“*
- *„Wer hat einen Einfluss auf dieses Projekt?“*

Erwartungen

- *„Welche Erwartungen oder Befürchtungen haben diese Personen an das Projekt?“*
- *„Wer hat ein Interesse am Gelingen dieses Projektes?“*
- *„Wer hat, ob positiv oder negativ, Einfluss auf dieses Projekt?*
  - *Wie hoch ist dieser Einfluss?*
  - *Was kann oder muss getan werden, damit der Einfluss eher konstruktiv geltend gemacht wird?“*
- *„Welche Wünsche oder Bedürfnisse bedient dieses Projekt?“*

Beiträge

- *„Was konkret können einzelne Betroffene für das Gelingen des Projektes beitragen?“*
- *„Welche Promotoren- oder Unterstützer-Rollen braucht dieses Projekt?“*
- *„Welches Verhalten wäre für dieses Projekt hinderlich und sollte daher ausgeschlossen werden?“*
- *„Mit welchem Gegenwind muss gerechnet werden?“*

Interventionen

Unter **Interventionen** wird grundsätzlich jedes Tun oder Unterlassen eines Beraters in Gegenwart von Mitgliedern des Klientensystems verstanden. Getreu dem Axiom „Man kann nicht nicht kommunizieren" kann man auch „nicht nicht intervenieren". Damit ist gemeint, dass jedes Tun oder Unterlassen durch den Beobachter frei interpretiert werden kann – und auch wird. Insoweit hat auch ein Nicht-Handeln Bedeutung und Wirkung, völlig gleich, ob absichtvoll oder auch nicht. Interventionen werden ihrer Natur nach im Wesentlichen durch Kommunikation und Verhalten bestimmt (manchmal also auch bewusst durch Schweigen und Enthalten).

Die im Change-Projekt angezeigten Interventionen (Maßnahmen) bestimmen sich im Wesentlichen aus der Diagnose sowie der fortwährend stattfindenden Hypothesenbildung (s. S. 234 ff.).

Das bedeutet für die Anwendung des Change-Canvas, dass hier nur erste grundlegende Interventionen auf der Grundlage der bereits erarbeiteten Module „Dringlichkeit", „Zielbild" sowie „Unterstützer" aufgezeigt werden. Im Rahmen der weiteren Prozessbegleitung werden weitere Interventionen hinzutreten. Sie lernen in den folgenden Teilen dieses Buches Interventionen für den gesamten weiteren Prozessverlauf kennen. Mögliche Fragen (bezogen auf die Interessenten/-gruppen) sind:

Information, Kommunikation, Partizipation

- *„Welche Personen bzw. Personengruppen benötigen welche Informationen?"*
- *„Wie können die Unterstützer aktiv eingebunden und beteiligt werden?"*
- *„Wie können mögliche Bedenken und Ängste ausgeräumt werden?"*
- *„Was braucht es, damit Betroffene sich auf den Wandel einlassen und sich im Idealfall engagieren?"*
- *„Wie können (vermeintliche) Gegner bzw. Opponenten des Projektes überzeugt und zur konstruktiven Mitwirkung gewonnen werden?"*
- *„Wie können Neugier, Interesse und Engagement erzeugt und dauerhaft erhalten werden?"*
- *„Welche Betroffenen erwarten eine Beteiligung? Wie kann diese aussehen? Wessen Beteiligung kann wie gefördert werden?"*
- *„Welche regelmäßigen Informations- bzw. Kommunikationsinstrumente werden in diesem Projekt benötigt?"*

Kompetenzentwicklung

- *„Welche Lernbedarfe werden im Hinblick auf Change-Kompetenzen bei Mitarbeitern und Führungskräften gesehen?"*
- *„Für welche Zielgruppen werden sich vermutlich Aufgaben, Befugnisse oder Verantwortlichkeiten verändern und welche Lernbedarfe werden daraus abgeleitet?"*
- *„Welche Personengruppen* (zum Beispiel Führungskräfte oder Geschäftsführung) *benötigen besondere Unterstützung während des Veränderungsprozesses* (zum Beispiel Coaching)*?"*
- *„Welche Veränderungen in der Führung werden erwartet und welche Lernschritte leiten sich daraus ab?"*
- *„Wer braucht welchen Wissens- oder Fähigkeitenzuwachs?"*
- *„Wer braucht Hilfe und wie könnte diese aussehen?"*

Unternehmenskultur und Führungssystem

- *„Welche Herausforderungen kommen im Rahmen des Wandels auf die Führungskräfte zu und wie können sie in die Lage versetzt werden, diese zu bewältigen?"*
- *„Welche gemeinsam geteilten Grundsätze in der Führung gibt es und welche werden darüber hinaus benötigt?"*
- *„Welche Entscheidungen liegen bereits heute bei Führungskräften und welche sollten möglicherweise hinzukommen?"*
- *„Wie kann bei den Führungskräften ein engagiertes Mitwirken im Veränderungsprozess erreicht werden?"*
- *„Welcher Führungsstil bzw. welches Führungsverhalten ist heute verbreitet und welche Veränderungsbedarfe ergeben sich hierbei?"*
- *„Wie gestaltet sich heute der Umgang mit Fehlern und welche Fehlerkultur wäre wünschenswert?"*
- *„Wie wird die Qualität der Zusammenarbeit empfunden und welche Verbesserungsbedarfe werden gesehen?"*
- *„Wo im Unternehmen braucht es mehr oder bessere Kooperation und wie kann dies gelingen?"*
- *„Wie ist der Stil der Kommunikation und des Umgangs miteinander und welche Verbesserungsbedarfe werden gesehen?"*

Prozesse und Strukturen

- *„Welche Anpassungsbedarfe werden in Bezug auf Arbeitsabläufe und Hierarchien gesehen?"*
- *„Wo treten Prozessfehler auf?"*
- *„An welcher Schnittstelle sind immer wieder Konflikte zu beobachten?"*

- *„Wo in der Leistungserstellung gibt es regelmäßig Fehler, Performancedefizite, Qualitätseinbußen, Mindermengen oder Zeitverzug?"*
- *„Welche Erkenntnisse aus der Auswertung von Reklamationen oder Beschwerden gibt es?"*
- *„Wo zeigen sich Verbesserungsbedarfe in der Organisation?"*

Weitere Aspekte

- *„Was muss getan werden, um die Ziele zu erreichen?"*
- *„Welche weiterführenden Aktivitäten ergeben sich aus den Modulen*
    - *Dringlichkeit*
    - *Zielbild*
    - *Unterstützer*
    - *Planung*
    - *Termine?"*

Planung (hier: Projektplanung)

Die Planung eines Change-Projektes erfolgt in wesentlichen Teilen qualitativ. Quantitative Planungselemente treten in den Hintergrund, aufgrund ihrer geringen Vorhersagekraft. Dennoch sind einige Planungsschritte zu durchlaufen, denn letztlich erfolgt die Beauftragung regelmäßig auf Grundlage eines Vertragsangebotes. Nach meinem Verständnis schließt dies mindestens eine Projektskizze im Sinne eines Projektvorschlages mit ein.

Bereits in einem frühen Stadium des Changemanagements gibt es neben der Überlegung der Nutzung des Change-Canvas eine weitere Überlegung: eine **Steuergruppe** einzusetzen. Die Mitglieder dieser Gruppe reflektieren das Geschehen während der unterschiedlichen Phasen des Veränderungsprojektes und treffen maßgebliche Entscheidungen bzw. bereiten Entscheidungen für den Auftraggeber vor (s. hierzu S. 250 f.).

Wesentliche Grundlage, sowohl für die Arbeit am Projekt als auch die der Steuergruppe, ist Transparenz über die in diesem Projekt zu bearbeitenden Themen. Dabei geht es um die Inhalte bzw. den **Umfang** des Projektes. Das Inhalts- und Umfangsmanagement umfasst nach dem PMBOK Guide (PMI 2017) alle erforderlichen Prozesse, welche sicherstellen, dass das Projekt alle erforderlichen Arbeiten (und nur diese) zur Zielerreichung berücksichtigt. Die Beschreibung von Inhalt und Umfang erfährt eine Präzisierung auch durch die Aspekte, welche ausdrücklich nicht Inhalt des Projektes sein sollen, ganz unabhängig von der Empfehlung der Berater. Der Umfang bestimmt ganz wesentlich das Modul „Termine“ und den Baustein „Ressourcen“.

Damit ein Veränderungsprojekt überhaupt starten und sodann auch erfolgreich gesteuert werden kann, bedarf es vonseiten des Auftraggebers der Bereitstellung und Verfügbarmachung von **Ressourcen**. Neben einem Projektbudget sind dies in erster Linie zeitliche Ressourcen. Diese betreffen alle in das Projekt einzubinden Personen bzw. Personengruppen und deren zu investierende Arbeitszeitanteile. Gelegentlich werden solchen Projekten auch Stabs- und/oder Assistenzstellen für die Projektlaufzeit zur Verfügung gestellt. Daneben können weiterhin räumliche und materielle Ressourcen eine Rolle spielen.

Bestandteil eines jeden Projektes ist eine **Risikoanalyse**. Nur wer sich mit unerwartet eintretenden Ereignissen und deren möglichen Schadwirkungen auseinandersetzt, wird geeignete Maßnahmen entwickeln, diese Risiken zu vermeiden oder aber deren unerwünschte Wirkung minimieren (vgl. ab S. 181). Mögliche Fragen zudem Modul „Planung“ können sein:

Steuergruppe

- *„Wer soll die Interessen des Auftraggebers in der Steuergruppe vertreten?“*
- *„Wessen Kontakte, Netzwerk bzw. Kompetenzen stellen eine Bereicherung der Steuergruppe dar?“*
- *„Welche Interessenvertreter, Leitungsfunktionen oder Promotoren ergänzen die Steuergruppe in besonderer Weise?“*

Umfang

- *„Welche Themen sind Bestandteil dieses Projektes und welche sind es ausdrücklich nicht?“*
- *„Bezogen auf die Ziele: Welchen Umfang soll das Projekt haben?“*
- *„Durch welche Eigenschaften sind die erwarteten Ergebnisse gekennzeichnet?“*
- *„Welche Prozesse werden zur Zielerreichung benötigt?“*
- *„Welche Anforderungen an einzelne Ergebnisse sind zwingend zu erreichen?“*

Risiken

- *„Welche Ereignisse (Risiken) könnten während des Projektes auftreten und Schaden verursachen?“*
- *„Wie wahrscheinlich ist es, dass diese Ereignisse auftreten?“*

- *„Wie hoch wäre die Schadwirkung in Bezug auf den erfolgreichen Projektverlauf und die Organisation an sich einzuschätzen?“*
- *„Welche präventiven bzw. korrektiven Maßnahmen lassen sich aus den Erkenntnissen zu Risiken ableiten?“*

Termine

Veränderungsprojekte in der diesem Buch zugrundeliegenden Komplexität sind in ihrem Verlauf kaum zuverlässig vorhersehbar. Im Gegensatz zu einem Bauprojekt, in dem mit einiger Zuverlässigkeit ein Ablauf- und Terminplan erstellt werden kann, kann der zeitliche Verlauf eines Change-Projekts weniger detailliert bzw. konkret vorhergesagt werden. (Bitte ignorieren Sie das Flughafenprojekt Berlin-Brandenburg im Zusammenhang mit dieser Aussage ...) Das entlässt den Prozessbegleiter jedoch nicht aus der Verpflichtung, aufzuzeigen, über welchen Zeitraum und mit welchen wesentlichen Zwischenergebnissen (**Meilensteinen**) das Projekt verlaufen wird. Je nach Komplexität sprechen wir in Change-Projekten hinsichtlich der zeitlichen Dimension von mehreren Monaten bis zu zwei bis drei Jahren. Gleichwohl lassen sich bereits zu Beginn eines solchen Projektes wesentliche Zwischenziele, also Meilensteine, benennen und auf einem Zeitstrahl verorten. Damit wären die zu beantworten Fragen umfänglich skizziert:

Fragen nach Meilensteinen

- *„Welche wichtigen Zwischenergebnisse werden angestrebt?“*
- *„In welcher Kalenderwoche bzw. in welchem Monat können diese wichtigen Zwischenziele realistisch erreicht werden?“*

Erarbeiten Sie sich Ihr Projekt: Das Change-Canvas in der Praxis

Sie haben den Aufbau des Change-Canvas kennengelernt. Nun erfahren Sie, wie Sie sich mithilfe des Canvas „Ihr“ Projekt Stück für Stück erarbeiten. Zudem wird gezeigt, wie dieses Instrument auch projektbegleitend weiteren Nutzen stiftet und dass es daher während der gesamten Projektsteuerung eingesetzt werden kann.

Das Change-Canvas zum Projektstart

Wie bereits beschrieben kann das Change-Canvas sowohl in der Gruppe (zum Beispiel als Berater zusammen mit Mitgliedern des Klientensystems) als auch zunächst einzeln genutzt werden. Die Handhabung des Canvas ist einfach. Das Change-Canvas lässt sich gut auf einem Tisch ausbreiten, an einer Moderationswand mit Pinns anbringen und auch an Whiteboards oder magnetischen Tafeln mithilfe von Magneten aufhängen. Es empfiehlt sich, das Canvas nach einer ersten Erstellung entweder:

Sichtbarkeit

- im Meeting-Raum des Projektes stets sichtbar zu halten oder
- eingerollt bzw. gefaltet mitzuführen, um im Rahmen der Projektsteuerung darauf zugreifen zu können.

Für eine eher stationäre Verwendung empfiehlt sich der Ausdruck des Change-Canvas in einem Format größer DIN A2 (bzw. die Übertragung der recht einfachen Struktur auf das Packpapier einer Moderationswand). Eine Vorlage, die Sie sich in gewünschter Größe ausdrucken können, erhalten Sie unter den Download-Ressourcen zu diesem Buch.

Grundsätzlich können die Felder direkt mit einem Fineliner oder Moderationsmarker beschrieben werden. Etwas flexibler wäre der Einsatz mit Klebezetteln (zum Beispiel Post-its). Diese lassen sich je nach Diskussionsverlauf in der Gruppe einfach abändern, entfernen bzw. ersetzen. Vorteilhaft bei einem stationären Einsatz ist, dass die Steuergruppe wesentliche Aspekte des Projektes stets im Blick hat, darauf zugreifen und diese auch aktualisieren kann. Für den Einsatz an unterschiedlichen Orten ist ein DIN-A3-Ausdruck handlicher. Hier arbeite ich direkt auf dem Canvas mit Bleistift.

Bearbeitungsreihenfolge

Was die Reihenfolge der Bearbeitung angeht: Grundsätzlich kann das Brainstorming in jedem Modul und dort an jedem Baustein beginnen und dann entsprechend des Gedankenflusses in alle Richtungen weiter vervollständigt werden. In der Praxis hat sich jedoch eine gewisse Abhängigkeit der Inhalte untereinander herauskristallisiert. Diese soll hier als Reihenfolgenvorschlag für ein erstes Ausprobieren mitgegeben werden.

Ein empfehlenswerter Start: Naturgemäß werden in Veränderungsprojekten sehr früh die „Dringlichkeit" sowie das „Zielbild" zwischen Klientensystem und Berater besprochen. Insoweit liegt es nahe, dass hierzu bereits ein tiefer greifendes Verständnis erarbeitet worden ist. Es empfiehlt sich also, mit diesen beiden Modulen zu starten.

Im zweiten Schritt empfiehlt es sich, die Module „Unterstützer" und „Planung" zu durchdenken. Denn die Systemmitglieder sind Dreh- und Angelpunkt eines Veränderungsprojekts! (Wäre dies nicht so, würde ja als Projektmanagement eine schlichte Information zu dem, was morgen anders sein soll, reichen.) Vermutlich werden in diesem Schritt bereits erste Termine diskutiert oder auch Meilensteine beschrieben.

Spätestens als dritter Schritt – und nicht zwingend erst im Anschluss – werden die Interventionen festgelegt. Dies wird unterstützt durch die Überlegungen zu allen anderen Modulen, da dort jeweils Handlungsbedarfe auftauchen.

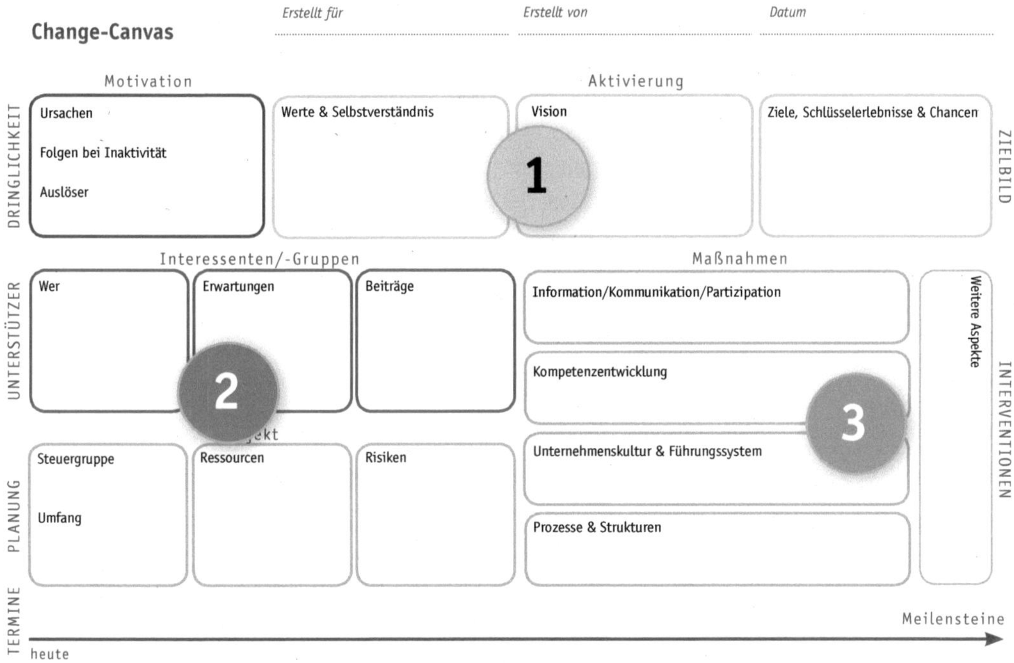

Abb.: Vorschlag der Bearbeitungsreihenfolge des Change-Canvas

Praxisbeispiel

Ein Beispiel aus der Praxis zeigt, wie Interventionen aus der Auseinandersetzung mit anderen Modulen heraus festgelegt werden: Zu Projektbeginn waren die Ursachen und das Initialereignis diskutiert worden, welche ausschlaggebend für die Initiierung des Projektes gewesen waren. Die gewonnenen Erkenntnisse wurden schnell im Modul „Dringlichkeit" erfasst.

Daraufhin wurde die Frage gestellt, ob und inwieweit diese Erkenntnisse bereits ins Unternehmen getragen worden waren und daher den Mitarbeitern bekannt sein dürften. Die Antwort bestand aus „beredtem Schweigen". An dieser Stelle des Austausches wurde allen Beteiligten klar, dass diese Informationen den Mitarbeitern noch fehlten und dass diese in geeigneter Weise in das Unternehmen hinein kommuniziert werden müssen. Auch war allen Beteiligten nach einem kurzen Exkurs klar, dass im besten Kotter'schen Sinn Dringlichkeit erzeugt werden soll und muss (vgl. S. 90 ff.). Hieraus ergaben sich erste Maßnahmen zur Information und Kommunikation, also Interventionen. Folglich wurden im Modul „Interventionen" entsprechende Notizen im Feld „Information/Kommunikation/Partizipation" vorgenommen.

Verknüpfung der Bausteine

Auch wenn sich also in der Praxis aus einer bestimmten Sache eine logische Reihenfolge ergeben hat, so ist doch jeweils auf die Verknüpfung der einzelnen Bausteine untereinander zu achten. Wenn also in der Diskussion zu Werten oder zu Erwartungen von Stakeholdern konkrete Maßnahmen auftauchen, sollten diese auch gleich im Modul „Interventionen" festgehalten und nicht vergessen werden.

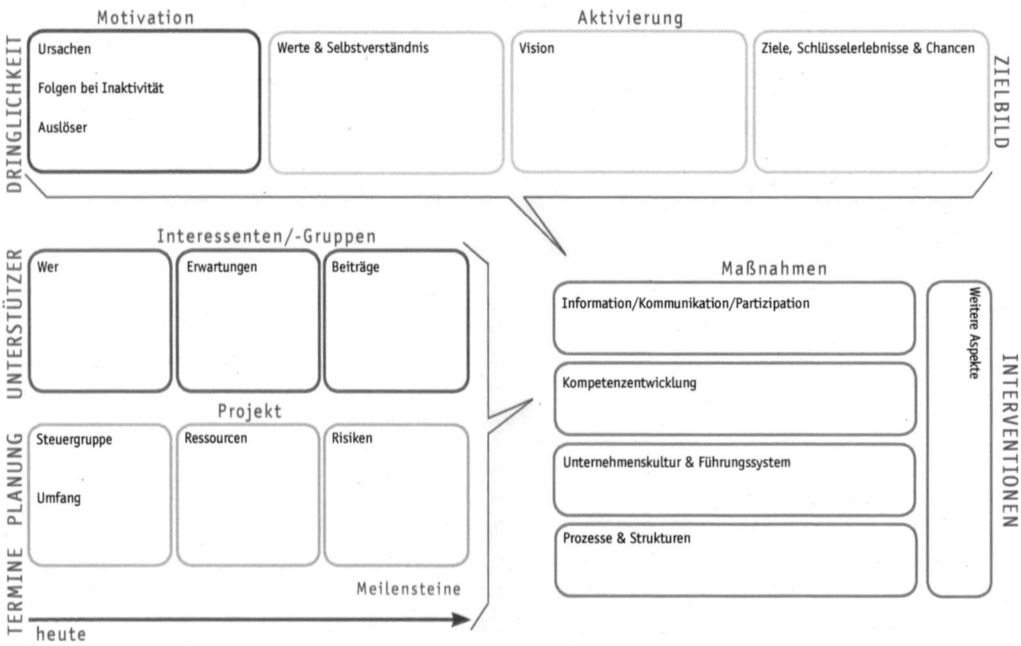

Abb.: Interventionen speisen sich aus den Erkenntnissen aller Module

Wie in dem Beispiel demonstriert: Das Modul „Interventionen" befüllt sich am ehesten mit geeigneten Maßnahmen, indem die weiteren Module mit ihren Bausteinen besprochen werden. Wenn also in der Diskussion kreativ Erkenntnisse umgehend in Maßnahmen übersetzt werden, so entlastet das das Gedächtnis und unterstützt die Verknüpfung der Module, bedarf aber auch eines abschließenden, qualitätssichernden Schrittes. Das heißt, mit etwas Abstand müssen alle Module und Bausteine im Anschluss noch einmal daraufhin untersucht werden, ob und inwieweit es Ergänzungen für das Modul „Interventionen" gibt.

Das Change-Canvas „lebt"

Das Change-Canvas „lebt", indem es

Laufende Anpassung

- jederzeit ergänzt,
- jederzeit um Aspekte erweitert,
- jederzeit korrigiert und
- jederzeit um Aspekte reduziert

werden kann. Es ist damit ein simples visuelles und die Gruppendiskussionen förderndes Instrument, welches Ihnen über den kompletten Projektzeitraum hinweg

Vorteil

- Überblick bietet,
- die Nachverfolgung erledigter und offener Aspekte (zum Beispiel Interventionen) ermöglicht und
- Sie gegenüber Gesprächspartnern mit geringem Aufwand in die Lage versetzt, Interventionen, gegenwärtige Schwerpunkte bzw. den Projektstatus darzustellen.

Die Einfachheit dieses Instrumentes zeigt auch positive Wirkungen im Klientensystem. Statt kompliziertem Berater-Kauderwelsch wird die intuitiv zu erfassende Systematik gern und schnell angenommen.

IV. Kapitel

Diagnose und Hypothesen

Inhalt des Kapitels

Systemische Interventionen als Prozessergebnis ... 151

Transparenz herstellen: Das Situationsmodell ... 154

Lage-Check: Einstieg aus Beratersicht ... 157

Lage-Check: Einstieg in einem ersten Meeting ... 159

Stakeholder-Analyse und Perspektivwechsel ... 161

- Stakeholder-Portfolio ... 164
- Stakeholder Mapping ... 169
- Stakeholder-Empathy-Map ... 172
- Nicht anwesende Dritte ... 176

Risiken in Projekten ... 181

- Risikoanalyse ... 183
- Vorausschauende Einsicht: Premortem-Technik ... 187

Kraftfeldanalyse ... 190

Diagnosetool „Ich würde, so ich könnte" ... 194

Mitarbeiterbefragung ... 199

- Grundlagen der Mitarbeiterbefragung ... 200
- Fragebogen-Konstruktion ... 204
- Workshop Fragen-Fächer ... 205
- Fragen-Preview: Fragebögen verproben ... 208

Beispielfragebogen und Fokusgruppe ... 212

- Fokusgruppen-Workshop ... 214

Kulturcheck ... 221

- Kulturcheck anhand des Kulturradars nach Denison ... 223
- Kulturcheck-Workshop ... 226
- Lage-Check: Einführung zu Gap-Analysen ... 229

Die Projektumfeldanalyse ... 231

Hypothesen ... 234

Systemische Interventionen als Prozessergebnis

Ist die Auftragsklärung abgeschlossen, so kann das darauf folgende Changemanagement als stetig wiederkehrendes, diagnostisches Sammeln von Informationen, Bilden von Hypothesen, Ableiten geeigneter Interventionen, Intervenieren und daran anschließend wiederum als Aufnehmen von Informationen und so fort beschrieben werden. Dieses Kapitel vertieft die Schritte des Sammelns von Informationen, des Ableitens von Diagnosen und des Bildens von Hypothesen (vgl. u.a. Königswieser 2013).

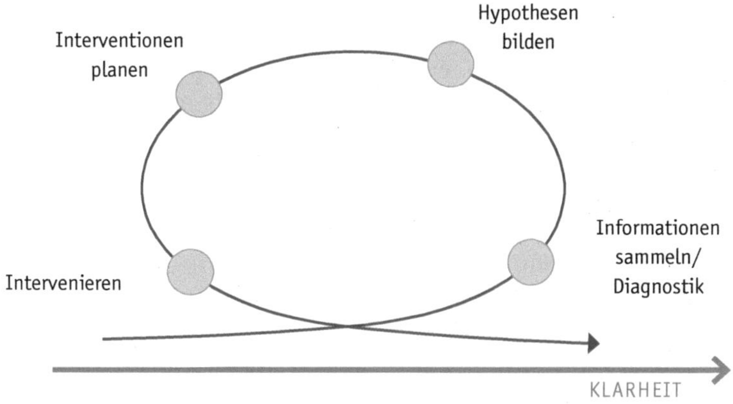

Abb.: Systemische Schleife

Die Organisationsdiagnose hat das Ziel, bestehende Grundannahmen, Deutungen, Denkmuster und die diesen zugrunde liegenden Werte und Überzeugungen aufzudecken. Damit soll sichergestellt werden, dass nicht allein einzelne Symptome betrachtet und als Grundlage für etwaige Eingriffe verwendet werden. Es geht vielmehr um tiefer liegende, das Wesen der Organisation bestimmende, explizite und implizite

Grundauffassungen und um ihre Wechselwirkungen zueinander, die Wechselbeziehungen zwischen Individuen und Gruppen sowie in Bezug auf die Umwelten der Organisation.

Grundlage der Diagnose sind eine Reihe von Untersuchungen im Sinne von Erhebungen und Analysen. Das Sammeln, Aufbereiten und Auswerten von Daten und Beobachtungen dient als Basis für Hypothesen (vgl. S. 234 ff.). Erst mit deren Hilfe können geeignete Interventionen ausgewählt werden. Das Vorgehen kann dabei so verstanden werden, dass einzelne wahrgenommene Symptome (es gibt folglich auch noch diejenigen, die noch unentdeckt sind) immer tiefer „bohrend" so weit und umfassend untersucht werden, bis die dahinter liegenden ursächlichen Verhaltensweisen aufgedeckt sind und eine Zuordnung zu Grundauffassungen möglich wird.

Ein Veränderungsprozess ist ein hochdynamisches und ebenso unvorhersehbares Unterfangen. Dass eine Planbarkeit daher ausgeschlossen ist, wurde bereits an anderer Stelle erläutert. Dies schließt ein, dass es keine Diagnosephase im engeren Sinne gibt, die irgendwann abgeschlossen wäre. Nach der Auftragsklärung startet zwar der Diagnoseprozess und führt auch je nach Umfang des Veränderungsprozesses schnell oder weniger schnell zu Hypothesen und zur Ableitung von Interventionen. Doch dies geschieht nicht einmalig, sondern fortwährend im Sinne eines iterativen Prozesses. Diagnoseschritte werden auf der Grundlage von gemachten Wahrnehmungen ergänzt bzw. fortgeschrieben oder auch erstmals in einem bereits fortgeschritteneren Stadium des Veränderungsprozesses eingesetzt.

Eines sei bereits an dieser Stelle als Grundsatz beschrieben und vorangestellt: **Keine Diagnose ohne Konsequenz!**

In der Unternehmenspraxis habe ich bereits zahlreiche wirklich gut eingesetzte Analyseinstrumente gesehen. So wurden beispielsweise Stakeholder (Interessenten/Interessentengruppen) nach allen Regeln der Kunst identifiziert, klassifiziert und priorisiert. Selbst das vermutete Verhalten wurde überzeugend beschrieben. Doch dann? Schluss und Ende. Dieses Vorgehen wäre damit vergleichbar, in der Medizin Körpertemperatur und Blutdrucks zu messen, um danach Messgeräte und Messdaten einfach wegzuwerfen.

Was in diesen Fällen gefehlt hat, war das Bilden von Hypothesen und die Ableitung von nachgelagerten Maßnahmen. Wenn denn nun zum Beispiel schon ermittelt worden ist, dass der Betriebsrat als Stakeholder einer beabsichtigten Änderung skeptisch gegenüberstehen könnte, muss dies doch etwas bedeuten: informieren, beteiligen, in den Dialog eintreten, Anregungen oder Bedenken aufnehmen und würdigen etc. Also: Eine Diagnose endet erst mit der Entscheidung darüber, was aus den gewonnenen Erkenntnissen abgeleitet wird und welche weiteren Aktivitäten sich auf Grundlage der Erkenntnisse ergeben.

In diesem Kapitel finden Sie klassische und systemische Diagnoseinstrumente, einführend erläutert und anhand von Schritt-für-Schritt-Anleitungen für den praktischen Einsatz beschrieben.

Transparenz herstellen: Das Situationsmodell

Besprechungen verlaufen aus Sicht der Beteiligten „unrund", wenn das Gefühl besteht, nicht ausreichend und möglicherweise auch im Vergleich zu anderen zu spät oder gar anders informiert worden zu sein. Dies muss nicht zwingend ein bewusster Prozess sein. Auch ein latent ungutes „Bauchgefühl" zur Stimmigkeit einer Situation und der dort vorhandenen Informationslage, vermengt mit erkennbaren Zielen und Absichten, kann die Bereitschaft zur konstruktiven Arbeit an einem Thema lähmen. Zudem mag hin und wieder auch der Eindruck entstehen, dass sogenannte „verdeckte" Ziele im Raum sind.

Für eine erfolgreiche Arbeit in Gruppen ist es daher von großem Vorteil, wenn gleich im Einstieg in ein Meeting oder einen Workshop die Ausgangslage skizziert wird. Ziel ist es, Transparenz über die gegenwärtige Situation für alle Beteiligten herzustellen. Denn Intransparenz und Unstimmigkeiten im sozialen Miteinander vereiteln die Arbeit an den eigentlichen Themen. Daher ist es angezeigt, das Situationsverständnis der Teilnehmenden zu ermitteln und im Sinne des Spiegelns zudem das eigene Verständnis von der gegenwärtigen Situation zu überprüfen.

Mit **Situation** wird im allgemeinen Sprachgebrauch einerseits die durch bestimmte Umstände geprägte gegenwärtigen Lage beschrieben, in welcher sich jemand (in diesem Moment) befindet. Andererseits können so auch Verhältnisse bzw. Umstände bezeichnet sein, die sich aus einer allgemeinen Lage heraus ergeben. Situationen beschreiben also jene Rahmenbedingungen, unter die sich jemand gestellt sieht bzw. welche eine bestimmte Sache oder ein Vorhaben beeinflussen.

Grundlage für eine möglichst transparente Sondierung der Ausgangssituation für alle Beteiligten kann das Situationsmodell nach Friedemann Schulz von Thun sein (Schulz von Thun 2008). Das Modell empfiehlt die Betrachtung von insgesamt vier Facetten:

Zu betrachtende Facetten

1. Eingangskanal im Sinne der Vorgeschichte
2. Thematische Struktur
3. Zwischenmenschliche Struktur
4. Ausgangskanal im Sinne der Ziele der Zusammenkunft

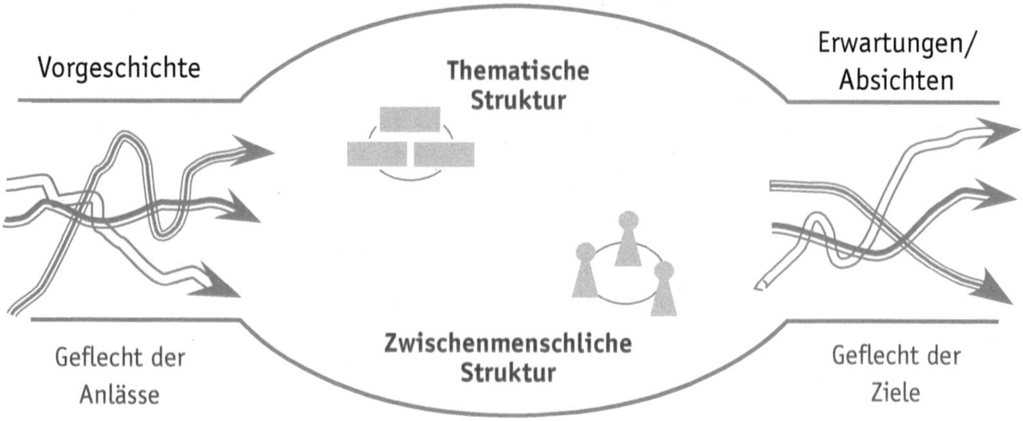

Abb.: Situationsmodell nach Schulz v. Thun

Als **Eingangskanal** wird die das Treffen bedingende Vorgeschichte bezeichnet. Hiermit werden allgemein die initialen Anlässe untersucht, die zu einer bestimmten Situation geführt haben und nunmehr Gegenstand der Zusammenkunft sind. Diese Historie erklärt im Wesentlichen, weshalb es überhaupt die Zusammenkunft gibt (zum Beispiel Meeting, Workshop, Klausur). In der Praxis kann es passieren, dass die Teilnehmenden recht unterschiedliche Aspekte über die Vorgeschichte einbringen. Würden diese Diskrepanzen nicht bereits zu Beginn benannt und damit auch ausgeräumt, dürfte ein so entstandenes Ergebnis in seinem Mehrwert bezweifelt werden. Zudem dürfte der Verlauf einer Zusammenkunft bei widerstreitenden Vorgeschichten eher disharmonisch sein.

Die **thematische Struktur** ergibt sich aus den Themen, die sich aus dem zuvor genannten Anlass aus Sicht der Teilnehmenden ableiten lassen. Letztlich geht es um die Frage, was im Rahmen der Tagesordnung behandelt oder auch nicht behandelt wird. Zudem mag eine Untergliederung einzelner Aspekte dabei helfen, wesentliche Facetten zu erfassen und so deren thematische Würdigung sicherzustellen.

Die **zwischenmenschliche Struktur** ergibt sich aus der schlichten Anwesenheit der Teilnehmenden.

Das Ziel ist es, für alle Teilnehmenden die gegenwärtige Situation so zu beschreiben, dass sie aus Sicht aller Beteiligten transparent und in sich stimmig ist. Die Interventionsrichtungen sind damit klar bestimmt:

Interventionsrichtungen

- Unstimmigkeiten identifizieren und Stimmigkeit herstellen.
- Fehlende Informationen und Intransparenz benennen und Transparenz erreichen.

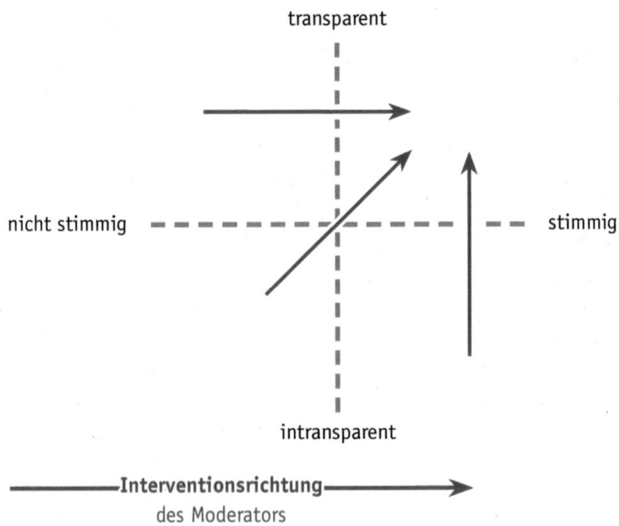

Abb.: Zwei Dimensionen sozialer Situationen

Schulz v. Thun (2008) beschreibt dies mit zwei Dimensionen sozialer Situationen. Zudem empfiehlt er eine konkrete Einstiegsfrage in ein (erstes konsolidierendes) Meeting:

Einstiegsfrage bei Konsolidierung

- *„Wie kommt es* (Vorgeschichte) *und*
- *welchen Sinn macht es* (Zielsetzung), *dass*
- *ausgerechnet ich* (in welcher Rolle?)
- *ausgerechnet mit Ihnen* (in welchem Zusammenhang?)
- *ausgerechnet dieses Thema* (wie hat es sich ergeben?) *bearbeiten möchte?"*

Im Kontext von Veränderungsprozessen erscheint eine Ergänzung nützlich, welche Aufschluss über die Dringlichkeit geben kann: *„ausgerechnet heute"*.

Dringlichkeit ist ein wesentlicher Aspekt in der Klärung, ob und inwieweit der „Druck" groß genug ist, in Veränderungen zu investieren (Zeit, Geld ...). Die Einstiegfrage lautet folglich in dieser Vollständigkeit:

Vervollständigte Einstiegsfrage

- *„Wie kommt es* (Vorgeschichte) *und*
- *welchen Sinn macht es* (Zielsetzung), *dass*
- *ausgerechnet ich* (in welcher Rolle?)
- *ausgerechnet heute* (Zeitpunkt, Dringlichkeit?)
- *ausgerechnet mit Ihnen* (in welchem Zusammenhang?)
- *ausgerechnet dieses Thema* (wie hat es sich ergeben?)
- *bearbeiten möchte?"*

In der Praxis empfiehlt es sich, die doch etwas sperrige Frage via Flipchart im Raum präsent zu halten (vgl. Abb. auf S. 159) und die einzelnen Elemente der Frage nacheinander in der Runde zu klären.

Lage-Check: Einstieg aus Beratersicht

Um auf der Grundlage des Situationsmodells (nach Schulz von Thun) einen Lage-Check durchzuführen, bieten sich zumindest zwei Anwendungen an, die ein gemeinsames Verständnis der Situation sichern:

Möglichkeiten der Verständnissicherung

1. Der Berater beschreibt die gegenwärtige Situation aus eigener Sicht oder
2. eine Arbeitsgruppe entwickelt den Lage-Check gemeinsam.

Ein Lage-Check auf Grundlage des Situationsmodells kann durch den Berater genutzt werden, um aus eigener Sicht die gegenwärtige Situation zu beschreiben. Diese Beschreibung aus der eigenen Wahrnehmung heraus wird sozusagen zur Diskussion gestellt und sichert ein gemeinsam geteiltes Verständnis der gegenwärtigen Situation. Sollte diese Reflexion aus Sicht der Teilnehmenden zu korrigieren oder zu ergänzen sein, sichert dies eine förderliche Zusammenarbeit.

Der Berater kann die Situation darstellen, wie er sie auch unter Berücksichtigung der ihm zur Verfügung gestellten Informationen sieht:

Situationsaspekt	Aussage zu
Vorgeschichte	– Anlass – Ereignisse – Vorkommnisse – Entscheidungen/Entscheider/Akteure – Ergebnisse – …
Zielsetzung	– Erwartungen an heute – Gegebene (Organisations-)Ziele für heute – Ziele für den Prozess – Vermutete oder geäußerte Erwartungen Dritter – Aufträge – Definierte Ergebnisse (z.B. Vorschlag) *„Was soll entstehen?" „Welcher Nutzen wird damit verbunden?"* – …
Eigene Rolle	– *„Weshalb gerade ich?"* – *„Eingeladen/beauftragt durch wen?"* – …
Thema – wie es sich ergeben hat	– *„Was ist das Thema?"* – *„Welche Tagesordnungspunkte müssen bearbeitet werden?"* – *„Welche Aspekte gehören zu diesem Thema?"* – *„Was genau ist die Aufgabe? Und was auch nicht?"* – …
Rollen & Zusammenhang	– *„Wer nimmt teil? In welcher Rolle? Mit welchem Auftrag?"* – *„Weshalb ausgerechnet diese Teilnehmenden? Welchen Bezug haben die Teilnehmenden zu diesem Thema? Was können sie beitragen?"* – *„Wer fehlt, um das Thema zu bearbeiten?"* – *„Wer müsste aus welchem Grund eingebunden sein?"* – …
Dringlichkeit	– *„Weshalb ausgerechnet heute?"* – *„Was würde passieren, wenn dieses Meeting noch ein wenig verschoben würde?"* – *„Was würde passieren, wenn Sie sich nicht mit dem Thema befassen?"* – …

Abb.: Aspekte der gegenwärtigen Situation

Stimmigkeit

Die Situation dürfte dann stimmig und transparent sein, wenn beispielsweise das Thema und die Ziele miteinander korrelieren. Auch der Zusammenhang zwischen den Teilnehmenden und ihren Rollen in Bezug auf Thema und Ziele sollte sich idealerweise erschließen. Für den weiteren Verlauf und eine konstruktive Arbeit an den Themen ist eine Widerspruchsfreiheit nützlich. Dieser Nutzen rechtfertigt den beschriebenen zeitlichen Aufwand.

Lage-Check: Einstieg in einem ersten Meeting

Treffen Arbeitsgruppen welcher Art auch immer ein erstes Mal zusammen, ist es als gemeinsamer Einstieg vorteilhaft, zu den Aspekten des Modells eine Transparenz herzustellen. Denn so können vorab Uneinigkeiten, unterschiedliche Informationsstände etc. leicht entdeckt und ausgeräumt werden. Dafür ist das Modell bestens geeignet auch zur Anwendung in einer Gruppe. Der Nutzen eines gemeinsamen Lage-Checks zum Einstieg der Arbeitsgruppe lässt sich der Gruppe etwa so erläutert:

Erläuterung zum Einstieg

„Ich möchte nun mit Ihnen die Ausgangssituation beschreiben. Nur dann, wenn wir alle über den gleichen Informationsstand verfügen und die am Tisch befindlichen Rollen und die damit verbundenen Ziele transparent sind, ist nach gängiger Auffassung eine konstruktive und zielgerichtete Arbeit an den heutigen Themen möglich. Was damit gemeint ist, möchte ich Ihnen anhand des folgenden Charts erläutern ...“

Dreh- und Angelpunkt des Vorgehens ist die von Schulz von Thun formulierte Einstiegsfrage (s. S. 157). Da die Fragestellung einige Komplexität aufweist, empfiehlt es sich für die Praxis, zwei Flipcharts vorzubereiten:

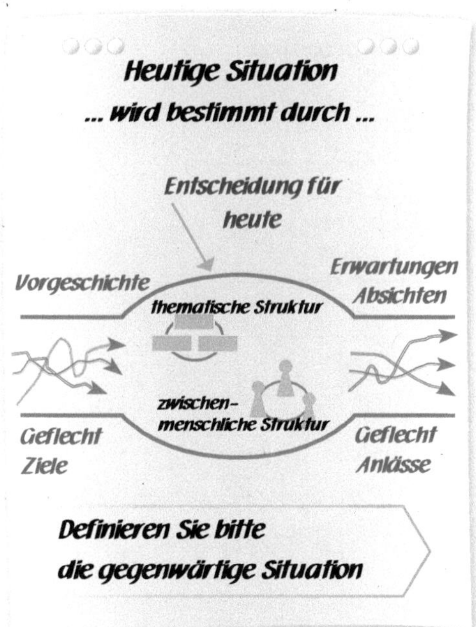

Abb.: Chart zum Situationsmodell

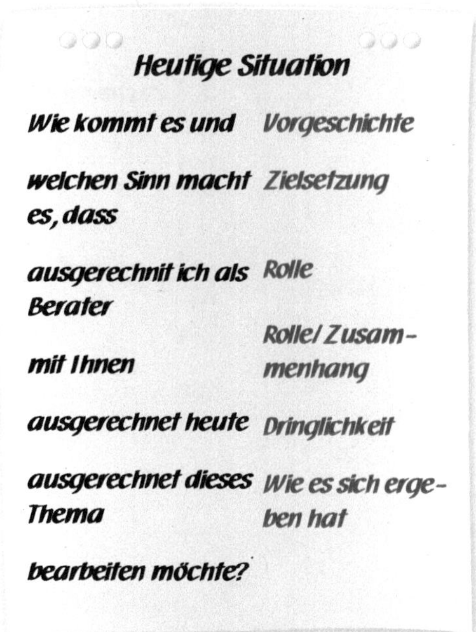

Abb.: Chart – Frage zur gegenwärtigen Situation

Auf dem ersten Chart kann ein kurzer Einstieg in das Modell gewählt werden. Mit diesem ersten Flipchart wird also erklärt,

Zweck des ersten Flipcharts

- was üblicherweise die gegenwärtige Situation bestimmt und
- wofür diese Kenntnis nützlich sein kann.

Auf einem zweiten Chart wird die eigentliche Frage so strukturiert und visualisiert, dass die Teilnehmenden sich daran gut orientieren können. Die Mitschrift der Teilnehmerantworten kann am Flipchart oder an einer Moderationswand erfolgen. Im letzteren Fall können die Moderationskarten durch die Teilnehmenden oder den Moderator geschrieben werden. Im Ergebnis entsteht ein gemeinsames Bild der gegenwärtigen Situation:

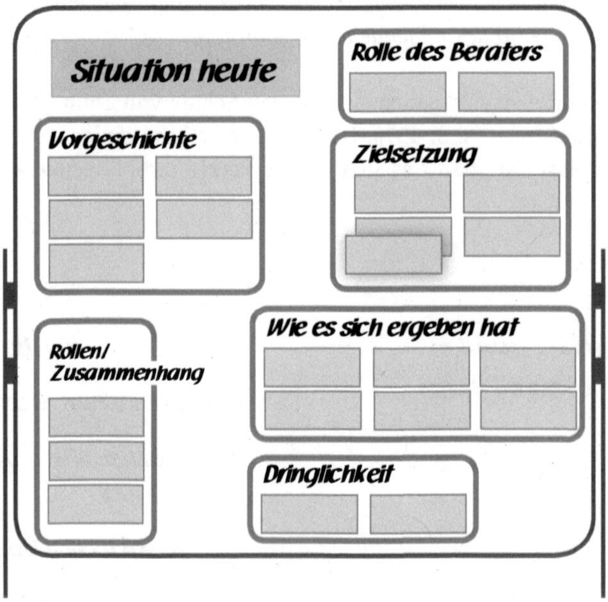

Abb.: Dimensionen der gegenwärtigen Situation

Stakeholder-Analyse und Perspektivwechsel

Gezielte Gestaltung der Rahmenbedingungen

Mithilfe der Stakeholder-Analyse sollen Personen oder Personengruppen identifiziert werden, welche im positiven wie auch negativen Sinne Einfluss auf die Entwicklung von Projekten nehmen können bzw. könnten. Für die gefundenen Interessenten(-gruppen) werden Einstellung, Einfluss und Betroffenheiten beschrieben. Es werden mögliche Aktivitäten in Zusammenhang mit diesen Interessenten abgeleitet und beschrieben, was deren Beiträge sein könnten. Die Stakeholder-Analyse stellt also sicher, dass die Rahmenbedingungen bewusst so gestaltet werden, dass die Interessenten bzw. Interessentengruppen das Projekt im Idealfall förderlich unterstützen. Es handelt sich folglich auch um einen systematischen Prozess, um Stakeholder-Interessen wertzuschätzen und achtsam mit ihnen umzugehen

Reihenfolge der Analyse von Faktoren

Sobald es um Ängste, Sorgen und Nöte sowie Ziele von Menschen geht, sind diese Aspekte gut im Rahmen der Stakeholder-Analyse aufgehoben. Im Rahmen der im Anschluss beschriebenen Risikoanalyse erfasse ich demgegenüber konsequent mögliche Auswirkungen in Form von Schadwirkungen. Sollte ein solcher Aspekt während der Stakeholder-Analyse auftauchen, so lässt sich das „Ereignis" also gut in Richtung Risikoanalyse adressieren. Damit wird zwischen einem vermuteten Verhalten und einer sich daraus ergebenden Wirkung auf Projekte unterschieden. Nach meinem Verständnis stehen beide Analysen daher auch in einem zeitlichen Zusammenhang. Für die Stakeholder- wie für die Risikoanalyse gilt zudem, dass diese iterativ, also im Sinne einer Überprüfung, Aktualisierung und Vervollständigung über den gesamten Projektverlauf durchzuführen sind.

An dieser Stelle werden zunächst die wichtigsten Grundlagen zur Stakeholder-Analyse eingeführt. Im Anschluss daran werden Ihnen praxiserprobte Instrumente mit Beschreibungen ihres Ablaufs vorgestellt.

Der **Stakeholder**-Begriff steht für „Interessierte Parteien" – oder besser für „Interessenten/Interessentengruppen". Es kann sich folglich um einzelne Personen oder auch um Personengruppen handeln. Aus dem Englischen ins Deutsche übertragen ließe sich herleiten: Stake = Einsatz, Anspruch, Erwartung, Holder = Eigentümer, Besitzer. Insoweit ist auch der Begriff „Anspruchsgruppe" verbreitet.

Stakeholder-Analysen und Stakeholdermanagement gehören im Projektmanagement seit Jahren zu den etablierten Standards. Im DIN-Fachbericht ISO 10006 (Qualitätsmanagementsysteme – Leitfaden für Qualitätsmanagement in Projekten) steht der Begriff für solche Gruppen, die ein berechtigtes Interesse an dem Projekt und (bzw. oder) dem Projektergebnis (bzw. dem Erfolg daraus) haben. Dementsprechend weisen Stakeholder nach allgemeiner Auffassung folgende Merkmale auf:

Merkmale von Stakeholdern

- Sie sind betroffen durch die Ziele und/oder die Ergebnisse des Projekts.
- Sie sind direkt oder indirekt beteiligt am Projekt.
- Es bestehen Möglichkeiten der wechselseitigen Einflussnahme (Stakeholder können die Ziele des Projekts beeinflussen oder durch diese beeinflusst werden).
- Sie haben Interessen und Erwartungen hinsichtlich möglicher Ergebnisse.
- Sie vereinen sowohl „Gefahren-" als auch Kooperationspotenziale in sich.

Wie an den Merkmalen ersichtlich ist: Stakeholder bestimmen maßgeblich den Verlauf von Projekten. Dieser Tatsache folgend, stellt die Stakeholder-Analyse sicher, dass die Rahmenbedingungen bewusst so gestaltet werden, dass die Interessenten bzw. Interessentengruppen das Projekt im Idealfall förderlich unterstützen. Es handelt sich folglich auch um einen systematischen Prozess, um mit Stakeholder-Interessen angemessen und projektförderlich umzugehen. Das Ziel der Stakeholder-Analyse ist es:

Ziel einer Stakeholder-Analyse

- Vermutete konstruktive Einstellungen zum Projekt zu erhalten und zu stabilisieren.
- Die Pojektbefürwortung in Aktivitäten und Beiträge zu übertragen.

- Rückenwind zu generieren, beispielsweise in Form von Promotion.
- Bedenken frühzeitig zu erkennen und hieraus Anforderungen an Lösungen diskutierbar zu machen.
- Eine gezielte und adressatengerechte Kommunikation und Information sicherzustellen.
- Motivation für die Mitarbeit am Projekt zu wecken.
- Eine Eigenverantwortung der Stakeholder für Projektergebnisse zu kommunizieren.
- Quellen für Erwartungen an die Projektergebnisse zu identifizieren.

Praktische Vorteile der Stakeholder-Analyse

Es geht also bei einer Stakeholder-Analyse darum,

- potenziell förderliches oder schädliches Verhalten frühzeitig erkennen zu können.
- das Beurteilen vermuteter Auswirkungen zu ermöglichen.
- Spannungsfelder, Wechselwirkungen und Abhängigkeiten zu identifizieren und zu beschreiben.
- Beziehungen der Interessenten zueinander zu visualisieren.
- erforderliche Maßnahmen abzuleiten.
- Verantwortlichkeiten bestimmen zu können.

Bemühen Sie sich im Rahmen dieser Analyse um eine überparteiliche Haltung, mit dem Ziel, Widerstände zu vermeiden oder zumindest zu reduzieren. Um Relevanz und Einstellung eines Stakeholders schnell erfassbar zu machen, bietet sich eine Einordnung nach den folgenden Merkmalen an:

Merkmale	Ausprägung
Einfluss auf das Projekt	förderlich, hinderlich
Bedeutung für die Umsetzung von Aktivitäten – Ausprägung der formalen bzw. informellen Umsetzungsmacht	hoch, niedrig, keine
Betroffenheit durch Projektziele/Ergebnisse	hoch, niedrig, neutral
Einstellung zum Projekt	dafür, dagegen, neutral
Rolle(n) im Projekt	– Mitarbeit im Projekt, – Mitglied Steuerkreis, – Projektleiter, ...
Herkunft bzw. Bezug zum Projekt oder Unternehmen	intern, extern

Tab.: Merkmalsausprägungen des Stakeholder-Verhaltens

Klassifizierung

Die Unterscheidung nach internen oder externen Stakeholdern wird an anderer Stelle auch mit Nähe oder Distanz umschrieben. Hierbei handelt es sich formal betrachtet um ein eher nachrangiges Merkmal. Wesentlicher sind „Betroffenheit“, „Einfluss“ und „Einstellung“. Denn aus diesen lassen sich Kooperationsoptionen ableiten. Die Bedenken und Befürchtungen, die hier unter „Einstellung“ und „Einfluss“ erfasst werden, können in Veränderungsprojekten destruktive Wirkung entfalten, wenn sie nicht rechtzeitig als solche erkannt und mit geeigneten Aktivitäten berücksichtigt werden.

Stakeholder-Portfolio

Mit dem Stakeholder-Portfolio wird schrittweise das Vorgehen einer Stakeholder-Analyse beschrieben. Ziel ist es, Personen bzw. Personengruppen zu identifizieren, welche einen förderlichen oder auch behindernden Einfluss auf das Projekt einnehmen könn(t)en. Das Stakeholder-Portfolio endet mit konkreten Überlegungen, auf welchem Wege Unterstützung durch die Interessenten bzw. Interessentengruppen generiert und destruktives Handeln verhindert bzw. vermindert und gewandelt werden kann.

Die Analyse wird üblicherweise sehr früh zu Beginn eines Projektes durchgeführt. Die Analyse ist damit den Diagnoseprozessen zuzuordnen. Das Vorgehen darf zudem als iterativ bezeichnet werden, weil über den gesamten Projektverlauf hinweg Überprüfungen und gegebenenfalls Ergänzungen durchzuführen sind. Der Zeitaufwand beträgt etwa 3 Stunden.

Folgendes Material wird benötigt: (Mindestens eine) Moderationswand, Moderationskarten und Moderationsstifte, Pinns, ggf. ein Flipchart

Ablauf

Schritt 1: Stakeholder ermitteln

Der Moderator klärt zunächst den Begriff der Stakeholder und warum es deren Interessen für einen erfolgreichen Projektverlauf zu berücksichtigen gilt. Je nach Erfahrung der Gruppe kann diese Einführung kurz und wiederholend oder etwas ausführlicher mithilfe eines Flipcharts ausfallen.

Die Teilnehmenden werden gebeten, mögliche Interessenten bzw. Interessentengruppen zu benennen. Hierfür könnten folgende Fragestellungen zum Einsatz kommen:

- *„Wer kann bzw. könnte den Erfolg des Projektes im positiven wie negativen Sinne beeinflussen?"*
- *„Wer ist durch das Projekt bzw. die Projektziele beeinflusst?*
- *Wer könnte etwas gegen dieses Projekt bzw. die Projektziele haben?"*
- *„Wer profitiert möglicherweise von diesem Projekt und dessen Zielen?"*
- *„Wer muss unbedingt mit „im Boot" sein, damit das Projekt ein Erfolg wird?"*
- *„Wer könnte den Verlauf des Projektes förderlich unterstützen?"*

Dieser Arbeitsschritt erfolgt in Stillarbeit. Jeder Teilnehmer notiert sich mögliche Stakeholder auf Moderationskarten. Dies führt bei der anschließenden Sammlung naturgemäß zu Doppelungen – was gern als Qualitätssicherung betrachtet werden darf.

Alternativ können Sie die Teilnehmenden auch bitten, sich zunächst nur Notizen zu machen. Anhand einer anschließenden Zuruffrage werden im Plenum die Stakeholder benannt und dann durch den Moderator auf Moderationskarten festgehalten. Ingesamt dauert Schritt 1 etwa 15 Minuten.

Schritt 2: Beschreiben und Klassifizieren

Ziel des nun folgenden Arbeitsschrittes ist eine Verständigung über die gefundenen Stakeholder. Das kann etwa 45–60 Minuten dauern. Es ist Aufgabe der Gruppe, gemeinsam

- die Betroffenheit durch das Projekt
- den (möglichen) Grad der Einflussnahme auf das Projekt
- sowie die Einstellung zum Projekt

für die gefundenen Interessenten/Interessentengruppen zu diskutieren und in einer Neun-Felder-Matrix mit den genannten drei Dimensionen abzubilden.

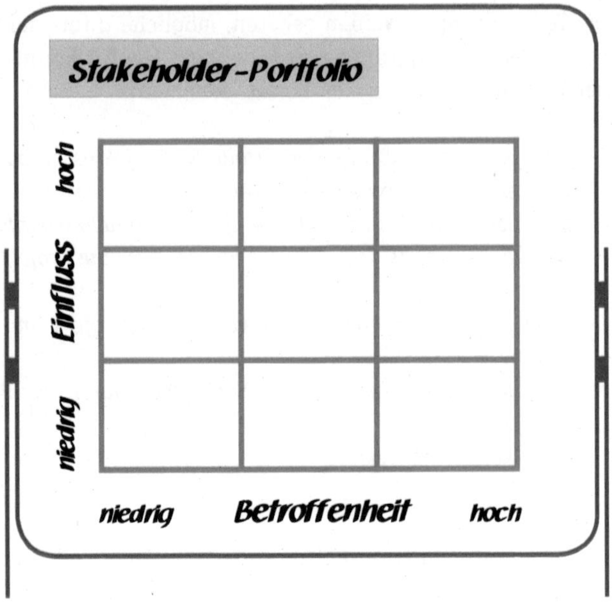

Abb.: Stakeholder-Portfolio – als Neun-Felder-Matrix

Die Betroffenheit und der Einfluss werden über die Skalen der Matrix vorgegeben. Die Einstellung eines jeden Stakeholders zum Projekt wird auf der Moderationskarte zusätzlich notiert.

Legende für die Einstellung:

++
sehr positiv, konstruktive Handlungen erwartet

+
positiv, konstruktive Handlungen erwartet

0
neutrale Positionen, kaum Aktivität

–
negativ, destruktive Handlungen erwartet

– –
sehr negativ, destruktive Handlungen erwartet

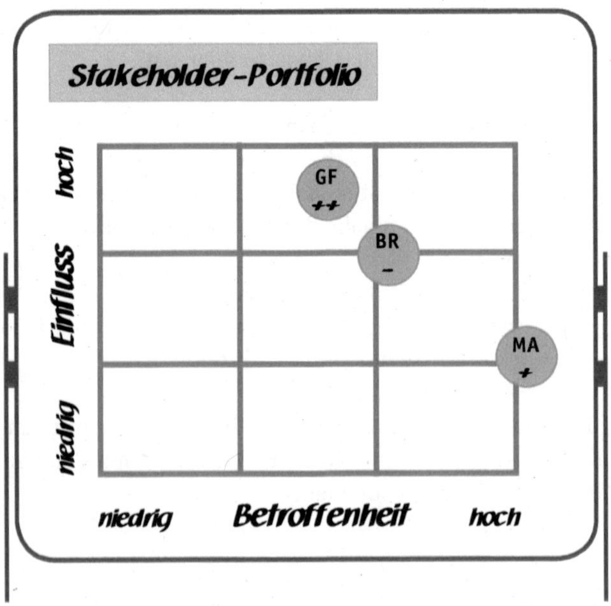

Abb.: Stakeholder-Portfolio – dreidimensional

Zu berücksichtigen ist, dass es sich bei den Einschätzungen jeweils um Annahmen handelt. Hierbei ist der Grundsatz zu beachten, dass Menschen nicht „ ... sind", sondern sich „... verhalten". In diesem Fall sind es insbesondere „nur" Vermutungen, die über das Verhalten von Menschen angestellt werden. Es gilt also dementsprechend, mit den Aussagen in Bezug auf die jeweiligen Personen bzw. Personengruppen respektvoll umzugehen und ausdrücklich nur als Annahmen in Bezug auf das erwartete Verhalten. Pauschale, auf Vorurteilen beruhende Statements sind zu hinterfragen.

Zudem gibt es in der Praxis immer wieder in Personengruppen auch eine Streubreite zumindest hinsichtlich der Einstellung zum Projekt. Dies ergibt sich beispielsweise, wenn Mitarbeitergruppen vermutet sowohl für, als auch gegen bestimmte Projektergebnisse eingestellt sind. Es hat sich dann bewährt, beide Einstellungen exemplarisch in die Stakeholder-Analyse aufzunehmen, da sich daraus ganz unterschiedliche Aktivitäten für die zu planenden Maßnahmen bzw. Interventionen ergeben.

Schritt 3: Maßnahmen ableiten

Nachdem die Gruppe die Stakeholder durch Beschreibung, Dialog und Einordnung in die drei Dimensionen des Stakeholder-Portfolios besser kennengelernt hat, sind nun auf der Grundlage dieser Erkenntnisse Ableitungen für geeignete Maßnahmen möglich. Dieser letzte Schritt dauert abermals circa 45–60 Minuten und findet im Plenum statt. Dabei können folgende Fragestellungen unterstützen:

- *„Welche Beiträge können die Stakeholder leisten? Wie können diese zur aktiven Mitarbeit ermuntert und wie konkret eingebunden werden?"*
- *„Welchen Bedenken und negativen Einstellungen können und müssen wir begegnen und wie kann eine konstruktive Mitwirkung erreicht werden?"*
- *„Welche positiven Einstellungen können wie in aktives Handeln übertragen werden?"*
- *„Wie kann ein förderlicher Informationsaustausch, Dialog und eine tatsächliche Partizipation aussehen?"*
- *„Wo und in welchem Umfang braucht es Kompetenzentwicklung und gestaltetes Lernen?"*
- *„Wie kann eine anfänglich positive Einstellung über die Dauer des Projektes aufrechterhalten werden?"*

Sogenannte Stakeholder-Strategien tragen – recht formalisiert – Sorge für angemessene Aktivitäten in Bezug auf die gefundenen Interessenten und Interessentengruppen. Auch wenn wir im Changemanagement weit differenzierter in Bezug auf einzelne Interventionen vorgehen, so mag doch die Strategie einen ersten Ausgangspunkt für Überlegungen darstellen und eine Inspiration für konkrete und wirksame Maßnahmen sein.

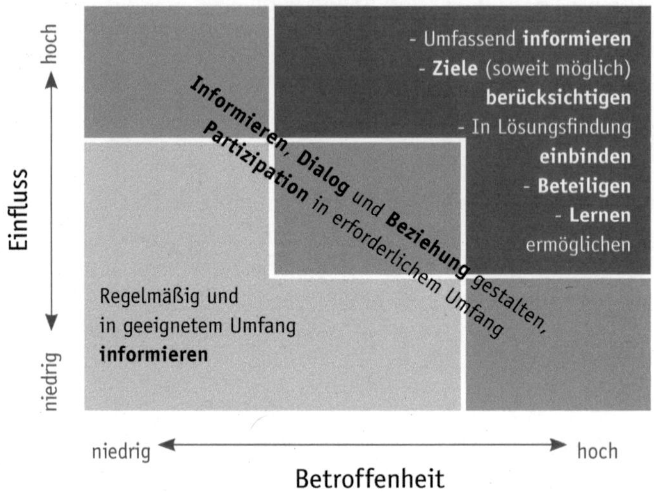

Abb.: Stakeholder-Strategien als erste Orientierung

Für das Sammeln der erforderlichen Maßnahmen empfehlen sich zwei Instrumente. Soweit es um Informationen, Dialog und Austausch geht, kann ein Kommunikationsplan als Basis verwendet werden (vgl. S. 159).

Weitere Interventionen gehen über das Thema der Kommunikation hinaus: Sie verfolgen das Ziel der Partizipation, der Gestaltung und Umsetzung von Lösungen, der Gestaltung von Unternehmenskultur und Führungssystem sowie von Aktivitäten rund um die Kompetenzentwicklung. Für solche über den Kommunikationsplan hinausgehende Interventionen empfiehlt sich deren Verortung in einem Maßnahmenplan (To-do) (s. S. 186) und die nachgelagerte Abarbeitung.

Beachten Sie bei der Erarbeitung der Maßnahmen ausführlich die sieben Basisprozesse (vgl. S. 105 f.). Nur eine solche Fokussierung stellt sicher, dass wesentliche, für das Vorgehen wichtige Aspekte auch berücksichtigt werden können. Würde beispielsweise der Lernprozess übersehen, so würde die Befähigung („Können", vgl. S. 370) zum Handeln als Grundvoraussetzung für die Akzeptanz der gewählten Lösung unberücksichtigt bleiben. Auch das Change-Canvas als Praxisinstrument gibt weitere Anhaltspunkte im rechten unteren Modul „Interventionen" (vgl. S. 139 ff.).

Nicht jede angebrachte Intervention wird im Rahmen der Stakeholder-Analyse unter Beteiligung von Mitgliedern des Klientensystems erarbeitet. Gleichwohl schafft die hier vorgestellte Analyse ein grundlegendes Verständnis für die Erwartungen und Beiträge der Interessenten und Interessentengruppen. Es bleibt den Mitgliedern des Beratersystems überlassen, auf Grundlage der Erkenntnisse aus der Stakeholder-Analyse gezielt und systematisch weitere Interventionen abzuleiten.

Stakeholder Mapping

Ein Schwerpunkt der Arbeit im Changemanagement ist das Erzielen von Wirkungen auf die Bereitschaft, oder noch besser das Commitment zur Veränderung („Change Readiness"). Doch wer Wirkungen erzielen möchte, wird sich zunächst mit der bestehenden Einstellung beschäftigen müssen. Wiederholend sei auch gesagt, dass es mindestens zwei Zielrichtungen gibt, wenn es um die Gestaltung der Einstellung von Interessenten oder Interessentengruppen geht.

Diejenigen, welche der Veränderung **konstruktiv** gegenüberstehen, werden als Unterstützer im Veränderungsprozess gesehen und eingebunden. Je nach Grad des Einflusses können hier schwache und starke Unterstützer unterschieden werden. Starke Unterstützer können Treiber des Veränderungsprozesses sein. Es kommt darauf an, diese zu gewinnen und an einer aktiven förderlichen Mitwirkung im Wandel zu beteiligen und sicherzustellen, dass sich diese Einstellung durchgehend auch hält. Doch auch „schwache" Unterstützer sind Unterstützer. Auch solche, dem Veränderungsprozess konstruktiv gegenüberstehende Interessenten, stellen trotz ihres geringeren Einflusses ein wesentliches Potenzial für Veränderungsprozesse dar.

Gleichermaßen gibt es auch Stakeholder, die der beabsichtigten Veränderung **destruktiv** gegenüberstehen. Diese Opponenten entwickeln Kräfte, um den Wandel auszubremsen. Auch hier kann nach dem Grad des Einflusses nach starken und schwachen Opponenten unterschieden werden.

Zwischen Unterstützern und Opponenten findet sich noch eine weitere Gruppe mit einer (noch) **neutralen, abwartenden Position**. Diese Personen oder Personengruppen haben sich zu Beginn des Wandels noch keine eigene Meinung gebildet. Sie warten noch ab.

Die beschriebenen Positionen lassen sich anhand einer Vier-Felder-Matrix sichtbar machen, um daraus geeignete Maßnahmen für den Wandel abzuleiten. Es handelt sich bei diesem Felderschema um eine „Map", wie im Grunde bei dem Stakeholder-Portfolio auf den vorhergehenden Seiten auch. Im Gegensatz zur zuvor gezeigten Neun-Felder-Matrix kommt hier eine Vier-Felder-Matrix mit veränderter Feld-Zuschreibung zum Einsatz. Zur Unterscheidung der beiden Matrizen wähle ich in diesem Fall den Begriff des „Stakeholder Mappings" (in Anlehnung an Claßen 04/2017).

Stakeholder Mapping wird zu Beginn des geplanten Wandels durchgeführt und ist Bestandteil der Diagnoseprozesse. Der Zeitaufwand für die Bearbeitung mit einer Gruppe (bis 15 Teilnehmende gut geeignet) beträgt etwa drei Stunden. Als iteratives Instrument sollten die Erkenntnisse im Change-Projekt regelmäßig auf Aktualität und Vollständigkeit überprüft werden. Veränderungen sind zudem im Sinne eines Controllings Indikator für die Wirkung gewählter Interventionen.

Folgendes Material wird benötigt: (Mindestens eine) Moderationswand, Moderationskarten und Moderationsstifte, Pinns, ggf. Flipchart

Ablauf

Schritt 1: Stakeholder ermitteln

Als Einstieg ist je nach Gruppe zunächst der Stakeholder-Begriff sowie die Bedeutung der Stakeholder zu vermitteln. Dies ist die Grundlage für eine mögliche Einstiegsfrage, die das Plenum durch Zuruf beantwortet: *„Wer hat ein wie auch immer geartetes Interesse an dem beabsichtigten Veränderungsprozess bzw. den damit verfolgten Zielen?"*

Die genannten Stakeholder werden zunächst notiert, gleichartige werden in Clustern zusammengefasst. Dieser Schritt dauert etwa 15 Minuten.

Schritt 2: Beschreiben und Klassifizieren

Ziel des nun folgenden Arbeitsschrittes ist ein näheres Kennenlernen der gefundenen Stakeholder. Es ist Aufgabe der Gruppe,

- die Betroffenheit durch das Projekt
- den (möglichen) Grad der Einflussnahme auf das Projekt
- sowie die Einstellung zum Projekt

für die gefundenen Interessenten/Interessentengruppen zu diskutieren und in einer Vier-Felder-Matrix mit den genannten drei Dimensionen abzubilden. Dafür braucht die gesamte Gruppe circa 45–60 Minuten.

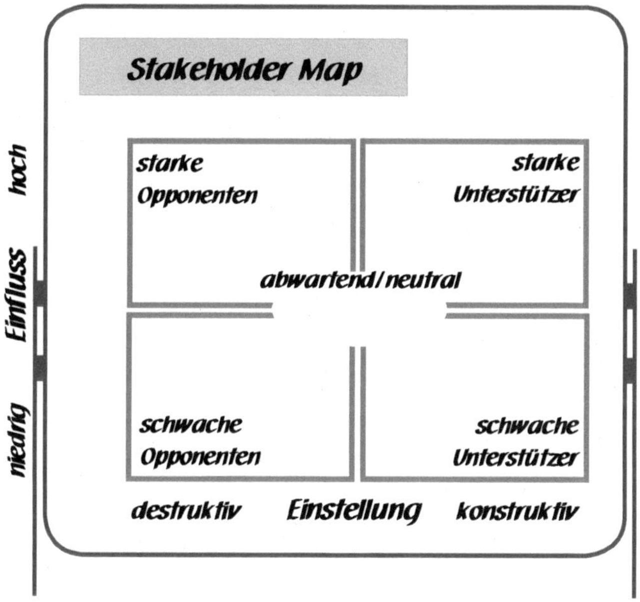

Abb.: Stakeholder Map – als Vier-Felder-Matrix

Beginnen sollten Sie mit dem Grad der Betroffenheit, weil dieser über die Kartenform (oder gegebenenfalls Kartengröße oder -farbe) abgebildet wird. Die Skalen der Matrix bilden die Einstellung (konstruktiv/destruktiv) sowie den Einfluss (niedrig/hoch) auf das Change-Projekt und dessen Ziele ab.

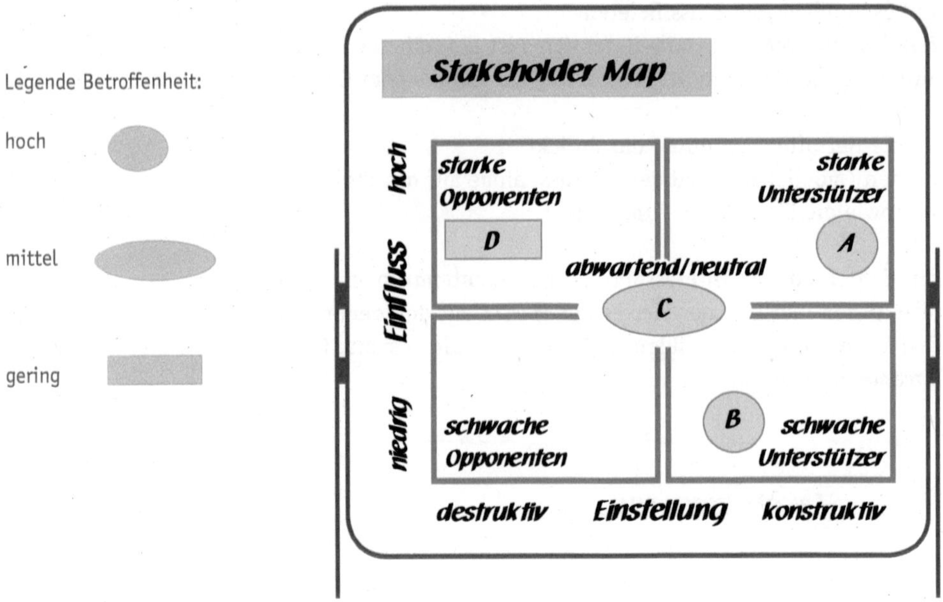

Abb.: Stakeholder Map als Vier-Felder-Matrix - dreidimensional

Schritt 3: Maßnahmen ableiten

Das weitere Vorgehen entspricht nun dem des Stakeholder-Portfolios (s. ab S. 164). Es ensteht also ein Kommunikationsplan und ggf. eine To-do-Liste.

Stakeholder-Empathy-Map

In den beiden vorherigen Kapiteln haben Sie bereits zwei Visualisierungsformen in der Suche, Beschreibung und Klassifizierung von Stakeholdern in ihrer Anwendung gesehen. Mit diesem Instrument biete ich Ihnen eine Variante mit einem geänderten Blickwinkel an, sodass auch ein differenzierter Erkenntnisgewinn möglich werden kann.

Die Sichtweise von Dritten (Rollen) einzunehmen, ist hinreichend bekannt und wurde in diesem Buch mit der Methode des Perspektivwechsels eingeführt (vgl. Lösungsorientierte Fragen S. 52 ff., Zirkuläre Fragen S. 64 ff.). Kreativitätstechniken wie etwa die „sechs Denkhüte" nach Edward de Bono nutzen dieses Prinzip, um Ideen zu generieren, eingefahrene Sichtweisen durch weitere Perspektiven zu bereichern und um erste Ansätze auf Nebenwirkungen zu verproben. Die Unternehmensberater Alexander Osterwalder und Yves Pigneur haben die Methode des Sichtweisenwechsels um eine Visualisierung nach dem Canvas-Prinzip ergänzt (Osterwalder/Pigneur 2011). Die von ihnen entwickelte „Empathiekarte" ermöglicht die Ausrichtung von Geschäftsmodellen nach Kundenperspektive. Ihre Überlegung zur Empathiekarte war Inspiration für das von mir entwickelte und hier beschriebene Instrument, das dem Kennenlernen von Stakeholdern dient. Die „Map" ist erhältlich unter den Download-Ressourcen.

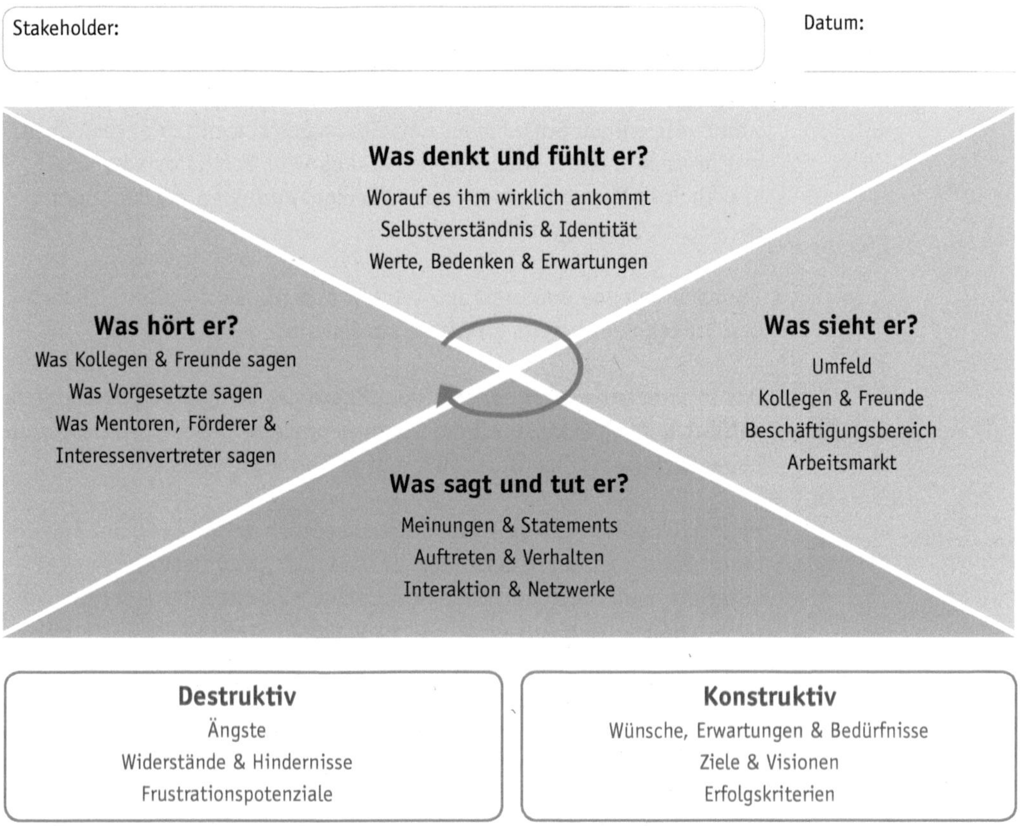

Abb.: Stakeholder-Empathy-Map

Als Canvas strukturiert die Stakeholder Map das Hineinschlüpfen **in einen Stakeholder**. Geeignete Fragen kann ein Moderator leicht aus den gegebenen Bausteinen ableiten. Die Map kann dabei sowohl für eine Einzelperson oder aber auch für den „typischen" Vertreter einer Gruppe von Interessenten genutzt werden. Es gilt also, in die Person bzw. Rolle dieses Stakeholders einzutauchen und diese mit all ihren Facetten zu erfassen. Dazu werden die Überlegungen für alle Teilnehmenden sichtbar mitvisualisiert – zum Beispiel in Form von selbsthaftenden Zetteln bzw. Karten (Post-its, Stick-its oder vergleichbar). Die sechs Bausteine der Stakeholder Map sind überschrieben mit:

Bausteine der Empathy Map

- Was denkt und fühlt er?
- Was sieht er?
- Was sagt und tut er?
- Was hört er?
- Destruktiv
- Konstruktiv

Im Gegensatz zu den beiden vorangestellten Matrizen wird hier pro Stakeholder eine eigene Map erarbeitet. Unter Rücksicht auf die aufzuwendende Zeit, empfiehlt es sich, die zu untersuchenden Interessenten bzw. Interessentengruppen zu selektieren. In der Praxis hat es sich bewährt, diejenigen Stakeholder mit diesem Instrument zu untersuchen, welche sich in der Erarbeitung des Stakeholder-Portfolios oder des Stakeholder Mappings als Personen/Personengruppen mit besonderer Bedeutung herausgestellt haben.

Die nachfolgende Beschreibung setzt voraus, dass die zu untersuchenden Stakeholder bereits ermittelt worden sind.

Das Instrument wird in einer frühen Phase des Change-Projektes durchgeführt und ist Bestandteil der Diagnoseprozesse. Als Bearbeitungszeit haben sich in der Praxis ca. 60 Minuten herauskristallisiert.

Benötigt werden: Ein großformatiger Ausdruck der Stakeholder Empathy Map je zu untersuchendem Stakeholder (Download-Ressource) (Hinweis: kann auch auf Moderationswand vorskizziert werden), Moderationswände nach Anzahl zu untersuchender Stakeholder, Liste mit zu untersuchenden Stakeholdern, Moderationskarten, Moderationsstifte und Pinns (alternativ auch Haftzettel wie Post-its sowie Stifte)

Ablauf

Schritt 1: Stakeholder beschreiben

Im Plenum werden zunächst in etwa 45 Minuten die vier Bausteine bearbeitet mit den Leitfragen:

- *„Was denkt und fühlt er?"*
- *„Was sieht er?"*
- *„Was sagt und tut er?"*
- *„Was hört er?"*

Hierbei ist das Einhalten einer bestimmten Reihenfolge nicht erforderlich. In der Praxis ergibt sich nach einer kurzen Erläuterung der Map regelmäßig ein erster Aspekt aus der Gruppe heraus. Mit dem so gewählten Baustein beginne ich dann und lasse anhand der in dem Canvas hinterlegten Blickrichtungen bzw. den als Hilfestellung hinterlegten Aspekten eine detaillierte Beschreibung der Person oder Personengruppe vornehmen. Nutzen Sie also einfach die in jedem Baustein enthaltenen Aspekte für das Formulieren offener Fragestellungen. Die Beschreibungen werden auf Karten, Klebezetteln oder direkt auf dem Canvas notiert. Die beiden unteren Bausteine:

- Destruktiv
- Konstruktiv

Umfassende Suche nach Zuschreibungen

stellen eher eine abstrahierende Zusammenfassung der zuvor gewonnenen Erkenntnisse dar. Vielleicht macht genau diese tiefer gehende Analyse mit der fundierteren Ableitung konstruktiver bzw. destruktiver Aspekte den Unterschied zu anderen Analysen von Stakeholdern aus.

Leitfragen zum Feld „Destruktiv“:

- *„Welches sind seine größten Frustrationen?“*
- *„Welche Hindernisse stehen zwischen ihm und dem, was er erreichen will oder muss?“*
- *„Welche Risiken bzw. welchen Aufwand könnte er scheuen – und aus welchem Grund?“*
- *„Welche Sorgen, Ängste, Nöte treiben ihn möglicherweise?“*

Leitfragen zum Feld „Konstruktiv“:

- *„Welche Übereinstimmungen mit den Zielen oder Ergebnissen des Wandels werden vermutet?“*
- *„Was will oder muss er wirklich erreichen?“*
- *„Wonach bemisst er Erfolg?“*
- *„Was sind seine Antreiber?“*
- *„Welche vermuteten Strategien wird er zur Erlangung seiner Ziele verfolgen? Welches Engagement für den Veränderungsprozess könnte sich hieraus ergeben?“*

Schritt 2: Maßnahmen ableiten

Die sehr detaillierte Beschreibung der Interessenten oder Interessentengruppen ist nun Grundlage für das Ableiten geeigneter Maßnahmen durch die gesamte Gruppe. Dabei können sie folgende Fragestellungen unterstützen:

- *„Welche Beiträge könnte der Stakeholder leisten? Wie könnte er zur aktiven Mitarbeit ermuntert und wie konkret eingebunden werden?"*
- *„Welchen Bedenken und negativen Einstellungen können und müssen wir begegnen und wie kann eine konstruktive Mitwirkung erreicht werden?"*
- *„Welche positiven Einstellungen können wie in aktives Handeln übertragen werden?"*
- *„Wie kann ein förderlicher Informationsaustausch, Dialog und eine tatsächliche Partizipation aussehen?"*
- *„Wo und in welchem Umfang braucht es Kompetenzentwicklung und gestaltetes Lernen?"*
- *„Wie kann eine anfänglich positive Einstellung über die Dauer des Projektes hingehalten werden?"*
- *„Welche Aspekte ergeben sich noch aus der vorliegenden ‚Stakeholder Empathy Map?'"*

Für diesen Vorgang kann man etwa 15 Minuten einplanen.

Aufgrund der besonders tiefgreifenden Beschäftigung mit den Menschen, des „in den Kopf Schauens", bringt dieses Vorgehen einen umfassenden Erkenntnisgewinn. Wichtig ist, dass dies respektvoll und wertschätzend zugleich erfolgt. In dem hier skizzierten Diskurs kommt es nach praktischer Erfahrung auf zwei Aspekte besonders an. Zum einen sollten sehr konsequent geäußerte Meinungen so weit hinterfragt werden, dass der Aussagegehalt für alle Teilnehmenden nachvollziehbar wird. Zudem muss immer wieder klar sein, dass es sich bei allen Zuschreibungen in dem Canvas um Annahmen handelt (vgl. S. 32). Eine entsprechend kritische Würdigung durch die Gruppe ist daher ausdrücklich wünschenswert.

Nicht anwesende Dritte

Diese Intervention ist keine reine Stakeholder-Analyse. Vielmehr liegt hier der Schwerpunkt auf dem Perspektivwechsel, der neue Sichtweisen eröffnet. Das Prinzip dieser Intervention ist denkbar einfach. Die Teilnehmenden werden abermals angeregt, sich in die Rolle anderer Personen oder auch Personengruppen hineinzuversetzen oder hineinzuschlüpfen. Aber in diesem Fall können das eben auch Personen oder Personengruppen sein, die keine Stakeholder sind. Ein Beispiel: Werden

Teilnehmer gebeten, Dinge aus der Perspektive eines Kindes zu betrachten, geht es nicht darum, dass das Kind mit dem Prozess in Zusammenhang steht, sondern darum, dass diese Sichtweise sie zum Beispiel dazu bringen kann, Komplexität zu verringern.

Die möglichen Gedanken, Positionen, Hinweise oder Argumente sogenannter „nicht anwesender Dritter" stellen in der systemischen Arbeit deswegen eine Bereicherung dar, weil sie ermöglichen, andere Perspektiven einzunehmen. So wird möglichen eingeschränkten Sichtweisen entgegengewirkt. Aus Sicht der nicht anwesenden Dritten ergeben sich so mögliche neue Ansätze zur Lösung von Problemen bzw. zur Interpretation gegenwärtiger Situationen oder auch Handlungsabsichten. Nicht anwesende Dritte können beispielsweise sein:

- Personalvertretungen (Betriebs-, Personalräte etc.)
- vom Projekt direkt oder auch indirekt betroffene Mitarbeiter und Führungskräfte
- Projektgeber
- Kunden
- Lieferanten
- ...

Mögliche Sichtweisen nicht anwesender Dritter in die Überlegungen von Gruppen einzubinden, ist typisch beispielsweise bei:

- Umweltanalysen
- Stakeholder-Analysen
- Stakeholder-Management
- System-Check-Perspektiven

Zeit: ca. drei Stunden

Material: ca. zwei Moderationswände, Moderationskarten und -stifte, Pinns, ggf. Flipchart

Ablauf

Schritt 1: Einleitung

Der Moderator nennt das zu bearbeitende Thema dem Plenum. Das kann rund zehn Minuten dauern und beispielsweise

- eine konkrete Fragestellung,
- die Bewertung einer gegenwärtigen Situation oder
- das Verproben möglicher Lösungsansätze oder Handlungspläne sein.

- Das Aufzeigen möglicher (Gegen-)Positionen im Rahmen der Stakeholder-Analyse
- Das Entdecken möglicher Erwartungen sowie Unterstützungspotenziale von Stakeholdern an Aktivitäten oder Ergebnisse
- ...

Schritt 2: Nicht anwesende Dritte sammeln

Es werden gemeinsam in etwa zehn Minuten die Personengruppen bzw. Personen identifiziert, deren Sichtweise in Bezug auf das Thema erforscht werden soll.

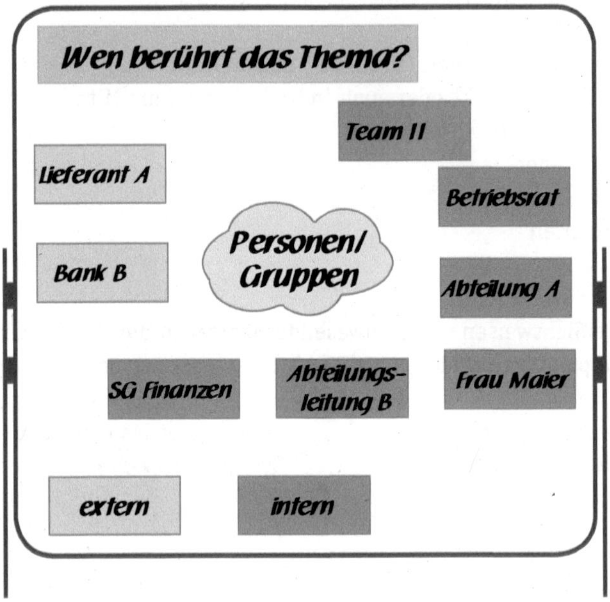

Abb.: Ermitteln relevanter Perspektiven von Personen/Personengruppen

Schritt 3: Mögliche Sichtweisen einnehmen und abbilden

Die Teilnehmenden schlüpfen in die Rolle der nicht anwesenden Dritten und nehmen die Sichtweisen der jeweiligen Personen oder Personengruppen ein. Dabei kommt es in der Moderation darauf an, die Fragen in der gegebenen Perspektive zu stellen. Also nicht: *„Was würde der/die (...) erwarten?“*, sondern besser: *„Was erwarten Sie als ...?“*

Die zu stellenden Fragen-Sets ergeben sich aus dem jeweiligen Thema und sollten ergänzende Sichtweisen erforschen. Insoweit sind die nachfolgenden Fragen als Beispiele zu verstehen, die auf das jeweilige Thema abgestimmt werden sollten. Mögliche Fragen könnten sein:

- *„Welche Positionen sind Ihnen in Ihrer Rolle als Betriebsrat besonders wichtig? Worauf werden Sie achten? Welche Erwartungen verbinden Sie mit dem weiteren Vorgehen? Welche weiteren Aspekte möchten Sie mit einbringen? Was gedenken Sie, an Hilfen oder Unterstützung mit einzubringen?"*

  oder

- *„Wie sehen Sie als Kunde diesen Prozess? Welche Erwartungen möchten Sie gern einbringen? Woran erkennen Sie als Kunde, dass die erwogene Lösung Erfolg versprechend ist? Welche Verbesserungsoptionen würden Sie gern einbringen? Was wäre Ihr Beitrag in diesem Prozess?"*

Bei diesem Interviewschritt kann es hilfreich sein, wenn mehrere Teilnehmende in die gleiche Rolle schlüpfen, um einen Eindruck zu gewinnen, der möglichst breit aufgestellt ist.

Die Gedanken der Interviewten werden visualisiert. Dies kann durch den Moderator, aber auch durch Teilnehmende erfolgen. Insgesamt dauert dieser Schritt ca. 45–60 Minuten.

Ein Hinweis zur Sozialform: Je nach Anzahl der im vorhergehenden Schritt gefundenen Personen/Personengruppen kann dieser Arbeitsschritt statt im Plenum auch in Kleingruppen durchgeführt werden. Im Anschluss wäre dann die Ergebnispräsentation und -diskussion einzuplanen.

Schritt 4: Diskussion

Die festgehaltenen Gedanken werden innerhalb der nächsten ca. 45 Minuten im Plenum diskutiert und bewertet. Zum Beispiel anhand dieser Fragen:

- *„Welche neuen Aspekte sind aufgetaucht, was bedeuten sie?"*
- *„Welche Schlussfolgerungen leiten Sie aus dem Erarbeiteten ab?"*
- *„Was ist in Erkenntnis der diskutierten Aspekte nun zu tun?"*

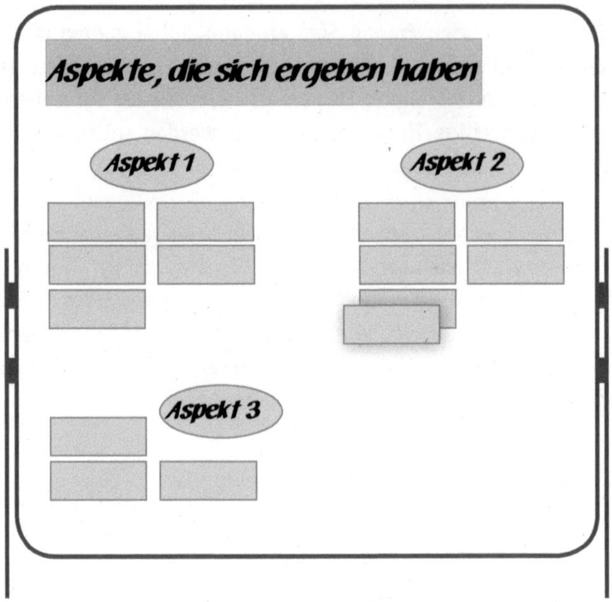

Abb.: Reflexion der gewonnenen Erkenntnisse

Schritt 5: Weiterverarbeitung

Im Plenum werden die gewonnenen Erkenntnisse entsprechend der Ausgangsfragestellung in rund 20–30 Minuten weiterverarbeitet. Sie fließen beispielsweise ein in

- die Stakeholder-Analyse
- eine To-do-Liste
- einen Kommunikationsplan
- bzw. in einen umfänglicheren Aktivitätenplan

bzw. sind aufgrund neu gewonnener Erkenntnisse Ausgangspunkt weiterführender Überlegungen.

Risiken in Projekten

Alle Projekte sind mit Risiken verbunden. Dies liegt bereits in der Natur eines jeden Projektes, da dies einmalige Vorhaben sind, die mit einem unterschiedlichen Komplexitätsgrad versehen und an bestimmte Rahmenbedingungen geknüpft sind. Das Identifizieren, Priorisieren (bzw. Klassifizieren) und Managen von Risiken ist Bestandteil eines jeden Projektes. Dies gilt für Change-Projekte gleichermaßen. Einzelne Großprojekte der vergangenen Jahre haben gezeigt, welches Verbesserungspotenzial das Aufspüren bzw. Managen von Risiken in Projekten besitzt. Nur wer sich in der Projektplanung bewusst mit Risiken auseinandersetzt, kann auf Basis seiner Erkenntnisse geeignete Maßnahmen ergreifen, um Risiken zu handhaben. Dieses Kapitel zeigt auf, was genau unter „Risiken" zu verstehen ist. Diese Ausführungen sind bewusst vorangestellt, denn sie stellen die Grundlage der nachfolgend vorgestellten einzelnen Instrumente dar, die in ihrem praktischen Einsatz beschrieben werden.

Risiken stellen nach allgemeiner Auffassung ein unerwartet auftretendes Ereignis mit Schadwirkung dar. Hierbei handelt es sich um eine relevante Gefahr in Bezug auf die Projektplanung, dass bestimmte Ereignisse ungeplant eintreten, oder aber dass ursprünglich geplante Ereignisse nicht eintreten (vergleiche DIN 69901-5). Projektrisiken wirken sich auf das Projektergebnis selbst bzw. auf wesentliche Teilergebnisse negativ aus – zum Beispiel auf die Qualität, die Kosten oder den zeitlichen Verlauf.

Dem begegnet die Risikoanalyse, indem sie potenzielle Risiken identifiziert, sie bewertet sowie geeignete Maßnahmen zur Vermeidung bzw. Minderung der erkannten Risiken festlegt. Das Ziel im Umgang mit Projektrisiken ist es im Idealfall, das Risiko zu vermeiden. In anderen Fällen werden Maßnahmen vorbereitet, sodass bei Eintritt des (dann ja erwarteten) Risikos die Schadwirkung möglichst gering ausfällt. Das Risikomanagement im Verlauf eines Projektes verfolgt die Wirksamkeit der ausgewählten Maßnahmen genauso, wie es auch regelmäßig die bislang identifizierten Risiken auf Vollständigkeit überprüft. Grundsätzlich lassen sich also die zu ergreifenden Aktivitäten im Rahmen der Maßnahmenplanung in präventive und korrektive Maßnahmen unterscheiden. Folgende Risikostrategien werden im Einzelnen unterschieden:

Risikostrategien

- Vermeiden (zum Beispiel durch Veränderungen in den Projektzielen)
- Vermindern (zum Beispiel durch verstärkte und zielgruppenorientierte Kommunikation)
- Übertragen (zum Beispiel an den Auftraggeber)
- Versichern (zum Beispiel Ausfallrisiken nach Brand)
- Akzeptieren (nur Risiken mit geringer Bedeutung)

Zusammengefasst besteht die Risikoanalyse aus den folgenden Arbeitsschritten:

Verfahren

- Risiko identifizieren
- Risiko bewerten: in der Folge entsteht eine Priorisierung
- Risikostrategie auswählen
- geeignete Maßnahmen planen und umsetzen

Die zu identifizierenden Risiken können unterschiedlicher Art sein. In der Literatur werden zahlreiche Risikoarten unterschieden, von denen hier beispielhaft einige benannt werden:

Risikoarten

- Qualitätsrisiken (Ergebnis entspricht nicht der geforderten Qualität)
- Akzeptanzrisiken (Betroffene lehnen die Lösung ab)
- Kostenrisiken (das Budget reicht für die Erzielung des Projektergebnisses nicht aus)
- Auslastungsrisiken (erforderliche Personalressourcen stehen – unerwartet – nicht zur Verfügung, um das Projektergebnis in Zeit und Budget zu verwirklichen)
- Terminrisiken (wichtige Meilensteine werden terminlich verfehlt)
- Methodische Risiken (zum Beispiel Komplexität wird nicht gehandled)
- Wirtschaftliche Risiken (zum Beispiel Liquiditätsengpässe des Klientensystems)
- Rechtliche Risiken (zum Beispiel Urheberrechte oder vertragliche Unklarheiten)
- ...

Qualitative und quantitative Verfahren

Bei der Risikoanalyse kommen im klassischen Projektmanagement qualitative sowie quantitative Verfahren zum Einsatz. Qualitative Verfahren sind beispielsweise Brainstorming oder die Erarbeitung einer Risikomatrix in einer moderierten Veranstaltung. Quantitative Verfahren hingegen sind solche, die beispielsweise über Risikokennzahlen oder Risikokosten Aussagen treffen.

Qualitative Verfahren beruhen auf Beschreibungen von Zuständen bzw. Situationen. Die beschreibenden Worte stellen ein sogenanntes qualitatives Merkmal dar. So können beispielsweise Stimmungen oder Meinungen so in Worte gefasst werden, dass die Einschätzungen zum Beispiel zu Verhalten oder Betroffenheiten geteilt werden können. Quantitative Verfahren hingegen basieren auf messbaren Merkmalen (Zahlen), also dem Erheben von Aspekten auf Grundlage beispielsweise von Stück, Prozenten, Kennzahlen etc. Bei den Instrumenten der nachfolgenden Kapitel handelt es sich ausschließlich um qualitative Verfahren.

Allen in diesem Kapitel vorgestellten Instrumenten gemein ist, dass selbstredend im Anschluss an die Identifikation und Bewertung geeignete Maßnahmen gefunden und eingeplant werden müssen.

Risikoanalyse

Mit der hier beschriebenen Risikoanalyse wird ermittelt, welche Risiken im Verlauf des Projektes auftreten können. Denn nur dann können diese bewusst vermieden oder aber in ihrer Wirkung reduziert werden.

Die Risikoanalyse wird frühzeitig in einem Projekt durchgeführt. Sie ist in Change-Projekten Bestandteil der Diagnoseprozesse. Der Zeitumfang beträgt ca. 90 Minuten.

An Material werden benötigt: Ein Flipchart, (mindestens eine) Moderationswand, Moderationskarten, Moderationsstifte, Pinns

Ablauf

Schritt 1: Informieren

Die Teilnehmenden werden in das Projekt hinsichtlich seiner bekannten Eckdaten eingeführt. Ziel dieses Schrittes ist, bei allen Teilnehmenden für einen gleichen Informationsstand zu sorgen. Das Informieren dauert ca. 5 Minuten.

Schritt 2: Risiken identifizieren

Die Teilnehmenden überlegen, welche Risiken bzw. Gefahren im Projektverlauf auftreten können und daher Berücksichtigung finden müssen.

Die Arbeitssequenz erfolgt in Einzel- und Stillarbeit, Dauer etwa 15 Minuten. Jeder Teilnehmende macht sich Notizen. Ein Austausch bereits an dieser Stelle sollte vermieden werden, um auf ein möglichst breites Spektrum an möglichen Risiken zurückgreifen zu können.

Lassen Sie die Teilnehmenden ihre Überlegungen gleich auf Moderationskarten schreiben. Dies verkürzt den Arbeitsaufwand in der nachfolgenden Arbeitsphase. Doppelung einzelner Risiken, in der Praxis fälschlicherweise kritisiert, weisen auf die Bedeutung des gefundenen Aspektes hin. So kann klar erkannt werden, dass der genannte Aspekt von mehreren Teilnehmenden als relevant wahrgenommen wurde.

Schritt 3: Risiken sammeln

Die von den Teilnehmenden identifizierten Risiken werden an einer Moderationswand gesammelt. Entsprechend der Regeln aus dem Brainstorming ist in diesem Schritt Kritik unerwünscht. Verständnisfragen hingegen sind erlaubt und sollten für die Gruppe beantwortet werden. Dieser Schritt dauert rund 20 Minuten.

Schritt 4: Bewerten und Priorisieren

In etwa 20 weiteren Minuten werden die gefundenen Risiken nun durch die Gruppe bewertet. Maßgeblich hierbei sind die Faktoren Schadwirkung (Schadenshöhe, Tragweite) und Eintrittswahrscheinlichkeit. Die Skala kann jeweils wie folgt interpretiert werden:

- sehr gering bis sehr hoch oder
- 0 bis 100.

In der Praxis kann es je nach Projekt und Gruppe vorkommen, dass eine sehr große Menge potenzieller Risiken benannt wird. Bis hin zum Weltuntergang im Jahreswechsel 1999 zu 2000 wurde in der Praxis schon vieles genannt. Es ist daher zu empfehlen, sich bei der Suche nach Aktivitäten zur Vermeidung oder Verminderung von Risiken auf die tatsächlich relevanten

Gefahren zu konzentrieren. Immerhin sind sowohl die Ressourcen als auch die zur Verfügung stehende Zeit begrenzt. Dazu kann beispielsweise die zuvor aufgezeigte Neun-Felder-Matrix hinzugezogen werden. Durch sie ergibt sich eine Priorisierung nach dem folgenden Schema:

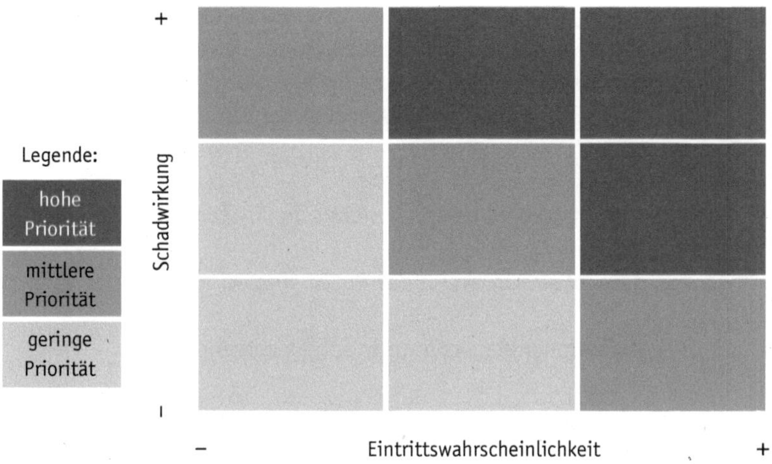

Abb.: Risikopriorisierung

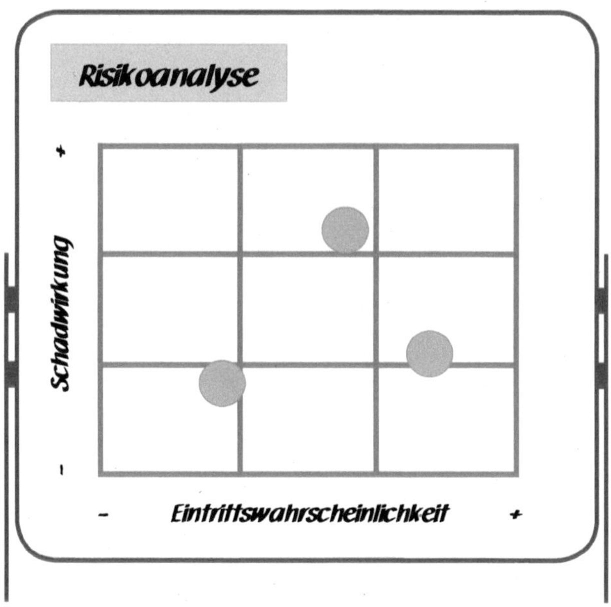

Abb.: Risikoportfolio als Neun-Felder-Matrix

Schritt 5: Maßnahmen ableiten

Auf der Grundlage der in Schritt 4 vorgenommenen Priorisierung wird eine Aktivitäten- bzw. Maßnahmeplanung erstellt, dafür hat die Gruppe abermals rund 20 Minuten Zeit. Zunächst sind zwingend Maßnahmen für die Risiken mit hoher Priorität zu finden. Bei Risiken mit mittlerer Priorität werden dann Aktivitäten geplant, wenn Aufwand und Nutzen in einem angemessenen Verhältnis stehen. Für Risiken mit geringer Priorität darf ein Einplanen von Maßnahmen infrage gestellt werden.

Zur Maßnahmenplanung eignen sich die beiden folgenden Fragen:

- *„Was muss getan werden, damit die Risiken gar nicht erst auftreten?"*
- *„Was ist zu tun, wenn das Risiko eintritt?"*

Der Maßnahmenplan könnte wie folgt aussehen:

Abb.: Maßnahmenplanung

In der Praxis taucht im Rahmen der Risikoanalyse regelmäßig ein Denkfehler auf. Nachdem das Risiko erkannt und besprochen worden ist, entsteht die Auffassung, dies sei ja gar kein Risiko, weil man ja daran denke. Tatsächlich verkehrt der Erkenntnisprozess der Diskussion das entdeckte Risiko in einen nunmehr vermeintlich leicht zu managenden Aspekt. Achten Sie daher darauf, dass das entdeckte Risiko tatsächlich je nach Priorität mit geeigneten Maßnahmen versehen wird und achten Sie auf die Aufnahme in die Maßnahme-Aktivitäten-Pläne (To-do)!

Vorausschauende Einsicht: Premortem-Technik

In der systemischen Diagnostik hat sich eine Reihe von Instrumenten bzw. Techniken etabliert, die das übliche Vorgehen „auf den Kopf stellen". Eine dieser Techniken ist die sogenannte Premortem-Technik. Premortem steht dabei für „vor dem Tod".

Der Grundansatz dieser Technik ist der Medizin entlehnt. Im Rahmen von Autopsien werden verstorbene Patienten daraufhin untersucht, welche Ursachen zum Ableben geführt haben. Dies wiederum ist Grundlage für die weiterführenden Überlegungen, welche Änderungen beispielsweise im Therapieverlauf bei künftigen Patienten wirksamer sein könnten. Kurz gesagt lädt dieses Gedankenspiel dazu ein, aus Fehlern zu lernen, bevor diese tatsächlich eingetreten sind. Insoweit darf bei dieser Methode auch von „vorausschauender Einsicht" gesprochen werden. Dieses Vorgehen wird auf Projekte übertragen und idealerweise an deren Beginn verlegt. Die Methode selbst geht auf den Psychologen Gary Klein (Klein 2007) zurück.

Bereits zu Beginn des Projektes stellt sich also die Frage, welche Fehler oder Fehlentwicklungen im Verlaufe des Projektes auftreten könnten, um diese sodann mit präventiven oder korrektiven Maßnahmen abzuwenden oder abzumildern. Der Nutzen liegt dabei auf der Hand. Werden Probleme erkannt, bevor sie auftreten, können sie bewusst vermieden bzw. in ihrem Verlauf abgemildert, oder gar übertragen bzw. versichert werden.

Die Premortem-Technik sollte frühzeitig in einem Change-Projekt durchgeführt werden. Sie ist üblicherweise Bestandteil der Diagnoseprozesse. Der Zeitumfang beträgt ca. 90 Minuten.

An Material werden benötigt: Ein Flipchart, (mindestens eine) Moderationswand, Moderationskarten, Moderationsstifte, Pinns

Ablauf

Schritt 1: Situation aufnehmen

Die Teilnehmenden werden in die jeweilige Situation und das Projekt hinsichtlich seiner bekannten Eckdaten eingeführt. Wichtig ist, dass die Tragweite des Projektes selbst sowie wesentliche Projektziele und Meilensteine allen Teilnehmenden gleichermaßen bekannt sind. Dieser erste Schritt dauert ca. zehn Minuten.

Schritt 2: Desaster/Fehlschlag untersuchen

Die Teilnehmenden werden nun durch den Moderator zu einer Einzelarbeit instruiert: *„Das Projekt ist fehlgeschlagen. Es ist ein wahres Desaster. Die Außenwirkung ist in Richtung Kunden und Lieferanten dramatisch. Mitarbeiter kündigen und verlassen das Unternehmen. Mitarbeiter in den Teams sowie Führungskräfte sind zerstritten und reden nicht mehr miteinander. Dies alles hat fatale Wirkungen auf den Unternehmenserfolg und gefährdet den Fortbestand des Unternehmens.*

Ihre Aufgabe ist es nun, herauszufinden, woran das Projekt gescheitert sein könnte. Zeigen Sie die möglichen Ursachen und Gründe für diesen Verlauf auf!"

Die Teilnehmenden erhalten dafür zehn Minuten Zeit und die Arbeitssequenz erfolgt in Stillarbeit. Jeder Teilnehmende macht sich Notizen. Ein Austausch bereits an dieser Stelle sollte vermieden werden, um ein möglichst breites Spektrum an möglichen Problemen auffinden zu können.

Lassen Sie die Teilnehmenden die Überlegungen gleich auf Moderationskarten schreiben. Dies verkürzt den Arbeitsaufwand in der nachfolgenden Arbeitsphase. Doppelung einzelner Risiken – in der Praxis fälschlicherweise kritisiert – weisen auf die Bedeutung des gefundenen Aspektes in. So kann klar erkannt werden, dass der genannte Aspekt von mehreren Teilnehmenden als möglich gesehen wurde.

Schritt 3: Probleme (Risiken) sammeln

Die von den Teilnehmenden identifizierten Probleme bzw. Risiken werden in rund 20 Minuten an einer Moderationswand gesammelt. Entsprechend der Regeln aus dem Brainstorming erfolgt in diesem Schritt keine Kritik. Es ist vielmehr Aufgabe, das Verständnis für die von den Teilnehmenden gefundenen Probleme und Risiken in der Gruppe herzustellen.

Schritt 4: Bewerten und Priorisieren

Die gefundenen Probleme bzw. Risiken werden nun durch die Gruppe bewertet. Hierbei empfiehlt sich ein qualitatives Vorgehen, beispielsweise mithilfe einer Neun-Felder-Matrix (vgl. Abb. S. 166). Maßgeblich hierbei sind die Faktoren Schadwirkung und Eintrittswahrscheinlichkeit. Das Bewerten und Priorisieren dauert etwa 20 Minuten.

Schritt 5: Maßnahmen ableiten

Auf der Grundlage der in Schritt 4 vorgenommenen Priorisierung wird eine Aktivitäten- bzw. Maßnahmenplanung erstellt (vgl. Abb. S. 186). Die Teilnehmenden haben dafür 20 Minuten Zeit. Vielleicht eignen sich die beiden folgenden Fragen:

- *„Was muss getan werden, damit die Probleme bzw. Risiken gar nicht erst auftreten?"*
- *„Was ist zu tun, wenn das Problem bzw. Risiko eintritt?"*

Der grundsätzliche Vorteil der „Vorausschauenden Einsicht" ist, dass sich die Teilnehmenden tatsächlich mit möglichen Risiken befassen. Denn in der Praxis ist es bei der theoretischen Frage nach Problemen nicht selten so, dass diese nicht gesehen werden: „Es wird schon alles gut gehen." Anzunehmen, dass bereits ein Scherbenhaufen vor den Füßen liegt, lädt dazu ein, nach Gründen für das Scheitern des Projektes zu suchen. Dies führt zu einer Problemorientierung und das kann je nach Ausprägung der Fehlerkultur Anforderungen an den Moderator richten. Der moderierenden Person muss der Spagat zwischen dem Aufdecken möglicher Gründe für das Scheitern auf der einen Seite und der Zuordnung möglicher Fehler bzw. Fehlentscheidungen auf die handelnden Personen auf der anderen Seite so gelingen, dass eine ja nur theoretische „Schuldzuweisung" als echte Chance verstanden wird, die nun identifizierte Ursache bewusst berücksichtigen zu können. Für eine konstruktive Arbeitsweise in der Gruppe ist es daher nützlich, das Auffinden von Ursachen mit einer „Goldgräberstimmung" so zu verknüpfen, dass die Gruppe in ihrer Gesamtheit froh über jeden gefundenen Aspekt ist.

Kraftfeldanalyse

Bei der Kraftfeldanalyse (auch Kräftefeldanalyse genannt) geht es darum, alle Kräfte zu identifizieren, welche die beabsichtigte Veränderung unterstützen oder aber dieser entgegenwirken. In der Konsequenz sollen förderliche Kräfte für den Wandel nutzbar gemacht werden, so, wie der Fluss der Kräfte auch im Kampfsport in Richtung der Bewegungen genutzt wird. Das durch die Kraftfeldanalyse ermöglichte Erkennen der Widerstände ist zudem deshalb nützlich, weil deren Bearbeitung Kraft (bzw. Energie) verbrauchen wird. Nur dann, wenn Potenziale zur Unterstützung bzw. Widerstände bewusst sind, können diese auch benutzt bzw. berücksichtigt werden.

Die Kraftfeldanalyse ist die praktische Ableitung der Feldtheorie nach dem Sozialpsychologen Kurt Lewin (1951). Dieser unterstellte auf Grundlage seiner Forschungen, dass sich das Verhalten von Menschen aus dem Gesamtkontext aller Faktoren ergibt, die mit einem bestimmten Ereignis verbunden sind. Mithin liefert jedes Ereignis ein dynamisches Feld sich wechselseitig beeinflussender Aspekte.

In der systemischen Lehre wird davon ausgegangen, dass sich sogenannte offene soziale Systeme (also beispielsweise eine Organisation oder Unternehmung) in einem Gleichgewicht befinden. Wird dieses Gleichgewicht verändert, so ergibt dies eine Störung und das System versucht, wieder in einen (dann neuen) Gleichgewichtszustand zu gelangen. Lewin leitete daraus ab, dass die maßgeblichen Faktoren einer Veränderung erkannt werden müssen und dass sich nur daraus Gestaltungsmöglichkeiten ergeben.

Als Diagnose-Instrument wird die Kraftfeldanalyse recht frühzeitig im Projekt eingesetzt. Der Zeitaufwand für dieses Instrument fällt mit rund 90 Minuten recht übersichtlich aus.

Die folgenden Materialien werden benötigt: Mindestens sechs Moderationswände (unter Nutzung von Vorder- und Rückseite können so elf Aspekte qualitativ bearbeitet werden – siehe Schritt 3), Moderationskarten, Moderationsstifte und Pinns, ggf. ein Flipchart

Ablauf

Schritt 1: Hemmende und förderliche Faktoren identifizieren

Zum Einstieg wird im Plenum die konkrete Situation bzw. das konkrete Vorhaben beschrieben. Hierzu ist es wichtig, dass die Veränderung zur Ausgangssituation deutlich wird. Was also ist das Ziel? Wie sieht die Lösung aus? Worin besteht der Unterschied?

Sobald die Ausgangssituation für alle Teilnehmer hinreichend beschrieben ist, erfolgt die gemeinsame Suche nach fördernden bzw. hemmenden Kräften. Dafür eignet sich besonders ein Brainstorming. Die gefundenen Kräfte werden auf Karten notiert und an einer bereits vorbereiteten Moderationswand sichtbar für das Plenum angepinnt.

Dieser Arbeitsschritt dauert insgesamt etwa 15 Minuten, das Ergebnis könnte beispielsweise so aussehen:

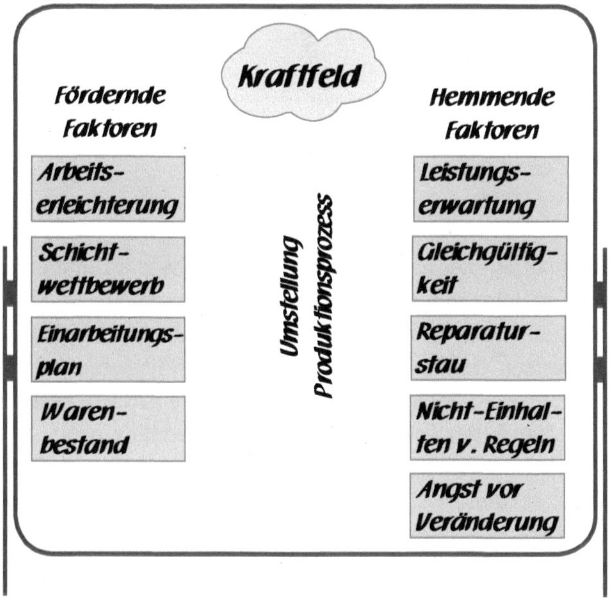

Abb.: Kraftfeldanalyse – Schritt 1

Schritt 2: Beschreiben und Bewerten

Die gefundenen Kräfte werden nun im Einzelnen durch die gesamte Gruppe beschrieben. Ziel dieses Arbeitsschrittes ist es, das in der Gruppe vorhandene Wissen zu teilen und eventuelle differenzierte Auffassungen möglichst auszugleichen. Nützlich sind hierbei offene systemische Fragen, wie sie ab S. 41 dargestellt sind. Nun wird die Intensität fördernder und hemmender Kräfte visualisiert. Dies kann etwa anhand von Länge oder Stärke von Pfeilen dargestellt werden. Nach rund 20 Minuten könnte das Ergebnis beispielsweise wie folgt aussehen:

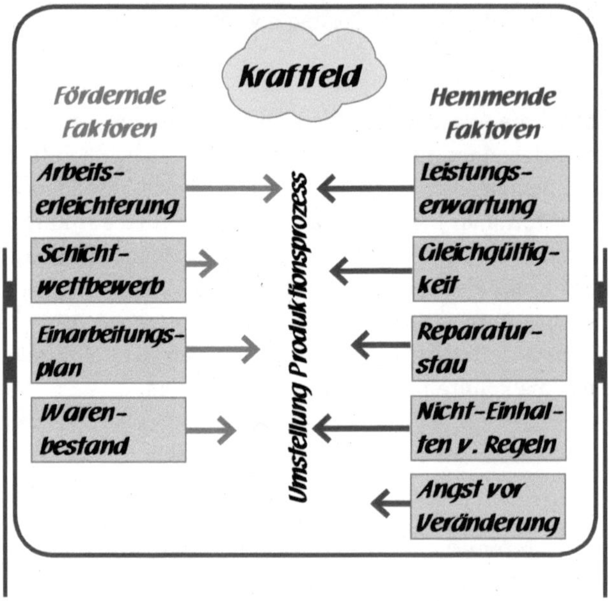

Abb.: Kraftfeldanalyse – Schritt 2

Schritt 3: Qualifizieren der Aspekte & Ableiten von Maßnahmen

Im nun folgenden Arbeitsschritt werden gemeinsam im Plenum die Erkenntnisse zu jedem einzelnen Aspekt qualitativ hinterlegt. Hierfür werden die in der Diskussion aus Schritt 2 gesammelten Feststellungen erfasst (dies kann je nach Diskussionsfreude der Gruppe auch direkt zu jedem einzelnen Punkt in Schritt 2 erfolgen) oder vertieft. In der Praxis hat es sich bewährt, diesen Schritt tatsächlich von der Beschreibung zu trennen, weil während der Mitschrift regelmäßig ergänzende Aspekte auftauchen. Das Vorgehen aufseiten des Moderators könnte wie folgt aussehen (Wiedergeben der gehörten Beurteilungen aus Schritt 2):

- *„Ich habe verstanden, dass ...“* Aspekt bestätigen bzw. ergänzen lassen und auf einer vorbereiteten Moderationswand visualisieren.

Beispielhaft sei aus der vorherigen Grafik der hemmende Faktor „Leistungserwartung“ entnommen. Für dessen weitergehende qualitative Hinterlegung braucht es eine Beschreibung im Sinne eines Steckbriefs. Neben einer genaueren Beschreibung, seit wann und wo der Aspekt bislang beobachtet wurde, liegt das Hauptaugenmerk auf der Frage nach den möglichen Ursachen dafür, dass dieser Aspekt auftritt. Dies gibt bereits erste Ansätze für mögliche Interventionen. Jeder Aspekt kann verstärkt oder auch vermindert werden. Dies gilt für fördernde und hemmende Faktoren gleichermaßen. Im Ergebnis dieser qualitativen Hinterlegung ergeben sich nun Lösungsansätze und im Idealfall auch konkrete Maßnahmen mit den möglichen Leitfragen:

- *„Wie bzw. wodurch können hemmende Kräfte verringert bzw. überwunden werden?“*
- *„Wie bzw. wodurch können fördernde Kräfte verstärkt bzw. auf gleichem Niveau erhalten werden?“*

Für jede zuvor genannte Kraft wird eine Moderationswand benötigt. Insgesamt werden für diesen Schritt ca. 40–50 Minuten benötigt.

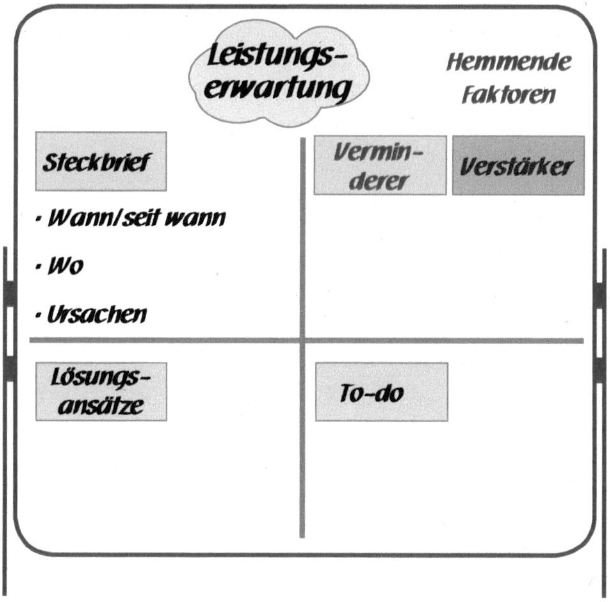

Abb.: Kraftfeldanalyse - Schritt 3

Diagnosetool „Ich würde, so ich könnte"

In meiner Anfangszeit als Berater habe ich hin und wieder bedauert, dass mir als Nichtraucher die zum Teil erschöpfenden Hinweise aus den Raucherecken verborgen blieben. Vertraulichere Gespräche mit nicht formalem Anstrich sind erfahrungsgemäß immer wieder geeignet, Wünsche und Erwartungen in Richtung Beratersystem zu adressieren. Um es kurz zu machen: Ich bin weiterhin Nichtraucher und nutze daher das hier vorgestellte Diagnosetool.

Die Mitglieder des Klientensystems sind unzweifelhaft diejenigen, die das System am ehesten kennen und daher auch beschreiben können. So fällt es ihnen leicht, auf der Grundlage geeigneter Fragen Aspekte zu benennen, die dringend eine Veränderung im Sinne von Verbesserung bedürfen. Selbstredend können sie zudem auch die Aspekte benennen, die idealerweise Bestand haben sollen. Dass es sich bei diesen Informationen um Konstrukte handelt, sei der Vollständigkeit halber erwähnt. Insoweit ist das unhinterfragte, nicht verifizierte Aufgreifen eines einzelnen Aspektes wenig zielführend. Dieses Instrument eignet sich jedoch hervorragend dafür, diagnostisch zu erkunden und Hypothesen zu verproben.

Der Leitgedanke dieses Instruments kann wie folgt zusammengefasst werden: *„Was ich verändern würde, ist ...!"*. Es wird idealerweise mit mehr als einer Gruppe des Klientensystems als Workshop durchgeführt.

Das Instrument ist den Diagnostikprozessen zuzuordnen und daher zu Beginn eines Veränderungsprojektes einzusetzen. Der zeitliche Umfang kann mit ca. zwei Stunden angesetzt werden.

An Material benötigen Sie: Flipchart, ca. drei Moderationswände, Moderationskarten, Moderationsstifte und Pinns

Ablauf

Schritt 1: Arbeitsregeln und Intention

Als Einstieg in den Workshop sollte im Plenum die Zielsetzung für die Veranstaltung beschrieben werden, zum Beispiel: *„Im anstehenden Veränderungsprozess sind Ihr Wissen und Ihre Erfahrung gefragt. Ziel ist es, mit Ihrer Hilfe Handlungsfelder für den Wandel aufzuzeigen."*

Für eine erfolgreiche Arbeit im Workshop ist das Aufbauen einer Beziehung, die insbesondere auch auf Vertrauen beruht, wichtig. Daher empfehle ich das Aufstellen von Arbeitsregeln. Diese sollten zumindest den Umgang mit den hier gewonnenen Erkenntnissen und deren Urhebern regeln. Der Vorgang dauert etwa 15 Minuten. Die gemeinsam mit der Gruppe erarbeiteten Regeln können zum Beispiel wie folgt aussehen:

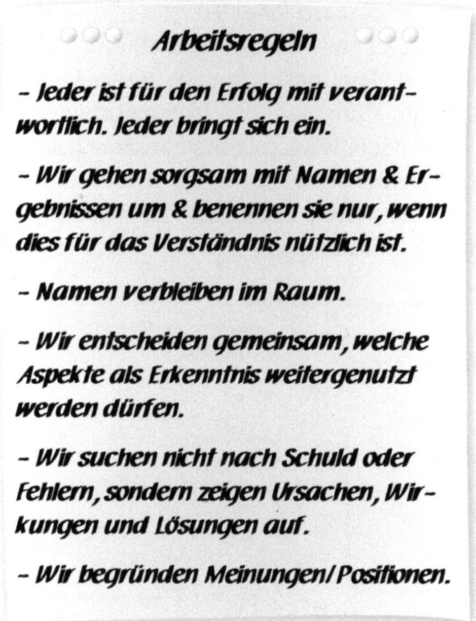

Abb.: Arbeitsregeln zur Schaffung einer vertraulichen Arbeitsatmosphäre

Schritt 2: Aufzeigen von Handlungsfeldern

Dieser Arbeitsschritt geschieht ebenfalls im Plenum und verfolgt zwei Ziele. Das erste Ziel ist das Aufzeigen von Handlungsfeldern. Ziel Nummer zwei ist das Verifizieren und Hinterlegen einzelner Statements in und durch die Gruppe. Insgesamt dauert das etwa 30–45 Minuten. Eine Initialfrage hierfür könnte beispielsweise lauten: *„Sie als Mitarbeiter dieses Unternehmens kennen das Unternehmen besser als jeder andere. Ich möchte mit Ihnen daher heute auf die Suche nach jenen Ärgernissen, Hindernissen, Störungen oder Widrigkeiten gehen, welche bei Beseitigung für mehr Zufriedenheit und bessere Ergebnisse sorgen würden. Sie sind am Drücker! Überlegen Sie bitte, was Sie auf jeden Fall verändern würden, wenn dies in Ihrer Macht stünde!"*

Die benannten Themen werden nach dem Prinzip des Brainstormings zunächst aufgenommen und visualisiert. Zu den einzelnen Aspekten wird die Gruppe (also nicht nur die Person, die sie ursprünglich benannte) zur Bedeutung, zu Wirkungen und Wechselwirkungen sowie nach weiteren beschreibenden bzw. erläuternden Hinweisen befragt.

Schritt 3: Clustern und Ergebniskorridor ableiten

In der Regel wird es zu einzelnen übergeordneten Themenfeldern zahlreiche Moderationskarten mit unterschiedlichen Perspektiven, Zielen, Wünschen bzw. Interpretationen zu Problemen und gegebenenfalls auch Lösungsansätze geben. Die thematisch zusammengehörenden Karten werden in Clustern (Wortwolken) für die weitere Arbeit zusammengefasst und mit einer Überschrift im Sinne eines Handlungsfeldes versehen.

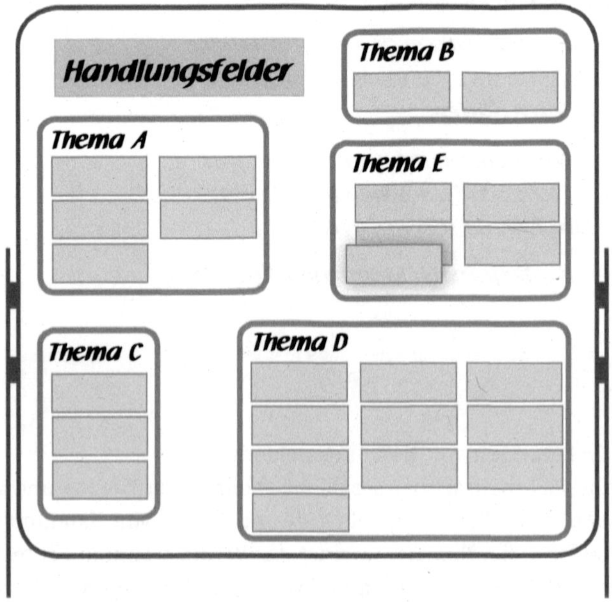

Abb.: Handlungsfelder – geclustert

Sodann folgt die eigentliche konstruktive Arbeit an den Themen – sie bezieht sich auf die beschriebenen Handlungsfelder. Die Arbeitsfrage könnte beispielsweise lauten: *„Was genau soll Ihrer Ansicht nach in den aufgezeigten Handlungsfeldern erreicht werden und woran würden Sie die Verbesserungen erkennen?"*

Im Ergebnis sollte die Gruppe einen Ergebniskorridor mit Zielen und Zielerreichungskriterien beschrieben haben. Dieser Schritt dauert ca. 45 Minuten.

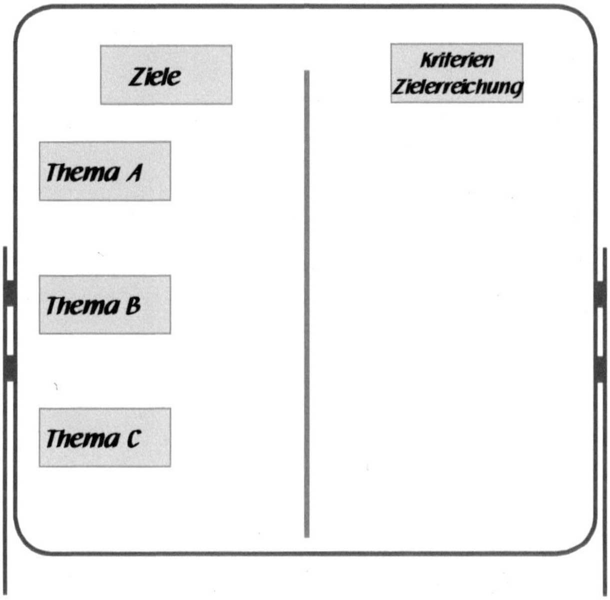

Abb.: Ergebniskorridor für Handlungsfelder

Im Anschluss ist unter Verweis auf die ursprünglich vereinbarten Arbeitsregeln noch die Erlaubnis einzuholen, ob und inwieweit die erarbeiteten Inhalte auch außerhalb dieser Runde verwendet werden dürfen.

Zwei Aspekte sprechen nach meiner Erfahrung für die Freigabe der im letzten Arbeitsschritt bearbeiteten Themen. Zunächst sind die Handlungsfelder ja inzwischen durch die Vorgehensweise konstruktiv in die Zukunft gerichtet sowie weitestgehend anonymisiert und daher frei von Namen und vergangenen Situationen. Zudem sage ich an dieser Stelle zu, dass sich die Inhalte mit denen weiterer gleichartiger Workshops mischen werden, die ich mit anderen Teilnehmenden des Klientensystems ebenfalls durchführe. So wird ein mögliches Rückverfolgen auf einzelne Teilnehmer noch schwieriger, die Anonymität des Einzelnen also gestärkt. Es ist jedoch zu akzeptieren, wenn jemand darum bittet, dass ein Aspekt weiterhin im Raum verbleibt. Die Konsequenz daraus wäre dann, dass bei diesem Aspekt der Status quo erhalten bliebe, wenn nicht in einem weiteren Workshop das gleiche Thema adressiert würde.

Mitarbeiterbefragung

Ein wesentlicher Grundsatz im Changemanagement ist die Beteiligung Betroffener. Hierbei gibt es unterschiedliche Vorgehensweisen, je nachdem, inwieweit die Betroffenen in Veränderungsprozesse eingebunden werden sollen und ob dies

Vorgehensweisen zur Beteiligung

- direkt geschieht (dazu zählen Stellvertretung etwa durch Vertreter der Arbeitsbereiche in Arbeitsgruppen) oder
- indirekt (beispielsweise durch Information und Kanäle für Feedback).

Daneben gibt es zahlreiche Gruppenformate, welche auf eine direkte Beteiligung abzielen (s. beispielsweise Real-Time-Strategic-Change-Konferenz, S. 278 ff.).

Bei Veränderungsprozessen, die eine ganze Organisation (oder Organisationseinheiten) betreffen, ist die Befragung aller Organisationsmitglieder ein etablierter Weg, um ein umfassendes Stimmung- und Meinungsbild zu gewinnen, das als Grundlage für das Bestimmen von Handlungsfeldern dient. Nach meiner praktischen Erfahrung sind Mitarbeiterbefragungen dann unverzichtbar, wenn der Wandel für ganze Organisationen oder große Organisationseinheiten vorgesehen ist.

Die nachfolgenden Seiten zeigen zunächst grundlegende Aspekte zur Mitarbeiterbefragung auf. Diese werden ergänzt um ein Instrument zur Ermittlung des Fragenkontextes. Zudem finden Sie unter den Download-Ressourcen dieses Buches ein Beispiel für einen solchen Fragebogen als erste Orientierungshilfe.

Grundlagen der Mitarbeiterbefragung

„Weiche" Faktoren belegen

Das übergeordnete Ziel einer Mitarbeiterbefragung ist es, Daten über Einstellungen, Wünsche und Erwartungen der Menschen zu gewinnen. Diese Faktoren werden häufig als „weiche Faktoren" bezeichnet. Diese Faktoren in Daten und Zahlen wiedergeben zu können, kann gezielt zur Aufdeckung von Effizienz- und Effektivitätsmängeln beitragen. Ermittelte Probleme werden als Ausgangspunkt für Handlungsfelder in einem Veränderungsprozess genutzt. Der Erkenntnisgewinn als Diagnoseprozess und als Grundlage für das Bilden von Hypothesen ist trotz des Aufwandes einer solchen Befragung so respektabel, dass ich dieses Instrument gern für Veränderungsprozesse empfehle.

Mehr Skizze als vollständiges Bild

Während ich mich dazu entschlossen habe, dieses Instrument in dieses Buch aufzunehmen, war mir gleichzeitig klar, dass meine Darstellung hier nur ein kleiner Ausflug in dieses große Thema sein kann – es fiele wohl leicht, ein ganzes Buch hierzu zu verfassen. Um nun einen kurzen und zugleich weitgehend vollständigen Überblick über die relevanten Aspekte der Mitarbeiterbefragung geben zu können, werden diese hier in einem Steckbrief zusammengefasst:

Ziele	sind individuell, zum Beispiel: – Mitarbeiterzufriedenheit messbar machen – Quellen für Motivation identifizieren – Handlungsfelder aufzeigen – Verbesserungsbedarfe ableiten – Kommunikation verbessern – Information (und Informationsfluss) sicherstellen
Kontext	kann Ausgangspunkt oder Bestandteil eines Veränderungsprozesses sein
Medium	– Elektronisch (Internet, Intranet) – Papier (Paper-Pencil)
Alternativen	– Interviews – Fokusgruppenbefragung – Workshops
Betriebsrat/ Personalrat	Es gibt keine erzwingbaren Rechte aus BetrVG oder BPersVG, soweit es sich um eine anonyme Befragung handelt. Eine frühzeitige Einbindung und Beteiligung wird dennoch empfohlen.
Anonymität	In diesem Stadium der Informationsbeschaffung erhöht eine Anonymität der Befragten die Beteiligung.
Datenschutz	Datenschutzrechte sind grundsätzlich durch einen anonymen Fragebogen nicht berührt. Binden Sie dennoch gern die Datenschutzbeauftragten ein.

Befragungs-zeitraum	Ideal sind vier Wochen, weil dies sowohl mögliche Urlaube als auch Schichtrotationen berücksichtigt. Typische Urlaubs- und „Erkältungs"-Zeiten besser ausklammern.
Informieren	Umfänglich vor, während und nach der Befragung über mehrere Kanäle/Medien
Fragen	Die Fragekomplexe werden erhoben, z.B. in Workshops (vgl. S. 205) oder im Rahmen der Auftragsklärung. Die Fragen werden auf dieser Grundlage erarbeitet. Typische Fragenkomplexe sind: – Aufgabe und Arbeitsinhalt – Verbesserungsbedarfe am Arbeitsplatz – Betriebsklima (wie sich die Zusammenarbeit gestaltet) – Zusammenarbeit mit dem direkten Vorgesetzten – Information und Unternehmenskommunikation – Personalentwicklung – Transparenz der Unternehmenspolitik und -ziele – Soziale Leistungen – Zufriedenheit mit dem Entlohnungssystem – Arbeitgeberimage, Identifikation mit und Bindung an das Unternehmen – Zufriedenheit insgesamt – Statistische Angaben
Skalierung	– Noten, Punkte, Smileys oder qualitative Beschreibungen – Idealerweise eine gerade Anzahl an Bewertungsmöglichkeiten (um die Tendenz zur Mitte zu überwinden) – Tipp: bei Paper-Pencil-Befragungen allerdings besser eine Mitte anbieten, da sonst die Gefahr der Markierung außerhalb der Skala besteht = Auswertungsproblem
Statistische Angaben	sind häufig Bestandteil eines Fragebogens, zum Beispiel: – Arbeitsbereich – Führungsaufgabe ja/nein – Alter/Geschlecht ... etc. Doch Achtung: Wählen Sie den Zuschnitt so, dass eine Rückverfolgbarkeit auf einzelne Personen ausgeschlossen ist (z.B. wenn es nur eine einzige Frau in einer Organisationseinheit gibt).
Freie Texte	Möglichkeit für Befragte, Inhalte zu ergänzen, die durch die Fragen nicht abgedeckt sind, z.B. durch die Rubrik: „Was Sie uns noch sagen möchten:"
Rohdaten	– Skalenfragen – Ja-/Nein-Fragen – Freie Texte
Datenverar-beitung	Verarbeitung der Rohdaten idealerweise außerhalb der Organisation – dies erhöht das Vertrauen in eine zugesicherte Anonymität.
Auswertung	– Häufig Balken- oder Tortendiagramme – Freie Texte aggregiert

Tab.: Steckbrief Mitarbeiterbefragung

Aus der Praxis noch ein Hinweis zur Skala: In der Fachliteratur wird regelmäßig empfohlen, für die Skalierung der Antwortmöglichkeiten eine gerade Anzahl anzubieten. Hintergrund ist, dass damit der Beurteilungsfehler „Tendenz zur Mitte" überwunden werden soll. Dies funktioniert in Online-Befragungen bestens. Bei einer Paper-Pencil-Befragung jedoch geschieht es nach der Erfahrung des Autors immer wieder, dass Befragte auf einem Papierfragebogen das Kreuz zwischen die angebotenen Felder zur Beantwortung setzen. Sollten also technische Möglichkeiten für die Befragung nicht zur Verfügung stehen, empfiehlt sich ausnahmsweise eine ungerade Skala, da sonst eine angemessene Auswertung erschwert würde. Die Skalen im Vergleich:

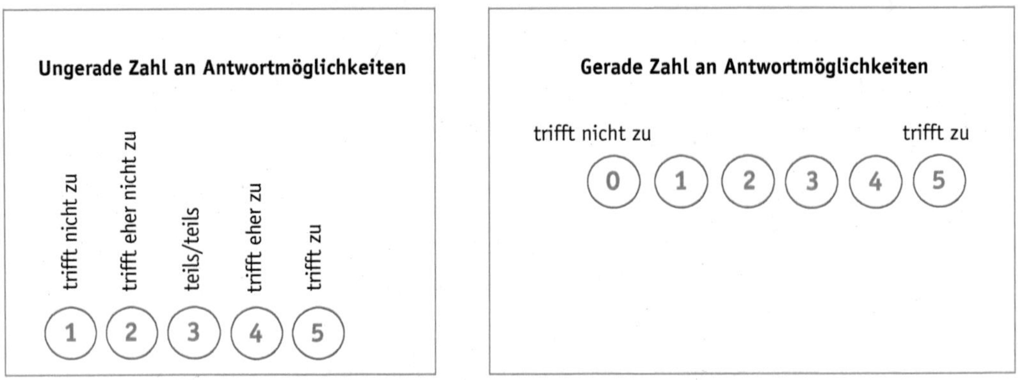

Abb.: Skalen-Varianten ungerade/gerade

Der Prozess einer Mitarbeiterbefragung, ob eingebettet in einen Veränderungsprozess oder aber Auslöser für einen solchen, gliedert sich grundsätzlich in sechs Phasen.

Mitarbeiterbefragung in sechs Phasen

Die **Phase 1** umfasst die Initiierung der Mitarbeiterbefragung bei einer erstmaligen Befragung. Handelt es sich bei der anstehenden Befragung eher um eine Ex-Post-Befragung im Sinne einer wiederholenden Befragung, so bedarf es einer ersten Evaluation der Handlungsfelder aus der ursprünglichen Befragung.

In **Phase 2** erfolgt das Definieren der Befragungsziele, außerdem wird die Befragung selbst geplant. Bei Veränderungsprojekten darf die Befragung gern als Teilprojekt betrachtet, geplant, kontrolliert und gesteuert werden.

In **Phase 3** wird der Fragebogen konzipiert und verprobt. Erster Schritt der Konzeption ist die Bestimmung des „Fragen-Fächers" (vgl. S. 205 ff.). Gemeint sind hiermit die Themen der zu Fragenkomplexen zusammengefassten Fragen. Auch die vermeintlich beste Frage kann nur dann zu Erkenntnissen führen, wenn die befragte Zielgruppe die Frage auch so versteht, wie intendiert. Daher empfiehlt sich ein Test. Dieser Probedurchlauf mit einigen wenigen repräsentativen Teilnehmern aus der Zielgruppe soll Aufschluss darüber geben, wie die jeweilige Frage verstanden und interpretiert wird.

Der nächste Schritt, **Phase 4**, ist die eigentliche Befragung, umrahmt durch den Befragungszeitraum sowie die sich anschließende Auswertung der Daten.

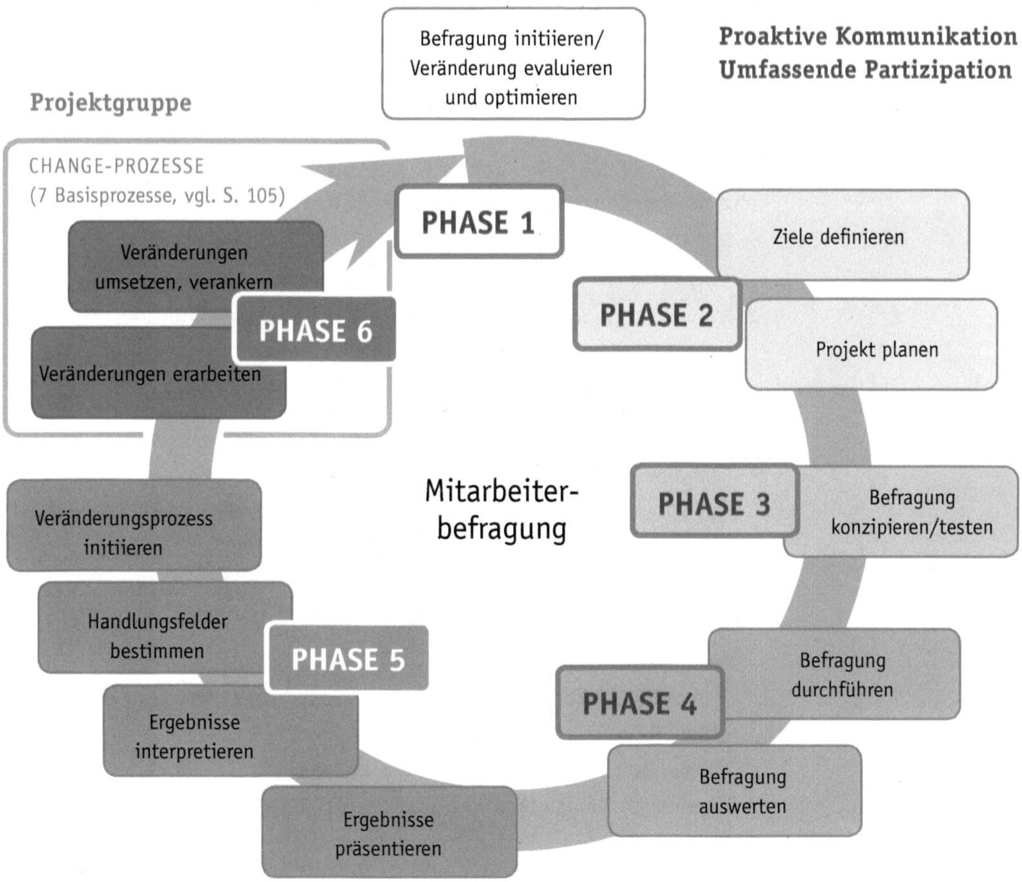

Abb.: Prozessbild Mitarbeiterbefragung

In der **Phase 5** werden die Ergebnisse der Befragung vorgestellt: zielgruppengerecht, an unterschiedliche Adressaten wie Geschäftsleitung/ Führungskräfte, bestimmte Mitarbeitergruppen (z.B. Produktion, Betriebsrat etc.). Die Ergebnisse werden hinsichtlich der Bedeutung und Tragweite interpretiert und Handlungsfelder abgeleitet. Die Interpretation und Bestimmung von Handlungsfeldern empfehle ich in Workshops zu verorten.

Phase 6 stellt den Veränderungsprozess dar, wie er in diesem Buch beschrieben wird.

Fragebogenkonstruktion

Ein Fragebogen besteht grundsätzlich aus einem einleitenden Teil mit Hinweisen zur Beantwortung der Fragen sowie idealerweise einer konkreten persönlichen Ansprache der Befragten durch die Initiatoren (beispielsweise Geschäftsleitung). Mit der Gestaltung des Fragenteils selbst beschäftigen sich zahlreiche Veröffentlichungen. Deren Quintessenz für die Konstruktion der Fragen lautet:

Vorgaben für die Befragung

- Verwende die Sprache der Zielgruppe.
- Verwende Begriffe, die eineindeutig interpretiert und verstanden werden.
- Verwende einfache Sätze und vermeide Schachtelsätze.
- Vermeide Suggestivfragen und doppelte Verneinungen.
- Verwende einen eindeutigen zeitlichen Bezug.
- Vermeide Überschneidungen zwischen Fragen bzw. Fragenkomplexen.
- Stelle sicher, dass die Fragen durch die Zielgruppe tatsächlich beantwortet werden können, sonst führt dies zu Abbruch und Nichtteilnahme.
- Vermeide missverständliche Antwortkategorien, wie zum Beispiel „manchmal", „gelegentlich" oder „häufig".
- Verwende nur einen Aspekt/eine Kategorie je Frage, also statt „zufrieden und motiviert" nur „zufrieden" oder nur „motiviert".

Die Einhaltung folgender Aspekte zahlt auf eine erfolgreiche Mitarbeiterbefragung ein:

Erfolgsfaktoren

1. Die Ziele der Befragung sind klar definiert und kommuniziert.
2. Die erforderlichen Ressourcen sind vorab geklärt und stehen zur Verfügung.
3. Die Geschäftsleitung unterstützt das Vorhaben aktiv und frei von Vorbehalten.
4. Der Betriebsrat/Personalrat ist beteiligt und eingebunden.
5. Alle Beteiligten sind vorab sowie fortlaufend über die Prozessschritte der Mitarbeiterbefragung informiert.
6. Zusagen sind unbedingt einzuhalten, wie z.B. Zusicherung von Anonymität.
7. Es ist vorab geklärt, wer wann Einsicht in welche Auswertungen erhält.
8. Die Führungskräfte sind aktiv in das Befragungsprojekt eingebunden.
9. Es bedarf eines systematischen Projektcontrollings.
10. Es gibt eine umfangreichen, zielgruppengerechten Information und Kommunikation.

Workshop Fragen-Fächer

Welche Fragen Bestandteil eines Fragebogens werden, ist keinesfalls naheliegend. Es sind einerseits die Ziele der Befragung und andererseits die gegenwärtige Situation, in der sich die Organisation befindet, woraus sich die Fragen ergeben. Es wäre daher fatal anzunehmen, man müsse nur einen Fragebogen „googeln" und könnte sodann starten. Die nachfolgenden Ausführungen sollen daher aufzeigen, wie Sie die wesentlichen Schwerpunkte für eine beabsichtigte Mitarbeiterbefragung unter Beteiligung von Mitgliedern des Klientensystems erarbeiten können.

Ziel dieses Workshop-Formates ist es, tiefer gehende Informationen im Rahmen der Diagnoseprozesse zu gewinnen, anschlussfähige Fragerichtungen zu identifizieren und nicht zuletzt sicherzustellen, dass der zu erstellende „Fragen-Fächer" im Sinne von Vollständigkeit alle relevanten Inhalte enthält. Die in Folge des Workshops identifizierten Themen und geeigneten Fragen ergeben dann eine gewisse Vollständigkeit, wenn die Teilnehmenden die zu befragenden Organisationsmitglieder hinreichend repräsentieren. Ein Nebenergebnis dieses Workshops ist der Aufbau von Beziehungen in die Organisation hinein.

Es ist also sorgfältig zu überlegen, wie sich die Teilnehmenden des Workshops zusammensetzen sollen, damit dessen Ergebnisse als Grundlage für einen Fragebogens für die gesamte Organisation genutzt werden können. Sichern Sie, dass zumindest alle Organisationseinheiten und die wesentlichen Hierarchieebenen sowie unterschiedliche Bildungsstände stellvertretend in der Gruppe repräsentiert werden. In der Konsequenz mag dies bedeuten, dass Sie – je nach Größe der Organisation – auch mehrere Workshops dieses Formates durchführen werden.

Der Fragen-Fächer-Workshop findet üblicherweise zwischen der Entscheidung für eine Mitarbeiterbefragung und der eigentlichen Fragebogen-Konstruktion statt. Damit ist der zeitlich sowohl in einem separaten Befragungsprojekt als auch im Rahmen eines Veränderungsprojektes sehr früh eingeordnet. Der zeitliche Umfang umfasst etwa zwei Stunden.

Folgendes Material wird benötigt: Flipchart, etwa drei Moderationswände, Moderationskarten, Moderationsstifte und Pinns, ggf. Notizpapier für Stillarbeit und Stifte

Ablauf

Schritt 1: Eröffnung, Ziele, Arbeitsregeln

Mit diesem Workshop startet etwas, dass die Teilnehmenden möglicherweise noch nicht so recht überblicken können. Insoweit bedarf es einer kleinen Einführung in die beabsichtigte Mitarbeiterbefragung sowie motivierende Worte für die heute zu erarbeitenden Inhalte. Idealerweise übernimmt dies der Initiator der Befragung. Dieser sollte vorab instruiert werden, sodass es ein kurzes, motivierendes Statement frei von Vorwegnahmen wird.

Der Prozessbegleiter bzw. Moderator sorgt zudem für die Vereinbarung von Arbeitsregeln (an anderer Stelle auch als Spielregeln bezeichnet). Die Teilnehmenden erhalten zudem einen kurzen Überblick über den Prozess einer Mitarbeiterbefragung (vgl. ab S. 199). Dieser Start in den Workshop dauert etwa 20 Minuten.

Schritt 2: Input sammeln

In diesem Arbeitschritt werden Aspekte gesammelt und geclustert, dies dient als Grundlage für die Bestimmung der Fragenkomplexe. Die Teilnehmenden werden über den Zweck dieses Arbeitsschritts informiert. Anschließend sollen sie in Stillarbeit eine formulierte Frage beantworten (diese ergibt sich aus dem Ziel der Befragung). Dafür haben sie zehn Minuten Zeit. Ein Beispiel: Für eine Befragung mit dem Schwerpunkt „Verbesserung von Motivation und Arbeitszufriedenheit" wird folgende Frage genannt: *„Ihr Unternehmen agiert in bewegten Zeiten und die Anforderungen an die Beschäftigten steigen stetig. Die Geschäftsführung möchte einen besonderen Arbeitsschwerpunkt auf die Motivation und die Arbeitszufriedenheit aller Mitarbeitenden setzen. Welche Themen, Schwerpunkte, Probleme oder Anregungen möchten Sie gern in diesem Zusammenhang diskutiert sehen? Und ergänzend: Was würden Ihnen Ihre Kollegen noch mit auf den Weg geben, wenn sie könnten?"*

Die Teilnehmenden notieren ihre Überlegungen auf Moderationskarten.

Schritt 3: Fragen-Fächer ermitteln

Der Moderator sammelt alle Karten ein, liest jede einzelne Karte vor und pinnt diese an eine Moderationswand. Thematisch ähnliche Karten können in diesem Arbeitsschritt direkt zu Clustern zusammengeführt werden. Andernfalls wäre das ein weiterer Teilschritt. Zwischen jeder einzelnen Karte wartet der Moderator ab, ob es dazu Verständnisfragen gibt. Ziel ist es, sicherzustellen, dass die Gruppe die Intentionen einer jeden Karte nachvollziehen kann. Dafür ist es nicht erforderlich, dass sich der Autor einer Karte zu erkennen gibt. Die Frage nach der Bedeutung wird daher stets an das gesamte Plenum gerichtet. Inhaltliche Diskussionen zu einzelnen Karten („Das sehe ich aber anders!") sollten vermieden werden, da es hier nicht um eine Lösung, sondern um das Aufzeigen von Themen geht.

Sofern noch nicht geschehen, erfolgt nun das Clustern der Moderationskarten zu Themenblöcken. Diese werden durch die Gruppe mit einer Überschrift versehen. Insgesamt dauert Schritt 3 etwa 45 Minuten.

Variante: Der Arbeitsschritt kann bei größeren Gruppen auch als Gruppenarbeit durchgeführt werden. Auch in diesem Fall lassen Sie die Teilnehmenden zunächst die stille Arbeitsphase mit ca. zehn Minuten durchlaufen, bevor diese sich dann zur weiteren Bearbeitung in einzelnen Arbeitsgruppen zusammenschließen. Beachten Sie hierbei den höheren Zeitaufwand durch Präsentation und Diskussion der einzelnen Gruppenergebnisse.

Schritt 4: Vollständigkeit

Dieser Arbeitsschritt basiert auf den in Schritt 3 ermittelten Themenblöcken. Dafür können Sie etwa 30 Minuten veranschlagen. Die Durchführung erfolgt im Plenum. Ziel ist es, den Kontext dieser Themen so gut abzustecken, dass der Fragebogen im Nachgang möglichst alle relevanten Fragen auch enthalten kann. Ausgangspunkt sind die bereits vorhandenen Karten. Dieser Arbeitsschritt könnte beispielsweise mit folgender Frage eingeleitet werden: *„Schauen Sie sich bitte noch einmal die Themen und die darin enthaltenen Moderationskarten an. Im Sinne einer Nachlese: Welche Aspekte fallen Ihnen darüber hinaus noch ein?"*

Beachten Sie bei diesem Arbeitsschritt besonders die Brainstorming-Regel des „Längens". Gruppen neigen manchmal dazu, recht frühzeitig Vollständigkeit zu proklamieren. Dann kommt es besonders darauf an, weiterführende und das Denken anregende Fragen zu formulieren, wie zum Beispiel:

- *„Was noch?"*
- *„Was darüber hinaus?"*
- *„Was kommt weiterhin in Betracht?"*
- *„Was würden Ihre Kollegen noch ergänzen?"*
- *„Was wäre Ihrem Vorgesetzten noch wichtig?"*
- *„Was wäre aus Sicht des Unternehmens noch zu berücksichtigen?"*

Auf Grundlage der so ermittelten Themenschwerpunkte und Inhalte wird nachfolgend und außerhalb dieses Workshops der Fragebogen entworfen.

Fragen-Preview: Fragebögen verproben

Nachfolgend erhalten Sie eine Anregung, wie Sie einen Fragebogen-Entwurf für die eigentliche Befragung überprüfen können, mit dem Ziel der Verbesserung.

Wenn Fragebögen erarbeitet werden, so ist stets die Frage zu stellen, ob diese auch das messen, was sie vorgeben zu messen. Und es ist sicherzustellen, dass der Kern einer Frage und der damit verbundene Untersuchungshorizont wie vom Autor beabsichtigt durch die Befragten auch tatsächlich erfasst wird. Eine etablierte Möglichkeit ist, mit Angehörigen der zu befragenden Gruppe den Fragebogen-Entwurf zu testen.

Diese Verprobung sollte ausdrücklich nicht in Gruppen, sondern als Einzeltests durchgeführt werden. Einzeltests führen eher dazu, dass die Teilnehmenden unbeeinflusst ihre Assoziationen, Fragen, Hinweise und Bedenken teilen.

Als Zeitrahmen planen Sie bitte das Dreifache der Zeit, die Sie für die Beantwortung des Fragebogens annehmen.

Als Material wird ein Fragebogen-Entwurf sowie ein Stift für den Tester benötigt. Für eigene Notizen selbstredend ebenfalls Papier und Stift.

Ablauf

Schritt 1: Vorbereitung und Einladung

Im ersten Schritt werden einige Testpersonen ausgewählt, welche die Gruppe der zu Befragenden angemessen repräsentieren. Hierbei empfiehlt es sich, einen guten Querschnitt durch diese Gruppe in die Tests mit einzubeziehen. Mögliche Kriterien für eine gute Verteilung können sein:

- Dauer der Zugehörigkeit zur Organisation
- Lebensalter
- Geschlecht
- Organisationseinheit
- Führungsverantwortung ja/nein
- Hierarchieebene
- Bildungsgrad und Kenntnis der Befragungssprache
- Kulturelle Herkunft
- etc.

Derart unterschiedene Personengruppen als Adressaten der Befragung zu berücksichtigen, ist wichtig. Dahinter steht der Gedanke, dass die Fragen so eindeutig formuliert werden, dass sie von allen Adressaten gleichermaßen verstanden werden können sollen. Diese Testpersonen werden eingeladen, idealerweise stimmen sie dem beabsichtigten Test zu und haben daran Interesse. Sorgen Sie zudem für einen ruhigen Raum mit ansprechender Atmosphäre. Selbstredend stehen auch Getränke ... zur Verfügung.

Schritt 2: Einführung und Ziele

Nach der Begrüßung wird den Testpersonen noch einmal das bereits in der Einladung formulierte Ziel des Treffens erläutert und das damit verbundene Prozedere aufgezeigt. Zum Beispiel:

„Ich möchte heute mit Ihnen gemeinsam herausfinden, ob der für die bevorstehende Mitarbeiterbefragung erarbeitete Fragebogen-Entwurf allgemein verständlich ist. Auch möchte ich heute testen, wie viel Zeit für die Beantwortung eingeplant werden muss. Zudem würde ich mich gern mit Ihnen darüber verständigen, bei welchen Fragen Sie aus welchem Grund gezögert bzw. länger nachgedacht haben. Dabei sind die von Ihnen gegebenen inhaltlichen Ausführungen im Detail nicht relevant. Wenn Sie es wünschen, geht der Fragebogen direkt nach unserem Gespräch in den Schredder. Bevor wir jetzt starten: Welche Fragen haben Sie noch?"

Schritt 3: Fragebogen ausfüllen

Die Testpersonen erhalten nun Gelegenheit, den Fragebogen vollständig zu beantworten. Zwischenzeitliche Verständnisfragen sollten zurückgestellt und vom Berater notiert werden. Die Zeitdauer für die Beantwortung des Fragebogens wird gemessen und festgehalten.

Schritt 4: Verständnisfragen klären, Fragedimensionen besprechen

Als Erstes werden die Verständnisfragen der Tester aufgenommen und beantwortet. Wesentlich bei diesem Schritt ist, welche Assoziationen bzw. Interpretationen mit den jeweiligen Fragen verbunden werden und ob diese den Intentionen entsprechen. Hieraus können sich Korrekturen der Frage insgesamt, oder aber einzelner verwendeter Begriffe ergeben.

Beispiel: In einem Unternehmen wurde der Begriff „Betriebsklima" durch die Testpersonen so interpretiert, dass es um Temperatur und Luftfeuchte am Arbeitsplatz geht. In der Folge wurde der Fragebogen so verändert, dass der Begriff ersetzt wurde durch „Qualität der Zusammenarbeit".

Im Anschluss geht der Berater mit den Testpersonen den Fragebogen auch zu den Fragen noch einmal durch, welche bislang noch nicht besprochen worden sind. Hierbei werden die Tester gebeten, zu interpretieren, was die Intention bzw. der Gegenstand der jeweiligen Frage sein soll. Dabei ist darauf zu achten, dass die Testpersonen diese Interpretation ausdrücklich mit eigenen Worten vornehmen, sodass nachvollzogen werden kann, was genau verstanden wurde. Der Tester wird also gebeten, die Technik des Paraphrasierens anzuwenden.

Schritt 5: Nachbereitung

Auf der Grundlage der Tests wird der Fragebogen-Entwurf insbesondere sprachlich überarbeitet. Es obliegt dem Berater zu entscheiden, ob und inwieweit der so veränderte Fragebogen erneut zu testen ist. Dies wäre zumindest dann zu empfehlen, wenn umfangreichere Veränderungen vorgenommen worden sind.

Im Ergebnis der Verprobung haben Sie nunmehr einen Fragebogen vorliegen, der in der nun anstehenden Mitarbeiterbefragung zum Einsatz kommen kann. Er wird mit hoher Wahrscheinlichkeit von den Befragten verstanden, so kann auch das gemessen werden, was gemessen werden soll.

Beispielfragebogen und Fokusgruppe

Unternehmenskultur prägt Sprache

Zuvor war zu Fragebögen bereits zu lesen, dass es problematisch wäre, einfach einen Fragebogen im Internet zu suchen und diesen zu adaptieren. Das hat mindestens zwei Gründe. Zum ersten geht ein beliebiger Fragebogen nicht auf die maßgeblichen Themen der Organisation Ihres aktuellen Veränderungsprojektes ein. Zum zweiten haben Unternehmen neben einer eigenen Kultur auch so etwas wie eine eigene Sprache. Worte werden im Vergleich zu anderen Organisationen nicht selten auch unterschiedlich gedeutet. Zudem können aus der Vergangenheit heraus Worte sozusagen „verbrannt“ sein. So gibt es Organisationen, in denen der „Team“-Begriff negativ belegt ist. In anderen Unternehmen waren dies beispielsweise auch der Begriff der „Wertschätzung“ oder der „Werte“-Begriff. Verbrannte Worte führen im Rahmen der Diagnose zu Widerständen, zu nicht erwünschten Interpretationen und in der Folge zu verfälschten Erkenntnissen. Insoweit wird noch einmal ausdrücklich empfohlen, einen Fragebogen zu erarbeiten, wie in diesem Kapitel bereits erläutert.

Diese Gedanken vorangestellt, möchte ich dem Leser dieses Buches dennoch einen Eindruck von einem Fragebogen vermitteln, sodass auch mit geringer Erfahrung eine Transferleistung zwischen dem Lesen dieses Buches und einer aussagefähigen Mitarbeiterbefragung gelingen kann.

Ausgangssituation im Beispielprojekt

Nachfolgend finden Sie einen Auszug aus einem Fragebogen. Die Befragung fand in einem Produktionsunternehmen statt. Dabei gab es die Besonderheit, dass die überwiegende Zahl der Beschäftigten keinen Zugriff auf einen PC-Arbeitsplatz hatte. Da die Befragung auch nicht in den Privatbereich der Beschäftigten und damit außerhalb der Arbeitszeit (mit Zeitausgleich) verlagert werden sollte, haben sich die Geschäftsleitung, der Betriebsrat und der Autor auf eine Paper-Pencil-Befragung verständigt. Daher beinhaltet die Antwortskala für die Beantwortung der Ausprägung von Zustimmung oder Zufriedenheit bewusst eine ungerade Anzahl von Antwortmöglichkeiten (vgl. S. 202).

In einem Papierfragebogen werden erfahrungsgemäß regelmäßig durch Unentschlossenheit bzw. der Suche nach einer neutralen Position Kreuze zwischen den Antwortmöglichkeiten gesetzt, was eine sachgerechte Auswertung erschwert. Bewusst wurde in den Informationsveranstaltungen, der Ankündigung in der Mitarbeiterzeitung sowie in dem Einleitungstext des Fragebogens ausdrücklich darauf hingewiesen, dass die vollständige Breite der Skala zur Beantwortung genutzt werden darf und soll. Dies hatte zum Ziel, die „Tendenz zur Mitte" zu reduzieren.

Aus dem Workshop Fragen-Fächer (vgl. S. 205) heraus war einer der Befragungsschwerpunkte das Führungsverhalten der direkten Führungskräfte. Insoweit wurde diesem Thema ein kompletter Fragenkomplex gewidmet:

Zusammenarbeit mit dem direkten Vorgesetzten

Bitte füllen Sie die nachfolgende Tabelle vollständig aus.

		trifft nicht zu	trifft eher nicht zu	teils/teils	trifft eher zu	trifft zu
4.1	Mein direkter Vorgesetzter entscheidet und handelt in angemessener (akzeptabler) Zeit.					
4.2	Mein direkter Vorgesetzter bespricht anstehende Entscheidungen mit den jeweiligen Mitarbeitern.					
4.3	Mein direkter Vorgesetzter erklärt Entscheideungen und deren Hintergrund, sodass diese für mich nachvollziehbar sind.					
4.4	Mein direkter Vorgesetzter setzt realistische Ziele.					
4.5	Mein direkter Vorgesetzter gibt angemessen und zeitnah Feedback zu Leistungen und Verhalten.					
4.6	Mein direkter Vorgesetzter informiert mich zeitnah und umfassend über wichtige betriebliche Belange.					
4.7	Ich erhalte von meinem direkten Vorgesetzten die erforderliche Unterstützung.					
4.8	Ich kann meinen direkten Vorgesetzten jederezit ansprechen.					
4.9	Mein direkter Vorgesetzter ist gerecht und gleichermaßen fair zu allen Mitarbeitern.					
4.10	Mein direkter Vorgesetzter achtet auf Mitarbeiter und pflegt einen respektvollen Umgang.					
4.11	Mein direkter Vorgesetzter interessiert sich für die Belange der Mitarbeiter					
4.12	Die Zusammenarbeit mit meinem direkten Vorgesetzten ist insgesamt angenehm und stimmig.					

Abb.: Beispielfragebogen – Auszug Führungsverhalten

Unter den Download-Ressourcen zu diesem Buch finden Sie zur Veranschaulichung einen vollständigen Fragebogen mit Anschreiben und Fragenteil. Dies ist ausdrücklich noch mal mit dem Hinweis verbunden, diesen nicht als Vorlage, sondern vielmehr als Inspiration zu verwenden.

Fokusgruppen-Workshop

Das Ziel von Fokusgruppen-Workshops ist es, das Erleben sowie die Bewertung relevanter Aspekte durch die Angehörigen einer sogenannten Fokusgruppe in Erfahrung zu bringen:

- Wie denkt die Gruppe über ...?
- Welche Erfahrungen hat die Gruppe mit ...?
- Was ist der Gruppe in Bezug auf das Thema ... wichtig?

Zudem können Informationen gewonnen und Motive entdeckt werden. Überlegungen und Schlussfolgerungen werden durch das Vorgehen transparent, sodass diese Gedanken in der Gruppe aufgenommen, reflektiert und gestaltet werden können. Damit sind solche Workshops trotz ihres Zeitverbrauchs eine geeignete Alternative zu Mitarbeiterbefragungen.

Es lassen sich ganz unterschiedliche Themen bzw. Fragestellungen bearbeiten. Die Fokusgruppe kann als Einstieg in ein Thema zur Erhebung von Erwartungen oder Anforderungen an ein Ergebnis genutzt werden. Es ist jedoch auch die Verprobung gefundener Lösungsansätze denkbar. Die Workshop-Form der Fokusgruppe ist speziell, sie unterscheidet sich durch die Bestimmung des Teilnehmerkreises und durch die Struktur des Vorgehens von anderen Workshop-Formaten, welche im Folgenden erläutert werden.

Methode Fokusgruppe

Unter einer Fokusgruppe wird zunächst einmal ein repräsentativer Querschnitt einer größeren Personengruppe verstanden. Dieser Ausschnitt wird stellvertretend für die Gesamtgruppe zu den Aspekten befragt, die interessieren. Das Vorgehen selbst findet insbesondere in der qualitativen Sozialforschung sowie der Marktforschung (hier spezielle Kundengruppen) Anwendung. Dabei wird der Begriff der Fokusgruppe in den Sozialwissenschaften als Methode deklariert. Die Arbeit mit Fokusgruppen basiert auf einem zuvor zusammengestellten Fragenkatalog. Dies sichert, dass alle maßgeblichen Facetten berücksichtigt werden. Und es wird gewährleistet, dass vergleichbare Ergebnisse entstehen, indem größere Fokusgruppen aufgeteilt werden zu Teilgruppen mit unterschiedlichen Terminen. Eine zusammenfassende Auswertung wird hierdurch erst möglich. Grundsätzlich können Fokusgruppen via Interview befragt werden (also jeder Angehörige der Fokusgruppe einzeln) oder moderiert in Gruppen, im Sinne einer Gruppendiskussion. Im Folgenden wird die zweitgenannte Variante vorgestellt.

Dabei muss festgehalten werden, dass es sich weniger um ein Format handelt, in dem Lösungen erarbeitet werden – so wie sonst in Workshops üblich. Hier geht es um ein Befragungsformat mit Gruppen. Die vorhergehenden Ausführungen zusammenfassend kann gesagt werden: Der Fokusgruppen-Workshop ist eine Diagnosemethode für den Einsatz in einer nach bestimmten Kriterien zusammengestellten repräsentierenden Teilgruppe einer Gesamtgruppe, die auf Grundlage eines zuvor erarbeiteten (und so standardisierten) Fragebogens zu bestimmten Fragestellungen moderiert mit dem Ziel des untersuchenden Erkenntnisgewinns diskutieren.

Doch Achtung: Wie bei allen anderen Gruppenformaten auch, besteht die Gefahr einseitiger Erkenntnisse, insbesondere, wenn die Meinung der Gruppe durch Einzelne dominiert wird. Es ist daher gerade seitens des Moderators darauf zu achten, dass alle Teilnehmenden zu Wort kommen und dogmatisch vorgetragene Überlegungen verifiziert werden (*„Was spricht für und was gegen die Position ...?“*; *„Welche weiteren auch anderslautenden Erfahrungen gibt es?“*).

Gruppengröße

Da es sich um eine fragengeleitete Diskussion in der Gruppe handelt, wird die Teilnehmeraktivität durch die Redezeit Einzelner bestimmt. Um also noch einen ausreichend hohen Beteiligungslevel der Teilnehmenden zu erreichen, sollte die Gruppengröße limitiert sein auf ca. sechs bis zehn Teilnehmende. Besteht die Fokusgruppe aus einem größeren Panel, können mehrere Teilgruppen gebildet werden.

In der Praxis von Change-Projekten sind Fokusgruppen häufig ausgewählte Angehörige einer Organisationseinheit, zum Beispiel einer Abteilung. So mag es sein, dass von insgesamt 250 Mitarbeitern einer Abteilung etwa 30 Mitarbeiter in drei Fokusgruppen-Workshops à ca. 10 Teilnehmenden befragt werden. Die Akzeptanz der erhobenen Aspekte hängt erheblich davon ab, ob die Auswahl der Stellvertreter plausibel und insoweit auch repräsentativ ist.

Das Reduzieren auf Stellvertreter verringert effizient den Erhebungs- und Auswertungsumfang der Daten. Bei einer Selektion von repräsentierenden Vertretern der Zielgruppe ergibt sich jedoch auch die

Herausforderung, die Teilnehmerauswahl in Bezug auf die Gesamtgruppe sorgfältig vorzunehmen. Dabei können übliche Differenzierungsmerkmale verwendet werden, wie beispielsweise:

Differenzierungsmerkmale von Teilnehmenden

- Art der Aufgaben/Stellen
- Bildung bzw. Abschluss
- Dauer der Zugehörigkeit zur Gesamtgruppe
- Geschlecht
- Lebensalter
- Hierarchieebene
- Führungsaufgaben/keine Führungsaufgaben
- ….

Differenzierungsmerkmale, die sinnvoll zu berücksichtigen sind, ergeben sich aus der zu bearbeitenden Fragestellung.

Daten und Verwendung

Als Zweck des Workshops gilt das Gewinnen von Daten (Informationen, Meinungen, Interpretationen, Stimmungen, Annahmen etc.). Je nach Thema kann das dazu führen, dass die Befragten mit Vorsicht agieren und je nach Unternehmensphilosophie unter Umständen eher dazu neigen, Aspekte zurückzuhalten. Diese Zurückhaltung steht jedoch den Zielen der Fokusgruppe entgegen. Deswegen ist eine Klarstellung zum Umgang mit diesen Daten wichtig, die in geeigneter Weise den Teilnehmenden glaubhaft vermittelt wird. Das Grundprinzip der Vertraulichkeit vonseiten der Fragenden (Moderatoren) kann via Erklärung untermauert werden. Doch dies allein mag noch nicht geeignet sein, jeden Teilnehmer dazu anzuregen, sich einzubringen. Hier empfiehlt sich ein Hinweis dazu, dass die Befragung nur dann ihren Zweck erfüllt, wenn tatsächlich alle Aspekte „auf den Tisch" kommen. Die Vertraulichkeitserklärung der Moderatoren sollte als Vereinbarung auf alle Teilnehmenden übertragen werden. Eine mögliche Arbeitsregel könnte lauten: *„Alles Gesprochene verbleibt im Raum, es sei denn, dass etwas anderes vereinbart ist."*

Datenaufbereitung und Diskussion

Die Aufzeichnungen aus dem Workshop werden durch die Moderatoren (im Regelfall also die Prozessbegleiter/Change-Berater) zusammengefasst und in der Kommunikation mit dem Unternehmen anonymisiert – auch hinsichtlich des Datums und der Uhrzeit –, sodass ein Rückschluss auf einzelne Teilnehmende weitestgehend ausgeschlossen ist. Es entsteht also eine aggregierte Zusammenfassung, auf deren Grundlage eine Interpretation vorgenommen wird. Die Zusammenfassung ist insoweit personenneutral zu halten (damit sind sowohl Quelle als auch Bezugsperson gemeint). Auf der Grundlage dieser Daten werden Hypothesen abgeleitet, die die derzeitige Situation beschreiben und zu erklären versuchen (vgl. S. 234 ff.). Ziel ist es, diese Erklärungsversuche im Unternehmen zur Diskussion zu stellen, um darauf aufbauend Interventionen im Sinne von Lösungsansätzen entwickeln zu können.

Ablauf

Der Ablauf erfordert neben dem Workshop selbst eine inhaltliche sowie eine organisatorische Vorbereitung sowie eine Auswertung.

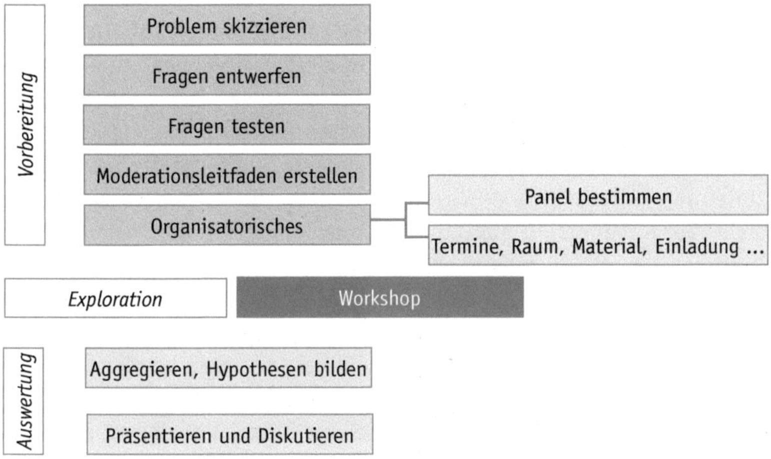

Abb.: Phasenmodell Fokusgruppen-Workshop

Vorbereitung

Grundlage für die Befragung ist die Skizzierung eines konkreten Problems bzw. eine hinreichend eingegrenzte Fragestellung. Im nächsten Schritt werden die Fragen entworfen. Hierfür hat sich ein Brainstorming in der Gruppe oder aber für Einzelkämpfer das Mind Mapping bewährt. In der Summe ergibt dies einen Fragebogen, der den erwünschten Erkenntnisgewinn sichert. Es ist für die Vergleichbarkeit von Ergebnissen aus unterschiedlichen Workshops wichtig, dass alle Teilgruppen die gleichen Fragen diskutieren, sonst wäre eine zusammenfassende Auswertung nicht möglich. Daher handelt es sich um einen sogenannten standardisierten Fragebogen. Dieser bettet sich in eine Moderationsskizze ein, sodass auch beim Einsatz mehrerer Moderatoren das gleiche Vorgehen gesichert ist. Neben der Auswahl der repräsentierenden Gruppe für das Panel sind noch weitere organisatorische Vorbereitungen zu treffen:

Standardisierter Fragebogen

- Termine/Zeiten
- Räume
- Moderationsmaterialien
- Einladungen
- ...

Wie bereits ausgeführt, kommt es bei einem Fokusgruppen-Workshop auf die zu bearbeitende Thematik an. Hieraus ergeben sich nicht nur unterschiedliche Fragestellungen, sondern darauf aufbauend auch geänderte Zeitansätze und Moderationsschritte. Die nachfolgenden Ausführungen beziehen sich daher auf einen realen Beratungsfall.

Praxisbeispiel

Fallbeispiel: Ein mittelständisches Unternehmen der Metallverarbeitung mit etwa 800 Beschäftigten hat im Rahmen der Strategieumsetzung einen Veränderungsprozess angestoßen, der u.a. abzielt auf eine Stärkung der Bindung der Beschäftigten an das Unternehmen, eine Verbesserung des Betriebsklimas sowie eine Erhöhung der Anwesenheitsquote (also Reduzierung der krankheitsbedingten Fehlzeiten). Erste Rückmeldungen aus der Belegschaft verweisen auf das aus Sicht der Beschäftigten nur unzureichende Führungsverhalten, auch der Betriebsrat sieht hier einen ersten Ansatzpunkt. Aus den Reihen der Führungskräfte gibt es die Rückmeldung, dass es schon sein könne, dass einzelne Führungskräfte ihrer Verantwortung nicht nachkämen, notwendige Gespräche nicht führen würden und sich darüber hinaus auch in Bezug auf Mitarbeiteranliegen als wenig zuverlässig erweisen würden. Nach Rücksprache mit dem Auftraggeber wurde als Diagnoseinstrument die Fokusgruppe ausgewählt und als Workshop-Format konzipiert. Die Fragen wurden innerhalb der Steuergruppe erarbeitet und einem Pretest unterzogen („Preview“, vgl. S. 208).

Zeit: ca. 90–120 Minuten

Material: drei bis vier Moderationswände, Moderationsstifte, ggf. Flipchart, vorbereitete Charts mit den Fragen (eine Frage je Chart)

Schritt 1: Einführung in das Thema

Die Workshop-Teilnehmer werden in rund einer Viertelstunde in das Thema eingeführt und der geplante Ablauf dargestellt. Zudem werden Arbeitsregeln vereinbart und es wird erklärt, inwieweit die gewonnenen Erkenntnisse in aggregierter Form zur weiteren Diskussion im Unternehmen verwendet werden. Es soll deutlich werden, dass die gewonnenen Erkenntnisse Grundlage für die weitere Arbeit an den Anliegen der Mitarbeiter ist und es daher förderlich ist, wenn alle wichtigen Aspekte zur Sprache kommen. Dabei ist die Zuweisung von „Schuld“ oder das Benennen von „Schuldigen“ entbehrlich. Vielmehr sollten Situationen und Wirkungen betrachtet werden.

Schritt 2: Datenerhebung

In diesem Schritt werden in ungefähr 75 bis 90 Minuten die zuvor erarbeiteten Fragen zur Diskussion gestellt. Hierfür ist es von Vorteil, wenn die jeweils zu klärende Frage bereits auf einem Flipchart visualisiert wird (jede Frage auf einem gesonderten Blatt). Die Antworten werden möglichst im Originalton mitgeschrieben. Hierfür kann es vorteilhaft sein, wenn zwei Moderatoren als Team arbeiten. Einer führt durch das Gespräch, der zweite notiert die wesentlichen Antworten möglichst so, wie gesprochen.

Im vorgenannten Beispiel sind statt Fragen Statements eingesetzt worden, also Grundaussagen mit Bezug auf die Wirkung von Führungsverhalten:

- *„Ich kenne die Ziele meines Verantwortungsbereichs und kann diese gut nachvollziehen."*
- *„Meine direkte Führungskraft sorgt für ein angenehmes und vertrauensvolles Arbeitsklima (im Sinne von Zusammenarbeit)."*
- *„Ich darf meine Ideen und Verbesserungsvorschläge jederzeit einbringen und ich weiß, ob, wann und warum diese umgesetzt oder nicht umgesetzt werden."*
- *„Ich werde im Vorfeld von wichtigen Entscheidungen informiert und in die Lösungsfindung eingebunden."*
- *„Mir werden ausreichend Möglichkeiten zur beruflichen und persönlichen Entwicklung geboten."*
- *„Ich erhalte bei Bedarf Hilfen und Unterstützung."*
- *„Ich kann meinen Arbeitgeber uneingeschränkt weiterempfehlen."*

Die Zahl der Fragen sollte begrenzt sein auf vielleicht fünf bis zehn Fragen. Es kommt vielmehr auf die Fragekompetenz des Moderators an, die gegebenen Antworten so weit zu hinterfragen, dass ein Verständnis für Wirkzusammenhänge und Ursachen entstehen kann. Auf die systemischen Fragen wird verwiesen (ab S. 42). Typische Nachfragen können sein:

- *„Wie genau hat … auf Sie gewirkt?"*
- *„Was hat Ihres Erachtens dazu geführt?"*
- *„Was sollte Ihrer Meinung nach passieren, damit …?"*
- *„Welche Beispiele möchten Sie einbringen?"*

Es hat sich bewährt, nach jeder Frage die mitgeschriebenen Antworten kurz vorzulesen. Soweit konkrete Beispiele genannt werden, ist zu erheben, ob diese nur der Bebilderung im Gespräch dienen, oder auch frei verwendet werden können. Das Vorlesen sichert, dass die Aspekte zutreffend notiert worden sind. Dies ist der Ausgangspunkt für Fragen nach Vollständigkeit:

- *„Was gibt es darüber hinaus?"*
- *„Welche weiteren auch anderen Erfahrungen haben Sie gemacht?"*
- *„Was ist Ihnen in diesem Aspekt noch wichtig?"*

Schritt 3: Ausstieg und Dank

Der Workshop schließt ab mit Informationen zum weiteren Vorgehen (Auswertung, Präsentation, Diskussion) und den gegebenen Beteiligungsmöglichkeiten. Es empfiehlt sich, noch einmal auf die Vertraulichkeit einzelner Aspekte hinzuweisen. Zudem ist ein Dank für den offenen und konstruktiven Austausch als Einstieg in die erwarteten Verbesserungen angezeigt. Dieser Schritt dauert etwa fünf bis zehn Minuten.

Nachbereitung: Die Ergebnisse des bzw. der Workshops werden inhaltlich zu Clustern (Themengruppen) zusammengefasst und so weit abstrahiert, dass eine Rückverfolgung auf einzelne Termine oder Beteiligte (weitestgehend) ausgeschlossen wird. Maßgeblich ist es, dass die Reduktion Ansatzpunkte für Interpretationen und daran anschließend für Hypothesen bieten kann (vgl. S. 234) und – diese Aufgabe erfordert Fingerspitzengefühl – die tatsächliche Stimmung mit ihrer eventuell vorliegenden Spreizung auch angemessen wiedergibt.

In einem nächsten Schritt werden die Erkenntnisse präsentiert und mit dem Zweck der Zielbildung und Ableitung geeigneter Interventionen diskutiert.

Je nach gelebter Unternehmens- und Führungskultur mag es sein, dass dieser Diskurs nur mit maßgeblicheren Entscheidern stattfinden soll. Hier empfehle ich einen positiven Anschub, auch den Mitarbeitern in geeigneter Weise Zugang zu den Ergebnissen zu bieten. Denn eine Repräsentanz durch wenige beinhaltet die Gefahr, dass die Allgemeingültigkeit „des Geheimen" angezweifelt wird. Zudem soll ja auch Commitment für anschließende Veränderungsaktivitäten erzeugt werden. Und, an die Entscheider adressiert: Sofern die gesammelten Aspekte mehrheitlich geteilt werden, sind diese ja ohnehin in der Belegschaft gegenwärtig. Ein Verheimlichen schadet da mehr als ein deutliches Signal, die erkannten Themen nun gemeinsam angehen zu wollen.

Kulturcheck

Veränderungsprozesse werden üblicherweise nach der Ausprägung und Intensität einer Veränderung unterschieden (vgl. dazu Wandel erster und zweiter Ordnung ab S. 85). Dies führt unweigerlich im Rahmen der Diagnostik zu der Frage, wie sich derzeitig die Kultur eines Unternehmens – die Unternehmenskultur – darstellt. Nachfolgend finden Sie eine einführende Erläuterung zur Unternehmenskultur, als Instrument den „Kulturradar nach Denison" sowie die Abfolge für einen Kulturcheck-Workshop.

> In der Fachliteratur wird die **Unternehmenskultur** als ein System gemeinsam geteilter Muster des Fühlens, des Denkens und des Handelns verstanden, welche erkennbar sind an etablierten Normen, geteilten Werten und verwendeter Symbole innerhalb einer Organisation. Diese Basis wiederum prägt die Entscheidungen und Handlungen, also das Verhalten der Mitglieder dieses Systems (vgl. Sackmann 2006/Berner 2012). Die Kultur entscheidet also darüber, wie die Organisation „tickt".

Maßgeblich für Unternehmenskultur

Folgt man der Definition zur Unternehmenskultur, so ergibt sich daraus einerseits, dass die Kultur tief in der Organisation verankert ist. Neben sichtbaren bzw. öffentlich kommunizierten Aspekten (Strukturen, Leitbilder) sind vor allem tiefer liegende Strukturen, wie beispielsweise unbewusste Annahmen und unausgesprochene Wertzuordnungen maßgeblich. Andererseits bildet die Unternehmenskultur auch alles ab, was die Organisation ausmacht, also beispielsweise das Verhalten von Vorgesetzten, Rituale in Besprechungen, oder aber auch die Frage, ob, wann, wer, wie und wie umfänglich über Themen bzw. Entscheidungen informiert wird. Kultur ist also breit auszulegen. Kultur verharrt zudem wie das System selbst in einem Gleichgewichtszustand, sie ist mithin stabil, stiftet Sinn und sichert Vorhersehbarkeit im Hinblick auf das, was zu erwarten ist. Diese Stabilität ist daher aus Sicht der Organisationsmitglieder erhaltenswert (vgl. Schein 2010).

Der Organisationspsychologe Edgar H. Schein (Schein 2010) hat ein Unternehmenskultur-Modell entwickelt, das sich aus drei Ebenen zusammensetzt. Die Basis bilden sogenannte Grundannahmen im Sinne von Orientierungs- und Verhaltensmustern. Hierbei handelt es sich um allgemein akzeptierte und nicht weiter hinterfragte Verhaltensnormen, welche die unbewusste Erklärung für die Sicht auf die Dinge abbilden. Die zweite Ebene umfasst die Werte, teils sichtbar und teilweise bewusst. Sie bestimmen sich durch Normen, Regeln, Ge- und Verbote, welche in der Organisation zwar allgemein geteilt, jedoch zu einem großen Teil unbewusst befolgt werden. Die erste, oberste Ebene umfasst die sichtbaren, sogenannten „Artefakte". Diese ergeben sich aus der zweiten Ebene im Sinne von sichtbaren Symbolen und Verhaltensweisen.

Kulturveränderung setzt bei Werten an

Will man Veränderungen der Unternehmenskultur angehen, so ist die zweite Ebene der Werte diejenige Ebene, an der Interventionen ansetzen sollten, denn hier sind sie am erfolgversprechendsten. Zudem sollten sichtbare Symbole sowie Konsequenzen aus der Beachtung neuer Verhaltensregeln und Grundsätze den Lernprozess nachhaltig unterstützen (das meint Lob und Anerkennung genauso wie Sanktionen).

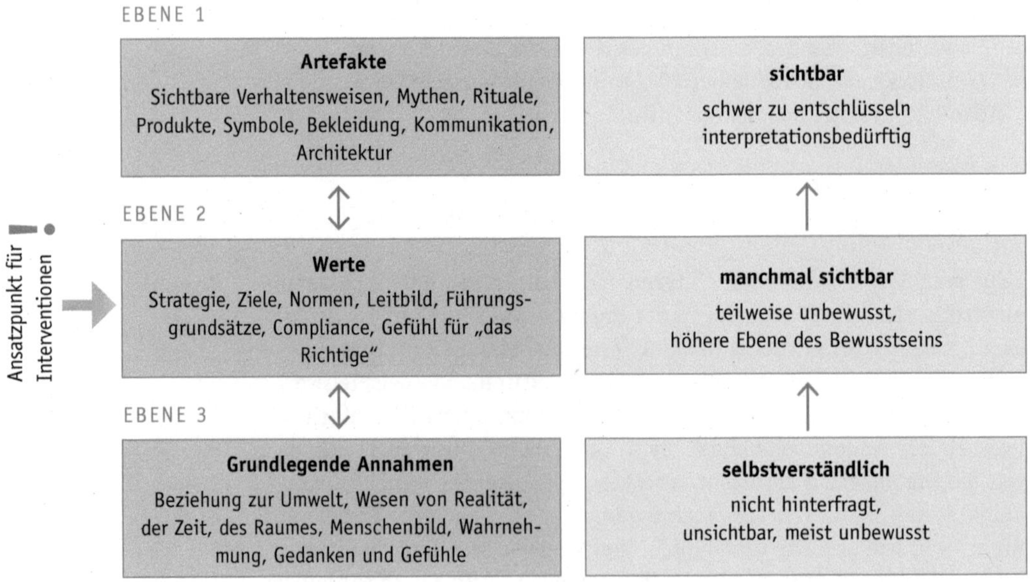

Abb.: Unternehmenskultur-Modell nach Edgar H. Schein

Kulturcheck anhand des Kulturradars nach Denison

In der Praxis erweist sich eine Kulturanalyse als anspruchsvoll und aufwendig; die Untersuchungen werden üblicherweise auf Grundlage eines komplexeren Fragebogens durchgeführt. Denn die Menschen, die Auskunft über die gelebte Unternehmenskultur geben können, sind die Organisationsmitglieder selbst. Für diesen Zweck steht alternativ der Kulturradar zur Verfügung, der nachfolgend dargestellt werden soll. Dieses Instrument geht auf Denison (2006) zurück und wird hier in Anlehnung an Kerth/Asum (2015) ausgeführt.

Alternative Bezeichnung: Organizational Culture Survey

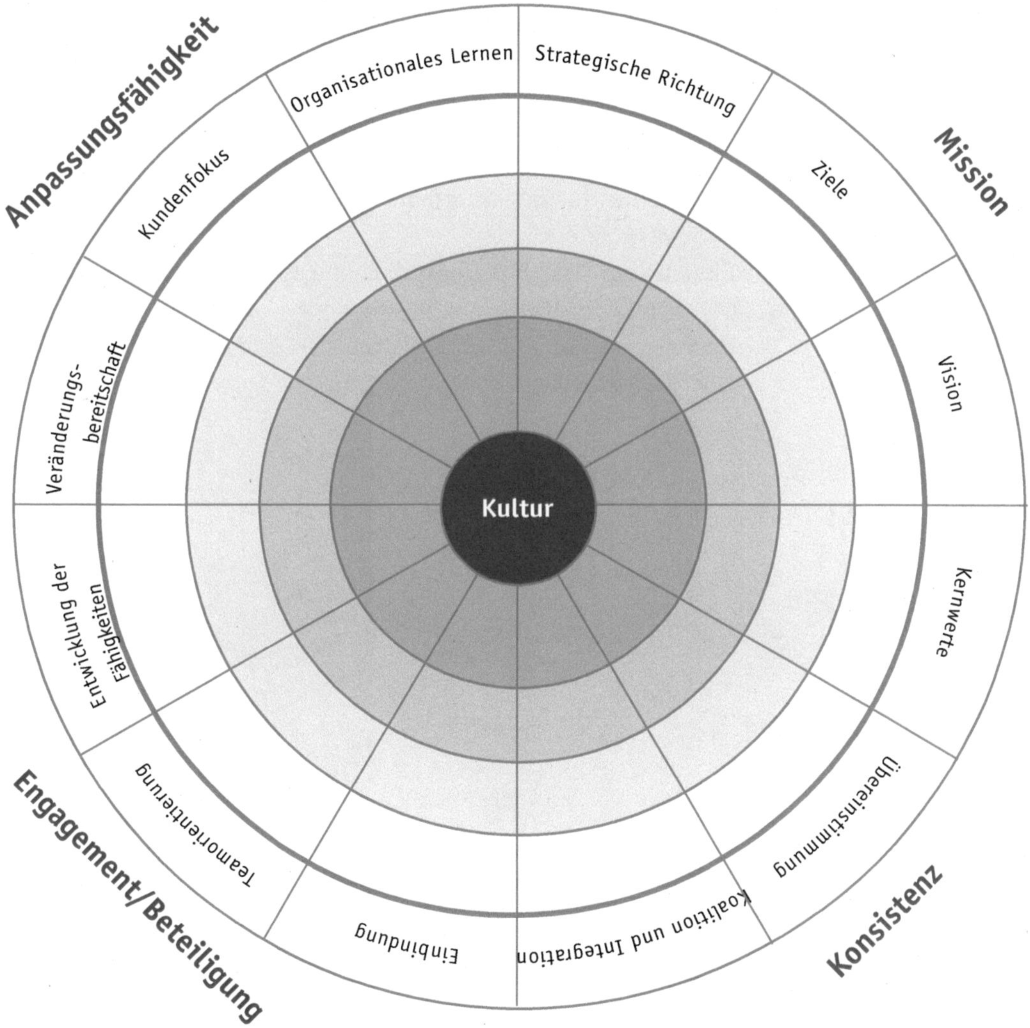

Abb.: Kulturradar nach Denison

Das Radar nennt vier Themenblöcke, denen jeweils drei Felder zugeordnet sind:

- Mission,
- Konsistenz,
- Engagement/Beteiligung sowie
- Anpassungsfähigkeit.

Insgesamt gibt es also zwölf Untersuchungsfelder. Visualisiert als Netzdiagramm (auch Spinnennetzdiagramm, Radardiagramm) können diese qualitativ bewertet und abgebildet werden.

Der Radar bietet in der Bewertung der zwölf Untersuchungsfelder vier grundsätzliche Untersuchungsperspektiven an.

Untersuchungsperspektiven

- Es gibt den externen Fokus, dazu gehören die Themenblöcke „Anpassungsfähigkeit" und „Mission",
- den internen Fokus, dazu gehören „Engagement/Beteiligung" und „Konsistenz",
- Hinweise auf Flexibilität, dem sind „Anpassungsfähigkeit" und „Engagement/Beteiligung" zugeordnet sowie
- Hinweise auf Stabilität, dazu werden „Mission" und „Konsistenz" in den Fokus genommen.

Externer Fokus

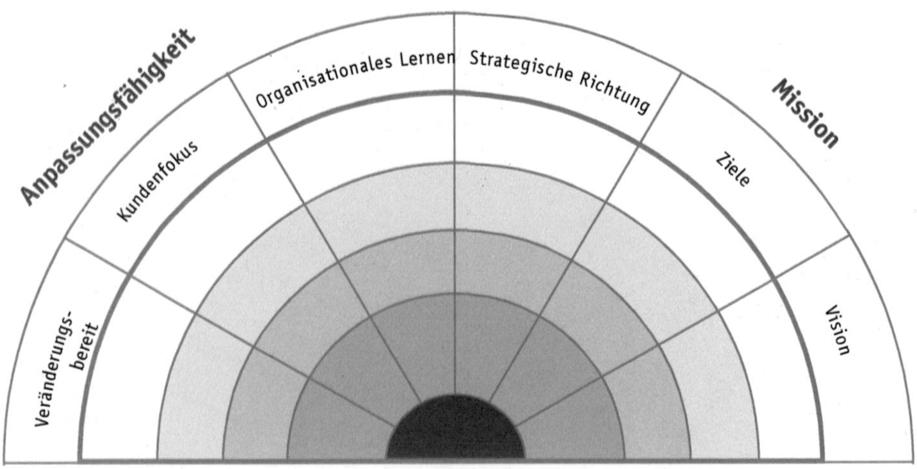

Interner Fokus

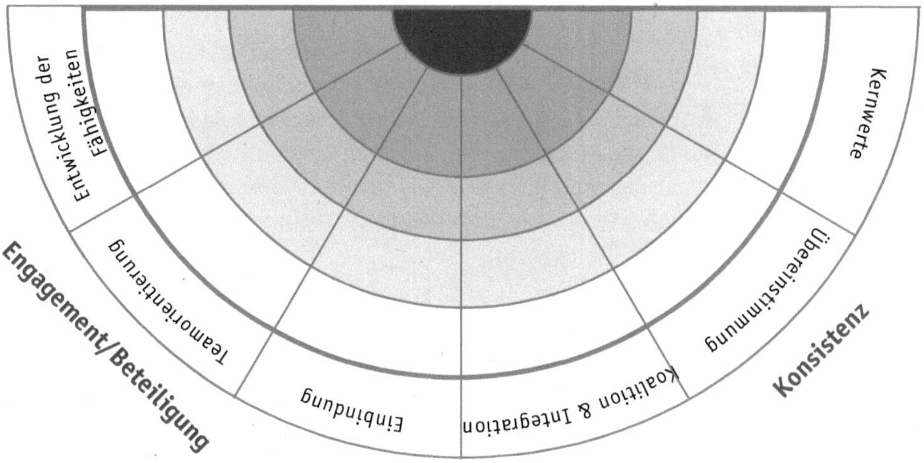

Flexibilität

Stabilität

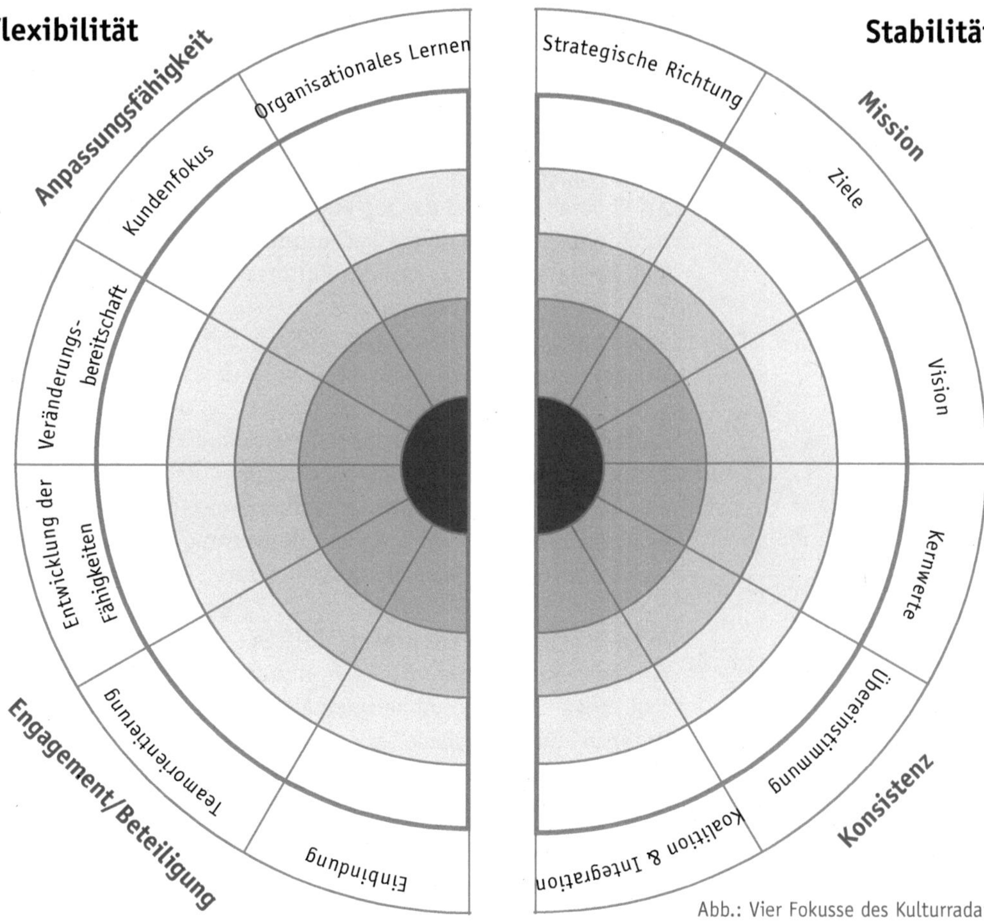

Abb.: Vier Fokusse des Kulturradars

Kulturcheck-Workshop

Im Folgenden wird ein mit dem Kulturradar arbeitender Workshop vorgestellt, der sich bestens für die Analyse der gegenwärtigen Unternehmenskultur eignet. Denn das verwendete Modell besitzt eine eingängige Struktur und lässt sich leicht auf ein Plakat oder eine Moderationswand übertragen. Eine alternative, in diesem Buch vorgestellte Intervention zur Unternehmenskultur ist der „Kulturdiskurs" auf S. 291 ff.

Der Workshop zur Erhebung der Unternehmenskultur wird zeitlich in einer frühen Phase eines Veränderungsprojektes als Diagnoseprozess-Bestandteil verortet. Der Zeitaufwand für diesen Workshop sollte nicht zu knapp veranschlagt werden, es kann erfahrungsgemäß von vier Stunden ausgegangen werden.

Als Material werden benötigt: Eine Moderationswand mit vorbereitetem Kulturradar, ca. vier weitere Moderationswände, ggf. ein Flipchart.

Ablauf

Schritt 1: Informieren

Als Einstieg in den Workshop empfiehlt sich eine kurze Einführung in das Wesen und die Bedeutung von Unternehmenskultur. Zudem sollten die Facetten des Kulturradars vorgestellt werden.

Schritt 2: Beschreiben und Bewerten

Der überwiegende Teil des Workshops umfasst diesen Arbeitsschritt, er besteht aus dem Beschreiben und Bewerten der die Kultur kennzeichnenden Aspekte. Wenn in diesen Schritt mehr Zeit investiert wird, kann die Einordnung durch die Mitglieder des Klientensystems besser nachvollzogen werden. Es kann mehr Austausch stattfinden über die Deutung bzw. Bedeutung von Begriffen und Beispiele können veranschaulicht werden.

Die Bearbeitung dieses Arbeitsschrittes basiert auf einer moderierten Sequenz unter virtuoser Nutzung systemischer Fragen (vgl. S. 42 ff.). Dies soll beispielhaft an dieser Stelle für das Untersuchungsfeld „Ziele" aus dem Baustein „Mission" dargestellt werden (s. auf der Grafik des Kulturradars auf S. 223 oben rechts):

- *„Inwieweit sind Unternehmensziele beschrieben und den Mitarbeitern bekannt?"*
- *„Welche Kenntnis haben die Mitarbeiter darüber, weshalb es genau diese Ziele gibt und was mit ihnen bewirkt werden soll?"*
- *„Woran ist erkennbar, dass die Organisation die beschriebenen Ziele tatsächlich verfolgt?"*
- *„Inwieweit sind die Unternehmensziele auf die einzelnen Organisationseinheiten nachvollziehbar heruntergebrochen?"*
- *„In welchem Umfang werden neben leicht messbaren quantitativen Zielen auch qualitative Ziele (zum Beispiel Mitarbeiterzufriedenheit) verfolgt?"*
- *„Wie kann jeder einzelne Mitarbeiter seinen persönlichen Anteil an der Zielerreichung seines Arbeitsbereiches erkennen?"*
- *„Inwieweit werden Ziele tatsächlich vereinbart oder vorgegeben und wie gestaltet sich dieser Prozess?"*
- *„Welchen Zugang haben Mitarbeiter und Führungskräfte zu relevanten Kennzahlen und Auswertungen in Bezug auf die Zielerreichung?"*
- ...

Der Moderator bzw. Berater unterstützt die Gruppe für jedes einzelne Untersuchungsfeld durch systemische Fragen bei einer hinreichenden Beschreibung. Er sichert durch Nachfragen und Beispiele aus der Gruppe ein tiefer gehendes Verständnis für die Wirkmechanismen in diesen Untersuchungsfeldern.

Achtung: Es ist an dieser Stelle nicht das Ziel, eine zeitintensive Problembeschreibung vorzunehmen. Es gilt, den Zustand für alle Beteiligten nachvollziehbar zu beschreiben, um darauf aufbauend eine Beurteilung zur Abbildung auf dem Kulturradar vornehmen zu können. Gleichwohl werden relevante Aspekte der näheren Beschreibung auf einer Moderationswand festgehalten. Diese stellen die diagnostische Informationssammlung als Grundlage der Hypothesenbildung durch den Berater dar. Dabei kann es förderlich sein, erste Hypothesen mit der Gruppe zu teilen und deren Ansicht in die eigenen Überlegungen mit einzubinden, beispielsweise: *„Verstehe ich Sie richtig, dass die Mitarbeiter sich kaum erkennbar für die Zielerreichung einsetzen, weil ihnen einerseits der Eigenanteil durch die Führungskraft nicht bewusst gemacht wird und andererseits auch über Ziele und Zielerreichung keine Kommunikation stattfindet?"* – Antwort abwarten. Zum Beispiel: *„Ja."*

„Nur mal angenommen, Führungskräfte und Mitarbeiter würden regelmäßig über die konkreten Ziele des Arbeitsbereiches und des Einzelnen sprechen und Fortschritte, aktuelle und anstehende Aktivitäten diskutieren. Inwieweit könnte dies einen Beitrag für die Verbesserung der Beziehungen zwischen Mitarbeitern und Führungskraft darstellen und welche sonstigen Wirkungen würden Sie damit verbinden?“

Ist die Beschreibung für alle Teilnehmenden umfänglich und anschaulich abgeschlossen, erfolgt eine rein qualitative Einordnung hinsichtlich der Ausprägung dieses Untersuchungsfeldes auf dem Radar. Dabei gilt, je näher die Markierung am Zentrum erfolgt, desto weniger ist der Aspekt entwickelt. Im Umkehrschluss gilt: Ist das Handlungsfeld umfänglich im Unternehmen bearbeitet und förderlich umgesetzt, desto weiter außen auf dem Radar erfolgt die Markierung.

Schritt 3: Vollständigkeit

Im vorhergehenden Schritt wurden bereits diskutierte Aspekte im Sinne von Informationen auf Moderationswänden erfasst. Alle Teilnehmenden werden nunmehr gebeten, zu überprüfen, ob und inwieweit die Aspekte aus ihrer Sicht heraus vollständig abgebildet sind. Dies kann beispielsweise mit folgender Frage eingeleitet werden: *„Schauen Sie sich bitte die Notizen zum Themenblock ‚Mission' noch einmal an. Welche Aspekte möchten Sie gern noch ergänzen, was fehlt aus ihrer Sicht noch?“*

Überlegungen zur weiterführenden Nutzung: Der Kulturradar ist ein übersichtliches und durch die grafische Darstellung für die Teilnehmenden auch gut nachvollziehbares Instrument. Die hierdurch gewonnenen Informationen sind Grundlage für das Bilden von Hypothesen und daran anschließend das Gestalten von Interventionen. In der Praxis kann der Radar gut dafür verwendet werden, zunächst in der Runde der Entscheider im Berater- und Klientensystem zu diskutieren, welches Untersuchungsfeld im Rahmen des Veränderungsprozesses wie weit entwickelt werden soll. Siehe hierzu auch die Ausführungen zur Skalen-Frage ab S. 57. Zudem lassen sich Fortschritte in der Bearbeitung einzelner Handlungsfelder abbilden, also im Sinne eines Controlling-Instrumentes.

Lage-Check: Einführung zu Gap-Analysen

Themenbereiche wie Kultur, Werte oder auch das Führungsverhalten werden in Veränderungsprojekten früher oder später in den Fokus genommen. Dabei kristallisiert sich nicht selten heraus, dass das, was offiziell deklariert wird und das, was gelebt wird, auseinanderklafft. Die Gap-Analyse (auch Lücken-Analyse genannt) eignet sich als Instrument zur Untersuchung ganz unterschiedlicher Analyse-Gegenstände. „Gap" ist hierbei der englische Begriff für „Lücke" bzw. Differenz oder Unterschied. Der Unterschied zwischen einem Soll- und einem Ist-Zustand beispielsweise umreißt eine Lücke, die Ansatzpunkt für Interventionen sein kann. Im Rahmen der Begleitung von Veränderungsprozessen werden mögliche Lücken während der Auftragsklärung oder aber der Diagnose sichtbar. Es ist daher Aufgabe, diese Lücke näher beschreiben zu lassen, sodass die sich hieraus ergebenden Erkenntnisse in geeignete Maßnahmen bzw. Aktivitäten einfließen können. In der Begleitung von Veränderungsprozessen treten grundsätzlich zwei unterschiedliche Lücken auf:

Diskrepanzen im Veränderungsprozess

- Zum Ersten diejenige, welche die Differenz zwischen dem gegenwärtigen Ausgangspunkt und einem hinreichend skizzierten Zielbild beschreibt und damit diskutierbar macht.

- Zum Zweiten werden auch immer wieder Diskrepanzen zwischen dem deklarierten und dem tatsächlich erlebten bzw. gelebten Verhalten artikuliert. „Deklariert" darf in diesem Zusammenhang als (öffentlich) verkündet, beschrieben bzw. gezeigt verstanden werden.

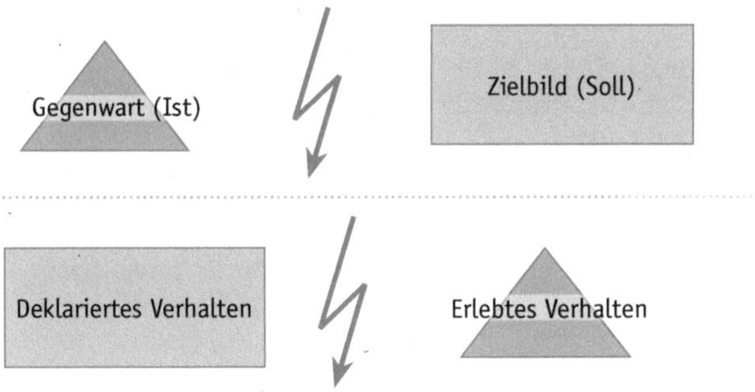

Abb.: Lücken (Gaps) im Veränderungsprozess

Unter Diskrepanz (von lateinisch „Discrepantia" für Nicht-Übereinstimmung oder auch Uneinigkeit) wird im Allgemeinen der Unterschied bzw. die Differenz zwischen zwei Aspekten oder Sachen verstanden.

Organisationspsychologin Sonja Sackmann (2008) nennt die entsprechende Erhebung „Diskrepanz-Analyse". Quellen für deklariertes Verhalten können beispielsweise sein:

Deklarationen von Verhalten

- Vision, Mission und Leitbild
- Führungsgrundsätze/-leitsätze
- Unternehmenswerte
- Erklärungen zu Themen wie Antidiskriminierung, Mobbing, Gender etc.
- Spielregeln (bzw. Arbeitsregeln)
- Rundbriefe
- Artikel in Mitarbeiterzeitschriften oder dem Intranet
- (Verschriftete) Redebeiträge auf Betriebsversammlungen und an anderer Stelle
- Presseerklärungen und weitere Verlautbarungen in die Unternehmensumwelt
- weitere Dokumente

An dieser Stelle nicht weiter vertieft wird die Frage, ob es sich um einen klar umrissenen Soll-Zustand handelt. Möglicherweise haben die Teilnehmenden ein vages, indifferentes Bild von einer Vision oder einem wie auch immer erwünschten Soll-Zustand. In der Folge ergäben sich ganz individuelle Lücken – auch ein Symptom. Ob und inwieweit Erwartungen an den Soll-Zustand gemeinsam geteilt werden, ist ebenso von Relevanz. Lücken im Rahmen von Change-Projekten können beispielsweise sein:

Mögliche Lücken bei Change-Projekten

- Abweichungen zwischen Unternehmenswerten und gelebten bzw. erlebten Werten
- Erwünschte und tatsächlich wahrgenommene Unternehmenskultur (Betriebsklima)
- Normiertes vs. realisiertes Verhalten, zum Beispiel im Rahmen von Schnittstellen oder Vereinbarungen
- Differenzen zwischen beschriebenen Führungsgrundsätzen und der Erlebniswelt der Mitarbeiter
- Proklamierte und tatsächliche Partizipation der Mitarbeiter
- ...

In diesem Buch werden im Kontext des zukunftsgestaltenden Prozesses verschiedene Gap-Analysen vorgestellt: Wertediskurs (S. 327), Kulturdiskurs (S. 293) und Führungs-Gap (S. 307). Das methodische Vorgehen, mit dem die Lücke zwischen einem Soll- und einem Ist-Zustand ermittelt und zur Diskussion gestellt werden soll, wird außerdem z.B. in Lundershausen 2015 vertieft.

Die Projektumfeldanalyse

In der Diagnose oft übersehene Aspekte

Es ist möglich, dass im Diagnoseprozess Aspekte übersehen wurden. Ein Beispiel: In Veränderungsprozessen sind ein großer Teil der Stakeholder die betroffenen Mitarbeiter, was schnell dazu führt, dass die externe Perspektive übersehen wird. Doch hat jedes Unternehmen eben auch externe Interessenten, beispielsweise Kunden. Und diese mitzudenken, ist wesentliches betriebswirtschaftliches Prinzip – denn ohne zufriedene Kunden wird das Unternehmen nicht lange existieren. (So ist beispielsweise bei der Neugestaltung von Arbeitsabläufen der Prozess vom Kunden her zu denken, damit sichergestellt wird, dass der Kunde auch das erwartete Ergebnis im Sinne einer Dienstleistung oder eines Produktes erhält.)

Neben übersehenen externen Stakeholdern gibt es einen weiteren Aspekt, dem auf Klientenseite zu Beginn einer Veränderung oft wenig Aufmerksamkeit geschenkt wird: Es ist immer wieder zu beobachten, dass die zur Verfügung stehenden zeitlichen und finanziellen Mittel nicht angemessen für die anstehenden Veränderungen untersucht worden sind.

Eine gute Möglichkeit, um sicherzustellen, dass solche Aspekte angemessen berücksichtigt werden, ist, eine Projektumfeldanalyse (PUMA) durchzuführen. Mithilfe der PUMA wird deutlich, ob und inwieweit die zwei Perspektiven (intern/extern) unter Berücksichtigung sozialer und sachliche Aspekte ausreichend untersucht wurden. Sollten diese Felder noch nicht hinreichend untersucht worden sein, so werden Ansatzpunkte für entsprechende geeignete Analysen aufgezeigt (s. S. 233)

Die PUMA als Rahmen weiterer Analysen

Die Projektumfeldanalyse darf also als methodischer Rahmen für weitere Analysen betrachtet werden. Auch ist es im Projektmanagement eingeführte Praxis, im Rahmen der Definitionsphase das Projektumfeld zu analysieren, weil jedes Projekt und die in diesen Projekten verfolgten Ziele durch das Umfeld dieses Projektes bzw. das Unternehmensumfeld beeinflusst sind. Da das Unternehmensumfeld nicht beeinflusst werden kann, ist es die strategische Herausforderung, sich erwarteten Veränderungen zeitig so anzupassen, dass sich Chancen nutzen und Risiken vermeiden lassen. Dabei ist zu berücksichtigen, dass das Ergebnis, die hierfür einzusetzenden Ressourcen sowie der damit verbundene Zeitverlauf in einer direkten Abhängigkeit zueinander stehen. Im klassischen Projektmanagement bezeichnet diese Beziehung das sogenannte „magische Dreieck“ aus Ergebnis (Qualität und Quantität), Ressourcen und Zeit. Auch dieses hilft, die Projektumfeldanalyse zu berücksichtigen.

Dazu wird bei der PUMA in zwei unterschiedliche Perspektiven unterteilt, den internen und externen Fokus. Innerhalb dieser Perspektiven werden soziale und sachliche Aspekte betrachtet.

Abb.: Untersuchungsgegenstand der PUMA

Wie bereits erwähnt, nimmt die Projektumfeldanalyse als methodischer Rahmen Erkenntnisse weiterer Analysen auf. Mögliche weitere Analysen, die als Quelle für die Projektumfeldanalyse wirken können, werden nun kurz skizziert.

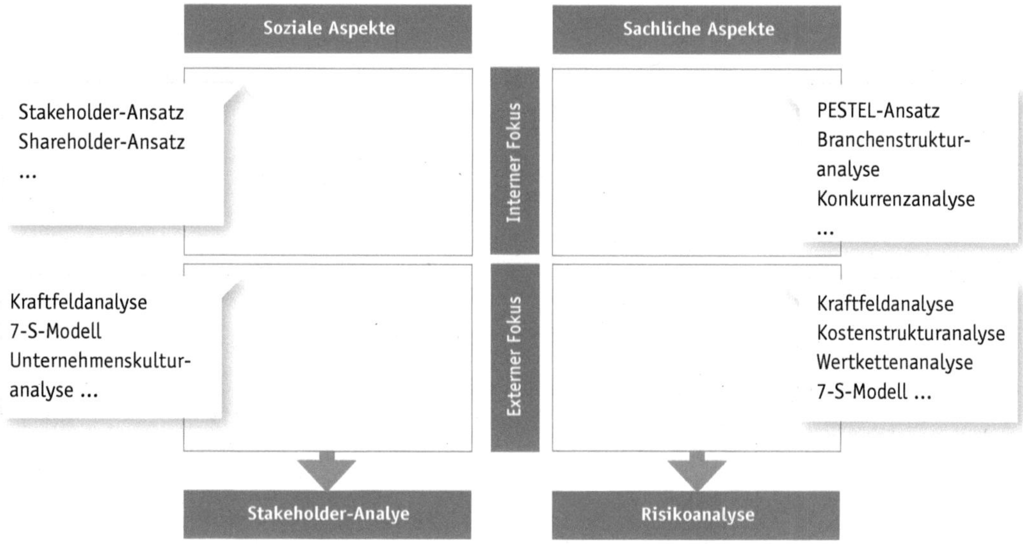

Abb.: Quellen für die PUMA

Analysen wie den Stakeholder-Ansatz (s. ab S. 161), die Kraftfeld-Analyse (s. S. 190) und die Unternehmenskultur-Analyse (s. S. 221) finden Sie in diesem Buch. Die Analysen, die nicht Gegenstand dieses Buches sind, können beispielsweise in Lundershausen 2015 nachgelesen werden. In der Praxis hat sich das Vorgehen etabliert, Erkenntnisse aus der Projektumfeldanalyse dementsprechend auf die Stakeholder-Analyse und die Risikoanalyse zu übertragen.

Hypothesen

Ausgangspunkt systemischer Interventionen sind Hypothesen. Die nachfolgende kurze Einführung soll den Begriff hinterlegen und ihn in den Kontext von Architektur, Design und Technik setzen.

Hypothesen beschreiben die Ausgangssituation

In diesem Kapitel ist bereits umfänglich dargestellt worden, dass eine organisatorische Veränderung nur dann erfolgreich verlaufen kann, wenn bestehende Grundannahmen, Deutungen, Denkmuster und diesen wiederum zugrunde liegende Werte und Überzeugungen diagnostisch hinreichend erkannt werden. Dies jedoch ist kein quantitativer Prozess, in dem möglicherweise ein Vergleichswert einfach an einer Skala abgelesen werden könnte. Nein, die gewonnene Erkenntnis aus diversen diagnostischen Instrumenten ist zunächst und zu allererst ein gedankliches Konstrukt, das heißt, eine Hypothese. Hypothesen beschreiben idealerweise hinreichend und weitestgehend zutreffend die Ausgangssituation.

Eine **Hypothese** kann als vorläufige Annahme gesehen werden über das, was ist, oder das, was künftig sein könnte. Hypothesen werden im zeitlichen Verlauf eines Veränderungsprozesses bestätigt oder widerlegt.

Hypothesen sind frei von Bewertung

Es ist daher weder Ziel noch Aufgabe, die *eine* richtige Hypothese zu bilden. Stattdessen bieten eine Vielzahl von Hypothesen auch ein Mehrfaches an Optionen und Perspektiven. Die Hypothese als Konstrukt ist dabei frei von Zuschreibungen oder Bewertungen. Sie beschreibt vielmehr Beziehungen, Dynamiken, Wechselwirkungen, Prozesse, sie zeigt Kontexte auf, ist ressourcen-, ziel- und lösungsorientiert und ist so als kognitiv-kreativer Akt zu werten (vgl. Königswieser

2013). Wenn es beispielsweise von einer Führungskraft heißt, sie sei unfähig, so handelt es sich um eine Bewertung, und diese wirft Fragen auf: Was genau ist damit gemeint? Inwieweit werden Beziehungsgeflechte zu Vorgesetzten und nachgeordneten Mitarbeitern deutlich? Anders als eine solche Bewertung lassen sich aus einer Hypothese eher Interventionen ableiten. Die Hypothese lautet dann etwa: *„Das Rollenverständnis der Führungskraft scheint unklar. Aufgaben, Verantwortung und Befugnisse sind nicht beschrieben. Rückmeldungen der Vorgesetzten zu Leistung und Verhalten blieben bisher aus. Dies führt möglicherweise dazu, dass diese Führungskraft ihre Möglichkeiten frei von Rahmen und Korrektiv nicht entfalten kann."*

Je zutreffender das gedankliche Konstrukt – also die Hypothese – die gegenwärtigen Aspekte einer Situation beschreibt, desto zielgerichteter und damit wirkungsvoller können geeignete Interventionen ausgewählt werden. Sie sind der Ausgangspunkt systemischer Intervention. Eine Interventionsarchitektur (vgl. ab S. 243), das sich daraus ergebende Interventionsdesign sowie die zu wählenden Techniken bestimmen sich aus Hypothesen.

Das Bilden von Hypothesen bettet sich in den bereits beschriebenen schleifenartig wiederkehrenden Prozess der systemischen Arbeit ein. Die Rede ist von einer stetig wiederkehrenden Diagnostik, Hypothesenbildung, Interventionsableitung und Intervention, gefolgt wiederum von erneuter Diagnostik.

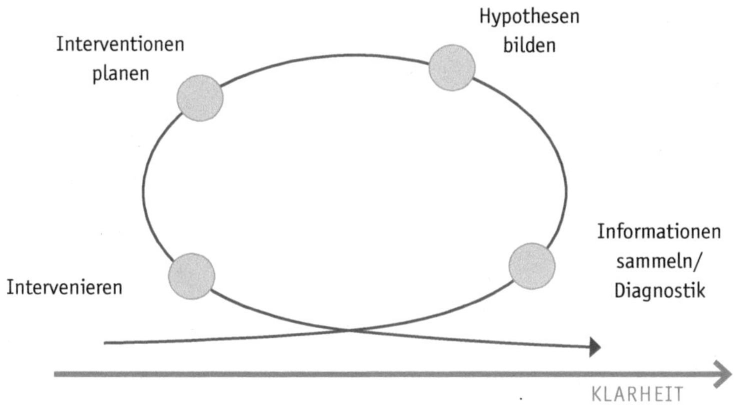

Abb.: Systemische Schleife

Dabei darf die Sequenz zwischen der Intervention und dem sich konsequenterweise anschließenden diagnostischen Sammeln von Informationen als Evaluation bzw. Reflexion verstanden werden. Dabei ist dementsprechend zu überprüfen, ob und inwieweit die gebildete These bei Verfolgung der Wirkung der Interventionen mehr Klarheit erbracht hat.

Prozess zur Hypothesenbildung

Das Bilden von Hypothesen basiert dabei auf einer Reihe von Kommunikationsprozessen, beispielsweise:

- Diskutieren (Auseinandersetzen mit) der Situation
- Austauschen von Annahmen
- Überprüfen von Wahrnehmungen/Beobachtungen
- Reflektieren von Gewesenem
- Unterbreiten von Vorschlägen
- Ableiten von Schlussfolgerungen
- Aufstellen und Zur-Diskussion-Stellen von Behauptungen
- Fragen fragen – insbesondere hypothetische Fragen

Schleifen auch innerhalb der Schleife

Die Organisationsberaterin Roswita Königswieser weist in diesem Zusammenhang darauf hin, dass jeder Schritt zudem auch in sich die Schleife von „Informationssammlung“, „Hypothesenbildung“ und „Interventionen planen“ beinhaltet (Königswieser 2013). Dies kann so übersetzt werden, dass bereits der Sammlung von Informationen beispielsweise Hypothesen zugrunde liegen oder gleichermaßen die Hypothesenbildung zugleich auch Intervention ist und umgekehrt.

V. Kapitel

Interventionen planen und steuern

Inhalt des Kapitels

Interventionen, Techniken und Instrumente 239
- Funktionen und Dimensionen einer Intervention 240

Architektur und Design von Veränderungsprozessen 243
- Das Design von Veränderungsprozessen 244
- Veränderungsarchitektur erstellen 245

Typische Architekturelemente in Change-Prozessen 249
- Diagnostik 249
- Steuergruppe und Sounding Board 250
- Großgruppenformate 252
- Workshops und moderierte Besprechungsformate 253
- Arbeit mit Auftraggebern und Führungskräften 255
- Evaluierung 257

Controlling: Einführung in das Change Monitoring 258
- Controlling im Management 258
- Controlling im Changemanagement 259

Planungsinstrumente für Interventionen 264
- Change Roadmap: Veränderungslandkarte 264
- Magic Estimation: Einführung in das Schätzverfahren 268
- Einführung zur Arbeit mit Bodenankern 271

Interventionen, Techniken und Instrumente

Wie in der Grafik der systemischen Schleife abgebildet wird, folgt auf das Bilden von Hypothesen das Planen von Interventionen, welche auf den entwickelten Hypothesen basieren (vgl. S. 151). In diesem Buch wird die „systemische Intervention" vielfach als Begriff verwendet, sie ist ein wesentliches Element systemischer Arbeit, also auch in der Beratung von Veränderungsprojekten. Doch was genau meint der Begriff „Intervention"? Das wird im Folgenden ebenso dargelegt wie die Frage, worauf eine Intervention sich auswirkt und welche Rahmenbedingungen diese prägen. Schließlich wird darauf eingegangen, wie Interventionen eingeplant werden können.

> Die **Intervention** ist eine absichtsvolle zielgerichtete Beeinflussung. Ihr innewohnend ist also die Überlegung, wohin sich etwas entwickeln soll. Dies setzt voraus, dass Zielklarheit hinsichtlich der Absicht beim Intervenierenden besteht. Sie folgt damit einem wesentlichen Grundsatz systemischer Arbeit, dass das Handeln ziel-, lösungs- und ressourcenorientiert ausgerichtet ist.

Der **Intervention** dienen vielfältige Techniken und Instrumente, bei denen es sich eher um Abfolgen und Prozesse zur Umsetzung der Absichten im Sinne einer Zielerreichung handelt. Mithin bilden Techniken und Instrumente das *Womit* und *Wie* ab. Und so könnte man auch die Position einnehmen, dass Interventionen erst durch mehrere Techniken bzw. Instrumente spür- und erlebbar werden.

Eine **Technik** zielt auf eine konkrete Änderung ab. Typische systemische Techniken, die in diesem Buch bereits vorgestellt wurden, sind beispielsweise:

Typische systemische Techniken

- Zirkuläres Fragen (vgl. S. 64)
- Paradoxe Fragen (vgl. S. 63)
- Umdeutung und Reframing (vgl. S. 60)
- ...

In der Unterscheidung zwischen Technik und Instrument (auch „Tool" genannt) stellt das **Instrument** nach meiner Auffassung das umfassendere, auf Abfolgen basierende komplexere Vorgehen dar, mit einem Bündel an Haupt- und Nebenwirkungen. Sie finden in diesem Buch zahlreiche Instrumente mit einer Schritt-für-Schritt-Anleitung.

Unbeabsichtigtes wirkt mit

Zwar wird die Intervention als absichtsvolle zielgerichtete Beeinflussung beschrieben, doch dabei muss auch dem Unbeabsichtigten Rechnung getragen werden. Das hängt damit zusammen, dass Intervenieren frei von Kommunikation nicht möglich ist, andersherum aber auch (Nicht-)Kommunikation eine Intervention darstellt. Das heißt, auch ein Schweigen und Stillhalten kann als Botschaft, Selbstoffenbarung und Appell wahrgenommen und interpretiert werden. Hieraus lässt sich bereits schlussfolgern, dass alles, was ein Berater tut, als Intervention im Klientensystem wahrgenommen und interpretiert werden könnte. Das kann schon in dem Moment geschehen, in dem Mitglieder des Klientensystems mit einfachem Handschlag begrüßt werden, frei von jeder Interventionsabsicht. Wer in der Rolle des Beraters wirkt, sollte sich daher regelmäßig bewusst machen, dass das eigene Verhalten (also auch Unterlassen) als beabsichtigte Intervention verstanden werden kann.

Und auch wenn eine Kommunikation zielgerichtet unternommen wird, welche Wirkung sie erzielt, kann in einem offenen sozialen System nicht genau vorhergesagt werden. Interventionen sind daher mit Risiken behaftet. Also auch dem Risiko, gar nicht oder unerwüscht zu wirken. Dementsprechend definieren Königswieser und Exner (2008) diese „zielgerichtete Kommunikation" der Intervention als „Versuch der wirkungsvollen Beeinflussung eines autonomen sozialen Systems, in der sich der Berater seine prekären Ausgangslage in diesem Versuch bewusst ist".

Funktionen und Dimensionen einer Intervention

Die Veränderungen, die mit einer erfolgreichen Intervention erzielt werden sollen, können unterschiedlicher Art sein. Eine Intervention kann dabei eine ganze Reihe an Funktionen erfüllen. Sie

Funktionen von Interventionen

- entlastet Einzelpersonen, indem diese beispielsweise davon befreit werden, dass ihnen die Symptome von strukturellen Problemen zugeschrieben werden.
- hilft, Widersprüche aufzulösen, indem etwa mit einer Tabuisierung gebrochen wird.
- bietet eine Diagnostik, auf der Grundlage von Informationsbeschaffung.
- dient der Nähe-Distanz-Regulierung in der bewussten Gestaltung der Beziehungen in das Klientensystem. Dabei wird gleichermaßen die Anschlussfähigkeit verfolgt wie die klare Abgrenzung zum Klientensystem.
- ermöglicht Systembildung, beispielsweise indem Systeme, Subsysteme und Unterschiede verdeutlicht werden.
- unterstützt das Arbeiten mit unterschiedlichen Perspektiven, alternative Sichtweisen können entdeckt werden.
- tariert emotionale und rationale Facetten aus, indem beispielsweise eher verkopftes Denken um emotionale Aspekte wie Träume, Visionen und Zielbilder bereichert wird.

Interventionen wirken unter den Rahmenbedingungen der folgenden Dimensionen:

Wirkungsrahmen

- zeitlich
- sachlich-inhaltlich
- sozial
- örtlich

Die **zeitliche Dimension** wird zunächst bestimmt durch die Zeitdauer des Veränderungsprozesses und der Verortung einzelner wichtiger Zwischenziele in diesem Zeitraum. Dies wiederum bestimmt auch, wann und in welcher Häufigkeit bestimmte Interventionen erfolgen. Zudem ist die Geschwindigkeit, in der bestimmte Themen bearbeitet werden sollen sowie die Frage, welchen Umfang eine Diskussion in einem Workshop einnehmen soll, ein Ausdruck solcher zeitlicher Dimensionen. Ein „zu schnell" oder „zu langsam" oder „zu früher Zeitpunkt" oder „zu später Zeitpunkt" kann ein wesentliches Moment für den Erfolg oder Misserfolg eines Veränderungsprozesses sein.

Die **sachlich-inhaltliche Dimension** umfasst die Ziele, den Umfang und die Schwerpunktsetzung in einem solchen Projekt. Ob und inwieweit einzelne Themen bearbeitet, oder aber nicht bearbeitet werden, kann maßgeblich über den Erfolg eines Projektes entscheiden. Eine unübersichtliche Vielzahl von Themen kann die Ressourcen des Klientensystems übersteigen, was den gesamten Prozess gefährdet.

Gegebenenfalls ist etwa eine inhaltliche Abgrenzung erforderlich, beispielsweise auch in sogenannte Teilprojekte. Bei einem solchen Vorgehen wird – unter Berücksichtigung der Ressourcen – jeweils das nächste Thema erst dann begonnen, wenn die Ziele für das davor liegende Thema erreicht wurden.

Mit der **sozialen Dimension** werden die Akteure des Beratersystems und des Klientensystems in ihrer Interaktion beschrieben. Es geht also um die Frage, wer von wem in welche Prozessschritte eingebunden wird. So hat es beispielsweise fatale Wirkungen, wenn maßgebliche Entscheider nicht eingebunden sind oder aber aufgrund von Gruppengrößen eine inhaltliche Arbeit nicht mehr möglich ist. So hat es sich beispielsweise bei den meisten hier beschriebenen Instrumenten bewährt, eine Gruppengröße von 12–15 Teilnehmenden nicht zu überschreiten. Soll jedoch beispielsweise auf Grundlage der Ergebnisse eines Workshops ein detaillierter Vorschlag erarbeitet werden, der beispielsweise auch komplexere Formulierungen enthält, so wäre dafür eher eine kleine Gruppe von etwa drei Personen geeignet. Zudem stellt sich regelmäßig die Frage, in welchem Umfang Mitglieder des Klientensystems bei Einsatz verschiedener Interventionen bzw. Instrumente mitwirken. Nach meiner Auffassung gibt es hier nahezu keine Begrenzung. Die Erkenntnisse aus der Anwendung der verschiedenen Instrumente hat durch die Anwendung selbst bereits Wirkung im Sinne einer Intervention und zudem zahlt Mitwirkung auf Akzeptanz und Commitment ein.

Die **örtliche Dimension** bestimmt, wo einzelne Aktivitäten stattfinden. Dieser Dimensionen wird in manchem Klientensystem zu wenig Bedeutung beigemessen, oder aber sie wird aus Kostenaspekten vereinfacht. Das kann Folgen haben: Wenn Sie etwa mit einer Gruppe visionär arbeiten möchten, so wird das Ergebnis wesentlich davon abhängen, ob sie außerhalb räumlicher Zwänge des Unternehmens ungestört in einem Tagungshotel eine passende Arbeitsatmosphäre vorfinden, oder aber im Raum neben der Kantine des Unternehmens an der allgemeinen Geräuschkulisse teilhaben dürfen.

Zusammenfassend darf festgestellt werden, dass die Wirksamkeit einer Intervention erheblich durch die vier genannten Dimensionen beeinflusst wird. Es lohnt sich daher, hier für den passenden Rahmen zu sorgen.

Architektur und Design von Veränderungsprozessen

Um die zeitliche, sachlich-inhaltliche, soziale und die örtliche Dimension optimal berücksichtigen zu können, braucht es für Interventionen Planungsinstrumente. Die „Interventionsarchitektur" stellt in Projektmanagementbegriffen so etwas wie eine Grobplanung dar. Eine Grobplanung kann bereits Auskunft darüber geben, dass eine bestimmte Intervention stattfindet, in welcher Abhängigkeit sie in der Reihenfolge und in Bezug auf Zeitfenster stattfinden soll. Auch eine mögliche Häufigkeit bzw. Wiederholung kann so bereits abgelesen werden.

Begriffsklärung

Erste Planungsschritte

Im klassischen Projektmanagement bestehen die ersten strukturgebenden Planungsschritte in der Erstellung eines Projektstrukturplanes, der Beschreibung von Arbeitspaketen sowie den darauf aufbauenden Ablauf- und Terminpläne (als Netzplan oder aber auch als Gantt-Diagramm). Spätestens die grafische Darstellung als Balken- oder eben Gantt-Diagramm ermöglicht es allen Beteiligten, den vorgesehenen Projektverlauf in seinen Gestaltungselementen zu erkennen.

Im Changemanagement versteht man das Erstellen einer Übersicht für den vorgesehenen Projektverlauf bereits als Intervention. Sie wird aus den Erkenntnissen der Diagnose heraus entwickelt und mit dem Kundensystem, dem Auftraggeber, diskutiert. In der Literatur hat sich für diese visualisierte Übersicht des Projektes der Begriff „Architektur" etabliert (vgl. hierzu Königswieser/Exner 2008).

Der Begriff der Architektur greift den Gestaltungsaspekt von Architekten auf, die beispielsweise geeignete Räume für Wohnen, Arbeiten oder Freizeit ganz individuell für den Kunden entwickeln. Wer bereits als Bauherr einmal in die Lage versetzt war, mit Architekten zusammenzuarbeiten, erinnert sich möglicherweise auch daran, dass im Bauprozess die ursprüngliche Planung noch in ihren Details angepasst wurde. So oder so ähnlich darf man sich also auch den Planungsentwurf für ein Change-Projekt vorstellen. Die Organisationsberater Roswita Königswieser und Alexander Exner vergleichen dies sehr passend mit dem Zusammenspiel von Bauherr und Architekt im Rahmen von Sanierungsarbeiten. So mag beispielsweise im Prozess der ein oder andere Wanddurchbruch erforderlich, eine Wand versetzt oder aber neu eingefügt oder aber auch eine Zwischendecke eingezogen werden. Unterwegs mag es auch die ein oder andere Verzögerung oder Veränderung geben, sodass vielleicht zwischendurch ein Schutz mit Planen eingefügt werden muss, oder aber ein Container vorübergehenden Schutz bieten muss. In dieser hier dargestellten gemeinsam abgestimmten Vorgehensweise darf man sich auch die Projektstruktur des Beratungsprozesses im Changemanagement in Form einer Interventionsarchitektur vorstellen.

Das Design von Veränderungsprozessen

Um im Architektur-Bild zu bleiben: An einer bestimmten Stelle tritt das Design hinzu, also die Ausgestaltung der Gebäudehülle und der Räume. Anders gesagt: innerhalb des Veränderungsprozesses bedarf es dann einer zunehmenden Konkretisierung. Während des Prozesses wird entschieden, wie genau einzelne Interventionen Wirkung erzielen sollen (vgl. S. 139 und S. 241 f.).

Dimensionen des Designs

Für das Design werden unterschiedliche Dimensionen unterschieden, die wir zum Teil auch schon von der Intervention kennen (vgl. S. 241):

- sachlich-inhaltlich
- zeitlich
- räumlich
- sozial
- prozessual
- projektseitig

Praxisbeispiel

Die Dimensionen des Designs lassen sich am besten an einem Beispiel verdeutlichen: In einem Veränderungsprozess sieht ein Unternehmen etwa seinen Schwerpunkt in der Verbesserung des Betriebsklimas, der Arbeitszufriedenheit sowie der Herausbildung einer Arbeitgebermarke (**sachlich-inhaltliche Dimension**).

Dabei bestand zwischen Klienten- und Beratersystem Übereinstimmung, dass der Prozess der angestrebten Veränderungen nicht ad hoc oder aber in Kürze abgeschlossen sein wird (**zeitliche Dimension**). Um die Beschäftigten im Klientensystem nicht hinsichtlich der verfügbaren zeitlichen Ressourcen zu überlasten, wurden die zu bearbeitenden Themen gemeinsam priorisiert und zeitlich aufeinander so abgestimmt, dass ineinander verwobene Themenbereiche ein Stück weit entzerrt und damit nacheinander bearbeitet werden konnten (**prozessuale Dimension**).

Inwieweit und welche Mitarbeitergruppen mithilfe verschiedener Architekturelemente eingebunden und beteiligt werden, bestimmt die **soziale Dimension**. Nicht zuletzt ergab sich im Hinblick auf die Attraktivität als Arbeitgeber auch der Wunsch, beispielsweise konzeptionelle Arbeiten auch im Home Office erledigen zu können (**räumliche Dimension**).

Die **projektseitige Dimension** bildet alle Rahmendaten und Aspekte ab, wie zum Beispiel die vertragliche Bindung, die Festlegung von Projektdauer und Projektbudget sowie die Terminierung zeitlich bestimmter wichtiger Zwischenziele (Meilensteine). Zudem bedarf es einer konkreten Abstimmung zu Projektrollen (zum Beispiel Projektleiter, Auftraggeber, Entscheidungswege, Befugnisse und Verantwortlichkeiten). Diese sind nach meinem Verständnis für jedes Projekt gesetzt und in ihrer Besonderheit als Projektplanungs-Dimension unerlässlich, jedoch keine Intervention im hier dargestellten Sinn. Es ist daher angezeigt, auch diese projektseitigen Dimensionen mit Anbahnung eines Veränderungsprojektes mit zu denken. Eine Abbildung in der Architektur ist nach meinem Verständnis jedoch entbehrlich.

Veränderungsarchitektur erstellen

Ausgehend von der auf gesammelten Informationen basierenden Diagnose und den daraus abgeleiteten Hypothesen ergeben sich Interventionen. Auch Architekturen sind für sich betrachtet bereits Interventionen. Sie enthalten „Arbeitspakete", also Gestaltungselemente des Veränderungsprozesses. Für diese Arbeitpakete gilt, dass sie in einer sachlichen Abhängigkeit zueinander stehen (Vorgänger und Nachfolger) und dass sich damit eine zeitliche Abfolge ergibt. Zur Abbildung werden im Projektmanagement hierzu Instrumente genutzt, wie beispielsweise der Netzplan oder das Balkendiagramm (auch „Gantt-Diagramm"). In analoger Anwendung lassen sich auch die Interventionen in einem Veränderungsprozess in ihrer sachlichen und zeitlichen Abhängigkeit zueinander abbilden.

Veränderungsprojekte sind höchst individuell und immer bezogen auf das Klientensystem, die angestrebten Ziele sowie die Ausgangssituation und die Rahmenbedingungen zum jeweiligen Zeitpunkt. Insoweit unterscheiden sich Architekturen von Veränderungsprojekten. Zudem darf angenommen werden, dass unterschiedliche Prozessbegleiter auch unterschiedliche Architekturen entwerfen. Bezogen auf die Architekturelemente kann außerdem davon ausgegangen werden, dass während des laufenden Prozesses immer noch weitere Elemente in die Architektur eingebaut werden, da – im Sinne von agilem Vorgehen – prozessbegleitend regelmäßig neue Erkenntnisse gewonnen und in Planung übersetzt werden.

Zum Praxisbeispiel

Beispielhaft wird nun der Werdegang der Erstellung einer Veränderungsarchitektur aufgezeigt. Die einzelnen Elemente einer Veränderungsarchitektur werden darauffolgend aufgeführt.

Ausgangssituation

Das Produktionsunternehmen mit ca. 900 Beschäftigten ist erfolgreich am Markt etabliert. Die Ertragslage entspricht dem Branchendurchschnitt. Die Mitarbeiterzufriedenheit wird als eher schlecht vermutet. Es bestehen seit Längerem Probleme, notwendige Stellenbesetzungen erfolgreich abzuschließen. Dies führt dazu, dass die Mitarbeiter stark belastet sind und Überstunden anfallen. In der Folge ist in den letzten Monaten auch die Abwesenheitsquote gestiegen. Der Auftrag an die Berater umfasste das Durchführen einer Mitarbeiterbefragung mit anschließender Ableitung einer Strategie mit dem besonderen Schwerpunkt der Erhöhung der Mitarbeiterzufriedenheit. Das nachfolgende Beispiel zeigt den Zeitraum bis zum Vorliegen einer in der gesamten Belegschaft vorgestellten und diskutierten Strategieüberlegung.

Architekturentwurf

In der Auftragsklärung ist der Geschäftsführung, bestehend aus zwei Geschäftsführern bereits deutlich geworden, dass der erste Ansatz zur Veränderung im Unternehmen bei der Geschäftsführung selbst und den dort eingesetzten Management-Methoden und Führungstechniken erfolgen soll. Diese Erkenntnis entstand bereits sehr früh in der Auftragsklärung. Mit Blick auf das von mir verwendete Change-Canvas fragten die Auftraggeber sehr gezielt, welche Lernprozesse hier zu empfehlen wären. Daraus ist ein **Geschäftsführer-Coaching**-Zyklus entstanden. Während in anderen Unternehmen solche Termine „als Arbeit mit der Geschäftsführung" umschrieben worden wären, hatte sich diese Geschäftsführung bewusst für den Begriff des Coachings entschieden. Damit sollte deutlich in das Unternehmen hinein signalisiert werden, dass die Veränderung direkt auch in der Geschäftsführung ansetzt.

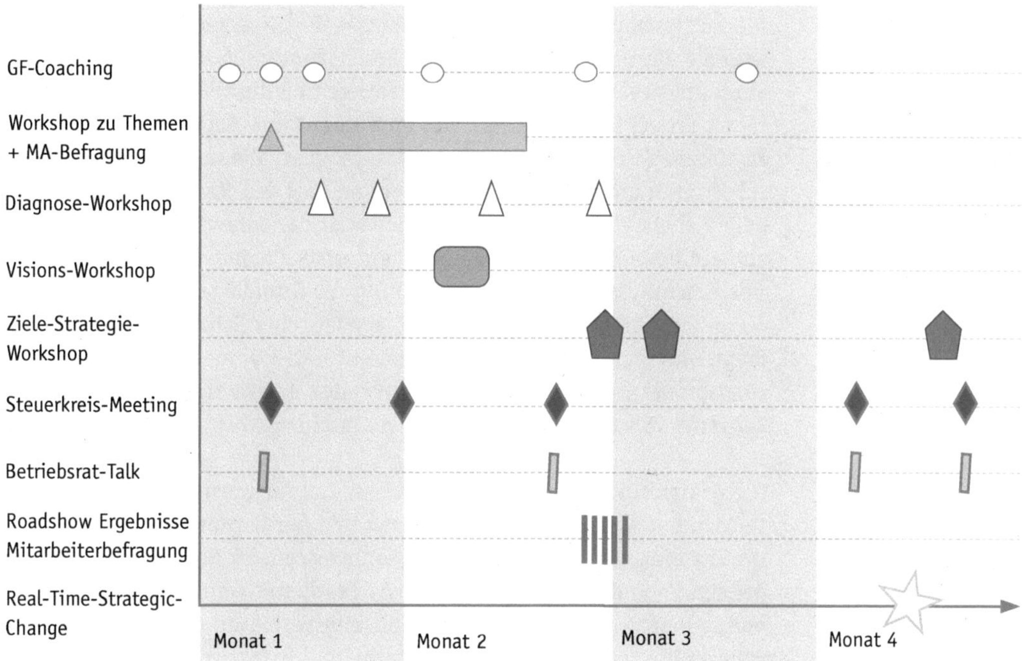

Abb.: Beispiel einer Interventionsarchitektur (Diagnose & Zukunftsgestaltung)

Als Nächstes waren Gespräche mit dem **Betriebsrat** zu dessen frühzeitiger Einbindung sowie die Bildung eines **Steuerkreises** vorgesehen. Mit beiden Gremien wurde in der geplanten Phase regelmäßig gearbeitet und ein intensiver Austausch sichergestellt.

Das Unternehmen hatte sich bereits für das Diagnoseinstrument **Mitarbeiterbefragung** entschieden (vgl. S. 199). Insoweit war in der Veränderungsarchitektur ein Workshop zur Ermittlung der maßgeblichen Fragenkomplexe und Fragen einzuplanen (vgl. **Workshop Fragen-Fächer** ab S. 205).

Aus den Gesprächen der Auftragsklärung ergab sich ein weiterer Bedarf an Diagnosen zu bereits adressierten Themen. Dieser wurde parallel zur Mitarbeiterbefragung in Form von **Diagnose-Workshops** eingeplant – auch im Sinne einer weiteren erkennbar aktiven Einbindung der Beschäftigten. In einem nächsten Schritt wurden in weiteren eingeplanten Workshops die **Visionsarbeit**, eine Klärung der verfolgten **Ziele** und eine Entwicklung der damit verbundenen Strategie eingeplant.

Die mittlerweile vorliegenden Ergebnisse der Mitarbeiterbefragung wurden allen daran interessierten Beschäftigten im Rahmen von abteilungsweisen **Roadshows** präsentiert und diskutiert. Abschluss dieser ersten Diagnosephase war eine **Real-Time-Strategic-Change**-Konferenz (vgl. S. 278 ff.). Diese diente dazu, alle interessierten Beschäftigten an einer Auseinandersetzung mit den Kerngedanken aus dem Visions-Workshop sowie dem Entwurf der Veränderungsstrategie zu beteiligen. Die hier wiedergegebene erste Diagnosephase war nach Abstimmung mit der Geschäftsführung die Grundlage für die Entscheidung über die weitere Ergänzung diagnostischer Schritte sowie die Empfehlung geeigneter Interventionen für den vorgesehenen Veränderungsprozess, der vom Unternehmen selbst bereits frühzeitig mit einem Zeitraum von zwei bis drei Jahren veranschlagt wurde.

Diese Architektur kombiniert Diagnose, Zukunftsgestaltung und intensive Beteiligung der Beschäftigten und der Personalvertretung und ihr Ergebnis war eine Reihe von Erkenntnissen, an denen im nachfolgenden Veränderungsprozess intensiv gearbeitet werden konnte. Hier beispielhaft zu nennen wäre das Führungsverhalten der direkten Führungskräfte, welches durch die Mitarbeiter als faktisch nicht vorhanden beschrieben wurde. Eine wertschätzende Kommunikation wurde genauso vermisst wie das Sprechen über Ziele und Arbeitsergebnisse. Als ein weiteres großes Themenfeld hat sich der Umgang mit Fehlern herausgestellt. Das Vorgehen war hier geprägt durch das Zuweisen von Schuld an jeweils Dritte. Das hatte zur Folge, dass die Ursachen jeweils unberührt blieben. Daneben wurde auch deutlich, dass die Prozesse (Arbeitsabläufe) die angestrebten Qualitätsziele nicht in dem erforderlichen Umfang unterstützen. Zudem zeigten sich Unklarheiten zwischen Aufgabe, Befugnis und Verantwortung (nach dem Kongruenzprinzip der Organisationslehre).

Typische Architekturelemente in Change-Prozessen

In dem vorherigen Beispiel wurden bereits einige mögliche Elemente einer Architektur angeführt. Weitere typische Elemente einer Architektur können beispielsweise sein:

Typische Architekturelemente

- Diagnostik
- Befund-Workshop
- Steuergruppe
- Sounding Board
- Großgruppenformate
- Workshops und moderierte Besprechungsformate
- Resonanz-Workshops und diverse Dialog-Formen
- Arbeit mit Auftraggebern und Führungskräften
- Projektstatusgespräche mit Auftraggebern
- Arbeit mit der Projektleitung (Berater-System)
- Coaching
- Trainings
- Evaluierung
- ...

Diese Aufzählung ist bewusst nicht in sich abgeschlossen. Es handelt sich hier eher um diejenigen Elemente, welche typischerweise in Veränderungsprojekten zum Einsatz kommen. Sie werden im Folgenden im Einzelnen erläutert.

Diagnostik

Die Diagnose kann in der Phasenbetrachtung des klassischen Projektmanagements der sogenannten Definitionsphase zugeordnet werden. Hier werden Basisinformationen erhoben und Erwartungen (Anforderungen) an das Projekt bzw. seine Ergebnisse zusammengetragen und abgestimmt. Insoweit kommen der Diagnostik neben dem Ankommen in der Organisation und der Informationsbeschaffung auch weiterführende Funktionen zu. Es ist Aufgabe der Prozessbegleiter, eine Vertrauensbeziehung aufzubauen sowie Beobachtungen und Hypothesen (vgl. S. 234) an das Klientensystem zurückgebend zu diskutieren. Dies bietet die Möglichkeit, eigene Ansätze zu erproben und eröffnet die Option der Selbstreflexion im Klientensystem.

Befund-Workshop

Der Diagnosebegriff ist bereits der Medizin entlehnt. Insoweit darf das Ergebnis aus der Diagnose auch als Befund bezeichnet werden. Systemische Beratung weiß um die Beschränkungen der eigenen Wahrnehmung und den Bedarf an Anschlussfähigkeit durch das Klientensystem. Folglich ist es Aufgabe, den diagnostisch ermittelten Befund mit dem Klientensystem zu teilen und zu reflektieren. Als weiteren Nutzen bietet ein Befund-Workshop auch die Möglichkeit des Ausbaus einer auf Vertrauen basierenden Beziehung sowie die gemeinsam abgestimmte Vorgehensweise für das Veränderungsprojekt, also die Interventionsarchitektur. Diese wird üblicherweise nach dem Befund-Workshop final erstellt. An anderer Stelle wird dieser Workshop auch als Rückspiegelungs-Workshop bezeichnet.

Steuergruppe und Sounding Board

„Steuergruppe" ist eine durchaus etablierte Bezeichnung aus dem Projektmanagement. In dieser Gruppe werden maßgebliche Abstimmungsprozesse gestaltet (vgl. u.a. Königswieser/Exner 2008). Dazu gehört das

Zweck der Steuergruppe

- Reflektieren von Ereignissen und Ergebnissen hinsichtlich ihrer Wirkung in Bezug auf die angestrebten Projektergebnisse. Ziel ist es, zu lernen und steuernde Handlungen abzuleiten.
- Aufgreifen, Analysieren, Bewerten und Voranbringen von Ideen und Denkansätzen.
- Entgegennehmen aller das Projekt betreffenden Aspekte im Sinne eines ersten Ansprechpartners.
- Evaluieren relevanter Stimmungen, Ereignisse, Entwicklungen in Bezug auf die sich daraus ergebenden Architektur- und Design-Aspekte.

- Vorbereiten und Einholen von erforderlichen Entscheidungen und Adressieren der sich daraus ergebenden Arbeiten bzw. Aktivitäten im Berater- und Klientensystem.
- Evaluieren und Controllen des Veränderungsprozesses im Sinne systemischer Feedback-Schleifen sowie das Evaluieren von relevanten Zielerreichungskriterien und gegebenenfalls Kennzahlen.
- Initiieren, Beauftragen und Steuern möglicher Teilprojekte.
- Sicherstellen der Informationswege sowie das Koordinieren der Informationsinhalte (im Sinne von Kernbotschaften im Rahmen des Projektmarketings).
- Abstimmen zu Interventionstiefen und Priorisieren von Schwerpunkten.
- Abstimmen des Projektumfangs, da gerade bei langfristigeren Projekten immer wieder Themen auftauchen, die entweder klar dem Projekt zugeordnet oder nicht zugeordnet werden müssen.
- Steuern des Projektes hinsichtlich Ergebnis, Kosten und Zeit.

Der Steuerkreis nimmt die Steuerung des Projektes wahr – im besten Sinne agiler Prinzipien. Der Zeitraum („Sprint") zwischen den Treffen sollte angemessen gewählt sein. In zahlreichen Projekten hat sich ein monatlicher Zeitraum als geeignet erwiesen. Üblicherweise wird ein zeitlicher Umfang von ein bis eineinhalb Tagen für ein Treffen des Steuerkreises eingeplant. Mitglieder des Steuerkreises können neben den Prozessbegleitern (gegebenenfalls auf die Entscheider im Beratungssystem begrenzt) sein:

Mögliche Mitglieder einer Steuergruppe

- Auftraggeber oder von diesem bestimmte Vertreter
- Die Projektleitung
- Maßgebliche Entscheider der Organisation
- Stellvertretend einzelne von der Veränderung betroffene Mitarbeiter
- Einzelne Mitglieder von Mitarbeitervertretungen (zum Beispiel aus dem Betriebsrat, Personalrat, Schwerbehindertenvertretung, aus der Jugend- und Auszubildenden-Vertretung)
- Gegebenenfalls die Projektleitenden von Teilprojekten

Für die Arbeitsfähigkeit des Steuerkreises ist eine Gruppengröße von bis zu maximal 15 Personen handhabbar. Sofern aufgrund der Organisationsgröße die Teilnehmerzahl größer zu werden droht, kann mit einem Kernteam und themenweise dazugebetenen „Gästen" gearbeitet werden.

Sounding Board

Das Sounding Board darf als Beratungsgremium des Steuerkreises verstanden werden. Es setzt sich neben der Steuergruppe, der Geschäftsleitung und den Vorständen aus Schlüsselpersonen des Veränderungsprozesses sowie gegebenenfalls aus Personalvertretungen zusammen. Das so zusammengesetzte Board soll hörbar Rückmeldungen (also Resonanz/Sound) zum Veränderungsprozess geben. Die besondere Aufgabe ist es, in diesem Board alle wichtigen Strömungen, Gruppierungen und Interessen stellvertretend durch einzelne Persönlichkeiten zusammenzuführen. Folgende Aspekte sollen Raum haben und hörbar werden:

Aufgaben des Sounding Boards

- Wahrnehmungen und Interpretationen zu Wirkungen des Projektes aus der jeweils individuellen Sicht
- Rückkopplungen an die Steuergruppe
- Informationen aus einzelnen Organisationseinheiten und Gremien
- Hinweise auf Bedarfe sowie sachlich-inhaltliche Hinweise (zum Beispiel weiterführende Fragen, Ideen, Wünsche, Erwartungen)
- Aufnahme von Informationen zum Projektfortschritt, zum Status einzelner Teilprojekte und/oder Meilensteine zur Weitergabe in die jeweiligen Organisationseinheiten und Gremien im Sinne von Multiplikatoren.

Großgruppenformate

Eine Herausforderung in Veränderungsprojekten ist es, die Mitarbeiter einer Organisation umfänglich zu beteiligen. Beteiligung umfasst nach meinem Verständnis weit mehr Aspekte als nur die Bereitstellung von umfänglichen und adressatengerechten Informationen. Wobei auch dies bereits eine Herausforderung an sich darstellt.

Gruppenformate gehen über die eindimensionale Kommunikation im Sinne von Information hinaus. Sie ermöglichen den Dialog sowie die aktive Auseinandersetzung mit einzelnen Themen bis hin zur Erarbeitung von beispielsweise Messkriterien oder auch Lösungsansätzen. Gruppenformate haben dabei häufig ein ähnliches Design:

Design von Gruppenformaten

1. Input
2. Kritikphase
3. Zukunft gestalten
4. Praxistransfer sicherstellen

Hinsichtlich der Parameter kann gesagt werden:
- Häufig als Auftakt für einen Prozess zu Projektbeginn
- ca. 12 bis 2.000 Teilnehmer
- Zeitumfang von ca. drei Stunden bis zu drei Tagen
- themenbezogen vorbereitet
- moderiert
- Diskussionsverlauf und Ergebnisse werden visualisiert

Bekannte Großgruppenformate

Bekannte Vertreter der Großgruppenformate sind beispielsweise:
- Zukunftswerkstatt
- World Café
- Open Space
- Zukunftskonferenz (Future Search)
- Impulsvorträge
- Real-Time-Strategic-Change (RTSC-Konferenz).

Im Rahmen dieses Buches wird die RTSC-Konferenz stellvertretend für Großgruppenformate ausführlicher dargestellt (vgl. S. 278 ff.).

Workshops und moderierte Besprechungsformate

Workshops sind ihrer Definition nach zunächst einmal Arbeitstreffen, in denen relevante Personen an ausgewählten Themen zielorientiert sowie ergebnisoffen außerhalb des Tagesgeschäftes arbeiten. Sie werden dabei von einem Moderator auf der Prozessebene unterstützt und die Ergebnisse werden visualisiert (vgl. u.a. Lundershausen 2015). Warum es sinnvoll ist, dass Workshops von einem Moderator unterstützt werden, wurde auf S. 22 ff. dargelegt.

Workshops zur Arbeit an Projektthemen

Im Rahmen von Veränderungsprojekten werden regelmäßig Themen aufgegriffen, um sie einer Verbesserung zuzuführen. Bei einem Workshop werden quasi unter Klausuratmosphäre die Themen analytisch und strukturiert so bearbeitet, dass eine konkrete To-do-Liste bzw. eine fundierte Entscheidungsvorlage entsteht. Die Themen und Ziele eines Workshops ergeben sich nicht selten aus dem Prozess – bzw. aus dem System heraus. Aufgabe der Workshop-Teilnehmer ist es folglich, Lösungsansätze unter Berücksichtigung der Rahmenbedingungen sowie möglicher Risiken zu erarbeiten und einen Praxistransfer sicherzustellen. Die Workshop-Moderation folgt dabei einem immer gleichen Phasenablauf:

Phasenablauf bei Workshops

1. Einstieg in die Veranstaltung
   - Begrüßung, Eröffnung ggf. mit Impuls/Ansprache
   - Ziel der Veranstaltung vergegenwärtigen
   - ggf. Vorstellungsrunde
   - Klärung, Abstimmung organisatorischer Aspekte
   - Erwartungsabfrage
   - Vereinbarung von Arbeitsregeln
2. Themen sammeln
3. Themen auswählen (und ggf. priorisieren)

   als Schleife je Thema:

   4. Thema bearbeiten
   5. Maßnahmen planen
6. Abschließen
   - Ergebnis und Prozess reflektieren
   - Dank für das Engagement der Teilnehmenden
7. Evaluieren
   Nachbetrachtung zur Veranstaltung durch den Moderator selbst (insbesondere zum Prozess und den gewählten Interventionen), Reflexion zum Feedback sowie Ableiten von Erkenntnissen im Sinne einer „Lesson Learned".
   - *„Was hat gut funktioniert und woran genau lag das?"*
   - *„WAS werde ich das nächste Mal WIE anders besser machen? Weshalb?"*

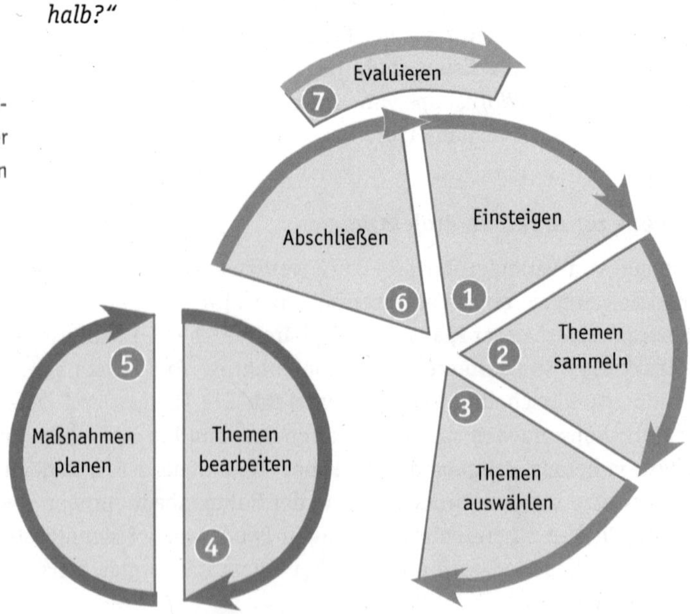

Abb.: Sieben-Phasen-Modell der Moderation

Zeitlicher Umfang eines Workshops

Ein Workshop, wie er hier beschrieben ist, kann im Umfang von ca. zwei Stunden bis durchaus auch drei Tagen angelegt sein. Hier bestimmen Fragestellung und Komplexität der Themen die Dauer. Auch ein einstündiges Meeting mit Moderation und Visualisierung würde so dem Workshop-Format entsprechen. Die Trennlinie ist hier wenig scharf gezogen, soweit die genannten Aspekte Berücksichtigung finden.

Resonanz-Workshops und diverse Dialogformen

Was auch immer an Interventionen zum Einsatz kommt, es hat Wirkungen, also auch Nebenwirkungen. Da den Überlegungen dieses Buches ein systemischer, nicht-mechanistische Ansatz zugrunde liegt, können nur Vertreter des Systems selbst reflektieren und beschreiben, was aus ihrer Sicht gerade passiert und was dies mit ihnen macht. Es geht darum, herauszufinden, welche Entwicklungen in die gewünschte oder aber auch in die ungewünschte Richtung zu beobachten sind. Insoweit sind die Organisationsmitglieder geradezu konsiliarisch in die durchgehende Evaluation des Prozesses eingebunden, also in erforderliche FeedbackSchleifen. Resonanz-Workshops geben dem Berater wertvolle Rückmeldungen über Wahrnehmungen und Bewertungen im System und durch das System. Resonanz bezieht sich also auf eine Reflexion zurückliegender Zeitabschnitte, im Unterschied zu einem Themen-Workshop, der eher lösungsorientiert in die Zukunft gerichtet ist.

In der Praxis können Resonanz-Workshops je nach betroffener Organisationseinheit unterschiedlich besetzt sein.

Arbeit mit Auftraggebern und Führungskräften

Ohne den ausdrücklichen Willen, die Unterstützung und das Commitment der Entscheider einer Organisation sind Veränderungsprojekte zum Scheitern verurteilt. Daher ist es von besonderer Bedeutung, dass Erkenntnis- und Lernprozesse bei den Entscheidern beginnen. Dies erhöht die Glaubwürdigkeit dieser Akteure im System und erzeugt eine nachvollziehbare Vorbildwirkung.

Im Normalfall werden die aktuellen Anliegen der Entscheider in Bezug auf das Projekt sowie entstanden durch das Projekt besprochen. Soweit Einvernehmen zwischen Entscheidern und Beratersystem besteht, dürfen diese Sequenzen auch als Executive Coaching bezeichnet sein.

Projektstatusgespräche mit dem Projektauftraggeber

Projektstatusberichte sind ein etabliertes Instrument im Projektmanagement. Es empfiehlt sich, dieses Vorgehen – ein Informieren des Projektauftraggebers im Dialog – auch in Veränderungsprojekten zu etablieren. Dafür spricht, dass die zeitlichen Ressourcen des Auftraggebers in der Regel bereits stark belastet sind. Meist ist es kaum möglich, dass dieser regelmäßig und umfänglich an allen das Veränderungsprojekt betreffenden Aktivitäten teilnehmen kann. Dies führt dazu, dass Informationslücken entstehen. Das ist einerseits nachteilig für den jeweiligen Entscheider, weil er selbst an dem Veränderungsprozess nicht durchgehend partizipieren kann, was beispielsweise den Erkenntnisgewinn anderer Akteure im Prozess betrifft. In der Folge sind weiterführende Überlegungen für die Beteiligten verständlich, während sie sich dem Entscheider nicht zwingend von allein erklären. Zudem muss auch während des Projekts seitens des Klienten nachgesteuert werden, wenn es zum Beispiel um den Einsatz von Ressourcen oder dergleichen geht. Typische Inhalte eines Projektstatusgespräches sind:

Inhalte von Projektstatusgesprächen

- *„Was wurde gemacht und was wurde erreicht?"*
- *„Woran arbeiten wir zur Zeit?"*
- *„Wo stehen wir und welches sind die nächsten Schritte?"*
- *„Was muss entschieden werden?"*

Sofern ein Projekt-Canvas (vgl. S. 129) bearbeitet wurde, kann es gut als übersichtliches Instrument für ein solches Gespräch genutzt werden.

Arbeit mit der Projektleitung

Die interne Projektleitung trägt eine hohe Verantwortung bezogen auf die Projektergebnisse und den Projektverlauf. Daher ist eine regelmäßige Reflexion des Veränderungsprozesses, das Abstimmen und Treffen maßgeblicher Entscheidungen sowie der fachliche Austausch in Bezug auf Projektmanagement und Changemanagement angezeigt. Regelmäßige Besprechungen bzw. Updates unterstützen einen möglichst reibungsfreien Prozess, der auch nach außen wahrnehmbar harmonischer stattfindet.

Coaching

Coaching ist die systematische Beratung, Begleitung und Unterstützung von Personen mit Führungsaufgaben sowie von Fachexperten in Unternehmen und Organisationen. Zielsetzung von Coaching ist die Weiterentwicklung von individuellen oder kollektiven Lern- und Leistungsprozessen. Dabei stehen berufliche Anliegen im Vordergrund.

Es hat die lösungs- und zielorientierte Begleitung von Menschen im beruflichen Umfeld, die Förderung der Selbstreflexion sowie die selbst gesteuerte Verbesserung der Wahrnehmung, des Erlebens und des Verhaltens zum Inhalt.

Je nach Führungskultur erhalten interessierte Führungskräfte bei Bedarf Coaching. Dies sichert in Veränderungsprozessen vor allem, dass die Führungskräfte den Veränderungsprozess wirksam und authentisch unterstützen können.

Trainings

Training ist per Definition zunächst einmal das Einüben neuer bzw. immer wiederkehrender Arbeitsabläufe bzw. Aufgaben. Bezogen auf Veränderungsprojekte können hier Trainings zu Themen wie zum Beispiel „Veränderungskompetenz", „Kommunikation", „Teamentwicklung" oder auch „Führung" unterstützend wirken. Wohl gemerkt: Trainings sind keine Schulungen. Sie haben einen Schwerpunkt im Übersetzen von Theorie in die Praxis und verstetigen Handlungen durch Üben.

Evaluierung

Wie bereits ausgeführt, sind die Ergebnisse von Interventionen nicht gleichzusetzen mit der ursprünglichen Erwartung an die gewünschte Wirkung. Es ist daher in Veränderungsprojekten sowohl nützlich als auch erforderlich, den Projektfortschritt zu überprüfen. Neben quantitativen Ergebnissen dürften in Veränderungsprojekten Erfolge überwiegend qualitativ erfasst werden. Mögliche Beispiele sind:

Erfassen von Erfolgen

- Befragungen
- Interviews (zum Beispiel unter Verwendung von Skalen-Fragen)
- Workshops mit Feedback und der Rückspiegelung von Wahrnehmungen
- Zusammentragen, Manifestieren, Bewusstmachen und Verankern von Veränderungen.

Diese und weitere Architekturelemente sind potenzielle Bestandteile von Veränderungsarchitekturen. Sie ermöglichen in ihrem Zusammenspiel als Architektur neue Sichtweisen, vielfältige Perspektiven, gewährleisten Dialog und Reflexion und unterstützen Erkenntnis- und Lernprozesse. Dies in der Summe unterstützt die Verfolgung und Erreichung der mit der Veränderung verbundenen Ziele.

Controlling: Einführung in das Change Monitoring

Unter „Change Monitoring" versteht man das systematische und den gesamten Veränderungsprozess begleitende Auswählen, Erfassen, Auswerten und Interpretieren von qualitativen sowie quantitativen Daten als Basis für die Steuerung eines Veränderungsvorhabens. Die Aktivitäten im Change Monitoring sind folglich geplant und an den zu erreichenden Zielen ausgerichtet. Ziel ist es, Verbesserungsmöglichkeiten zu erkennen, um sie im Rahmen des Changemanagements wirksam umsetzen zu können. Kurz gefasst gibt Change Monitoring Auskunft darüber:

Nutzen des Change Monitorings

- Was funktioniert bereits gut?
- Was muss mit Blick auf die Ziele noch verbessert werden?

Die nachfolgenden Ausführungen vermitteln zuerst Grundlagen des Controllings und zeigen dann Instrumente auf, die im Change Monitoring Verwendung finden.

Controlling im Management

Unter „**Controlling**" wird üblicherweise das Sammeln, Aufbereiten und Auswerten von Daten zur Vorbereitung von Entscheidungen verstanden. Dabei folgt der Gedanke des Controllings dem Management-Regelkreislauf. Dieser basiert auf der dem Management-Handeln zugrunde liegenden logischen Abfolge von Zielbildung, Strategieentwicklung, Planung, Umsetzung, Kontrolle und Steuerung. Dabei bilden die in der Kontrolle gewonnenen Erkenntnisse die Grundlage für das Steuern. Mit Steuern meint man das Hinwirken auf die Zielerreichung auf Grundlage der im Controlling festgestellten Aspekte.

Die Basis eines Controllings sind Vergleiche. Für den Vergleich kann es im Controlling unterschiedliche Bezugsrahmen geben:

Vergleiche als Grundlage

- Soll-/Ist-Vergleich
- Perioden-Vergleich
- Branchen-Vergleich
- Benchmarking

Der Soll-/Ist-Vergleich ist die wohl bekannteste Variation, die auch im Projektmanagement weit verbreitet ist. Hier wird der erreichte Stand in einem Projekt mit dem ursprünglich geplanten Soll-Zustand verglichen, um auf Grundlage der Differenz geeignete Maßnahmen zu ergreifen (vgl. Gap-Analyse S. 229 f.). Periodenvergleiche stellen erzielte Ergebnisse eines bestimmten Monats, Quartals oder Jahres den erreichten Ergebnissen entsprechender Vor-Perioden gegenüber. So werden beispielsweise die Ergebnisse aus dem Mai 2020 mit den Mai-Ergebnissen der Jahre 2019, 2018, 2017 usw. verglichen. Die weiteren genannten Vergleichsarten seien hier nur der Vollständigkeit halber erwähnt, im Change Monitoring spielen sie kaum eine Rolle.

In klassischen betriebswirtschaftlichen Disziplinen findet Controlling auf der Grundlage von Kennzahlen statt. Es handelt sich folglich um sogenannte quantitative Verfahren. Von qualitativen Verfahren spricht man demgegenüber dann, wenn die zu vergleichenden Daten aus begründeten Einschätzungen stammen und so nicht direkt gemessen worden sind.

Controlling im Changemanagement

Auch im Rahmen von Veränderungsprozessen werden quantitative Angaben wie der „Return on Investment" erfragt oder wenigstens eine Investitionsrechnung im Sinne eines „Business Case" erwartet. Hier stößt Changemanagement jedoch an seine Grenzen. Denn zu Beginn des Veränderungsprozesses kann nicht genau gesagt werden, welche Erkenntnisse im Verlauf des Projektes zu Interventionen führen werden. Dies bedeutet, dass weder die tatsächliche Dauer eines solchen Projektes, noch die damit verbundenen Kosten präzise geplant werden können. Selbst der erwartete Nutzen kann nicht in Zahlen gefasst werden, weil valide Wirkungsmodelle in Gestalt von empirisch abgesicherten Ursache-Wirkung-Beziehungen nicht existieren. Insoweit beruhen die vorab gefassten Daten auf erfahrungsbasierten Schätzungen (vgl. Claßen 07/2017).

Eher Überzeugung statt Berechnung als Grundlage

Die Entscheidung für ein professionelles Changemanagement erwächst daher mehr aus Überzeugungen und einer auch auf den Interessen der Betroffenen ausgerichteten Unternehmensphilosophie. Denn was wir wissen, ist, dass Change-Projekte, die kein Changemanagement haben oder nur durch ein unprofessionelles Changemanagement begleitet werden, negative Auswirkungen auf die gesamte Organisation haben. Ergebnisse können um etwa 25 % einbrechen und die unerwünschte Fluktuation um ca. 10 % ansteigen (vgl. Claßen ebd., vgl. auch S. 114 f.).

Im Folgenden werden nun die einzelnen Instrumente vorgestellt, mit denen Change Monitoring vor dem Veränderungsprojekt, während des Projekts und nach Abschluss des Projekts durchgeführt werden kann.

Change Monitoring vor dem Veränderungsprojekt

Investitionsrechnung

Im Vorfeld des Veränderungsprojektes stehen nur in begrenztem Umfang Instrumente aus dem Change Monitoring zur Verfügung. Diese sind in ihrer Summe den qualitativen Verfahren zuzuordnen. Wie bereits ausgeführt, ist eine Investitionsrechnung im eigentlichen Sinn mit dem heutigen Kenntnisstand nicht möglich. Ersetzt werden kann die Investitionsrechnung durch auf Studien basierende Szenarien, die Aussagen darüber treffen, welche Wirkungen ein fehlendes oder mangelhaftes Changemanagement haben können.

Projekt-Budget

Ein weiteres Instrument ist die Ermittlung der für den Veränderungsprozess vorzusehenden Kosten. Ein solches Projektbudget basiert üblicherweise auf einer Expertenschätzung als Grundlage für ein späteres Kosten-Controlling im Projektverlauf. Hier ist auf der Grundlage des geschätzten Budgets eine Kontrolle des Kostenverlaufs mit klassischen betriebswirtschaftlichen Instrumenten möglich. Es handelt sich sodann um einen Soll-/Ist-Vergleich in Form eines Plan-/Ist-Vergleiches.

Mitarbeiterbefragung

Ein weiteres Instrument steht mit der Mitarbeiterbefragung zur Verfügung. Zahlreiche Veränderungsprojekte befassen sich mit solchen Themen wie „Arbeitszufriedenheit“, „Motivation“, „Commitment“ und „Bindung an den Arbeitgeber“ etc. Sind entsprechende Daten über eine Mitarbeiterbefragung vor Projektstart erfasst worden, so stehen diese Daten als Ausgangswert für einen Vergleich mit einer Ex-post-Befragung – also einer Befragung nach Abschluss des Veränderungsprojektes – zur Verfügung. Selbstredend sind unter Berücksichtigung eines angemessenen Aufwandes auch regelmäßige Befragungen während eines Veränderungsprozesses denkbar. So könnte beispielsweise in einem auf etwa vier Jahre angelegten Veränderungsprojekt eine jährliche

Befragung vorgesehen werden. Hier ist bereits bei der Konzeption der Befragung darauf zu achten, dass der Umfang und der Schwerpunkt der Fragen so gewählt werden, dass die Wiederholungen unter Berücksichtigung von Ressourcen auch gut umgesetzt werden können. Dieser Vergleich gibt Aufschluss darüber, welche Items sich in welcher Weise und Ausprägung verändern. Das Thema Mitarbeiterbefragung finden Sie ausführlicher behandelt ab S. 199.

Premortem-Technik

Ein weiteres Instrument des Change Monitorings ist die Premortem-Technik (vgl. S. 187 ff.). Ziel dabei ist, bereits vor Start des Veränderungsprojektes zu überlegen, was alles schieflaufen kann. Die so gefundenen Wegbereiter und Risiken werden sodann im Rahmen der Interventionsarchitektur mit geeigneten Aktivitäten hinterlegt. Es empfiehlt sich, diese Technik im Verlauf des Veränderungsprojektes regelmäßig zu wiederholen. Denn es zeigen erneut gefundene Aspekte Handlungsbedarf auf – bzw. Erfolge, wenn immer weniger Schwachstellen gefunden werden. Darüber hinaus können die in der jeweils zuvor durchgeführten Premortem-Analyse aufgedeckten Risiken daraufhin überprüft werden, ob und inwieweit es gelungen ist, diese zu reduzieren oder zu vermeiden.

Change Monitoring im Projektverlauf

Change-Canvas

Als sowohl einfaches als auch wirksames Instrument für die Planung von Veränderungsprozessen empfiehlt sich auch für das Controlling das Change-Canvas (vgl. S. 129 ff.). Der Vorteil einer so strukturierten Planung ist, dass Plandaten mit dem jeweils erreichten Stand sehr gut verglichen werden können. Wie bereits im entsprechenden Kapitel ausgeführt, können mit dem Change-Canvas gut im Steuerkreis und mit dem Auftraggeber Erreichtes besprochen und Meilensteine überprüft werden. Für eine regelmäßige Statuskontrolle empfiehlt es sich darüber hinaus, das Change-Canvas durchgehend im Projekt-Office oder dem üblichen Besprechungsraum präsent zu halten.

Interventions-architektur

Auch die grafische Darstellung einer Interventionsarchitektur (vgl. S. 247) ist ein geeignetes Monitoring-Instrument. Da diese die gewählten Interventionen auf einer Zeitachse abbildet, können mögliche Zeitverzögerungen im Projekt überprüft werden und es ergeben sich Anhaltspunkte dafür, ob das Veränderungsprojekt wie geplant „in time" verläuft.

Fokusgruppen-Interview

Wichtige Erkenntnisquellen während eines Veränderungsprozesses sind Interviews mit Einzelpersonen oder auch Gruppen, üblicherweise mit vorbereiteten Leitfragen. Diese werden an Betroffene adressiert und bieten in der Summe einen guten Überblick über die Wahrnehmung und das Erleben dieser Stakeholder. In Fokusgruppen können vorab festgelegte Leitfragen auch in Form eines Workshops bearbeitet werden. Bei einer regelmäßigen Wiederholung der Befragung kann eine Beurteilung der Fortschritte in Richtung Zielerreichung qualitativ beurteilt werden. Hinweise zu Fragebögen sowie zum Fokusgruppen-Workshop finden Sie ab S. 212.

Appreciative Inquiry

Die „Appreciative Inquiry" ist eine in der Organisationsentwicklung etablierte Methode, die sich in das Deutsche übertragen mit „wertschätzende bzw. anerkennende Erkundung" übersetzen lässt. Bei dieser Methode wird nach den Dingen gefragt, die bereits gut funktionieren – damit ist der Fokus auf wirkungsvolle Veränderungen gesetzt. Dies kann als Kontrollinstrument für die Wirksamkeit von Interventionen aus Sicht der Betroffenen dienen. Hierbei handelt es sich um ein qualitatives Verfahren.

Sounding Board

Beim „Sounding Board"(vgl. S. 252) handelt es sich um Feedback-Runden, bei denen im Wesentlichen die gegenwärtige Stimmung erfasst wird. Es ist ein Standardinstrument, auf das kein Veränderungsprojekt verzichten sollte. Der Adressatenkreis kann sowohl Führungskräfte als auch einzelne Beschäftigte im Sinne einer stellvertretenden Teilnahme umfassen.

Stimmungsbarometer, Fieberkurve und Kulturradar

Das „Stimmungsbarometer" (auch: „Pulse Check") ist ein in der Moderation etabliertes Instrument, das auf der Ein-Punkt-Frage basiert. Aufgrund seiner Einfachheit ist es bestens geeignet, die Stimmungslage bzw. Meinung von Gruppen visualisiert zu erfragen. Das Barometer wird aufgezeichnet, beispielsweise auf ein Flipchart oder eine Moderationswand, und mit einer entsprechenden Frage verbunden. An der Skalierung des Barometer (zum Beispiel „sehr gut bis schlecht" oder Smileys) können die Befragten mit einem Klebepunkt oder Kreuz ihr Feedback abgeben (vgl. hierzu Lundershausen 2015). Auch die Projekt-Fieberkurve (vgl. S. 383 ff.) sowie der Kulturradar (vgl. S. 233 ff.) stehen als Instrument der Erhebung von Stimmungen im Zeitverlauf als Retrospektive zur Verfügung.

Neben diesen analogen Formen sind inzwischen auch Bewertungssysteme zur digitalen Erfassung von Stimmungen am Markt erhältlich. Diese kennen Sie möglicherweise von Sanitäranlagen zur Beurteilung der Sauberkeit oder als Bewertungsmöglichkeit nach der Sicherheitskontrolle auf Flughäfen. Solche Systeme können am Ein- oder Ausgang bzw. im Bereich der Zeiterfassungssysteme zeitweise aufgestellt werden. Die Auswertung der Daten erfolgt digital.

Statusberichte und Kennzahlen

Neben den zuvor genannten qualitativen Kontrollmethoden in Bezug auf die erwarteten Projektergebnisse steht darüber hinaus das Instrumentarium aus dem klassischen Projekt-Controlling zur Verfügung. So lässt sich beispielsweise das Projektbudget kontrollieren und Veränderungen der Anwesenheitsquote oder der Fluktuationsquote. Darüber hinaus können Statusberichte Aufschluss über bearbeitete Themen und Hinweise auf Risiken geben sowie Prognosen über den bereits erreichten Stand via Ampelsystem ermöglichen.

Screening der (digitalen) Kommunikation

Über die genannten Instrumente hinaus stehen weitere Erkenntnisquellen zur Verfügung, insbesondere dann, wenn im Unternehmen ein Intranet genutzt werden kann. Denn dort lassen sich gezielt Frage- und Beteiligungsmöglichkeiten einbauen und Blog-Einträge lassen sich daraufhin untersuchen, welche Stimmungen und welche Handlungsfelder derzeit thematisiert werden. Doch Achtung: Diese Kommunikationswege bilden zunächst einmal die Meinung Einzelner ab und sind daher eher Indiz für den Bedarf an valideren Verfahren wie Interviews oder Fokusgruppen-Workshops.

Change Monitoring nach Projektabschluss

„Lessons Learned" und „After Action Review"

Auch nach Abschluss eines Veränderungsprojektes stehen Instrumente für das Change Monitoring zur Verfügung. Hierbei sei zunächst auf bereits genannte Instrumente verwiesen, welche sich ebenso für eine Nachbetrachtung eignen wie die Mitarbeiterbefragung, Kennzahlenvergleiche oder die Budgetüberwachung – im Sinne einer Schlussrechnung. Darüber hinaus stehen die folgenden Instrumente zur Verfügung: „Lessons Learned" und die „After Action Review" sind Instrumente, die das absolvierte Handeln in Bezug auf die jeweiligen Projektergebnisse reflektieren. Diese Rückschau erfolgt meist in einem moderierten Workshop, vgl. ab S. 378 ff. Im Rahmen des Change Monitoring ergeben sich aus beiden Lern-Formaten Erkenntnisse in Bezug auf erreichte Ergebnisse. Damit ist neben dem Erkenntnisgewinn auch ein Abgleich zwischen dem Ist- und dem ursprünglich beschriebenen Soll-Zustand möglich.

Tatsächlich geben die beiden Instrumente auf der zweiten Ebene weitere Erkenntnisse preis. Gemeint ist hiermit der Kompetenzzuwachs, der sich trotz oder gerade wegen der ein oder anderen Hürde im Veränderungsprozess ergeben hat. Diese Entwicklungsprozesse bewusst zu betrachten, bereichert das Veränderungsprojekt um die genannten Aspekte.

Planungsinstrumente für Interventionen

An dieser Stelle werden nun zunächst Hilfsmittel vorgestellt, die Sie und die Teilnehmenden bei Interventionen auf allen Prozessebenen der Organisationsentwicklung unterstützen. Hier wird dargestellt, wie Change-Projekte strukturiert werden können, wie Aufwand oder andere Bedarfe eingeschätzt werden oder wie ein Perspektivwechsel durch Einbeziehen des Raumes unterstützt werden kann. Kombiniert werden diese Hilfsmittel mit den Interventionen des Diagnoseprozesses (s. S. 151 ff.), des zukunftsgestaltenden Prozesses (s. S. 277 ff.), des Informationsprozesses (s. S. 357 ff.) und des Lernprozesses (s. S. 367).

Change Roadmap: Veränderungslandkarte

Eine Herausforderung bei der Planung und Umsetzung von Veränderungsprojekten besteht in der Strukturierung dieser Projekte und in ihrer eigentlichen Handhabung. Mithilfe einer Veränderungslandkarte (auch „Change Roadmap“ genannt) lassen sich Change-Projekte strukturieren und zielführend bearbeiten. Ziel einer Change Roadmap ist es, anstehende Veränderungen in Organisationen durch ihre grafische Abbildung besser verständlich und diskutierbar zu machen. Die flexible Darstellung der Bausteine einer solchen Veränderungslandkarte erleichtert es, wichtige Aspekte (z.B. Meilensteine oder Lernprozesse) zu berücksichtigen. Neben dieser Perspektive sind anhand solcher Darstellungen auch Rückschauen auf bereits abgeschlossene Bausteine möglich. Projekteinsteiger oder auch Auftraggeber können so über gegenwärtige, vergangene und künftige Aktivitäten im Projekt im wahrsten Sinne leicht „ins Bild“ gesetzt werden.

Damit liegt der Fokus dieses Instrumentes auf der Veranschaulichung eines möglichen Projektablaufes, es ermöglicht so einen besseren Eindruck der zeitlichen Einordnung von Aktivitäten und deren zeitlicher Beziehungen zueinander. Das bedeutet auch, dass Aktivitäten aufgenommen werden können, die nicht als Intervention eingesetzt werden, zum Beispiel die Erstellung von Statusberichten. Die Interventionsarchitektur hingehen stellt eher die zu wählenden Interventionen heraus und fokussiert dabei auf Wirkungen und Wechselwirkungen. Je nach Zugang und Erfahrung mit diesen Instrumenten mag es sein, dass nur eines dieser Instrumente genutzt wird. In diesem Fall empfehle ich die Erstellung einer Interventionsarchitektur (s. ab S. 245).

Das Vorgehen bei der Veränderungslandkarte ist angelehnt an die Termin- und Ablaufplanung sowie an die Meilensteinpläne im klassischen Projektmanagement. Es werden also verschiedene Diagramm-Darstellungen verwendet, z.B. Gantt-Diagramme, ereignisgesteuerte Prozessketten etc. Es sind jedoch auch kreative Ansätze beobachtbar. Hier werden bildhaftere Darstellungen und Metaphern verwendet, z.B.:

Bildhaftere Darstellungen

- Baumstrukturen zur Verdeutlichung der Beziehungen zwischen Ziel (oder Problem) und daraus hervorgehend sich verzweigenden Lösungen (im Sinne deduktiver Lösungsbäume)
- Kartografische Darstellungen, um Themengebiete und deren Beziehungen zueinander darzustellen
- Cockpits mit Schwerpunkten und Messgrößen
- Pyramiden, von den Zielen (Lösungen) zu den Details
- Trichter, Input Richtung Ziel (Lösung)

Allen Variationen ist eins gemeinsam: Das Change-Projekt und seine wesentlichen Aktivitäten werden übersichtlich und unter Bezug auf Phasen oder Terminleisten angeordnet. Nachfolgend sehen Sie anhand einer eher diagrammorientierten Darstellung den grundsätzlichen Aufbau als Variante. Die quer laufenden Streifen mit Beschriftung auf der linken Seite ermöglichen bereits ein grobe Strukturierung nach Themen. Hier ließen sich beispielsweise auch die sieben Basisprozesse (vgl. S. 105) als Grundraster nutzen. Im unteren Bereich befindet sich eine Zeitleiste – hier als monatliche Darstellung, weil diese Gliederung am ehesten einem Change-Projekt gerecht wird. Alternativ wären auch Wochen, Quartale oder Phasen (mit den bereits beschriebenen Einschränkungen) denkbar. Im Zentrum dieser Veränderungslandkarte sind (beispielhaft) Arbeitspakete bzw. Interventionen angeordnet (dargestellt als Blöcke, die dann entsprechend zu beschriften wären). Die Arbeitspakete bzw. Interventionen sind mit Pfeilen verbunden, wodurch die Abhängigkeiten zueinander erkennbar werden. Dabei ist auch ablesbar, wenn Arbeitspakete bzw. Interventionen zeitlich nebeneinander bearbeitet werden (Parallelisierung) – im Gegensatz zu jenen, die zwingend nacheinander angegangen werden müssen. Die Inhalte der einzelnen Arbeitspakete benennt die Projektleitung, unterstützt durch den Prozessbegleiter.

Zeitliche Umfänge verorten

Um die einzelnen Arbeitspakete bzw. Interventionen auf der Zeitschiene verorten zu können (s. unten in der Grafik) ist Klarheit über den zeitlichen Umfang einzelner Arbeiten erforderlich. Bei zunehmender Komplexität von Change-Projekten empfiehlt es sich daher, die Zeitleiste wegzulassen, da der Verlauf dieser Art von Projekten naturgemäß ob seiner zahlreichen Wirkungs- und Nebenwirkungsoptionen weniger präzise vorhergesagt werden kann.

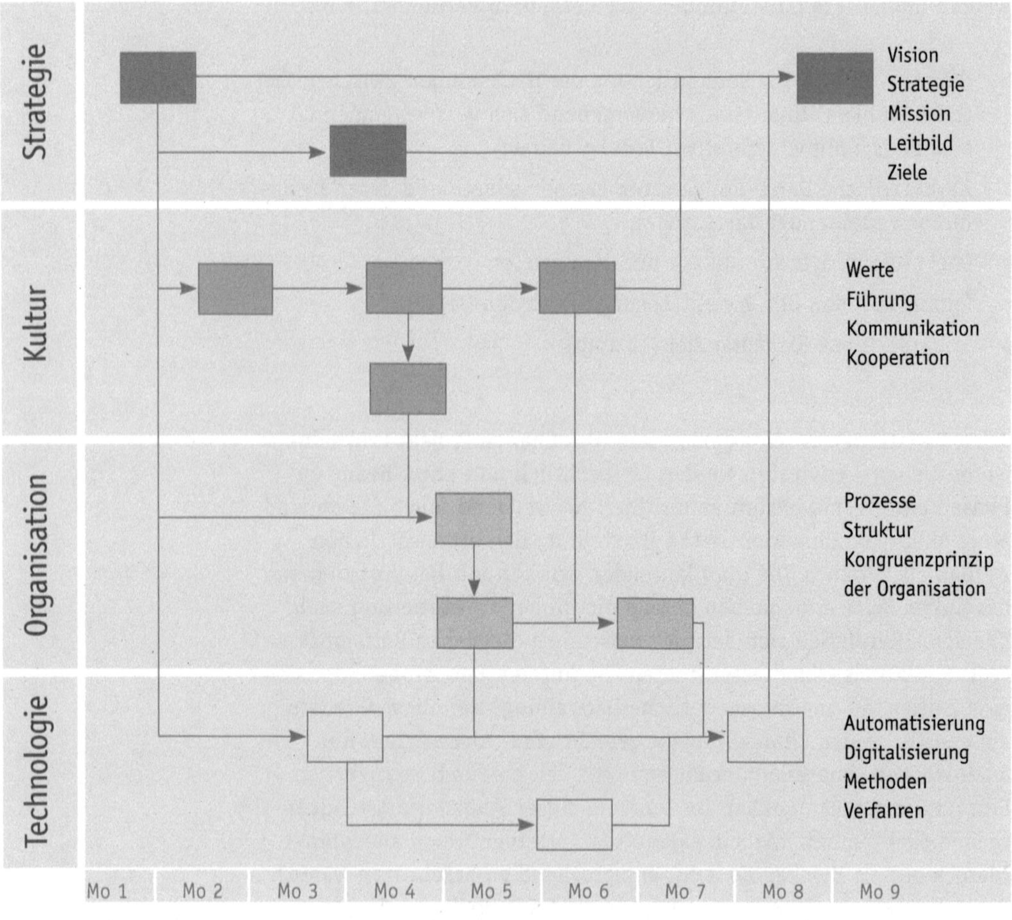

Abb.: Grundsätzlicher Aufbau einer diagrammorientierten Veränderungslandkarte

Eine Veränderungslandkarte bzw. Change Roadmap kann sowohl einzeln, als auch gemeinsam in der Gruppe erarbeitet werden. Mit Moderationskarten oder Post-its (bzw. mit jeder Form von Klebezetteln) lassen sich erste Entwürfe erstellen und im Projektverlauf auch verändern bzw. ergänzen. So können sowohl Planung als auch Kontrolle und Steuerung visualisiert verfolgt werden. Grundsätzlich besteht so auch die Möglichkeit, die Veränderungslandkarte zu Informationszwecken über den vergangenen, gegenwärtigen oder künftigen Verlauf des Change-Projektes einzusetzen.

Meilensteine als Ergänzung

Die Darstellung ließe sich durch weitere Elemente bereichern, etwa durch Meilensteine. Meilensteine sind wichtige terminierte Zwischenziele – häufig am Ende bestimmter Arbeitsphasen. Sie dienen neben der Fortschritts- bzw. der Erfolgskontrolle auch der bewussten Platzierung beispielsweise von „Quick Wins" bzw. einer projektbegleitenden „abrechenbaren" Kommunikation (vgl. S. 357 ff.) von Erfolgen aus Sicht wichtiger Beteiligter. In einer Grafik wie der Veränderungslandkarte können Meilensteine beispielsweise durch eine Raute dargestellt werden, neben der Termin- und Meilensteinbezeichnung angegeben werden.

Abb.: Typische Kennzeichnung eines Meilensteins

Oft wird das Vorgehen recht schnell intuitiv erfasst. Im Handling stellen sich dann doch Herausforderungen ein, da nur das sinnreich abgebildet werden kann, was auch in seinen Beziehungen bzw. Abhängigkeiten der einzelnen Arbeitspakete zueinander erfasst worden ist (z.B. Vorgänger/Nachfolger). Zudem muss der Arbeitsaufwand zutreffend erfasst und die Dauer der Arbeiten prognostiziert werden, damit eine zeitliche Einordnung möglich wird. Es sind für die Erstellung der Roadmap mithin die gleichen Hürden zu nehmen, wie in der Projektplanung auch. Es empfiehlt sich daher, den Einsatz zunächst in einem einfachen, übersichtlichen Change-Projekt zu üben.

Magic Estimation: Einführung in das Schätzverfahren

Beim Planen und Begleiten eines Veränderungsprozesses müssen immer wieder voraussichtliche Bedarfe geschätzt werden. Hier ist „Magic Estimation" hilfreich, sie ist im Ursprung eine Schätzmethode aus dem Projektmanagement (nach Affinity Estimation von Lowell Lindstrom, 2008; weiterentwickelt zu Magic Estimation von Boris Gloger, 2010). Magisch an Magic Estimation ist, dass das eigentliche Schätzverfahren wortlos erfolgt. Die beschriebene Vorgehensweise lässt sich zudem vortrefflich auch für das Priorisieren bzw. Gewichten unterschiedlichster Aspekte einsetzen.

Schätzmethoden kommen im Projektmanagement, ob klassisch oder agil, immer dann zum Einsatz, wenn konkrete Daten bzw. Erfahrungen fehlen. Verwendung findet die Methode vorwiegend im agilen Umfeld. Denn auch im agilen Projektmanagement gibt es mittel- und langfristige Planungen. Der Unterschied zum klassischen Projektmanagement liegt im Grad ihrer Genauigkeit. Arbeiten, die heute zu erledigen sind, sind sehr präzise hinsichtlich ihrer Ergebnisse, des erforderlichen Zeitaufwandes und weiterer Aspekte benannt. Gleichwohl müssen auch agile Teams über die nächsten vier bis sechs Wochen hinaus planen und beispielsweise zum gegenwärtigen Zeitpunkt noch nicht konkretisierte Anforderungen an das zu erstellende Produkt schätzen.

Der Zeitbedarf ist gering und kann mit etwa 30 Minuten angegeben werden. Das Instrument selbst kommt nur dann zum Einsatz, wenn eine größere Anzahl von Aspekten zu priorisieren ist.

Material: Moderationskarten und Pinnwände oder selbsthaftende Moderationskarten und Whiteboards, Stifte

Ablauf

Schritt 1: Vorbereiten und Erklären einer Skala

Voraussetzung für den Einsatz der Methode ist eine Skala, die beispielsweise so aussehen kann:

- wenig bis viel
- klein bis groß
- unwichtig bis wichtig
- wichtig bis wichtiger
- 0 bis 10
- bzw. auch jede andere numerische Skalierung

Dabei ist wichtig, dass mit den Teilnehmenden zuvor die Ausprägung der gewählten Skala besprochen wird, sodass bei der Zuordnung möglichst wenig Missverständnisse entstehen. Insgesamt sind dafür etwa zehn Minuten einzuplanen.

Der Vollständigkeit halber sei an dieser Stelle noch erwähnt, dass im Ursprung die Methode verwendet wurde, um Aufwand einzuschätzen, und dass dabei mit der sogenannten Fibonacci-Reihe als Skalierung gearbeitet wird, d.h. mit den Werten 0, 1, 2, 3, 5, 8, 13, 20, 40 und 100. Wird im Schätzverfahren eine Anforderung mit „5" eingeschätzt, ist sie also voraussichtlich fünfmal so aufwendig wie diejenige mit dem Wert „1".

Schritt 2: Karten zur Verfügung stellen

Eine gegebene Menge an Aspekten wird jeweils auf Moderationskarten notiert und zu Beginn möglichst gleichmäßig auf die Teilnehmer dieser Moderationssequenz verteilt. Die eigentlichen Aspekte sollten dabei klar benannt sein und die Teilnehmenden sollten ein einheitliches Verständnis davon haben, was genau mit dem Aspekt auf der Karte gemeint ist. Bei einer Arbeit mit Werten etwa sollte in der Gruppe geklärt sein, was beispielsweise mit „Loyalität" oder „Effizienz" gemeint ist.

Geeignet ist der Einsatz von Moderationskarten auf Moderationswänden oder aber der von selbsthaftenden Moderationskarten auf Whiteboards. Für eine Adaption in systemischen Kontexten empfiehlt sich die Arbeit mit Bodenankern (s. S. 271 ff.).

Die Aufgabenstellung an die Teilnehmenden lautet nun, eine Moderationskarte – also einen Aspekt – auf der Skala zuzuordnen, in Relation zu den anderen Aspekt-Karten.

Schritt 3: Das Einordnen der Karten

Das Einordnen der Karten durch die Teilnehmenden erfolgt still in zehn Minuten, also ohne Abgabe von Erläuterungen. Die Teilnehmenden werden dabei reihum aktiv. Jeder, der an der Reihe ist, hat grundsätzlich die Möglichkeit, eine seiner Karten einzuordnen oder aber eine bereits liegende Karte nach seiner Vorstellung an anderer Stelle neu einzuordnen.

Die Aufgabe des Moderators während dieser stillen Arbeitsphase ist es, zu beobachten, ob und inwieweit möglicherweise einzelne Karten vielfach bewegt werden. In diesem Fall scheint die

Gruppe sich nicht einig zu sein. Solche Karten entnimmt der Moderator aus der Schätzung und lässt dann die Zuordnung bzw. neue Einordnung der verbliebenen Karten bis zu ihrem Abschluss weiterlaufen.

Variante 1: Erst platzieren, dann schieben

Der Ablauf kann auch so gestaltet werden, dass erst alle Karten in Relation zueinander und in Bezug auf die Skala abgelegt sein müssen, bevor in einem zweiten Schritt eine Veränderung einzelner Karten in Bezug auf den nun erkennbaren Gesamtzusammenhang erfolgen darf. Im Anschluss an diesen zweiten Schritt steht ein Austausch an – und damit eine Klärung für die öfter bewegten Karten.

Variante 2: Aspekte zur Diskussion stellen

Auch die Entscheidung darüber, ob eine Karte für eine nachträgliche Diskussion vorgemerkt werden soll, kann an die Gruppe übertragen werden. Dann wird diese gebeten, bei jedem Umlegen einer Karte diese mit einer Markierung zu versehen (zum Beispiel einem Punkt oder Strich). Karten werden dann durch den Moderator der stillen Zuordnung entnommen und später zur Diskussion gestellt, wenn auf ihnen drei Markierungen erreicht wurden. Dies darf als Zeichen dafür gesehen werden, dass Diskussionsbedarf besteht.

Magic Estimation hat sich in der Praxis als sehr zeitsparend erwiesen. Das hängt damit zusammen, dass sich die einzelnen Aspekte im Grunde in zwei Gruppen unterteilen. Die häufig größere Gruppe sind diejenigen Aspekte, in deren Einordnung auf einer Skala sich die Teilnehmenden einig sind.

Die zweite Gruppe besteht aus einzelnen Aspekten, bei denen es den Teilnehmenden schwerer fällt, eine einvernehmliche Gewichtung bzw. Priorisierung vorzunehmen. Tatsächlich besteht für diese Karten bzw. Aspekte Diskussionsbedarf.

Der Zeitbedarf wird durch „Magic Estimation" verringert, weil nicht über alle Aspekte diskutiert wird, sondern mit Fokus auf die Aspekte der zweiten Gruppe. Zudem ist der Aufwand für diese Methode vortrefflich investiert in die Offenlegung der unterschiedlichen Ansichten. Der maßgebliche Schritt in der Moderation ist es dann folglich, die Klärung für eine übereinstimmende Einordnung herbeizuführen.

Einführung zur Arbeit mit Bodenankern

Im Change erfordern es viele Interventionen, die Rolle oder die Perspektive wechseln zu können. Ein dazu häufig verwendetes Hilfsmittel sind die aus der Aufstellungsarbeit stammenden Bodenanker. Kurz gefasst markiert dabei ein Anker eine (bestimmte) Position auf dem Boden. Generell kann es sich um einen Gegenstand handeln, im Sinne eines Symbols für:

Vertretbar durch Symbole

- Personen
- Ereignisse
- Positionen oder Sichtweisen
- Verhaltensweisen
- ...

Der Gegenstand (Bodenanker) steht also in der Arbeit an Themen für *Jemanden* oder *Etwas*, er repräsentiert diesen *Jemanden* oder dieses *Etwas*, ist also Repräsentant. So können auch nicht anwesende Dritte in Überlegungen eingebunden werden – viel intensiver und spürbarer, als „nur mal so darüber gesprochen". Der Gegenstand selbst ist weniger bedeutsam, er steht ja als Symbol für etwas anderes. Daher kann jeder beliebige Gegenstand oder eine beschriftete Moderationskarte diese Aufgaben erfüllen – allenfalls begrenzt durch die Fantasie oder aber die Empfindungen der Akteure. Für die Arbeit mit Bodenankern spricht:

- Bodenanker ermöglichen es, innere Zustände intensiv zu erleben und anschließend auch in Worte zu fassen.
- Erst die in Worte gefassten Erlebenszustände können verändert (neu geordnet) werden.
- Bodenanker ermöglichen durch das Hineinspüren in eine Situation, Person ... eine intensiver erlebte Auseinandersetzung mit Themen als durch einen bloßen Dialog.
- Bodenanker ermöglichen es, innere Zustände einzunehmen (z.B. zur Verprobung) und sie auch wieder zu verlassen.
- Nach Verlassen (Abstreifen) einer bestimmten Position kann auf der Position der Meta-Ebene neutral über die gemachten Erfahrungen und Erkenntnisse gesprochen werden.
- Auf Grundlage der Erkenntnisse können Neubewertungen von Situationen abgeleitet werden oder auf Grundlage der neu aufgetauchten Aspekte wirksamer an Themen gearbeitet werden.
- Der Wechsel von Dissoziation (etwas wie ein Unbeteiligter von außen aus der „Vogelperspektive" betrachten) und Assoziation (durch

körperliches „in die Situation Hineintreten und Hineinspüren" den Wahrnehmungshorizont der Person „aufnehmen") bringt neue Perspektiven, Erfahrungen und Erkenntnisse.

Bodenanker werden dem Namen nach auf dem jederzeit verfügbaren Boden genutzt. Alternativ sind Settings aber auch auf einem Tisch üblich.

Material für Bodenanker

Während in der Aufstellungsarbeit durch Familientherapeuten oder Coachs oft auch Figuren oder Spielbausteine eingesetzt werden, sind es Moderationskarten, die im Change-Kontext am häufigsten als Bodenanker verwendet werden. Sie sind in der Prozessbegleitung und Moderation unkompliziert zu nutzen, denn sie stehen (genau wie ein Blatt Papier) nahezu überall zur Verfügung, sind platzsparend und leicht transportabel. Sie lassen sich situationsabhängig individuell beschriften und so als Repräsentant für etwas auf dem Boden auslegen.

Fallbeispiel

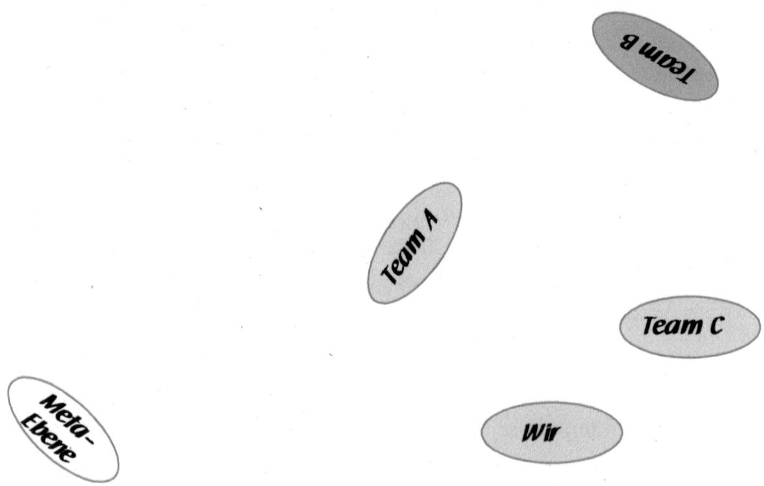

Abb.: Arbeit mit Bodenankern – Beispiel einer Ausgangssituation

Praxisbeispiel

Im Rahmen eines Team-Buildings wurde die Zusammenarbeit mit anderen Teams diskutiert. Ein Teammitglied hat zunächst die Karte „Wir" ausgelegt. Danach die Karten für die weiteren betroffenen Teams „Team

A, B, C" (s. links). Die Anordnung erfolgte unter Hinweis auf mögliche Spannungen und Konkurrenzen („Team B" bereits mit roter Karte, die Schrift im Verhältnis zur Karte „Wir" abgewandt sowie mit einiger Entfernung angeordnet). Die weiße Karte „Meta-Ebene" wurde dann ganz außerhalb dieser Situation angeordnet. Die Abbildung links zeigt die wahrgenommene Ausgangssituation aus Sicht des Teammitgliedes. Diese Ausgangssituation kann nun für die weitere Arbeit am Thema genutzt werden.

Grundlagen

Was Bodenanker darstellen können

Mithilfe der Bodenanker lassen sich beispielsweise Beziehungen zwischen Personen oder Personengruppen intuitiv darstellen. Engere Beziehungen werden durch näher zusammenliegende Bodenanker ausgedrückt. Weniger enge Bindungen durch zunehmende Distanzen. Mit malerischer Ergänzung von Augen (und Nase) ließen sich auch zu- oder abgewandte Beziehungen darstellen.

Kartenvariation als Bedeutungsträger

Auch über die Größe der Karten (üblich sind mindestens drei unterschiedlich große Kreise) und deren Farben (meist fünf bis sechs Farben) können Aspekte dargestellt werden. Die Ampelfarben stehen beispielsweise für „positiv – konstruktiv" (grün) oder „negativ-destruktiv" (rot). Über die Kartengröße ließen sich zum Beispiel Macht oder Einfluss abbilden. Für eine neutrale Position wird häufig eine weiße Karte eingesetzt.

Meta-Ebene

Bei der Arbeit mit Bodenankern braucht es diese „neutrale Position". Diese Position wird Meta-Ebene genannt. In dieser Ebene kann auch ein direkt Betroffener aus seiner eigenen Position und Rolle herausschlüpfen. Das heißt, er dissoziiert sich aus der Situation, nimmt „inneren" Abstand ein und kann aus der „Vogelperspektive" von außen auf die Situation schauen. Daher wird diese Position auch Beobachterposition genannt.

Der Einsatz der Meta-Ebene lässt über einen Perspektivwechsel und das Abstreifen der eigenen und befangenen Rolle zu und ermöglicht eine neutralere Sicht – und im besten Fall auch neue Erkenntnisse. Die Meta-Ebene wird daher regelmäßig außerhalb der dargestellten Situation als Bodenanker gelegt.

Eine typische Intervention ist das bewusste Einnehmen der Meta-Ebene beispielsweise dann, wenn es bei der Arbeit in Gruppen gefühlt „hakt". Aus der Situation herausgehen und von außen gemeinsam draufschauen, was gerade wahrgenommen wird, wirkt Wunder und ermöglicht Erkenntnisse. Die Arbeit mit Bodenankern läuft grundsätzlich in der folgenden Reihenfolge ab:

Vorgehen beim Einsatz von Bodenankern

1. Dem Bodenanker eine Bezeichnung geben (und ihn ggf. auch damit beschriften).
2. Den Bodenanker an eine bestimmte Stelle am Boden auslegen.
3. Die Position des Bodenankers einnehmen (ohne dass die Füße etwa den Bodenanker respektlos betreten).
4. In dieser Position assoziiert einen bestimmten Zustand erleben, also fragengeführt das Erleben in Worte fassen, Intuition und Körpergefühl stehen hierbei im Vordergrund.
5. Gegebenenfalls werden weitere Positionen gemäß Schritt 1 bis 4 durchlaufen.
6. Die Meta-Ebene einnehmen und dissoziiert Wahrnehmungen, Empfindungen, erste Erkenntnisse und Lösungsansätze besprechen.

Mit dem Instrument Time Line (s. S. 287) finden Sie einen möglichen Einsatz für die Arbeit mit Bodenankern beschrieben.

VI. Kapitel

Interventionen zukunftsgestaltender Prozesse

Inhalt des Kapitels

Instrumente für eine Annäherung an Ziele 277
- Real Time Strategic Change 278
- SCORE-Modell 283
- Time Line mit Bodenankern 287

Kulturdiskurs 291
- Kulturdiskurs als Gap-Analyse 293

Führung 297
- Analyse und Wirkung von Führungsverhalten 297
- Führungsgrundsätze 299
- Workshop Führungsgrundsätze 303
- Führungsgrundsätze auf dem Prüfstand: Führungs-Gap 307

Wertearbeit 310
- Unternehmenswerte 312
- Der Prozess der Wertearbeit 314
- Workshop Wertedialog – Unsere Werte 316
- Magic Estimation in der Wertearbeit 323
- Wertediskurs: Werte-Gap 327

Visionsarbeit 330
- Mein Arbeitstag im Jahr 2030 331

Ein Leitbild entwickeln 334
- Leitbildelemente: Vision, Mission, Werte und Versprechen 336
- Leitbilder formulieren 339
- Den Prozess der Leitbildentwicklung planen 341
- Workshop: Modulare Leitbildentwicklung 346

Regeln entrümpeln: Kann das weg oder wird das noch gebraucht? 350

Instrumente für eine Annäherung an Ziele

Basisprozesse zeigen Wirkungsbereiche

Im Kontext der Organisationsentwicklung werden anstehende Arbeiten bzw. zu betrachtende Aspekte sieben miteinander verbundenen Basisprozessen zugeordnet (vgl. S. 105). Dementsprechend können auch die durchzuführenden Interventionen ihrem Schwerpunkt nach einem dieser Basisprozesse zugeordnet werden.

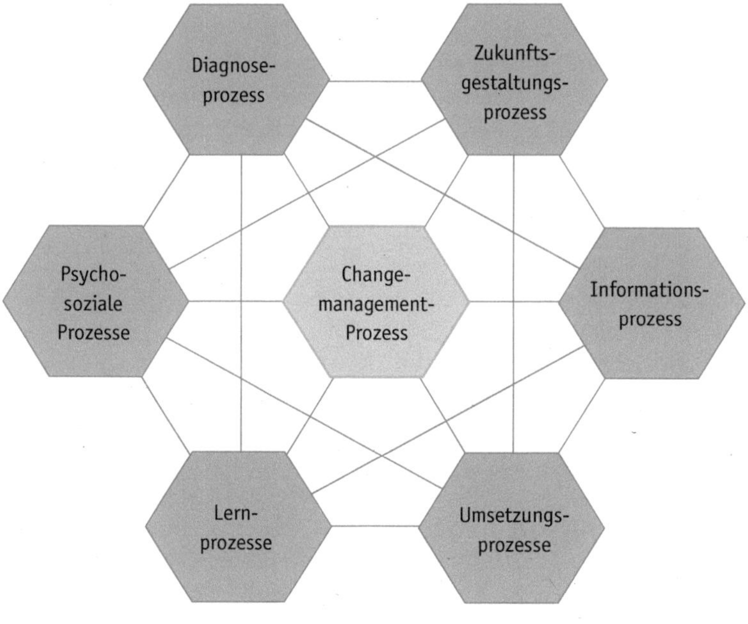

Abb.: Sieben OE-Basisprozesse

Interventionen, die besonders im Kontext von Diagnose- und Changemanagement-Prozessen wirken, wurden in diesem Buch bereits vorgestellt (s. ab S. 150). Ebenso wie die Diagnostik nimmt auch der zukunftsgestaltende Prozess im Change großen Raum ein. Denn dadurch, dass alle Interventionen des Buches lösungsorientiert angelegt sind, ist im Grunde zunächst einmal alles auf die Gestaltung der Zukunft ausgerichtet. Was die hier vorgestellten Instrumente besonders ausmacht, ist der Wirk-Horizont, also die Flughöhe der Gedanken: Echte Zukunftsgestaltung ist die Erschaffung einer Vision mit der Strahlkraft und der Motivation, die von ihr ausgeht. Dafür sind Instrumente gefragt, die spezieller sind und sich vom Standardvorgehen in der Moderation unterscheiden. Jeder Berater, Prozessbegleiter, Moderator sollte zumindest die in diesem Kapitel abgebildeten Instrumente bzw. deren Design kennen. Diese bieten zudem in der hier dargereichten Sammlung eine wechselseitige Ergänzung, die auch sicherstellt, dass wesentliche Teile eines Veränderungsprozesses erfolgreich begleitet werden können. Daher liegt insgesamt der Schwerpunkt in diesem Buch stärker auf Diagnostik und Zukunft. Interventionen, die ihren Schwerpunkt im Bereich der Lernprozesse und Informationsprozesse haben, werden im letzten Kapitel vorgestellt.

Für Umsetzungsthemen, die im weiteren Verlauf von Veränderungsprojekten immer wieder zu bearbeiten sind, ist das Grundmuster der Bearbeitung immer wieder gleich. Da dieses Buch nicht erahnen kann, welche speziellen Fragen in einem konkreten Veränderungsprozess auftauchen, kann der spezifische Umsetzungsprozess schwerlich theoretisch vorweggenommen werden. Interventionen mit dem Schwerpunkt auf Umsetzungsprozesse werden daher in diesem Buch nicht explizit behandelt. Das gilt auch für die psycho-sozialen Prozesse, die implizit in den dargestellten Instrumenten und Interventionen enthalten sind.

Die nun vorgestellten Instrumente eignen sich für eine erste gemeinsame Annäherung an Ziele zu Entwicklungsthemen im Allgemeinen. Besondere Schwerpunkte wie etwa Zielsetzung in der Führungskultur werden im Anschluss vorgestellt.

Real Time Strategic Change

Wichtig für die Neuausgestaltung einer Unternehmung ist die intensive und unmittelbare Beteiligung möglichst vieler Angehöriger einer Organisation. Sie ist für das Erarbeiten sowie Umsetzen strategisch relevanter Überlegungen unumgänglich. Das Dilemma besteht darin, dass die direkte Beteiligung aller Beschäftigten durch die Organisationsgröße eine Begrenzung erfährt. Eine Lösung bietet die „Real Time Strategic Change"-Konferenz (RTSC-Konferenz). Die RTSC-Konferenz ist ein Moderationsformat, welches sich ausdrücklich an große Gruppen richtet. Hierbei steht RTSC sinngemäß für „Strategischer Wandel in Echtzeit". Diese Methode hat ihre methodischen Wurzeln in der Zukunftskonferenz und der inzwischen weit verbreiteten „Open Space"-Technik. Entwickelt wurde das Format durch das Beratungsunternehmen Dannemiller Tyson Associates (vgl. u.a. zur Bonsen 2008).

Aktive Beteiligung

RTSC-Konferenzen beziehen die Mitglieder einer Organisation unmittelbar in die Entwicklung einer Strategie ein. Die konkrete Zielsetzung einer RTSC-Konferenz kann aber auch variieren: Neben der Thematisierung einer Strategie ist etwa auch der Diskurs zu Werten, Visionen, Zielen, Programmen oder weiter reichenden Projekten denkbar.

Variables Instrument

Ein wichtiger Nutzen der Beteiligung der Organisationsmitglieder liegt darin, dass diese so für die Umsetzung gemeinsam geteilter Überlegungen gewonnen und begeistert werden können. Schließlich verlangen Veränderungsprozesse den Betroffenen nicht nur Energien ab, sondern sie halten aller Wahrscheinlichkeit nach auch Unerwünschtes parat. Daher ist es bedeutsam, ein tiefer gehendes Verständnis für erforderliche Aktivitäten zu schaffen. Die RTSC-Konferenz ermöglicht auf diesem Weg, die Akzeptanz für unpopuläre Maßnahmen zu erhöhen (vgl. Kraftfeldanalyse ab S. 190).

Es ist das eigentlich Wirkungsvolle an diesem Moderationsformat, dass sich der Einzelne mit dem späteren Prozess sehr stark identifizieren kann, dadurch, dass er sich mit den Inhalten beschäftigt und Gelegenheit bekommt, Impulse und Ideen einzubringen. Denn was wäre besser, als seine eigenen Ideen und Anregungen wiederzufinden und an deren Umsetzung mitwirken zu können? Dabei erweitern die einzelnen Organisationsmitglieder auch ihren Blickwinkel. Denn deren Informationslage und Sichtweise ist je nach Funktion und Hierarchieebene üblicherweise beschränkt und fokussiert auf den eigenen Arbeitsbereich. Das ist etwas, was nicht nur selbstgesteuert geschieht, sondern was auch durch das Umfeld bedingt ist. Der Rahmen dieser Konferenz ermöglicht jedem Organisationsmitglied eine Erweiterung der eigenen Sicht auf das große Ganze. Dies ist eine wesentliche Voraussetzung dafür, dass diese ihren Anteil an der Entwicklung der Organisation wahrnehmen können und mithin erst hierdurch in die Lage versetzt werden, auch ein Gefühl der Verantwortung zu entwickeln.

Wir-Gefühl und Gruppendynamik

Indem große Gruppen ihre Zukunft gestalten können, entstehen zudem motivierende Energien aus der ziel- und lösungsorientierten Arbeit an sich sowie aus der Gemeinschaft der Gruppe heraus, Stichwort „Gruppendynamik". In der Grundstruktur hat die RTSC-Konferenz entsprechend die Aufgabe, Menschen für einen grundlegenden tief gehenden Wandel (vgl. Wandel zweiter Ordnung S. 85 ff.) zu öffnen, ihre Wahrnehmung und Bewertung des Ganzen zu justieren, Commitment für anstehende Veränderungsprozesse zu erzeugen und darüber hinaus ein Wir-Gefühl der gemeinsam Verantwortlichen zu entwickeln.

Abweichend zu anderen Instrumenten wird auf die Angaben von Zeiten und die Empfehlung von Materialien verzichtet. Diese beiden Angaben ergeben sich aus dem konkreten Kontext der einer entsprechenden Planung der RTSC-Konferenz. Insoweit sind hier Pauschalempfehlungen nicht geeignet.

Der Zeitaufwand für die Konferenz wird in der Literatur unterschiedlich beschrieben. Er umfasst etwa ein bis drei Tage. In der Praxis besteht häufig der Wunsch nach einer zeitlichen Beschränkung, sodass sich der individuelle Zeitbedarf aus dem Thema, den mit der Konferenz verbundenen Zielen und dem erwarteten Output ergibt. Es sei ergänzt, dass die zu investierende Zeit in Anbetracht des oben skizzierten Nutzens bestens investiert ist. Mit anderen Instrumenten, wie beispielsweise dem Intranet oder einem Rundbrief, ist nicht mal ansatzweise der oben beschriebene Nutzen zu erreichen. Der Ablauf wird nachfolgend exemplarisch aufgezeigt.

Ablauf

Der Ablauf einer RTSC-Konferenz ist nicht starr und detailliert vorgegeben. Er folgt vielmehr einem grundlegenden Prinzip, welches unter Berücksichtigung der jeweiligen Situation und Ziele kreativ ausgestaltet werden sollte. Grundsätzlich folgt die Konferenz dem folgenden Ablauf:

1. Informieren und Aufrütteln
2. Kritikphase: Auseinandersetzen mit der Situation
3. An Zielen partizipieren und Zukunft gestalten
4. Vereinbarung und Praxistransfer sicherstellen.

Schritt 1. Informieren und Aufrütteln

Der Einstieg in die Konferenz ist von entscheidender Bedeutung für den weiteren Verlauf. Es gilt, die Mitarbeiter mit auf den Weg zu nehmen, indem die gegenwärtige Situation schonungslos und frei von Floskeln so dargestellt wird, dass tatsächlich Betroffenheit entsteht (vgl. Acht-Schritte-Modell S. 90 ff., Change-Canvas S. 129 ff.). Und so, dass für alle Teilnehmenden deutlich wird, weshalb jetzt dringend gehandelt werden muss und was die Folgen eines Unterlassens wären. Sodann werden die beabsichtigten Programme bzw. Maßnahmen aufgezeigt.

Hierbei kommt es wesentlich darauf an, dass diese ausdrücklich als Entwurf deklariert werden. Das Vortragen vorgefertigter feststehender Konzepte ohne den ausdrücklichen Willen zur Partizipation durch die Teilnehmer wäre kontraproduktiv.

Schritt 2. Kritikphase

Die zweite Phase der Konferenz ermöglicht es den Teilnehmenden, sich mit der geschilderten Situation auseinanderzusetzen und sich an dieser abzuarbeiten. Das vorhergehende „Wachrütteln“ ist unter Umständen mit einem Schock verbunden. Das Erlebnis führt Organisationsmitglieder nun auf die Suche nach Ursachen und Schuldigen, was einer nachvollziehbaren Reaktion entspricht. Hierbei hilft es, im Sinne einer Kritikphase diejenigen Aspekte aufzuzeigen, die aus der individuellen Perspektive der Teilnehmenden maßgeblich zu berücksichtigen sind. Diese Auseinandersetzung ist eine wichtige Voraussetzung dafür, dass in einem nächsten Schritt über Lösungsansätze nachgedacht wird. Zuvor darf also berechtigt und methodisch wertvoll „Frust abgeladen“ werden. Dies zeigt wichtige Handlungsfelder aus Sicht der Teilnehmenden auf und ergänzt damit in jedem Fall die als Entwurf dargestellten Strategien, Programme bzw. Konzepte. Die Entwürfe erfahren also insoweit eine Bereicherung aus der Perspektive der Organisationsmitglieder. Diese Arbeit erfolgt in Gruppen mit einer Gruppengröße von 12 bis maximal 15 Teilnehmern. In den Gruppen sorgt jeweils ein Moderator dafür, dass die Ergebnisse des Austauschs visualisiert werden und jeder sich gut einbringen kann.

Im Ergebnis entstehen in dieser Phase geclusterte Handlungsfelder. Sie werden beispielsweise mit der Galerie-Methode (s. S. 343 ff.) dem Plenum zugänglich gemacht. Ein weiteres wichtiges Ergebnis ist, dass die Teilnehmenden durch das Befassen mit der gegenwärtigen Situation die Situationsbeschreibung aus der ersten Phase in die eigene Wahrnehmung übernehmen.

3. Schritt: Zukunft gestalten

Die dritte Phase ist ganz der Gestaltung der Zukunft gewidmet. Dies geschieht auf Grundlage der einzelnen Handlungsfelder und abermals in moderierter Gruppenarbeit (abermals 12 bis max. 15 Teilnehmende). In den Gruppen sorgt jeweils ein Moderator dafür, dass die Ergebnisse des Austauschs etwa an einer Pinnwand visualisiert werden und jeder sich gut einbringen kann. Erste Lösungsansätze werden ebenfalls erarbeitet. Ein entsprechendes Schema könnte beispielsweise wie folgt aussehen:

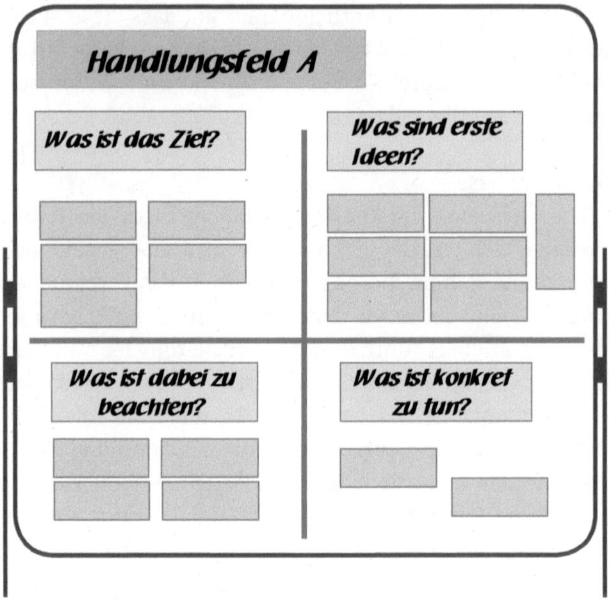

Abb.: Beispiel für ein Bearbeitungsschema

Bei der Wahl des Bearbeitungsschemas für die moderierten Kleingruppen sollten sowohl das konkrete Thema der Konferenz als auch die erwarteten Handlungsfelder als Grundlage dienen. Es empfiehlt sich, verschiedene Schemata in Form von Arbeitsblättern als Vorlage für die Gruppenarbeiten zur Verfügung zu halten.

Während im Ergebnis des zweiten Schrittes zunächst geclusterte Handlungsfelder erstellt wurden, entstehen so dazu nun konkrete Lösungsansätze. Die Ergebnisse dieser Arbeitsphase werden wiederum dem Plenum in geeigneter Weise zugänglich gemacht, zum Beispiel mit der Galerie-Methode. Dabei kommt den Verantwortungsträgern die Aufgabe zu, die Ergebnisse der Arbeitsgruppen wertschätzend zu hinterfragen, die darin enthaltenen Überlegungen nachzuvollziehen und hierzu Feedback zu geben. Dieser Austausch ist insoweit auch wichtig, weil im Nachgang zur Konferenz die zahlreichen Ideen und Anregungen gesichtet und hinsichtlich ihrer Aufnahme in die konzeptionellen Überlegungen im Sinne einer Ergänzung und Hinterlegung priorisiert werden.

4. Schritt: Vereinbarung und Praxistransfer

Als vierter Schritt folgen Aktivitäten zur Transfersicherung. Hierzu gehören zum Ersten ein Ausblick: Was wird bis wann mit den zahlreichen Anregungen der Teilnehmer passieren? Zum Zweiten sollten Verantwortlichkeiten für einzelne Aktivitäten kommuniziert werden. Darüber hinaus gilt es aufzuzeigen, wie sich die Organisationsmitglieder in den weiteren Prozess aktiv mit einbringen können und wie sie über die nächsten Schritte informiert werden. Idealerweise gibt es durch die Verantwortungsträger erste Statements zu den Anregungen. Die Veranstaltung schließt ab mit einer Erklärung der Entscheider im Sinne eines Angebotes für eine Vereinbarung, die darauf abzielt, den anstehenden Prozess gemeinsam und engagiert anzugehen.

Im Nachgang zur Konferenz werden die Ergebnisse zum Beispiel im Rahmen einer Fotodokumentation allen Teilnehmern zugänglich gemacht. Eine Arbeitsgruppe befasst sich mit dem Input aus der Konferenz, ergänzt auf Grundlage der Anregungen den diskutierten Entwurf (Strategie, Leitbild, Programm etc.) und erarbeitet Maßnahmenpläne, die ebenfalls für die Teilnehmer zugänglich gemacht werden. Es kann sich als nützlich erweisen, im Verlauf eines längeren Veränderungsprozesses eine Follow-up-Konferenz zur Würdigung und Weiterführung der Ergebnisse anzuschließen.

SCORE-Modell

Das SCORE-Modell (auch S.C.O.R.E.-Modell) ist ein im Coaching etabliertes Instrument zur fundierten, umfassenderen Beschreibung von Zielen. Es geht zurück auf Überlegungen von Robert Dilts (1987 gemeinsam mit Todd Epstein). SCORE als Akronym steht dabei für „Symptoms", „Cause", „Outcome", „Resources" und „Effect":

Das Akronym SCORE

S ▶ Syptoms/Ist-Zustand
C ▶ Cause/Ursache
O ▶ Outcome/Ziel
R ▶ Resources/Ressource
E ▶ Effect/Vision

Das SCORE-Modell bietet ein systematisches Vorgehen zur Skizzierung des Weges weg von einer Ausgangssituation hin zu einem erwünschten Ziel unter Berücksichtigung benötigter Ressourcen. Dabei geben die

Anfangsbuchstaben des Akronyms eine Struktur, die für Workshop-Teilnehmende gut nachvollziehbar ist. Eine Alternative mit ebenso großer Bekanntheit ist die sogenannte „SMART-Formel". Im Rahmen von Veränderungsprojekten bevorzuge ich jedoch das hier beschriebene SCORE-Modell. Es erfährt eine höhere Teilnehmerakzeptanz, weil zunächst respektvoll die Ausgangssituation beleuchtet wird.

Nutzung im gesamten Veränderungsprozess

In Veränderungsprozessen werden Informationssammlung und Diagnostik, Hypothesenbildung sowie das Ableiten geeigneter Interventionen einschließlich entsprechender Evaluation fortwährend im Sinne eines iterativen Prozesses durchgeführt (s. systemische Schleife S. 151). Daher ist dieses Instrument in allen Phasen eines Veränderungsprozesses schnell beispielsweise via Flipchart eingeführt und sodann genutzt. Hierbei ist eine Visualisierung nicht zwingend erforderlich, in einer Moderationsfrequenz die relevanten Kernfragen abzuarbeiten, bietet bereits die erforderliche Struktur für den Diskussionsverlauf.

Wünsche werden systematisch aufbereitet

Der besondere Vorteil liegt darin, dass dieses Instrument etwaige Wünsche stärker und systematisch aufbereitet, sodass neben einer Analyse möglicher Ursachen auch anstrebenswerte Zielbilder formuliert werden und erforderliche Ressourcen erkannt werden. Dies führt in der Summe zu einer für alle Beteiligten nachvollziehbaren Schwerpunktsetzung beispielsweise bei der Auswahl von Handlungsfeldern und nachgelagert bei der Ableitung geeigneter Maßnahmen.

Das Akronym bietet dabei eine geeignete Reihenfolge für die Bearbeitung des anstehenden Themas. Es werden dabei auch die relevanten Blickrichtungen in die Vergangenheit, auf die Gegenwart sowie die Zukunft fokussiert. Mögliche Kernfragen können beispielsweise sein:

	Fokus	Kernfrage
S – Ist-Zustand	Gegenwart/Jetzt	*Wo stehen Sie heute?*
C – Ursache	Vergangenheit	*Was ist der Grund?*
O – Ziel	Zukunft	*Was möchten Sie erreichen?*
R – Ressource	Womit	*Was oder wen benötigen Sie dafür?*
E – Vision	Zielbild/Meta-Ziel	*Was ist anders besser, wenn das Ziel erreicht ist?*

Abb.: Fokus und Kernfrage im SCORE-Modell

Das SCORE-Modell lässt sich im Veränderungsprojekt jederzeit zur Klärung eines Zielbildes einsetzen. Der Zeitaufwand ist mit ca. 20 Minuten eher gering. Wird dieses Modell im Rahmen der Bearbeitung größerer Themen oder Themenkomplexe verwendet, findet eine individuelle Vorbereitung auf dieses einzelne Instrument vermutlich nicht statt.

Material: Ein Flipchart, Moderationsstifte

Ablauf

Schritt 1: Situation klären

In einem ersten Schritt wird die Ausgangssituation, also das Heute, Hier und Jetzt geklärt. Nicht selten ist der Start hierfür die Beschreibung von „Problemen" aus dem Teilnehmerkreis. Typische Fragen für die Klärung der Situation können sein:

- *„Wie genau stellt sich die Situation heute für Sie dar?"*
- *„Was genau ist bestimmend oder kennzeichnend für die Gegenwart?"*
- (Auch wenn ich Probleme hier nicht fokussieren und vertiefen möchte, die anknüpfungsfähige Frage:) *„Was genau ist das Problem?"*
- *„Was hält Sie davon ab, ... zu tun?"*
- *„Was möchten Sie anders besser haben oder tun?"*

Die Situationsbeschreibung wird visualisiert.

Schritt 2: Ursachen identifizieren

Die zuvor beschriebenen Symptome werden nun weiter hinterlegt, indem mögliche Ursachen für die zuvor beschriebene Situation zusammengetragen werden.

- *„Woher kommt das Problem?"*
- *„Was war vor dem Problem da?"*
- *„Was ist passiert, bevor sich die Situation so entwickelt hat?"*
- *„Was wäre, wenn das Problem noch eine Weile existierte?"*
- *„Wer hätte etwas dagegen, wenn das Problem plötzlich weg wäre?"*
- *„Was wurde bereits versucht, um die Situation zu verbessern?"*

Schritt 3: Ziel bestimmen

Nunmehr verändert sich der Fokus in die Zukunft. In diesem Schritt wird erforscht, welche Ziele erreicht werden sollen.

- *„Was ist das Ziel?"*
- *„Was soll erreicht werden?"*
- *„Woran werden Sie erkennen, dass das Ziel erreicht ist?"*
- *„Was jedoch soll so bleiben, wie es ist?"*
- *„Wie könnte eine mögliche Lösung aussehen?"*
- *„Was genau wird sich verändert haben, wenn das Ziel erreicht ist?"*

Schritt 4: Ressourcen entdecken

Ziele zu verwirklichen, kostet Kraft. Insoweit ist die Suche nach personellen, zeitlichen oder sachlichen (usw.) Ressourcen mehr als angezeigt. Dies sichert, dass die Teilnehmenden sich möglicher Unterstützung bewusst werden, statt vor den Herausforderungen zurückzuschrecken.

- *„Wer oder was kann Sie bei der Erreichung der genannten Ziele unterstützen?"*
- *„Was hat Sie in der Vergangenheit dabei unterstützt, vergleichbare Aufgaben meistern?"*
- *„Wie bzw. auf welchem Weg haben Sie ähnliche Herausforderungen bereits bewältigt?"*
- *„Auf welche Fähigkeiten können Sie hierbei zurückgreifen?"* oder auch: *„Welche Fähigkeiten möchten Sie sich noch aneignen, um das Ziel zu verwirklichen?"*

Schritt 5: Zielbild „ausmalen"

Ziele entfalten besonders dann eine starke Anziehungskraft, wenn sie mit Sinneseindrücken angereichert emotional erfasst werden (vgl. VAKOG, S. 47 ff.). In diesem Schritt geht es also darum, die bereits beschriebenen Ziele motivierend und Begehrlichkeiten weckend auszugestalten:

- *„Was wird anders besser sein, wenn das Ziel erreicht ist?"*
- *„Wofür wird sich der Einsatz gelohnt haben?"*
- *„Angenommen, Sie haben Ihr Ziel erreicht. Wie wird sich die dann neue Situation anfühlen?"*
- *„Wie sieht ein Tag ganz ohne ...* [das Problem] *aus?"*
- *„Was wird noch möglich, wenn die Ziele verwirklicht sind?"*

Time Line mit Bodenankern

Die Time Line (Zeitlinie, Zeitachse auch Zeitstrahl), ein Visualisierungsinstrument aus dem psychotherapeutischen Umfeld, wurde hinsichtlich seiner Wirkung erstmals von Tad James bzw. Richard Bandler beschrieben. Der Ansatz hat sich bis in die NLP- und Coaching-Arbeit verbreitet.

Time Line nutzt den Ansatz des Coachings, dass Aspekte am ehesten dann verändert werden können, wenn man sie sprichwörtlich „aus dem Kopf herausnimmt, neu sortiert und dann wieder zurückgibt". Die Arbeit mit einer Time Line ermöglicht es Gruppen wie auch Einzelpersonen, Aspekte visualisiert mit einem zeitlichen Bezug zu verarbeiten. Folglich unterstützt dieses Instrument die Auseinandersetzung mit vergangenen, gegenwärtigen und künftigen Ereignissen. Sie ermöglicht das bewusste Sortieren von Ereignissen und erleichtert es so auch, Unbewusstes diskutierbar zu machen. Ereignisse lassen sich auf einem Zeitstrahl leichter besprechen, insbesondere, wenn eine Visualisierung das Besprechen unterstützt. Die nachfolgenden Ausführungen beziehen sich auf die räumliche Visualisierung. Die Arbeit mit einer Time Line ist aber auch möglich, indem die Linie im Gespräch nur gedacht wird.

Emotionale Verstärkung und Bewusstwerdung

Durch die Arbeit mit der Visualisierung in Kombination mit Bodenankern (vgl. S. 271) findet eine emotionale Verstärkung und Bewusstwerdung statt. Man spricht auch davon, die Zukunft über dieses Instrument zu „magnetisieren", also erstrebenswert zu gestalten. Auf VAKOG-Fragen (vgl. S. 47 ff.) sei entsprechend verwiesen.

In diesem Buch werden lösungsorientierte Interventionen beschrieben, das heißt, die mit der Time Line ebenfalls mögliche Arbeit mit vergangenen Situationen ist nicht vordergründig beabsichtigt, sondern es wird eher zwischen den beiden Zeitpolen „Gegenwart" und „Zukunft" gearbeitet. Dementsprechende typische Einsatzgebiete können in Veränderungsprojekten (auch über den klassischen Einsatzzweck hinaus) sein:

Einsatzgebiete der Time Line

- Beschreiben der Gegenwart mit Bezug auf künftiges Handeln
- Beschreiben eines Ziels
- Beschreiben und Ausmalen von besonders erstrebenswerten Zielen bzw. eines Zielzustandes
- Erarbeiten der erforderlichen Schritte zwischen „Heute" und einem Zeitpunkt in der Zukunft
- Visualisieren von Zwischenzielen
- qualitative Zuordnung von Arbeiten in Bezug auf eine Zeitdauer (längere bzw. kürzere Zeiträume)

- Unterstützen lösungsorientierter Fragestellungen (weg von einem gegenwärtig unerwünschten hin zu einem künftigen erwünschten Zustand)
- Vorwärts- und Rückwärtsplanung
- Durchführung einer Retropolation
- Skalen-Frage visualisieren
- bei der Bearbeitung den Raum nutzen und Bewegung einbauen

Das Instrument ist eher Bestandteil der Arbeit mit anderen Instrumenten, der Gesamtzeitbedarf liegt dann entsprechend höher. Der Zeitaufwand nur für die Time Line dürfte beim Einsatz mit einer Person etwa 30 Minuten umfassen. Sofern die Arbeit mit Gruppen erfolgt, ist entsprechend mehr Zeit einzuplanen.

An Material werden benötigt: Kreppklebeband, Moderationskarten und -stifte, Raum mit ausreichend freiem Platz

Ablauf

Die Arbeit mit der Time Line kann sowohl mit der Gegenwart beginnen als auch von der Zukunft ausgehend. Nachfolgend finden Sie eine beispielhafte Abfolge:

Schritt 1: Anbringen der Zeitlinie

Eine Zeitlinie wird durch die Gruppe auf dem Boden angebracht: Dies kann beispielsweise durch Kreppklebeband erfolgen. Auch Seile oder Kreide (mit dem Bedarf der späteren Reinigung) wären denkbar. Die so entstandene Zeitachse wird sodann beschriftet, beispielsweise via Moderationskarten (s. Abbildung rechts). Die Bodenanker sind so flexibel veränderbar, wenn dies im Gespräch aus Sicht des Teilnehmers erforderlich wird.

Schritt 2: Zielfindung

Der Moderator erfragt das Ziel und lässt es mit einem Schlagwort benennen. Die Teilnehmenden notieren das Schlagwort auf einer Moderationskarte und legen es als abschließenden Pol auf der Zeitachse ab (= Bodenanker).

Schritt 3: Position des Ziels

Der Moderator bittet die Teilnehmenden, die Position dieses Ziel-Bodenankers einzunehmen, ohne auf diesen zu treten.

Abb.: Time Line – Beispiel für eine Ausgangssituation

Schritt 4: Zielbeschreibung

Der Moderator hält einen Teilnehmer an, auf dieser Position das Ziel zu beschreiben:

- *„Was genau möchten Sie erreichen?“*
- *„Wie genau fühlt sich das an?“*
- *„Was wird dadurch möglich?“*
- *„Wer würde noch merken, dass das Ziel erreicht ist?“*
- *„Wem nutzt das Ziel (noch)?“*
- *„Was wäre, wenn das Ziel nicht erreicht würde?“* ...

Schritt 5: Zwischenschritte

Als Nächstes erfragt der Moderator Zwischenschritte auf dem Weg zum Ziel und lässt diese ebenfalls auf der Zeitachse via Moderationskarten verankern.

Schritt 6: Terminierung

Das Ziel lässt der Moderator jetzt mit einem Termin verbinden und diesen auf der Zeitachse visualisieren. Die Fragestellung kann lauten: *„Wann wäre aus Ihrer Sicht ein geeigneter Termin, zu dem das Ziel erreicht sein kann?“*

Schritt 7: Prüfen und Erkenntnisse sichern

Schließlich lässt der Moderator die Teilnehmenden die Anfangsposition „Heute“ einnehmen und von dort auf das Ziel schauen. Nun geht es mit Rücksicht auf die 72-h-Regel (vgl. S. 73) darum, Ressourcen zu klären und die Vollständigkeit der Lösungsschritte zu prüfen. Hilfreiche Fragen sind etwa:

- *„Welche Schritte sind Ihres Erachtens noch erforderlich, das Ziel zu erreichen?“*

- *„Wer oder was könnte Sie dabei unterstützen, die Lösung zu erarbeiten bzw. umzusetzen?“*
- *„Welche Ihrer Fähigkeiten können Sie einbringen?“*
- *„Was wäre ein erster kleiner Schritt?“*
- *„Wann werden Sie diesen Schritt angehen?“ ...*

Schritt 8: Abschluss

Zum Abschluss und zur Erkenntnissicherung stellt er schließlich noch folgende Fragen:

- *„Was nehmen Sie aus dieser Übung für sich mit?“*
- *„Wie zufrieden sind Sie mit Ihrem Ergebnis?“*
- Gern auch eine positive Verstärkung: *„Prima. Viel Erfolg bei der Umsetzung!“*

Alternative: Die Time Line ist auch mit Gruppen gut einsetzbar. Hierbei durchläuft ein Teilnehmer repräsentativ für die gesamte Gruppe den o.a. Prozess. Die weiteren Teilnehmenden sind Beobachter und können als zusätzliche Ressource genutzt werden – zum Beispiel für Ergänzungen. Zudem ist es möglich, aus der Meta-Ebene heraus zu beschreiben, was aus Sicht der Beobachter gerade wahrgenommen wird und welche Erkenntnisse diese gerade für sich gewonnen haben.

Möglich ist auch, dass die Teilnehmenden nacheinander mit vergleichbaren Fragen durch diesen Prozess geführt werden. Das stellt sicher, dass jeder sich in das Ergebnis dieses Arbeitsschrittes konkret einbringt. Ein solches Vorgehen ist allerdings zeitintensiv.

Kulturdiskurs

Ausgangspunkt der nun folgenden Instrumente ist die sogenannte Unternehmenskultur (vertiefend erläutert auf S. 221 f.). Diese kann zunächst beschrieben werden als die individuell (und damit subjektiv) wahrgenommene Qualität der praktizierten Zusammenarbeit – im engeren Sinne also des Betriebsklimas. Der Begriff der Unternehmenskultur geht darüber hinaus. Diese ist geprägt durch die dahinterliegenden Werte, Normen und Einstellungen, welche die Entscheidungen, daraus abgeleitete Handlungen und das Verhalten der Mitglieder dieser Organisation maßgeblich bestimmen. Dazu zählt auch, wie die Organisation hierarchisch aufgebaut ist und inwieweit die Funktion und (Wechsel-)Wirkung der einzelnen Organisationseinheiten untereinander bzw. mit dem Kunden gestaltet sind.

Wie nun kann Unternehmenskultur von Betriebsklima abgegrenzt werden? **Unternehmenskultur** kann als ein längerer Prozess wechselseitiger Interaktionen der Organisationsmitglieder untereinander sowie mit der Unternehmensumwelt verstanden werden. Die Wirkungen und Wechselwirkungen sind relativ stabil und tief in der Organisation verankert und folglich auch nicht einfach veränderbar. Die Kultur ist folglich unbewusst und stellt das Wesen der Organisation dar. Das **Betriebsklima** hingegen ist leichter veränderbar und auch situativen Einflüssen unterlegen, also Ausdruck der gegenwärtigen Stimmungslage. Das Betriebsklima kann folglich eher als ein leicht sichtbarer Indikator kultureller Merkmale herhalten.

Ein möglicher Untersuchungsansatz ergibt sich aus dem Instrument „Kulturradar", s. S. 223 ff. Die dortige Untersuchung orientiert sich an typischen sachbezogenen Aspekten, beispielsweise:

Typische untersuchte Aspekte

- Kommunikations- und Feedback-Kultur
- Führungskultur
- Fehlerkultur
- Lernen und Entwicklung

- Bindung an das Unternehmen
- Vision, Leitbild, Ziele, Strategie
- Konflikte und Konfliktklärung
- Fehlzeiten und Anwesenheitsmanagement
- Prozesse/Prozesslandkarte
- Normen, Regeln und wie sie eingehalten werden
- Vergütung und Belohnungssysteme
- Kundenorientierung und Marktpositionierung
- ...

Untersuchung von Zusammenarbeit

Mit dem nun hier vorgestellten Kulturdiskurs soll ein weiterer Ansatz, verfolgt werden, bei dem der Fokus auf der Zusammenarbeit mit dem Mitarbeiter liegt. Bei diesen Überlegungen kommt es darauf an, die unterschiedlichen Perspektiven dieser Zusammenarbeit hinreichend zu beleuchten. Eine Herangehensweise für die Untersuchung kann die Einnahme folgender Perspektiven sein:

Abb.: Perspektiven zur Zusammenarbeit

Am wohl spürbarsten für den einzelnen Mitarbeiter ist die Zusammenarbeit innerhalb des Teams und jene mit dem direkten Vorgesetzten. Diese beiden Perspektiven sind in zahlreichen Studien als maßgeblich beschrieben worden für die Mitarbeiterzufriedenheit. Für etwa drei Viertel der Mitarbeiter von Unternehmen ist die Qualität dieser Zusammenarbeit von elementarer Bedeutung. Weitere Perspektiven sind die team- bzw. bereichsübergreifende sowie die unternehmensweite Zusammenarbeit.

Teamübergreifende Überlegungen werden bestimmt durch die Möglichkeiten und die tatsächliche Nutzung der Zusammenarbeit im Gegensatz zum sogenannten „Silo-Denken“. „Silo-Denken“ bezeichnet ein

Begrenzen aller Überlegungen auf den eigenen Verantwortungsbereich unter Außerachtlassen der Bedürfnisse anderer Bereiche. Die unternehmensweite Zusammenarbeit ist vermutlich am ehesten gekennzeichnet durch das verbindende Element des Managements.

Kulturdiskurs als Gap-Analyse

Als Möglichkeit, eine solche Untersuchung durchzuführen, wird nun eine Gap-Analyse vorgestellt, bei der anhand von vier Perspektiven (s. Grafik links) der Ist-Zustand mit einem in der Gruppe nivellierten erwünschten Soll-Zustand verglichen wird. Insoweit ergibt sich eine Lücke zwischen Wunsch und Wirklichkeit als Grundlage für Handlungsempfehlungen.

Für den Kulturdiskurs verwende ich gern diese eher qualitative und offene Herangehensweise. Es ist nicht zwingend erforderlich, beispielsweise nach Kommunikationsprozessen zu fragen. Sofern diese ein Thema wären, würden die Teilnehmenden mögliche folgende Hinweise geben:

Beispiel „Kommunikation"

Perspektive	Mögliche Kommunikationsthemen
Wir im Team	*„Wir unterstützen und tauschen aus."*
Meine direkte Führungskraft und ich	*„Wir fühlen uns nur unzureichend informiert."*
Teamübergreifende Zusammenarbeit	*„Es finden kaum Abstimmungen statt."*
Management	*„Die Strategie ist nicht bekannt."*

Abb.: Beispielrückmeldungen Kommunikation in vier Perspektiven

Dieser qualitative Ansatz lässt den Teilnehmenden mehr Spielraum für die „echten" Themen, die sich im Unterschied zwischen erwarteter und gelebter Kultur auftun. Sie sind frei, Aspekte anzusprechen, soweit der Bedarf dafür besteht.

Ein möglicher Nachteil wäre jedoch entsprechend, dass vielleicht auch Themen nicht adressiert werden, weil eine für Vollständigkeit sorgende Frage fehlt. Hier kann der Moderator ergänzende Fragen auf Basis des Kulturradars formulieren (vgl. S. 223 ff.).

Der Zeitaufwand für dieses Instrument kann mit drei bis vier Stunden angegeben werden. Insbesondere die Exploration der Werte und Normen in Schritt 3 dieses Instrumentes ist zeitintensiver. Die Investition lohnt sich jedoch im Sinne einer die Hypothesenbildung unterstützenden Generierung von Informationen.

An Material werden benötigt: Ca. vier Moderationswände, Moderationskarten, -stifte und Pinns (achten Sie auf das Vorhandensein von grünen und roten Moderationskarten), ggf. Flipchart

Ablauf

Schritt 1: Begriffsklärung Unternehmenskultur und Perspektiven

Als Einstieg in diese Moderationssequenz empfiehlt sich im Plenum eine Einführung (ca. zehn Minuten) in das Thema inklusive Erläuterung des Unternehmenskulturbegriffs.

Zudem bedarf es einer kurzen Verständigung zu den vier in der Grafik dargestellten Perspektiven (s. S. 292). Denn diese sollen nachfolgend eingenommen werden.

Schritt 2: Beschreiben der Qualität der Zusammenarbeit

In diesem Schritt erfolgt die Bewertung der heute wahrgenommenen Qualität der Zusammenarbeit – also genau genommen des Betriebsklimas als grundlegende Informationssammlung zur Kultur. Die Anweisung könnte beispielsweise lauten:

„Bilden Sie bitte unter Berücksichtigung der vier Perspektiven die Qualität der Zusammenarbeit in Ihrem Unternehmen ab. Verwenden Sie dabei bitte grüne Moderationskarten für jene Aspekte, die Ihres Erachtens gelungen sind und daher so bleiben sollen. Notieren Sie im Gegensatz dazu Aspekte auf rote Karten, die Ihrer Auffassung nach besser oder noch besser werden sollten."

Die Frage sowie die Perspektiven können unterstützend via Flipchart visualisiert werden. Das Beschriften der Moderationskarten durch die Teilnehmenden erfolgt in Stillarbeit und dauert ca. zehn Minuten.

Empfehlung: Sammeln Sie die Moderationskarten nach Perspektiven getrennt ein, dann ist die Zuordnung leichter für die Gruppe und den Moderator.

Die eingesammelten Karten werden vom Moderator vorgelesen. Soweit Verständnisfragen auftauchen, sind diese jeweils an das gesamte Plenum zu richten: *„Was könnte mit diesem Aspekt gemeint sein?"*, sodass der Autor der Karte antworten kann, aber nicht muss. Für das Klären des Verständnisses sind etwa 20 Minuten einzuplanen.

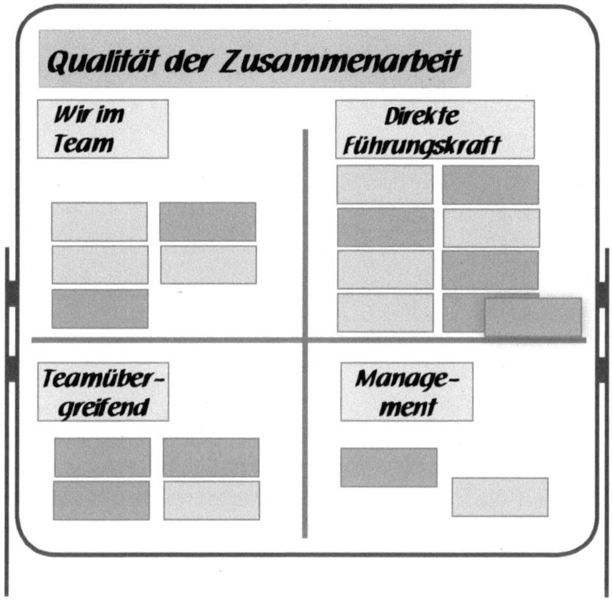

Abb.: Beispielergebnis der Kartenabfrage im Kulturdiskurs

Schritt 3: Lösungsansätze

Nachdem die Rückmeldungen ggf. geclustert worden sind, erfolgt nun die Bearbeitung der Themen mit Verbesserungswunsch. Dies kann je nach Menge der Aspekte und Teilnehmerzahl im Plenum oder aber auch in Kleingruppen erfolgen und kann ca. zwischen 120 und 140 Minuten in Anspruch nehmen.

In diesem Schritt geht es weniger um bereits konkrete Einzelmaßnahmen, sondern vielmehr um mögliche Veränderungsrichtungen. Beispielfrage: *„Was ist Ihres Erachtens nach zu tun, damit sich die Zusammenarbeit im Aspekt ... verbessert? Was ist das Ziel? Welche Lösungsoptionen sehen Sie und was ist dabei zu beachten?"* Dieser Fragestellung entsprechend kann eine Moderationswand beispielsweise für das Thema „Informationsfluss" wie folgt aussehen:

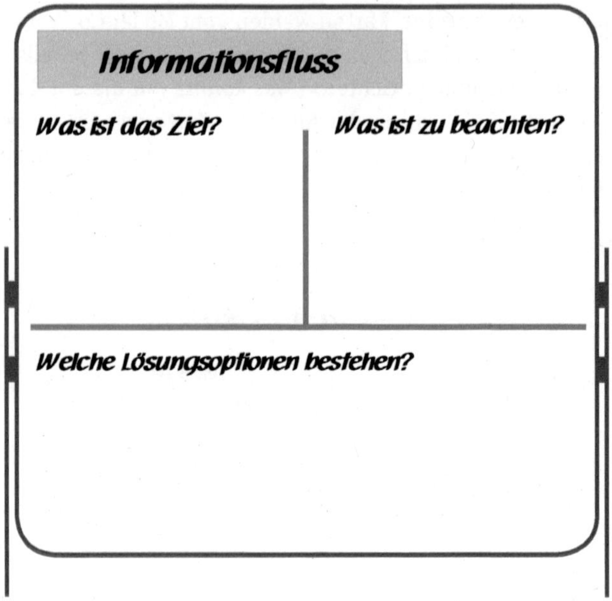

Abb.: Bearbeitungsschema Kulturverbesserung

Es empfiehlt sich, die Überlegungen der Teilnehmenden mit Blick auf die dahinterliegenden Werte, Normen und ungeschriebenen Gesetze, die Entscheidungen und dem darauf basierenden Verhalten zu hinterfragen, zum Beispiel:

- *„Was spricht dafür, dies so zu tun?"*
- *„Welche weiteren Optionen gibt es, wenn sich auch Rahmenbedingungen verändern ließen?"*
- *„Auf welcher übergeordneten Überlegung beruht dieses Vorgehen?"*
- *„Was ist Ihnen dabei besonders wichtig?"*

Die Ergebnisse dieser Moderationssequenz sind Grundlage für kulturverbessernde Maßnahmen bzw. Interventionen auf Grundlage von Hypothesen. Insoweit sollte der Workshop ergebnisseitig über die hier beschriebene Zielorientierung eher nicht hinausgehen, da die Gefahr besteht, durch vermeintliche naheliegende „Abkürzungen" keine Nachhaltigkeit in der Kulturveränderung zu erzielen. Konkrete To-dos sind also eher nicht gefragt.

Es wird Aufgabe des Beraters sein, ausgehend von den Ergebnissen des Workshops geeignete Interventionen zur Kulturveränderung zu wählen und einzusetzen.

Führung

In den meisten Veränderungsprojekten wird früher oder später das Thema Führung diskutiert. Dies ist bereits deshalb nachvollziehbar, weil Führung wesentliche Aspekte der täglichen Arbeit und Zusammenarbeit bestimmt. Für die einzelnen Mitarbeitenden ist die wohl spürbarste Unternehmenskultur eben neben der Zusammenarbeit innerhalb des Teams jene mit den direkten Vorgesetzten. Dies hat nicht zwangsweise etwas mit gut oder schlecht zu tun. In diesem Buch wird die Auffassung vertreten, dass sich alle Aspekte ausgehend von einem Status „Heute" regelmäßig noch verbessern lassen – so auch das Führungsverhalten.

Problemlösung für gegenwärtiges Verhalten

Die Befassung mit dem Thema Führung zielt darauf ab, verbessernde Lösungen für gegenwärtiges Verhalten zu etablieren. Kurz gesagt geht es um „Problemlösung" und um nichts Geringeres als Kulturveränderung. Diese bezieht sich neben dem Zukunftsgestaltungsprozess auch auf den Lernprozess, den psychosozialen Prozess und das Vorbereiten des Umsetzungsprozesses.

Analyse und Wirkung von Führungsverhalten

Führen wird zunächst einmal beschrieben als die **Verhaltensbeeinflussung zur Zielerreichung durch Kommunikation**, oder besser: durch **Kommunikationsprozesse**. Wollte man also Führungsverhalten analysieren, so stehen diese Ebenen als Ausgangspunkt zur Verfügung:

Informationsquellen

- Ziel, Zielklarheit und Zielvereinbarung bzw. -vorgabe,
- beabsichtigte und tatsächlich verwirklichte Verhaltensänderung sowie
- der gewählte Kommunikationsprozess und dessen Wirkung.

Doch wie steht es um die Wirksamkeit und Angemessenheit von Führung? Frage denjenigen, der sich damit auskennt, wäre eine passende Option. Input aus Mitarbeitersicht kann man regelmäßig erhalten durch:

- Mitarbeiterbefragungen (vgl. ab S. 199),
- Führungskräfte-Feedback (also durch die Mitarbeiter)
- 360-Grad-Feedback
- Fokusgruppen (vgl. S. 214 ff.)

Die gewonnenen Erkenntnisse sind Bestandteil der Diagnostik und Grundlage für die Hypothesenbildung. Weitere Indizien für Besonderheiten im Führungsverhalten können außerdem sein:

Indizien für Führungsverhalten

- Arbeitsergebnisse des Bereichs in Qualität und Quantität
- Häufigkeit von Konflikten
- Fluktuation (oder der Wunsch zum Wechsel)
- Entwicklung der Fehlzeiten
- zunehmend deutlicher kommunizierte Unzufriedenheit
- ...

Nicht zuletzt sind auch Rückmeldungen der Führungskräfte selbst Quelle für Veränderungsbedarfe. In der Praxis gibt es erfreulicherweise immer wieder bestens reflektierte Führungskräfte, die:

- Lernbedarfe rund um Führen benennen,
- mit der Performance nicht zufrieden sind, also gern besser werden möchten,
- ausdrücklich um Hilfe und Unterstützung bitten.

Wert guter Führung

Sowohl die Aktivität als auch die Inaktivität einer Führungskraft zeigen Wirkungen – aus Sicht der Mitarbeiter erwünschte oder weniger erwünschte. Aktuelle Studien bestätigen diesen ersten Eindruck. Sie führen die Zufriedenheit der Mitarbeiter sowie die Bindung an den Arbeitgeber zu etwa 75 % auf das Verhalten der direkten Führungskraft zurück. Selbst bei bestmöglichen Rahmenbedingungen im Unternehmen ist das Ausgeliefertsein gegenüber der nächsten Führungskraft ein bestimmender Faktor. Ist das Führungsverhalten ausgewogen zwischen dem Erreichen betrieblicher Ziele und den Wünschen und Interessen der Mitarbeiter, dann hat dies maßgeblich positive Wirkungen auf die Mitarbeiterzufriedenheit und in der Folge auf die Loyalität der Mitarbeiter zum Arbeitgeber. In Zeiten eines immer deutlicher werdenden Fachkräftemangels ist das ein strategisch bedeutsamer Aspekt. Gute

Führung ist unverzichtbar. Und Führung ist dann „gut", wenn die Mitarbeiter motiviert und engagiert die gegebenen Ziele verwirklichen können.

Auf den nächsten Seiten wird aufgezeigt, wie Führen „standardisiert" und vereinbart werden kann und wie neben einer Mitarbeiterbefragung eine qualifizierte Befragung unter der Bezeichnung „Fokusgruppe" durchgeführt werden kann (vgl. S. 214 ff.).

Führungsgrundsätze

Unter Führungsgrundsätzen (auch Führungsleitlinien, -leitsätze) werden erwünschte Verhaltensweisen verstanden, die vereinbart werden und das Führungsverhalten als Mindeststandard im Sinne einer positiven Erwartung beschreiben.

Erarbeitung in zwei Phasen

Führungsgrundsätze zu erarbeiten, erfolgt in grundsätzlich zwei Phasen. In einer ersten Phase werden durch die Beteiligten die wesentlichen Themenfelder der angestrebten Führung herausgearbeitet und konkrete Anregungen für ein solches Führungsverhalten sprachlich gefasst, im Sinne eines Entwurfes. In einer zweiten Phase erfolgt die Ausformulierung der Führungsgrundsätze auf der Grundlage der Ergebnisse der vorgelagerten Überlegungen. Die Formulierungen selbst sollen ein angestrebtes, also auch noch nicht an jedem Fall bereits heute existierendes Verhalten abbilden. Sie stellen damit in der Zukunft liegendes Verhalten im Sinne von Verhaltensankern dar. Idealerweise erfolgt die Beschreibung also positiv, aktiviert erfüllbar. Beispielhaft könnten solche Formulierungen also so aussehen:

Grundsätze formulieren

- *„Wir informieren Mitarbeitende frühzeitig, vollständig und verständlich über relevante Sachverhalte."*
- *„Wir stehen für den Unternehmenserfolg ein, vermitteln und vereinbaren zu erreichende Ziele und machen deutlich, was jeder Einzelne konkret zur Erreichung dieser Ziele beitragen kann."*
- *„Wir sehen Fehler als Chance für Verbesserungen und handeln lösungsorientiert. Wir lernen aus ihnen und sorgen dafür, dass sie sich nicht wiederholen."*
- *„Wir sorgen für ein Klima des freundlichen, respektvollen und wertschätzenden Umgangs und achten auch darauf, dass Freude und Spaß ihren Raum haben."*

Weshalb nun sind Führungsgrundsätze nach Auffassung des Autors nützlich – einen Optimierungsbedarf der Führung vorausgesetzt? In der Psychologie und den Wirtschaftswissenschaften ist man sich einig, dass ein Ziel – also ein erwünschter Zustand, der in der Zukunft liegt – ein probates Mittel zur Erreichung von Entwicklung ist. Dies geschieht einerseits durch die Richtungsbestimmung solcher Wunschzustände – also die Klarheit (und gern auch Einigkeit) über das *Wohin*. Andererseits ist die Beschreibung eines *Soll*-Zustandes per se geeignet, ausgehend von einem *Ist* mögliche Entwicklungsbedarfe aufzuzeigen und so einen geeigneten Weg zum Ziel (*Wie*) zu bestimmen. Kurz gesagt: Der Nutzen eines Ziels und die Bestimmung des zu beschreitenden Weges ist für ein gerichtetes Handeln unbestritten nützlich. Für eine Verbesserung des Führungsverhaltens ist eine Beschreibung des erwünschten Führungsverhaltens ein erster grundlegender Schritt – den Sie besser weglassen, wenn Sie nicht auch die Verwirklichung einer entsprechenden Kulturveränderung beabsichtigen.

Wunsch trifft auf Wirklichkeit

Denn solche Ziele erfüllen sich nicht von allein, nur weil sie zum Zeitpunkt des Formulierens noch erstrebenswert klangen. Es gibt, dass muss ausdrücklich vorangestellt werden, eine Lücke zwischen Wunsch und Wirklichkeit. Es kommt also entscheidend darauf an, diese Lücke klein zu halten und in geeigneter Weise zu überwinden. Kulturveränderung, also auch die Veränderung einer Unternehmenskultur, Führungskultur, Feedback-Kultur, Fehlerkultur ... ist möglich, jedoch nicht allein durch ein buntes Papier, nett gerahmt und bewundert.

Kultur ist veränderbar

Führungsgrundsätze beschreiben die zum Unternehmen passende Führungskultur, im Idealfall übersetzt in beobachtbares Führungsverhalten. Lautet ein Grundsatz: *„Wir informieren Mitarbeitende frühzeitig, vollständig und verständlich über relevante Sachverhalte ...“*, kann man diesen „Verhaltensanker“ später zum Abgleich nutzen. Entspricht im späteren Verlauf das real beobachtete Verhalten diesem Grundsatz? Der Abgleich geschieht sowohl selbstreflektierend durch die Führungskraft als auch durch die Mitarbeiter, die Kollegen und Vorgesetzten dieser Führungskraft. Führungsgrundsätze bieten mithin einen Maßstab als Vergleich zwischen „Soll“ und „Ist“ zur Bewertung und lassen das angestrebte Ziel erkennbar werden.

Partizipative Entstehung

Wie gelangt man nun an Führungsgrundsätze? Ein Fehler ist, sie einfach zu kopieren, zum Beispiel aus dem Internet. Fremde Führungsgrundsätze repräsentieren eine (fremde) Unternehmenskultur, sie wurden aufgrund der Werte anderer Unternehmen gestaltet. Die Grundsätze für das in Rede stehende Unternehmen, welches sich in einem Veränderungsprozess befindet, kennt das Internet (noch) nicht. Sie müssen erst noch entwickelt werden. Und noch viel mehr: Veränderung lebt von der aktiven Beteiligung der von der Veränderung Betroffenen. Es ist daher unverzichtbar, so jedenfalls nach meiner Auffassung, Führungsgrundsätze unter intensiver Mitwirkung der Führungskräfte und passend zum Unternehmen und den gegenwärtigen Rahmenbedingungen zu erarbeiten.

Zu berücksichtigen sind dabei die Ausgangssituation, Chancen und Risiken des Umfeldes (vgl. Projektumfeldanalyse, S. 231) sowie die Stärken und Schwächen der Unternehmung (z.B. abzuleiten aus der Mitarbeiterbefragung, s. S. 199, dem 7-S-Modell, oder der Stakeholder-Analyse, s. S. 161). Eine Grundlage für das erwartete Führungsverhalten sind zudem die Unternehmensvision, die Mission bzw. das Unternehmensleitbild (vgl. S. 334). Weitere Beteiligte neben den Führungskräften können beispielsweise die Geschäftsleitung (bzw. der Vorstand), Mitarbeiter (ohne Führungsaufgaben) oder der Betriebsrat sein.

Der Entstehungsprozess von Führungsgrundsätzen basiert auf einem Austausch zu dem erwarteten, auf der Wertebasis gründenden Führungsverhalten (vgl. zum Thema „Werte" S. 310 ff.). Diese Auseinandersetzung unterstützt bereits Erkenntnisprozesse, Lernen und Verhaltensänderungen. Erkennt eine Führungskraft beispielsweise, dass gewünschte Ergebnisse leichter erreicht werden, wenn ein heute praktiziertes Verhalten durch ein anderes ersetzt würde, wird sie dies vermutlich in die Praxis übertragen, ohne dass dies einer irgendwie gearteten Anweisung von außen bedarf. Die gemeinsame Erarbeitung, der Austausch während der Erarbeitung sowie die Praxisbeispiele der Teilnehmenden, erschaffen eine einmalige Lernsituation, die weit über die meisten Führungstrainings hinausgeht. Insoweit ist dieses Vorgehen auch geeignet, Lernprozesse zu unterstützen.

Verankerung durch Vereinbarung und Feedback

Die Existenz von Führungsgrundsätzen allein macht noch keine andere, bessere Führung. Ein erster Ansatz zur Verbesserung ist die gemeinsame Erarbeitung, wie vorstehend beschrieben. Sind die Grundsätze gemeinsam erarbeitet und formuliert worden, steht auch einer gemeinsamen Verpflichtung auf die Achtung der Regeln nichts im Wege. In der Praxis könnte der Erarbeitungsprozess damit abschließen, diese Regeln gemeinsam zu verabschieden und deren Achtung zu bekräftigen. Dies kann beispielweise durch das Unterzeichnen der Regeln im Rahmen einer gemeinsamen Veranstaltung geschehen. Die verabschiedeten Regeln können sodann an geeigneter Stelle im Unternehmen zugänglich ausgehängt werden, geeignet wären etwa zentrale Meeting-Räume. Durch die gemeinsame Vereinbarung werden die Grundsätze verstärkt und die Verhaltensänderung wird auf Ebene der Führungskraft unterstützt.

Werden Führungsgrundsätze im Rahmen einer Veranstaltung gemeinsam in Kraft gesetzt, sollte dabei geklärt werden, wie gemeinsam auf eine künftig immer erfolgreichere Umsetzung hingewirkt werden kann. Wichtigster Aspekt ist eine gegenseitige Erlaubnis, sich im Hinblick auf die Verwirklichung der Führungsgrundsätze Feedback geben zu dürfen und es auch tatsächlich zu tun. Zudem können beispielsweise gemeinsame Lernformate entstehen, wie Feedback, Kollegiale Beratung, Trainings, Mentoring oder Coaching.

Das Verhalten von Menschen ist nicht nur allein davon abhängig, ob diese motiviert sind und über die erforderlichen Kompetenzen verfügen. Auch soziale Regeln und Normen bestimmen in einem großen Maße das Verhalten von Menschen. Darüber hinaus muss ein gewünschtes Verhalten in der jeweiligen Situation überhaupt objektiv durchführbar sein (vgl. Bedingungen des Verhaltens, S. 367 ff.). Einige Beispiele: Wenn eine Entscheidung außerhalb des eigenen Befugnisrahmens liegt, so will eine Führungskraft vielleicht handeln, ist dazu jedoch auf die Aktion eines Dritten angewiesen. Fehlen Arbeitsschutzmaterialien, so ist deren Einsatz nicht möglich. Die einzige Alternative ist, gefährdende Arbeiten zu untersagen und dies im Konflikt mit möglichen Ergebniszielen.

Insoweit ist regelmäßig zu prüfen, ob und inwieweit die Rahmenbedingungen das erwartete Führungsverhalten unterstützen oder gar behindern.

Perspektiven

Bei den Überlegungen auf dem Weg zu eigenen Führungsgrundsätzen sollten unterschiedliche Perspektiven berücksichtigt werden. Naturgemäß würde der Fokus auf das Führen der Mitarbeiter gerichtet sein. Doch auch Perspektiven zum Gesamtunternehmen, von Kollegen auf der gleichen Hierarchieebene, von anderen Organisationseinheiten im Unternehmen und deren Mitarbeitern sowie nicht zuletzt auch die Perspektive der Kunden bestimmen in der Summe das Verhalten einer Führungskraft. Ein empathischer und wertschätzender Umgang mit Mitarbeitenden allein wird wohl kaum ausreichen, wenn Unternehmensziele nicht loyal vertreten und angemessene Kundeninteressen missachtet würden.

Es ist das erwünschte Verhalten aller Führungskräfte, dass durch Führungsgrundsätze gerahmt wird. Hierdurch sind die optional zu klärenden Themen zwar vielfältig, in sich jedoch abgegrenzt. Wer unterschiedliche Führungsgrundsätze vergleicht, findet folgende wiederkehrende Themen als typische Inhalte:

Typische Inhalte

- Grundaussage zum Führungsverhalten (z.B. „kooperativ“)
- Einsatz für Zielerreichung, für Mitarbeiter und Unternehmen
- Aussagen zur Arbeitsweise (z.B. im Kontext Effizienz, unternehmerisches Handeln, Ressourceneinsatz, Qualität etc.)
- Führungskraft als Vorbild
- Kommunikationsverhalten, Informieren, Informationsfluss
- Kooperation und Umgang (Umgangsformen z.B.: „wertschätzend“)
- Eine die Organisationseinheiten übergreifende Zusammenarbeit
- Unterstützung und Ansprechbarkeit
- Nachhaltigkeit und Konsequenz im Handeln
- Fehlerkultur
- Personalentwicklung, Förderung, berufliche Entwicklung
- Personenbedingte Merkmale (z.B. zu Ziel- und Lösungsorientierung, konstruktiver Arbeitsweise, Eigeninitiative, Hinschauen, aktiv beeinflussen etc.)
- Meinungsvielfalt, Diversität, Kulturvielfalt
- Sicherheit
- ...

Jede der hier genannten Facetten (und vermutlich je nach Unternehmen auch noch weitere) bestimmen nicht nur das Verhalten einer Führungskraft in sich und für sich allein genommen. Sie bestimmen jeweils auch Wirkungen und Wechselwirkungen zu direkt nachgeordneten Mitarbeitern und werden auch im sozialen Umfeld darüber hinaus wahrgenommen. Sie beeinflussen damit Verhalten, ob gewollt oder auch unbewusst.

Workshop Führungsgrundsätze

Wie bereits angedeutet: In Veränderungsprozessen ist immer wieder auch das Thema „Führung“ gesetzt. Dies geschieht oft aus Mitarbeiterbefragungen oder auch aus der Reihe der Führungskräfte heraus, weil Unterschiede in Philosophie und Herangehensweise beobachtet werden. Im Folgenden wird beschrieben, auf welche Weise Führungsgrundsätze erarbeitet werden können, die eine gemeinsam geteilte Basis für Führungsarbeit schaffen.

Wer ist zu beteiligen?

Auf den ersten Blick scheint es so, dass das Thema Führen eines für Führungskräfte sei. Doch darüber hinaus besteht auch aus Sicht des Managements sowie der Mitarbeiter naturgemäß ein Interesse an guter Führung. Darüber hinaus wären die Interessenvertreter der Beschäftigten (Betriebsrat oder Personalrat, Jugend- und Auszubildendenvertretung, Gleichstellungsbeauftragte, Schwerbehindertenvertretung etc.) ebenfalls ein potenzieller Teilnehmerkreis. Sicherlich kann keine pauschale Empfehlung ausgesprochen werden. Nach eigener Erfahrung ist es jedoch förderlich, eine Arbeit an Führungsgrundsätzen unter Beteiligung der genannten Personengruppen durchzuführen. Dafür spricht, dass ein solch erweiterter Teilnehmerkreis das Eigenbild der Führungskräfte um ein Fremdbild ergänzt. Letztlich führt eine umfangreiche Beteiligung auch zu einer breiteren Akzeptanz. Führungsgrundsätze, die auf breiterer Basis erarbeitet worden sind, lassen die Erwartungshaltung aufseiten der Mitarbeiter und deren Interessenvertretungen steigen und erleichtern Feedback-Schleifen im Rahmen der Verankerung im Unternehmen.

Der Zeitaufwand im Workshop kann mit etwa drei Stunden beschrieben werden. Im Nachgang bedarf es dann noch einer Ausformulierung der Grundsätze mit zwei bis drei Abstimmungsrunden.

Materialbedarf für den Workshop: Flipchart, drei Moderationswände, Moderationskarten, -stifte, Pinns

Ablauf

Schritt 1: Einführung

Als Einstieg sollte in circa zehn Minuten eine kurze Einführung in die Thematik „Führungsgrundsätze“ gegeben werden. Diesen Part übernimmt idealerweise die Geschäftsführung bzw. der Vorstand als Initiator und Promotor. Diese Einführung ist zugleich motivierend und kurz zu halten. Idealerweise hat es bereits im Vorfeld Informationen zu Zielen und Nutzen von Führungsgrundsätzen gegeben.

Schritt 2: Themen finden

Schritt 2 findet in Stillarbeit statt. Die Teilnehmer haben die Aufgabe, in circa zehn Minuten die Fragestellungen zu bearbeiten: *„Was ist für Sie gute Führung? Wie verhält sich Ihrer Auffassung nach eine gute Führungskraft aus Sicht der Mitarbeiter und aus Sicht des Unternehmens?“*

Ihre Überlegungen zu der Frage notieren die Teilnehmenden auf die vom Berater bereitgestellten Moderationskarten.

Schritt 3: Themen entdecken und clustern

In einem nächsten Schritt liest der Moderator jede einzelne Karte vor und pinnt sie dann an eine Moderationswand. Hierbei darf und soll die Gruppe Verständnisfragen zu einzelnen Inhalten stellen. Jede Frage richtet sich jeweils an das gesamte Plenum, sodass gemeinsam die Interpretation der Inhalte vorgenommen wird. Ein Outing des Autors der jeweiligen Karte sollte dabei nicht forciert werden.

Das Zusammenführen thematisch gleicher Karten zu Clustern (Wortwolken) kann bereits beim Anpinnen der Karten erfolgen oder aber in einem separaten Schritt. Über die Zuordnung zu Clustern entscheidet jeweils die Gruppe, genauso wie über die verbindenden Überschriften der einzelnen Cluster.

Der Schritt dauert insgesamt etwa 30 Minuten. Der so erreichte Arbeitsstand könnte beispielsweise so aussehen:

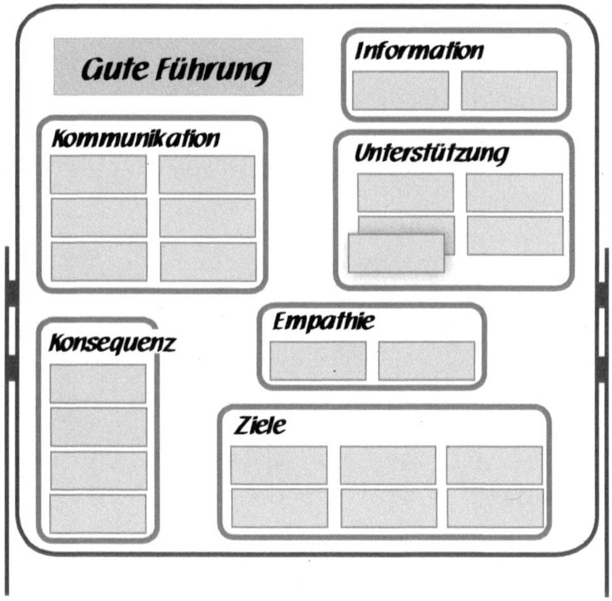

Abb.: Beispiel geclusterter Führungsthemen

Schritt 4: Führungsverhalten beschreiben

Nun wird zunächst ca. 30 Minuten in Kleingruppen zu drei bis maximal sechs Teilnehmenden gearbeitet. Auf der Grundlage der erarbeiteten Themencluster erarbeiten sie die qualitative Beschreibung des erwarteten Verhaltens. Dabei ist darauf zu achten, dass diese Formulierungen positiv und erfüllbar gewählt werden (vgl. S. 50). Die Ergebnisse werden jeweils als erster Entwurf deklariert, sodass im Nachgang noch sprachliche Justierungen möglich sind. Im Anschluss ist eine Vorstellung und ein Austausch im Plenum möglich, das erfordert pro Thema ca. 10–15 Minuten.

Schritt 5: Außerhalb dieses Workshops

Eine kleine Arbeitsgruppe fährt im Anschluss an den Workshop fort, einen sprachlich ausgearbeiteten Entwurf zur Abstimmung mit allen Teilnehmenden zu erarbeiten. Die Entwurfsfassung sollte in jedem Fall ebenso an alle Führungskräfte mit der Bitte um Feedback kommuniziert werden, sodass wichtige Hinweise noch in die finale Fassung mit aufgenommen werden können. Dieser Vorgang kann mehrere Schleifen umfassen. Die finale Fassung sollte gut sichtbar veröffentlicht werden.

Der Erarbeitung von Führungsgrundsätzen folgt dem Zweck, dass das Führungsverhalten im Sinne von Mindestanforderungen beschrieben wird und aus Sicht der Mitarbeiter erwartet werden darf, dass Führungskräfte danach handeln. Es empfiehlt sich daher, die Inkraftsetzung im geeigneten Rahmen zu zelebrieren. Eine solche Veranstaltung könnte beispielsweise folgende Elemente enthalten:

- Kurze Ansprache durch oberste Leitung
- Dank an die Arbeitsgruppe für die Erarbeitung
- Gemeinsame Unterzeichnung der finalen Fassung durch alle Führungskräfte
- Kommunikationsplanung (Wie erfahren die Mitarbeiter von diesen Grundsätzen?)
- Evaluationsplanung (Wie wird sichergestellt, dass die Grundsätze eingehalten werden?)
- Lernen (Welche Unterstützung wird aus Sicht der Führungskräfte benötigt, um alle Grundsätze auch mit Leben füllen zu können?)

Führungsgrundsätze auf dem Prüfstand: Führungs-Gap

Die Existenz von Führungsgrundsätzen allein sichert noch nicht, dass die Erwartungen der Mitarbeiter und des Unternehmens an das Führungsverhalten auch tatsächlich erfüllt werden. Auch unter Führungskräften wird naturgemäß unterschiedliches Verhalten wahrgenommen und zur Diskussion gestellt. Dies insbesondere dann, wenn bereits Führungsgrundsätze existieren, die Beobachtungen jedoch ein anders Bild zeichnen. Soweit bereits im Vorfeld eines Veränderungsprozesses Führungsgrundsätze erarbeitet worden sind, gilt es zu überprüfen, inwieweit diese verschriftlichten Verhaltenweisen in der Unternehmensrealität tatsächlich auch gelebt werden. Hierfür eignet sich das hier vorgestellte Instrument. Seine Aufgabe ist es, die Differenz zwischen dem proklamierten (deklarierten) und mithin auch erwarteten Führungsverhalten mit dem tatsächlichen Führungsverhalten diskutierbar zu machen. Zudem macht die Auseinandersetzung mit den deklarierten Führungsgrundsätzen diese „so nebenbei" wieder bewusst.

Grundlage dieses Instrumentes ist die Systematik der Gap-Analyse. Diese Gap-Analyse (auch Lücken-Analyse genannt) eignet sich als Instrument zur Untersuchung ganz unterschiedlicher Themenfelder. Gap steht als englischsprachiger Ausdruck für „Lücke" bzw. Differenz oder Unterschied. Der Unterschied zwischen einem Soll- und einem Ist-Zustand beispielsweise umreißt eine Lücke, die Ansatzpunkt für Interventionen sein kann.

Als zeitliche Ressourcen sind etwa zweieinhalb bis drei Stunden einzuplanen.

Materialbedarf: Übersicht der bestehenden Führungsgrundsätze, mindestens zwei Moderationswände, Flipchart, Moderationskarten, -stifte und Pinns

Ablauf

Schritt 1: Vorbereitung außerhalb dieses Workshops

Im Rahmen der Einladung zu diesem Workshop können die existierenden Führungsgrundsätze noch einmal bereitgestellt werden, sodass bereits im Vorfeld eine Reflexion stattfinden kann. Gegebenenfalls werden dann vor dem eigentlichen Beginn des Workshops offene Fragen durch das Plenum beantwortet.

Schritt 2: Gap-Analyse und Handlungsfelder

Auf der Grundlage eines gemeinsamen Verständnisses der einzelnen Grundsätze sind die Sicht- und Erlebbarkeit in der Unternehmenswirklichkeit zu erfassen und mögliche Lücken zwischen dem Wert (Soll) und dem Erleben (Ist) zu beschreiben. Die beiden Leitfragen sind: *„Bezogen auf die Führungsgrundsätze: Inwieweit werden diese gelebt? Welches Führungsverhalten bedarf einer Schärfung bzw. Verbesserung?"*

Der Schritt dauert etwa 45 Minuten und dessen Ergebnis kann an der Moderationswand wie folgt aussehen:

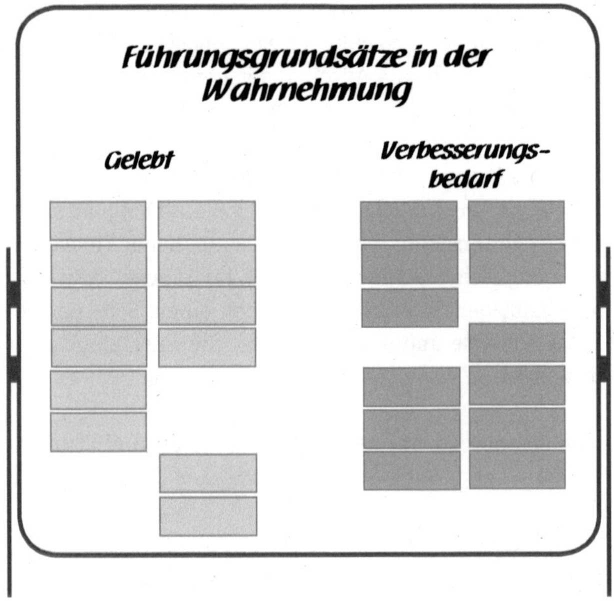

Abb.: Führungs-Gap

Aus den aufgezeigten Lücken lassen sich mögliche Handlungsfelder für den weiteren Veränderungsprozess ableiten.

Schritt 3: Erarbeiten von Empfehlungen

In 45 Minuten verfassen nun Kleingruppen auf der Grundlage der aufgezeigten Lücken Empfehlungen, was konkret im Rahmen des Veränderungsprozesses getan werden kann, damit die deklarierten Führungsgrundsätze noch besser als bisher im Erleben des Unternehmens bzw. der Mitarbeiter tatsächlich ankommen.

Schritt 4: Präsentation und Diskussion im Plenum

Die Empfehlungen aus der Gruppenarbeit werden in den nächsten ca. 45 Minuten im Plenum vorgestellt und diskutiert. Die Ergebnisse aus diesem Schritt werden der Steuergruppe für den weiteren Veränderungsprozess zur Verfügung gestellt.

Wertearbeit

Theoretischer Hintergrund

Eine Grundlage für Denkmuster und Verhaltensweisen – etwa im Führungskontext – sind Werte. Sie bestimmen sehr wesentlich unser Handeln und sind Antrieb für Tun oder Unterlassen. In der Literatur werden Werte auch als „Vorstellungen", „Ideen" oder „Normen" beschrieben. Umgangssprachlich stehen sie ebenso für Begriffe wie „Tugenden", „Überzeugungen", „Leitprinzipien" oder auch („Geistes-) Haltungen". Sie dienen (häufig auch unbewusst) als Grundlage für Bewertungen und bestimmen den ethisch-moralischen Rahmen, in dem wir uns bewegen. Werte entscheiden folglich über Zuordnungen wie beispielsweise „Gut", „Schlecht", „Richtig" oder „Falsch". Werte sind in Konsequenz daraus elementarer Bestandteil unseres Bewertungsmaßstabes.

Werte als soziale Erwartungshaltung

Aufgrund von Werten können beispielsweise bestimmte Lebens- oder Verhaltensweisen Dritter anziehend, verstörend oder auch abstoßend wirken. Werte, die durch den jeweiligen Betrachter als wünschenswert und anstrebenswert angesehen werden, dienen im Rahmen der Interaktion in Systemen als Orientierung. So gesehen handelt es sich ebenso auch um Wertegemeinschaften – häufig ohne dass dies so formal geregelt ist. Werte können zu diesem Zweck auch bewusst geteilt werden, indem Gruppen ihre wichtigsten Werte benennen und zur Erlangung eines gemeinsam geteilten Wertes mit Erklärungen hinterlegen. So bieten Werte einen gemeinsamen Handlungsrahmen, der sodann auch als Norm im Sinne von Regelung oder Richtlinie verstanden werden kann.

Zusammenhang von Werten und Glaubensgrundsätzen

Welche Werte jemand in welcher Ausprägung für bedeutsam hält, korreliert wiederum mit persönlichen Glaubenssätzen. Glaubenssätze liefern die Begründung dafür, dass wir beispielsweise in besonderer Weise „Unabhängigkeit" bevorzugen. Der Wert „Unabhängigkeit" kann z.B. verbunden sein mit dem Glaubenssatz: *„Ich bin dann am erfolgreichsten im Job, wenn ich eigenständig und eigenverantwortlich agieren kann und darf."*

Werte korrelieren mit der Rolle

Im Laufe des Lebens entwickelt jeder Mensch Vorlieben und Vorstellungen über das, was ihm in bestimmten Kontexten besonders wichtig ist. Die Kontexte werden bestimmt durch Situationen und die jeweiligen Rollen in diesen Situationen (Familie, Beruf, Hobby, Verein etc.). Für den einen ist es zum Beispiel im Beruf wichtig, selbstständig Entscheidungen treffen zu können, für den anderen, vielfältigen Kontakt zu Menschen zu haben und für einen dritten, über Raum für die eigene Kreativität zu verfügen.

Werden die persönlichen Werte im Alltag als erfüllt erlebt, stellt sich Motivation beziehungsweise innere Zufriedenheit ein. Sind die Werte nicht erfüllt, ist man unzufrieden. Auch reagieren wir empfindlich und oft heftig, wenn wir unsere Werte verletzt sehen. Verletzungen können durch Kommunikation, in Beziehungen, durch gegebene Arbeitsbedingungen oder durch gelebte Führungsstile, Umgangsformen bzw. das Betriebsklima entstehen.

Praxisexkurs

Einige Berühmtheit haben die Werte der französischen Revolution erlangt: „Liberté, Égalité, Fraternité" – Freiheit, Gleichheit und Brüderlichkeit. Aus der gemeinsamen Verwendung dieser Werte in Form einer Losung ergab sich eine ungemein verbindende und in der Folge auch Kraft freisetzende Wirkung. „Liberté", „Égalité", „Fraternité" waren ebenso die Lebensideale des Schweizer Geschäftsmannes Henry Dunant (1828–1910), der 1901 mit dem ersten Friedensnobelpreis geehrt wurde. Dunant wurde 1859 auf Geschäftsreise Zeuge der Schlacht von Solferino, der entscheidenden Auseinandersetzung im Sardinischen Krieg. Das Leid der Verwundeten aller Kriegsparteien beeindruckte ihn nachhaltig. Er half aufopferungsvoll, organisierte in der Bevölkerung umgehend Hilfe für Opfer aller Kriegsparteien und sorgte so erstmals in der Geschichte für eine Verwundetenversorgung unabhängig von der Nationalität unter der Losung „Sono tutti fratelli" (Wir sind alle Brüder). Seine Erlebnisse veröffentlichte er später als Buch. Dunant prägte damit Verhaltensgrundsätze, welche 1864 Eingang in die Erste Genfer Konvention fanden. Und sie wurden Grundstein für die Gründung der heute weltweit größten humanitären Organisation – die Internationale Rotkreuz- und Rothalbmond-Bewegung. Sie zeigen: Gemeinsam geteilte Werte haben unzweifelhaft enorme Wirkungen auf die Motivation handelnder Personen und können erstaunliche Energien freisetzen.
Gemeinsam geteilte Werte nach innen:

Nutzen

- verbinden,
- geben gemeinsame Identität,
- transportieren Auffassungen,
- machen Bedeutsames diskutierbar,

- geben Mut,
- setzen Energien frei,
- motivieren zum Handeln,
- geben Orientierung,
- sichern einen gemeinsamen Bewertungsrahmen,
- erklären Absichten und Verhalten.

Werte-Konflikt

Auf der anderen Seite führt das soziale Zusammenleben auf ganz normale Weise auch zu Wertekonflikten. Denn jeder Mensch vertritt Werte und steht in unterschiedlichem Maße je nach Situation und der eigenen Rolle in dieser Situation für diese ein. Wertekonflikte entstehen, wenn diese Werte nicht geteilt werden und im Widerspruch zueinander stehen. Insoweit ist es Aufgabe der Begleitung von Veränderungsprozessen, Werte sichtbar zu machen. Erst die Thematisierung führt zu einem gemeinsamen Verständnis über Sichtweisen und den sich daraus ergebenden Handlungsoptionen.

Unternehmenswerte

Nun geht es konkret um die Werte einer Organisation (s. Abbildung rechts). Und hier gehört bei der Arbeit mit Werten insbesondere zu den Ergebnissen, dass

Wirkung

- individuelle Auffassungen verbunden werden zu einem größeren gemeinsamen Ganzen, den Unternehmenswerten und einem Wertesystem.
- Unternehmenswerte Grundlage sind für Elemente des strategischen Managements, wie zum Beispiel der Vision, der Mission oder auch dem Leitbild.
- Unternehmenswerte Sinn stiften, eine gemeinsame Identität geben und Rahmen sind für das geteilte und erwartete Denken und Handeln.

Im normativen Management werden die Werte eines Unternehmens üblicherweise verschriftet und nach innen wie auch außen verwendet. Nach außen sind sie etwa auf Websites oder in Broschüren einsehbar. Sie werden von der Unternehmensumwelt wahrgenommen, etwa von:

Adressaten

- Stakeholdern
- Kunden
- Lieferanten
- potenziellen Bewerbern
- der Bevölkerung
- ...

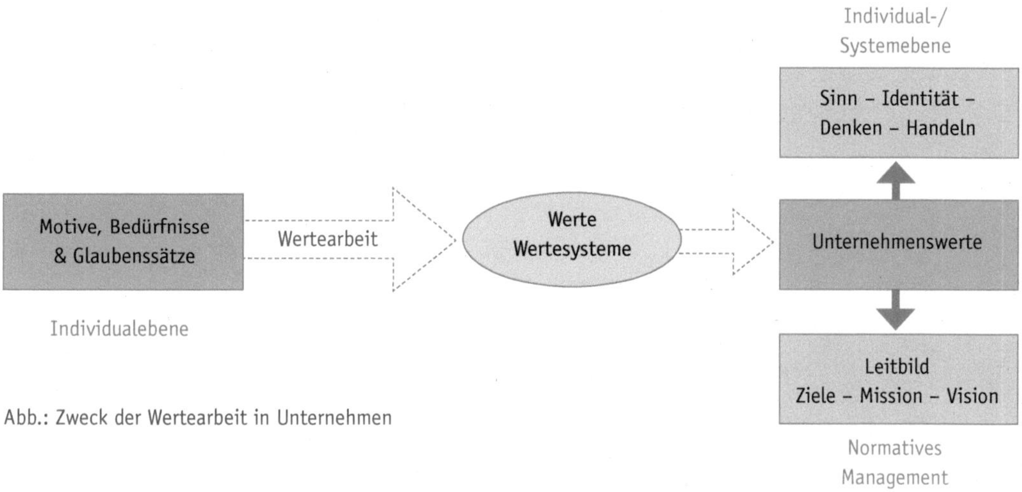

Abb.: Zweck der Wertearbeit in Unternehmen

Dies geschieht unabhängig davon, ob die Werte auch wie deklariert gelebt werden, oder aber auch nicht (s. Wertediskurs, S. 327 ff.). Auf den Websites mancher Unternehmen findet sich ein Fenster mit der Überschrift „Unsere Werte". Welche Werte tatsächlich gelebt werden, lässt sich beispielsweise in der gelebten Unternehmenskultur oder im Führungsverhalten aufspüren. Auch wenn keine Werte verschriftlicht sind, sondern diese unbewusst gelebt werden, ist dies Bestandteil der Wahrnehmung eines Unternehmens.

Definierte Werte finden sich wieder im Unternehmensleitbild

Wurden Werte definiert, so finden sie sich üblicherweise – wie in der Grafik abgebildet – in einem Unternehmensleitbild wieder und sind damit Bestandteil der sogenannten Unternehmensphilosophie. Diese hat stets sowohl eine Innen- als auch Außenwirkung.

Idealerweise sind gemeinsam geteilte Werte schriftlich wiedergegeben und werden im Rahmen der Diagnose relevant. Allein die Existenz von Werten, wie sie beispielsweise in Leitbildern von Unternehmen verwendet und niedergeschrieben werden, sichert keinesfalls automatisch die zuvor beschriebene Wirkung. Um es kurz zu machen, eine rein papiergefasste Wertesammlung hat keinerlei Wert. Wert hat sie nur dann, wenn die dort zusammengetragenen Wertvorstellungen tatsächlich und mit innerer Überzeugung von den Akteuren eines Systems getragen und geteilt werden. Dies setzt voraus, dass die Hinterlegung im Sinne einer näheren Erklärung der Werte durch die Gruppenmitglieder gemeinsam und übereinstimmend geteilt wird oder noch besser gemeinsam erarbeitet wurde.

Der Prozess der Wertearbeit

Im Folgenden wird nun zunächst ein allgemeiner Prozess der Wertearbeit vorgestellt, danach wird beschrieben, wie dieser konkret in einem Workshop durchgeführt werden kann. Zunächst befasst sich die Wertearbeit allgemein mit folgenden abstrahierten Fragestellungen:

Typische Fragen in der Wertearbeit

- *„Welche Werte teilen wir?"*
- *„Was genau meinen wir mit einem Wert?"*
- *„Woran können wir erkennen, dass ein Wert tatsächlich gelebt wird?"*
- *„Welche Werte wollen wir (zum Beispiel in fünf Jahren) erkennbar leben?"*
- *„Welche Werte leben wir heute?"*
- *„Was werden wir tun, damit die von uns erwünschten Werte auch tatsächlich gelebt werden?"*

Folgenderweise kann sichergestellt werden, dass durch die Antworten tatsächlich Werte ermittelt werden:

Werte vertreten ethisch-moralisch als positiv bzw. wünschenswert empfundene Eigenschaften. Diese drücken sich in Nominalisierungen aus, ein Verb wird zu einem Nomen – hier: Substantiv – umformuliert. In der Arbeit mit Werten taucht beispielsweise die Formulierung auf: *„Mir ist wichtig, dass wir tolerant miteinander umgehen"*. Aus dem Adjektiv „tolerant" wird der Wert „Toleranz".

Bei der Arbeit mit Werten können auch immer wieder Begrifflichkeiten auftauchen, welche der Wertedefinition eher nicht entsprechen. Hierbei kann es sich beispielsweise um Motive, Kompetenzen oder auch Ergebnisse (Ziele, Resultate, Erfolge) handeln. Auf der Suche nach dahinterstehenden Werten hilft die Recherche nach der Definition mancher Begriffe.

Beispiel: Der Begriff **„Teamfähigkeit"** taucht in einem Austausch über Werte auf. Teamfähigkeit könnte als eine (Sozial-)Kompetenz beschrieben werden. Sie bestimmt die Fähigkeit, in und mit einer Gruppe (dem Team) erfolgreich zusammenzuarbeiten, sich konstruktiv zu verständigen und gemeinsame Ziele verwirklichen zu können. In der Moderation können nun weiterführende Fragen unterstützen:

Weiterführende Fragen

- *„Welche Wertvorstellung oder Grundüberzeugung braucht es bei allen Beteiligten, damit die Arbeit in der Gruppe erfolgreich bewältigt werden kann?"*

- *„Welche innere Haltung unterstützt dabei, dass das Team tatsächlich erfolgreich zusammenarbeiten kann?"*
- *„Was sollte jeder mitbringen, um das Team voranzubringen?"*

Eine mögliche Lösung wäre für dieses Beispiel der Wert „**Teamgeist**". Teamgeist kann möglicherweise als der Wille, die innere Haltung beschrieben werden, sich für die Ziele der Gruppe und deren Zusammenhalt (auch wenn es mit Anstrengungen verbunden ist) einsetzen zu wollen.

Arbeitshilfe mit Beispiel-Werten

Für die Arbeit mit Werten kann es in der Moderation gelegentlich hilfreich sein, auf einige Anregungen für mögliche Werte zurückgreifen zu können. Eine solche Arbeitshilfe steht in den Download-Ressourcen zu diesem Buch zur Verfügung, s. S. 11). In der Verwendung der Arbeitshilfe ist es nach meiner Auffassung jedoch wichtig, deutlich zu machen, dass es sich hierbei tatsächlich um einen ersten, nicht einschränkenden Zugang zu möglichen Werten handelt. Eine in sich abgeschlossene Werte-Liste kann es nicht geben. Den Wert „Agilität" hat es beispielsweise vor 20 Jahren noch nicht gegeben. Er ist erst in den letzten Jahren immer stärker in das Bewusstsein gerückt.

Es ist also ausdrücklich erlaubt, sich über eine solche Arbeitshilfe hinausgehend eigene Gedanken zu wünschenswerten Denk- oder Verhaltensweisen zu machen. Die Auflistung möglicher Werte erhebt keinen Anspruch auf Vollständigkeit, sondern versteht sich als Unterstützung mit der Freiheit, in jede Richtung darüber hinaus denken zu dürfen. Es ist mithin ein erster orientierender Einstieg in die Wertediskussion.

Die Arbeitshilfe wird noch deutlich umfangreicher, wenn die möglichen Synonyme für die dort gelisteten Werte mitgedacht werden. Doch Achtung: Eine hohe Differenzierung im Bereich von Nuancen ist ein möglicher Stolperstein. Am Ende eines solchen Prozesses sollte ein Wertesystem bestehend aus fünf bis acht möglichen Werten stehen. Eine Reduktion aus 200 Werten ist möglich, verbraucht aber auch Zeit – mit der Gefahr, dass Positionen aufgebaut, statt Austausch und Dialoge gestaltet werden.

Ein Arbeitsblatt mit einer Sammlung möglicher Werte als Arbeitshilfe finden Sie in den Download-Ressourcen zu diesem Buch.

Workshop Wertedialog – Unsere Werte

Werte sind Vorstellungen, Ideen, Normen oder Verhaltensweisen, welche innerhalb eines Systems als wünschenswert angesehen werden und der gemeinsam geteilten Orientierung dienen. Doch welche Werte werden eigentlich geteilt? Worin stimmen Mitarbeiter in einer Organisation überein? Welchen Werten sehen sie sich verpflichtet und welche werden, vielleicht nach einem Entwicklungsprozess, tatsächlich angestrebt? Diese Fragen bedürfen einer Beantwortung, sofern sich eine Organisation mit dem Thema „Werte" bisher noch nicht auseinandergesetzt hat.

Ziel des nun vorgestellten Workshops für 12–16 Teilnehmende ist es, sich in das Thema Werte hineinzudenken. Dabei sollen eigene Interpretationen zu einzelnen Werten ausgetauscht werden und so gemeinsam einzelne Wertebegriffe mit einer gemeinsamen geteilten Auffassung angereichert werden. Im Ergebnis werden diejenigen Werte „herausgeschält", welche das Unternehmen (die Organisation) am ehesten repräsentieren und voranbringen, auch im Sinne von: „machen uns aus", „sind erstrebenswert" „werden schon gelebt – bzw. sollten gelebt sein".

Auch für größere Gruppen stehen Formate zur Verfügung (z.B. die RTSC-Konferenz, s. S. 278 ff.). Hier setzen eher die verfügbaren Räume mögliche Grenzen.

Zeit für den Workshop: 165 Minuten

Für den Workshop benötigen Sie: Arbeitsblatt „Sammlung möglicher Werte" (s. Download-Ressourcen), drei Moderationswände, Moderationskarten, -stifte, Pinnnadeln, Packpapier (Bespannung für Moderationswände, zwei Bögen je Wand), Flipchart, Flipchart-Papier, ggf. vorbereitete Charts (s. rechts), ggf. Arbeitsaufträge für die Arbeit in Kleingruppen

Ablauf Variante 1: Wertedialog mit Moderationskarten

Schritt 1: Einführung in das Thema Werte

Wurden Werte bislang im Unternehmen nicht diskutiert, ist eine kurze, etwa zehnminütige Einführung in das Thema hilfreich. Der Wert als Begriff ist sicherlich bekannt – doch sicher auch aus Sicht zahlreicher Mitarbeiterebenen oft mit dem Nimbus „etwas abgehoben", „zu theoretisch" bzw. „abstrakt" verbunden. Ziel der Einführung ist es zunächst, eine gemeinsame Vorstellung des Wertebegriffs selbst zu prägen. Auch sollte deutlich werden, welche Vorteile sich aus gemeinsam geteilten Werten ergeben können.

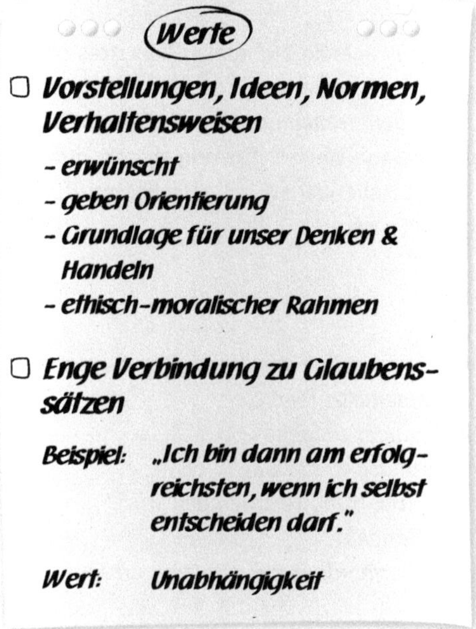

Abb.: Flipchart Werte-Begriff

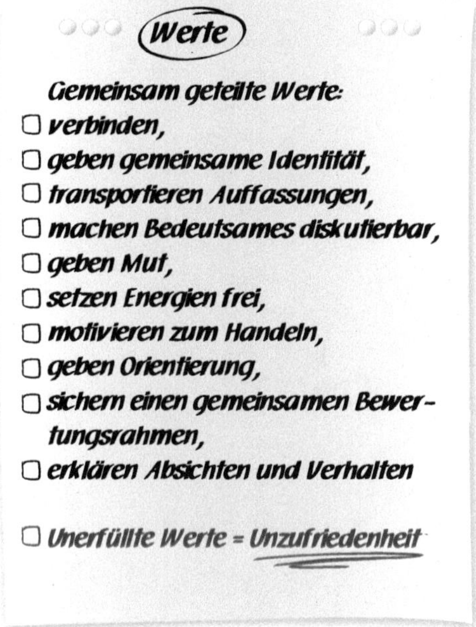

Abb.: Flipchart Werte-Nutzen

Schritt 2: Stillarbeitsphase

Nun erhalten die Teilnehmenden einen Arbeitsauftrag für die nächsten zehn Minuten: *„Überlegen Sie für sich und bezogen auf Ihren beruflichen Kontext, welche Werte für das Unternehmen und Sie selbst bedeutsam erscheinen. Überlegen Sie sodann, welche acht bis zehn Werte für das Unternehmen am ehesten stehen könnten und für Sie selbst erstrebenswert sind."*

In dieser Arbeitsphase sollte nicht gesprochen werden. Den Teilnehmenden wird als Anregung, jedoch nicht einschränkend und ohne Anspruch auf Vollständigkeit, eine Sammlung möglicher Werte zur Verfügung gestellt (s. Download-Ressourcen).

Schritt 3: Arbeit in der Gruppe

Bei einer Workshop-Größe zwischen 12–16 Teilnehmenden lassen sich für einen intensiveren Dialog zwei bis drei Kleingruppen bilden, was sich für den nächsten Arbeitsschritt empfiehlt.

Je Gruppe sollte ein Moderator eingeplant werden. Die Gruppen haben nun ca. 45 Minuten Zeit für folgenden Auftrag: *„Verschaffen Sie sich einen Überblick über die präferierten Werte in Ihrer Gruppe und diskutieren Sie Übereinstimmungen und Unterschiede."*

Erklären Sie, dass das herausragende Ziel dieses Schrittes ist, ein gemeinsames Verständnis für die jeweilige Bedeutung eines Wertes zu gewinnen: *„Was genau meinen wir mit diesem Wert?"* Eine gemeinsam vorgenommene Wertedefinition sichert den nachfolgenden Prozess. Typische Fragen, um sich diesen Überblick zu verschaffen, können sein:

- *„Was ist uns wichtig?"*
- *„Wofür treten wir ein?"*
- *„Auf welche Art und Weise wollen wir die Vision umsetzen?"*
- *„Wie wollen wir zusammenarbeiten?"*
- *„Wie wollen wir miteinander umgehen?"*
- *„Was sind unsere Führungsgrundsätze?"*
- *„Welche (soziale) Verantwortung übernehmen wir?"*
- *„Was bestimmt unser Handeln?"*
- *„Was ist für uns von übergeordneter Bedeutung und hat Vorrang?"*

Schritt 4: Auswahl und Bedeutung

In den nächsten rund 45 Minuten wird selektiert und priorisiert. Die Teilnehmenden sollen die ca. acht bis zehn Werte ermitteln, die für die Gruppe eine hohe Bedeutung haben und gemeinsam geteilt werden. Dann sollen diese Werte in eine Reihenfolge gebracht werden, beginnend mit dem bedeutendsten Wert. Es dürfen auch vereinzelt bis zu zwei Werte gleichrangig auf einer Stufe nebeneinander stehen. Das Ergebnis ist dann stimmig, wenn es von der Gruppe getragen wird.

Dieser Schritt lässt sich unkompliziert mit Moderationskarten an einer Moderationswand durchführen.

Schritt 5: Plenum (nur, wenn Sie mit Kleingruppen arbeiten)

Die Kleingruppen stellen ihre Arbeitsergebnisse im Plenum vor und beantworten mögliche Verständnisfragen, das dauert etwa fünf Minuten pro Gruppe. Zu diesem Zeitpunkt sollte die Diskussion für oder gegen einen Wert zunächst zurückgestellt werden. Vorrang hat der Austausch über die gefundenen Werte und die Beschreibung (Hinterlegung) im Sinne der in der Kleingruppe gefundenen Definitionen. Nur so kann ein Verständnis für die Überlegungen innerhalb des Plenums entstehen.

Nachdem alle Gruppenergebnisse vorgestellt sind, werden alle gebeten, Gemeinsamkeiten und Unterschiede zu beschreiben. In diesem etwa 15-minütigen Schritt kann es nützlich sein, ähnliche, synonym verwandte Werte zu clustern. Hierfür werden diejenigen Werte erfragt, die etwas Ähnliches ausdrücken und diese werden dann zu einem Cluster (einer Wortwolke) zusammengefügt. Danach wird ein Wert als Überschrift für dieses Cluster gefunden, welcher aus Sicht der Gruppe am ehesten die Intentionen des Plenums abbildet.

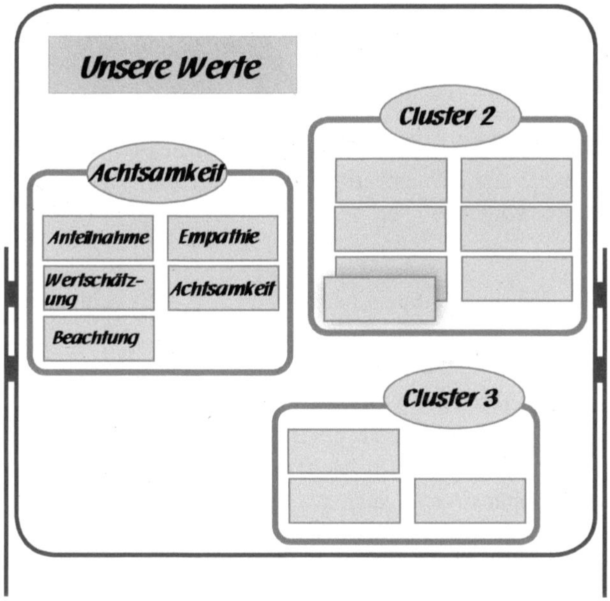

Abb.: Bilden von Werte-Clustern aus synonymen Begriffen

Es ist Aufgabe des Moderators, die Ergebnisse der Kleingruppen im Plenum zusammenzuführen und ggf. in weiteren Schleifen so lange zu schärfen, bis der Kern der im Konsens geteilten Werte gefunden ist. Das kann in etwa 30 Minuten in Anspruch nehmen. Im Ergebnis sind circa fünf bis acht Werte, die übliche Anzahl von Unternehmenswerten, völlig ausreichend. Ist die Anzahl der präferierten Werte noch zu hoch, bedarf es einer weiteren Schärfung und Konzentration auf die Werte, die das Unternehmen in seiner Einmaligkeit beschreiben. Dies kann mit den folgenden Fragen beispielhaft skizziert werden:

Fragen zur Konzentration von Werten

- *„Welches ist der Kern der Werte, die Ihr Unternehmen am prägnantesten beschreiben?"*
- *„Bezogen auf die gefundenen Werte: Welches sind aus Ihrer Sicht die bedeutsamsten?"*
- *„Welche Werte beschreiben noch klarer als andere diejenigen Werte, für die Sie in diesem Unternehmen einstehen möchten?"*
- *„Versetzen Sie sich bitte in die Sichtweise der heute hier nicht anwesenden Kollegen. Welche der hier genannten Werte würden diese Ihrer Meinung nach favorisieren, auf welche verzichten?"*
- *„Alle hier genannten Werte waren Ihnen in der bisherigen Diskussion wichtig. Jetzt, nachdem Sie diese entdeckt haben, welche würden Sie am ehesten wieder aus der Hand geben und welche wären aus Ihrer Sicht unverzichtbar?"*
- *„Angenommen, einer Ihrer Kunden käme zufällig herein, was würde der Ihnen empfehlen?"*
- *„Stellen Sie sich bitte vor, ein potenzieller Bewerber sichtet Ihre Unternehmens-Website. Was glauben Sie, würde diesen am ehesten ansprechen? Wie also möchten Sie gern von Außenstehenden wahrgenommen werden?"*

Sind die für das Unternehmen bedeutsamen fünf bis acht Werte herauskristallisiert worden, ist es nützlich, wenn sich aus dem Kreis der Teilnehmenden eine kleine Arbeitsgruppe zusammenfindet. Im Nachgang zu diesem Workshop beschreibt diese jeden der ausgewählten Werte kurz, eine Beschreibung, die in der späteren Kommunikation Verwendung findet. Für die Auswahl der fünf bis acht Werte stehen als optionale Vorgehensweisen auch zur Verfügung:

- Wertedialog mit Moderationskarten, Schritt 4 (s. S. 318)
- Die Arbeit mit „Magic Estimation" (s. S. 323)
- Die Arbeit mit Bodenankern (s. S. 271)

Ablauf Variante 2: Wertedialog mit Bodenanker

Der zeitliche Bedarf liegt bei ca. zweieinhalb Stunden zuzüglich des Zeitaufwandes für das Ausformulieren der Werte nebst Beschreibungen in einer Gruppe von sechs Teilnehmenden. Für größere Gruppen empfiehlt sich die Arbeit in Kleingruppen à sechs Teilnehmenden. Dann sind zusätzliche Sequenzen für das Sichtbarmachen der Gruppenergebnisse und das Zusammenführen im Plenum einzuplanen.

Materialbedarf: Moderationskarten (Empfehlung: nur eine Farbe, zum Beispiel Grün), Moderationsstifte, hinreichend freien Platz in einem Raum für die Arbeit mit Bodenankern.

Schritt 1: Einführung in das Thema Werte

Gern können Sie hierfür auf die voranstehenden Ausführungen in Variante 1 zurückgreifen (s. S. 316 ff.).

Schritt 2: Stillarbeitsphase

Für die zehnminütige Arbeitsphase lautet der Auftrag: *„Überlegen Sie für sich und bezogen auf Ihren beruflichen Kontext, welche Werte für das Unternehmen und Sie selbst bedeutsam erscheinen. Überlegen Sie sodann, welche ca. acht Werte für das Unternehmen stehen und für Sie persönlich erstrebenswert sind. Schreiben Sie diese Werte bitte auf eine Moderationskarte."* In dieser Phase sollte nicht gesprochen werden.

Schritt 3: Werte beschreiben

Der nächste Schritt in Gruppenarbeit erfordert etwa 75 Minuten. Der Auftrag an die Teilnehmenden lautet: *„Legen Sie die Moderationskarten im Raum aus, ähnliche oder übereinstimmende Karten gern gleich gruppiert. Verschaffen Sie sich zunächst einen Überblick über die bevorzugten Werte in der Gruppe."*

Entsprechend der Arbeit mit Bodenankern (vgl. S. 271 ff.) ist das Vorgehen so, dass ein Mitglied der Gruppe sich über der jeweiligen Werte-Moderationskarten positioniert (ohne diese zu betreten) und in diesen Wert hineinspürt (gern auch mit geschlossenen Augen). Der Moderator fragt mit leicht gesenkter Stimme beispielsweise:

- *„Was bedeutet dieser Wert für Sie?"*
- *„Welche positiven Wirkungen gehen von diesem Wert aus?"*
- *„Was wäre, wenn Sie auf diesen Wert verzichten müssten?"*
- *„Welche Bedeutung verbinden Sie mit diesem Wert?"*
- *„Wie und auf welche Art könnte dieser Wert, von allen gelebt, das Unternehmen voranbringen?"*
- *„Inwieweit ist dieser Wert in der Zusammenarbeit sowie nach außen gerichtet wünschenswert und weshalb?"*
- *„Woran können wir am ehesten erkennen, dass dieser Wert gelebt wird?"*

Dieser Schritt wird wiederholt, bis jeder Teilnehmende befragt wurde. Es empfiehlt sich im Anschluss an jedes Interview ein kurzer Gedankenaustausch auf der Meta-Ebene: *„Welche Aspekte sind neu aufgetaucht und was bedeuten sie?“*

Schritt 4: Auswahl und Priorisierung

Der folgende Schritt dauert bei sechs Teilnehmenden ca. eine Stunde. Diese sollen nun die ca. acht Werte finden, die für die Gruppe eine hohe Bedeutung haben und gemeinsam geteilt werden. Sie sollen diese auf Grundlage der vorherigen Überlegungen in eine Reihenfolge bringen, beginnend mit dem bedeutendsten Wert.

Es dürfen auch vereinzelt bis zu zwei Wertekarten gleichrangig nebeneinander liegen. Das Ergebnis ist dann stimmig, wenn es von der Gruppe getragen wird. Zum Ermitteln geeignete Frage sind:

- *„Was hat Bedeutung und wofür treten wir ein?“*
- *„Auf welche Art und Weise wollen wir unsere Zukunft gestalten?“*
- *„Wie wollen wir zusammenarbeiten und miteinander umgehen?“*
- *„Was sind unsere Regeln und Grundsätze?“*
- *„Welche (soziale) Verantwortung übernehmen wir?“*
- *„Was bestimmt unser Handeln?“*
- *„Was hat für uns übergeordnete Bedeutung und Vorrang?“*

Dieser Schritt läuft reibungsfreier ab, wenn im vorherigen Schritt ausreichend Zeit für die Beschreibung der Werte und die Reflexion auf der Meta-Ebene eingeräumt wurde.

Gelegentlich taucht im Teilnehmerkreis der Gedanke auf, dass doch alle genannten Werte irgendwie wichtig seien. Hier gilt es, wertschätzend mit der Gesamtheit der gefundenen Werte umzugehen. Finden sich Werte nachrangig priorisiert auf den Plätzen 9 bis ff. wieder, so sind diese ebenso Bestandteil des Handelns im Unternehmen. Die vorangestellten acht Werte haben einfach eine höhere Bedeutung für die Gruppe und sind somit noch maßgeblicher. Eine Finalisierung kann mit den folgenden Fragen unterstützt werden:

- *„Welches ist der Kern der Werte, die Ihr Unternehmen am prägnantesten beschreiben?"*
- *„Bezogen auf die gefundenen Werte: Welches sind aus Ihrer Sicht die bedeutsamsten?"*
- *„Welche Werte beschreiben noch klarer als andere diejenigen Werte, für die Sie in diesem Unternehmen einstehen möchten?"*
- *„Versetzen Sie sich bitte in die Sichtweise der heute hier nicht anwesenden Kollegen. Welche der hier genannten Werte würden diese Ihrer Meinung nach favorisieren?"*
- *„Alle hier genannten Werte waren in der bisherigen Diskussion wichtig. Welche würden Sie am ehesten wieder aus der Hand geben und welche wären aus Ihrer Sicht unverzichtbar?"*

Sofern die Konsensfindung auf die hier beschriebene Art nicht funktioniert, indem vermeintlich bereits abgeschlossene Entscheidungen der Gruppe immer wieder relativiert werden, empfiehlt sich eine Methodenänderung zu „Magic Estimation" (vgl. S. 268).

Schritt 5: Sprachliche Hinterlegung in der Arbeitsgruppe

Für eine weitere Verwendung der gefundenen ca. acht Werte ist eine sprachliche Hinterlegung nützlich und hilfreich. Damit gemeint ist, die Interpretation bzw. den Inhalt eines Wertes so zu beschreiben, dass er Außenstehenden mit wenigen einfachen Worten prägnant beschrieben werden kann. Für solche sprachlichen Ausformulierungen empfiehlt es sich, aus dem Kreis der Teilnehmenden etwa zwei Freiwillige zu finden, die diese Aufgabe für die Gruppe übernehmen. Das Ergebnis wäre im Sinne eines Entwurfs Grundlage für die weitere Arbeit mit Unternehmenswerten.

Magic Estimation in der Wertearbeit

Sind in einem Wertedialog (vgl. S. 316 ff.) eine Reihe von Werten erarbeitet worden, die in der Gruppe geteilt werden, kann der Bedarf bestehen, diese in ihrer Anzahl bis auf den eigentlichen Kern zu reduzieren. Zudem ist es in einem Wertesystem nützlich zu wissen, welches die übergeordneten Werte sind und wie die Werte in ihrer Rangfolge bzw. Bedeutung zueinander stehen. Unter einem Wertesystem wird die Summe aller konstruktiv gefundenen Werte verstanden. Dies gilt sowohl für den individuellen, als auch den Unternehmensbereich.

Magic Estimation als Vorgehensweise finden Sie beschrieben ab Seite 268. Für das weitere Priorisieren ist folglich bereits eine geteilte Sammlung von Werten vorhanden.

Der Zeitbedarf liegt bei etwa 40-50 Minuten für das Bilden einer Rangfolge. Elementarer Bestandteil des Vorgehens ist auch, im Nachgang diejenigen Werte zu diskutieren, für die in der Arbeitsphase von Magic Estimation keine Übereinstimmung gefunden wurde.

Material: Die bereits mit Werten beschrifteten Moderationskarten, Klebeband für die Skala, Moderationsstift und Moderationskarten für die Skalierung, Flipchart für den möglichen Austausch zu Werten, bei denen keine Übereinstimmung in der Stillarbeitsphase möglich war

Ablauf mit Praxisbeispiel

Vorbereitung

Zunächst wird eine Skala benötigt. Die Arbeit selbst kann auf einem Tisch, an einer Moderationswand, einem Whiteboard oder aber auch auf dem Boden gut erfolgen.

Förderliche Skalierung finden

Für die Skalierung ist ein wenig Aufmerksamkeit und Sensibilität gefragt. In der hier vorgesehenen Anwendung wird davon ausgegangen, dass sich bereits eine erste Auswahl an Werten aus einem größeren Pool heraus ergeben hat. Insoweit sollten die jetzt reduzierten Werte bereits die Priorität „wichtig" erlangt haben. Es geht also genau nicht darum, zwischen „wichtig" und „unwichtig" zu unterscheiden. Vielmehr müsste die Skala beispielsweise heißen: „wichtig" bis „noch wichtiger". Skalen von „1" bis „10" oder „+" über „++" bis zu „+++" wären genauso denkbar.

Schritt 1: Einführung in das Tool

Den Teilnehmenden wird das Vorgehen in der nun folgenden Arbeitsphase in fünf Minuten erläutert, in etwa so: *„Ihre Aufgabe ist es, die gefundenen Werte zu priorisieren. Alle Werte sind ja bereits wichtig, sonst hätten Sie diese ja nicht in die Diskussion mit eingebracht. Fraglich ist also, welche der gefundenen Werte noch wichtiger sind, als die übrigen. Hierfür sehen Sie hier eine Skala von ‚wichtig' bis ‚noch wichtiger'. Sie werden nun ohne zu sprechen nacheinander die Werte auf dieser Skala einordnen. Hierbei ist es erlaubt, sowohl einen der verfügbaren Werte auf der Skala einzuordnen als auch einen bereits eingeordneten Wert an eine andere Stelle zu verschieben. Wenn Sie einen Wert verschieben, markieren Sie die Karte (also den Wert) mit einem Klebepunkt. Sollte ein Wert dreimal verschoben werden, so besteht* *offensichtlich noch Klärungsbedarf. In so einem Fall werde ich die Karte entnehmen, damit Sie sich im Nachgang zur Priorisierung dazu verständigen. Noch ein Gedanke zur Priorität. Jede Karte sollte möglichst eine eigene Position auf der Skala haben. Nur in Ausnahmefällen kann es auch gleichrangige Werte geben."*

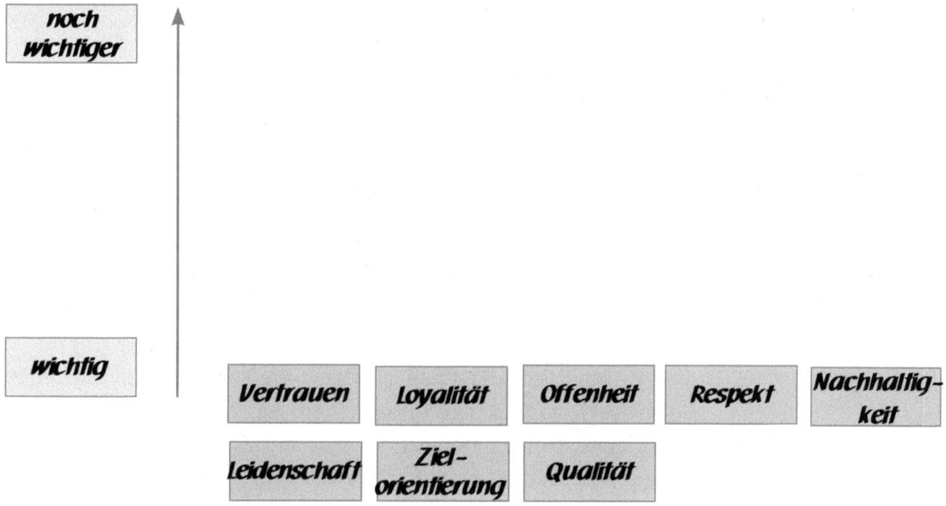

Abb.: Ausgangssituation für Magic Estimation

Schritt 2: Priorisieren

Die Teilnehmenden ordnen nun nacheinander abwechselnd jeweils eine Karte auf der Skala ein oder verschieben bei Bedarf eine solche, die bereits durch jemand anderen eingeordnet wurden. Der Moderator achtet darauf, dass nicht gesprochen wird und so Diskussionen und Absprachen vermieden werden. Sofern eine Karte dreimal auf ihrer Position verändert worden ist, entnimmt der Moderator die Karte und verweist auf die zuvor beschriebene Regel: *„Zu dieser Karte besteht offensichtlich später noch Gesprächsbedarf."* Das Ergebnis aus diesem Arbeitsschritt könnte nach einer Viertelstunde beispielsweise so aussehen wie auf der nächsten Seite gezeigt.

Schritt 3: Klärung

Die Teilnehmenden sind in den nächsten rund 20–30 Minuten gebeten, sich das Ergebnis anzuschauen und insbesondere diejenigen Aspekte mitzuteilen, die zu einer Umgruppierung einer Karte geführt hat (in dem auf der nächsen Seite abgebildeten Beispiel „Offenheit").

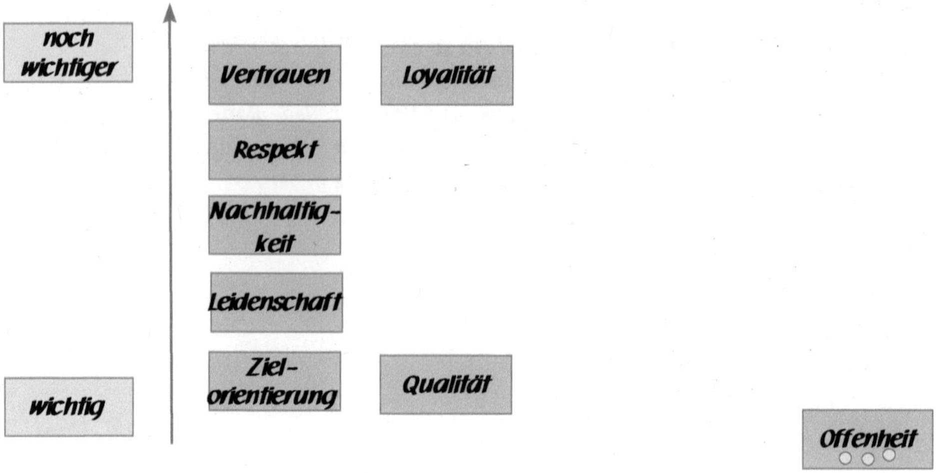

Abb.: Ergebnis mit Magic Estimation (Fallbeispiel)

Die Methode spart Zeit

Der Vorteil dieser Methode ist, dass eine Meinungsbildung zeitsparend tatsächlich nur noch zu dieser einen, umstrittenen Karte erforderlich wird, denn alle anderen Karten sind mit der Zustimmung der gesamten Gruppe zugeordnet worden. Aus Sicht der Gruppe im Praxisbeispiel ist der Wert „Offenheit" sehr wichtig und kann implizit auch als Voraussetzung für andere Werte gesehen werden. Denn aus Gruppensicht sind „Vertrauen" und „Loyalität" nur möglich, wenn eine offene und transparente Kommunikation erfolgt, ausdrücklich auch in schwierigeren Situationen. Insoweit entschied die Gruppe, auf die mehrfach verschobene Karte „Offenheit" zu verzichten und stattdessen diesen Gedanken in eine noch vorzunehmende Beschreibung des nun gefundenen Wertesystems aufzunehmen. Die Mitschrift des Austauschs auf Flipchart ist links zu sehen.

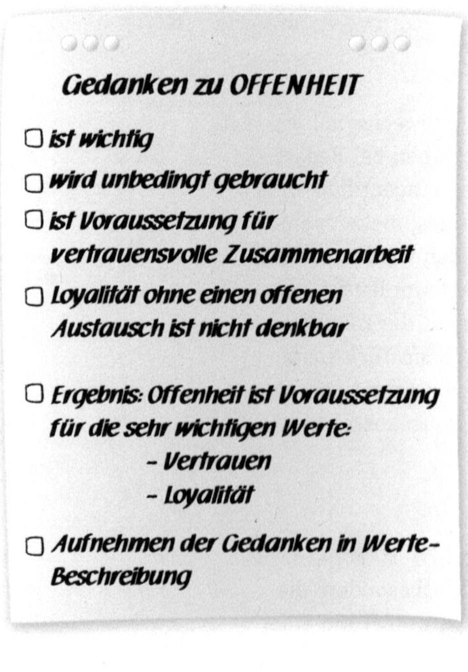

Abb.: Mitschrift zur Meinungsbildung

Im Ergebnis stehen sieben Werte und deren Priorität zueinander fest. Hierbei hat sich die Gruppe entschieden, jeweils zwei Werten die gleiche Priorität zuzuordnen. Der Wert „Offenheit" wurde einvernehmlich aus der Liste entnommen und wird sich in einer künftigen Beschreibung der so gefundenen Wertehierarchie als Voraussetzung höher priorisierter Werte wiederfinden.

Wertediskurs: Werte-Gap

Der Wertediskurs gehört zu denjenigen Instrumenten, welche relativ früh zu Diagnosezwecken eingesetzt werden, vorausgesetzt, es bestehen deklarierte Werte. Denn im Rahmen von Veränderungsprozessen ist die Auseinandersetzung mit der Wertebasis des Unternehmens wesentliche Voraussetzung für den Projektverlauf. Die vordergründige Aufgabe dieses Instrumentes ist es, die Differenz zwischen den proklamierten (deklarierten) Werten im Sinne von Unternehmenswerten auf der einen Seite und den tatsächlich gelebten und wahrgenommenen Werten auf der anderen Seite diskutierbar zu machen. Der Wertediskurs darf in seiner Grundstruktur als Gap-Analyse verstanden werden (vgl. S. 229 f.), welche die Verankerung von Werten in der Unternehmenswirklichkeit abbildet und mögliche Lücken durch geeignete Maßnahmen zu schließen hilft.

Neben dem Aufzeigen von Lücken besitzt der Wertediskurs noch eine zweite für den Veränderungsprozess wichtige Rolle: Indem die bereits beschriebenen Unternehmenswerte hinsichtlich ihrer Verankerung im tagtäglichen Tun untersucht werden, findet eine vertiefende Auseinandersetzung mit genau jenen Werten statt. Unabhängig etwaiger Lücken sind die so wiederum bewusst gewordenen Werte Grundlage für weitere Schritte innerhalb des Veränderungsprozesses.

Als zeitliche Ressourcen sind bei acht existierenden Unternehmenswerten etwa zweieinhalb bis drei Stunden einzuplanen.

Material: Übersicht der bestehenden Unternehmenswerte, vorbereitete Moderationskarte je Unternehmenswert, je Wert eine Moderationswand, Flipchart, Moderationskarten, -stifte und Pinns

Ablauf

Schritt 1: Werte beschreiben

In einem ersten Schritt werden im Plenum die Werte hinsichtlich ihrer tatsächlichen Hinterlegung und Bedeutung beschrieben. Dies baut auf im Unternehmen existierenden Definitionen bzw. Auslegungen auf. Ziel ist es, ein gemeinsames Verständnis der bereits existierenden Werte in der Gruppe herzustellen. Die Dauer beträgt ca. 15 Minuten.

Schritt 2: Gap-Analyse und Handlungsfelder

Nachdem ein gemeinsames Verständnis für die einzelnen Wertebegriffe hergestellt worden ist, gilt es nun, den Grad der

Sicht- und Wahrnehmbarkeit dieser Werte in der Unternehmenswirklichkeit zu erfassen und mögliche Lücken zwischen dem Wert (Soll) und dem Erleben (Ist) zu beschreiben. Die Leitfragen sind:

1. Bezogen auf den Unternehmenswert: *„Wie sollte sich Ihres Erachtens nach der Wert ... in der Unternehmensrealität darstellen? Woran ist er erkennbar? Wie sieht der erwünschte Zustand aus?"*
2. *„Wie erleben Sie diesen Wert aktuell? Welchen Wandel rund um diesen Wert können Sie beobachten? Wie wird der Wert gelebt?"*
3. *„Was müsste Ihres Erachtens passieren, damit der Wert ... tatsächlich wie deklariert auch gelebt wird?"*

Aus den aufgezeigten Lücken lassen sich mögliche Handlungsfelder für den weiteren Veränderungsprozess clustern und ableiten. Die Analyse jedes Wertes dauert etwa 15–20 Minuten.
Die Grundstruktur der Arbeit an einem Wert kann auf der Moderationswand wie folgt aussehen:

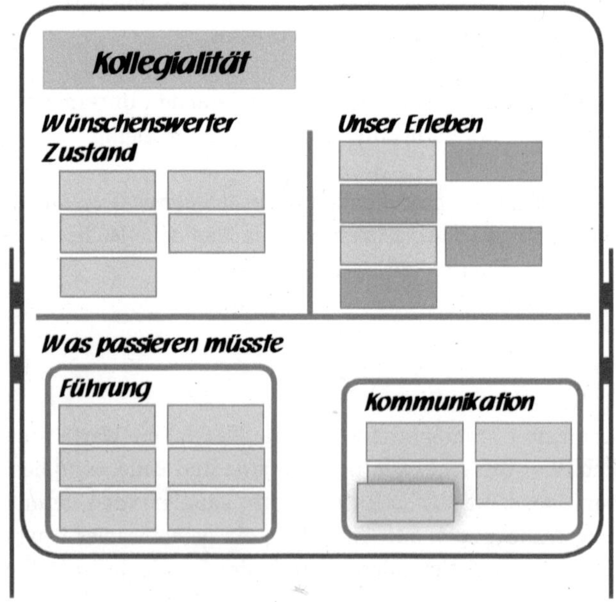

Abb.: Grundstruktur Wertediskurs (Werte-Gap)

Schritt 3: Empfehlungen in Ziel-Form

Im Plenum werden auf der Grundlage der Handlungsfelder Empfehlungen verfasst, was konkret im Rahmen des Veränderungsprozesses erreicht werden soll, damit die deklarierten Unternehmenswerte auch tatsächlich in der Unternehmensrealität ankommen. Dabei handelt es sich um positive, also umsetzbare Zielbeschreibungen, zum Beispiel zu „Kollegialität“:

- *„Wir finden Möglichkeiten für eine vernetzte und gegenseitig fördernde Zusammenarbeit frei von Silo-Denken.“*
- *„Wir stellen einen bereichsübergreifenden Informationsaustausch sicher und unterstützen Best-Practice-Lernen.“*
- *„Wir etablieren eine Feedback-Kultur frei von Schuldzuweisungen und frei vom Gedanken, sich verteidigen zu müssen oder zu wollen.“*

Dieser Schritt braucht etwa 20 Minuten. Im Ergebnis wurde das erlebbare Vorhandensein von Werten im Unternehmen überprüft und in umsetzbare Zielempfehlungen übersetzt. An diesen Empfehlungen kann an anderer Stelle konkret weitergearbeitet werden. Zudem ist es Aufgabe des Prozessbegleiters, den gewonnenen Input in Hypothesen und geeignete Interventionen zu übersetzen.

An dieser Stelle wird ausdrücklich (noch) nicht wie sonst in der Moderation üblich bis auf die Lösungsebene der Maßnahmenplanung (To-do) geführt. Es bestünde die Gefahr, dass „auf die Schnelle“ und „zu kurz gesprungen“ vermeintliche Lösungen entwickelt werden, die der eigentlichen Ursache für das (heute noch existierende) Gap nicht gerecht werden.

Visionsarbeit

Eine Vision im unternehmerischen Kontext wird als generelle Leitidee im Sinne einer übergeordneten Zielkategorie verstanden. Sie umfasst hinreichend konkrete Vorstellungen davon, wie die Organisation in Zukunft aussehen soll, sie gibt daher nicht nur eine Richtung, sondern auch einen Handlungskorridor vor. Visionen gehen damit weit über das operative Geschäft hinaus und vermitteln ein konkretes Zukunftsbild. Damit ist die Vision regelmäßig positiv belegt, sie spricht emotional an und motiviert. Von ihr geht, so sind sich die Wissenschaftler einig, eine Strahlkraft aus, die es vermag, Kräfte freizusetzen und über Hürden hinwegzuhelfen. Visionen sind mithin erstrebenswert, weil sie Vorstellungen einer positiven Zukunft vermitteln.

Merkmale einer Vision

Visionen sind nach allgemeiner Auffassung ein abstraktes, aber greifbares Bild der angestrebten Zukunft, einfach und verständlich formuliert, was sie damit auch leichter kommunizierbar macht. Und eine Vision ist dann gut formuliert, wenn sie aus Sicht der Organisationsmitglieder anstrebenswert ist. Insofern gilt für eine Vision: Sie ist vorstellbar hinsichtlich der beschriebenen Zukunft und entspricht den Wünschen der Organisationsmitglieder, aber auch weiterer Stakeholder. Obgleich Visionen für einen Zeitraum von über fünf bis zu etwa zwanzig Jahren gedacht sind, sind sie keineswegs starr zu verfolgen. Sie fokussieren sozusagen einen angestrebten Zielkorridor, der Orientierung bietet und unter geänderten Rahmenbedingungen Anpassbarkeit und Flexibilität zulässt.

Zusammenfassend kann gesagt werden, dass Visionen Orientierung bieten, Erfolg fördernd motivieren und dass von ihnen Impulse für das künftige Handeln ausgehen.

Mein Arbeitstag im Jahr 2030

Nachfolgend wird die Erarbeitung einer Unternehmensvision anhand des Instrumentes „Mein Arbeitsalltag im Jahr 2030“ dargestellt. Grundlage dieses Instrumentes ist das gedankliche Hineinversetzen in eine bereits existierende Zukunft, die bereits so gestaltet ist, wie man sie sich wünscht. Damit verlässt man gedanklich gegenwärtige Probleme und Hindernisse, wodurch erst visionäres Denken möglich wird. Man tut also so, als befände man sich bereits in dieser Zukunft, ganz ohne Zeitmaschine. Dieses Vorgehen haben Sie bereits im Zusammenhang mit hypothetischen Fragen (*„Nur mal angenommen ...“*, vgl. S. 62 f.) kennengelernt. Frei von einer Schere im Kopf lässt sich diese erwünschte Zukunft erkunden, beschreiben und mit Sinneseindrücken anreichern (vgl. VAKOG, S. 47 ff.).

Retropolation

Wesentlich für das Grundprinzip der sogenannten Retropolation ist es, dass sich die Teilnehmenden sowie der Moderator auf diese **zeitliche Perspektive** einlassen und sodann mit den richtigen Fragen diese wünschenswerte Zukunft entdecken. Die Frage ist also weniger: *„Was wäre im Jahr 2030 anders?“*, sondern die Frage lautet vielmehr: *„Versetzen Sie sich bitte in folgende Situation: Heute ist X.X.20XX. Was haben Sie heute bereits Angenehmes erlebt, welche Errungenschaften genießen Sie und was führt dazu, dass Ihre Arbeit immer noch Spaß macht?“*

Der Zeitbedarf für dieses Instrument liegt bei ca. drei Stunden.

Für dieses Instrument wird an Material benötigt: Flipchart, zwei Moderationswände, -stifte, -karten und Pinns

Ablauf

Schritt 1: Einführung

Die Teilnehmer werden in die Systematik der Retropolation eingeführt. Unterstützend kann eine grafische Darstellung via Flipchart erfolgen, wie auf der nächsten Seite dargestellt. Die Einführung dauert etwa fünf Minuten.

Schritt 2: Einzelarbeit

Die Teilnehmer werden sprachlich in die Zukunft versetzt. *„Versetzen Sie sich bitte in folgende Situation: Heute ist der 10. Mai 2030. Die Vision wurde bereits erfolgreich umgesetzt. Sie sind bereits seit zwei Stunden an Ihrem Arbeitsplatz. Was haben Sie bereits Angenehmes erlebt, welche Errungenschaften genießen Sie und was führt dazu, dass Ihre Arbeit immer noch Spaß macht?“*

Abb.: Flipchart Einführung Retropolation

Der Moderator spricht die Aufgabenstellung mit ruhiger, leicht gesenkter Stimme und bittet die Teilnehmenden, ihre Überlegungen auf Moderationskarten zu notieren. Diese Stillarbeit nimmt etwa 20 Minuten in Anspruch. Dabei ist es nützlich, mit etwas Zeitabstand im Verlauf der Stillarbeit weitere Perspektiven zu öffnen. *„Wenn Sie sich noch etwas weiter umschauen:"*

- *„Weshalb genau gehen Sie gern zur Arbeit?"*
- *„Was hat sich prima entwickelt?"*
- *„Was begeistert Ihre Kollegen?"*
- *„Wie gestaltet sich das Betriebsklima, der Umgang, wie funktioniert die Kommunikation?"*
- *„Wie hat sich die Rolle der Führungskräfte verändert? Wie erleben Sie Führung?"*
- *„Was begeistert Ihre Kunden?"*
- *„Welche innovativen neuen Produkte/Dienstleistung bieten Sie an?"*
- *„Wie wird das Unternehmen von außen wahrgenommen?"*
- *„Wie steht das Unternehmen im Wettbewerb da?"*
- *„Was bewegt potenzielle Bewerber, sich in Ihrem Unternehmen zu bewerben?"*
- ...

Schritt 3: Ergebnisse entdecken und clustern

In diesem Schritt wird jede einzelne Moderationskarte durch den Moderator vorgelesen und an die Moderationswand gepinnt. Bei jeder Karte hat die Gruppe die Möglichkeit, Verständnisfragen zu stellen. Der Fokus liegt auf dem Erkennen einzelner Intentionen. Jede darüber hinausgehende Diskussion oder Diskreditierung einzelner Aspekte wird entsprechend der Brainstorming-Regeln unterbunden. Grundsätzlich ist es auch den Brainstorming-Regeln entsprechend möglich, noch weiterführende, anknüpfende Gedanken auf Karten zu ergänzen. Sind alle Ideen vorgetragen und somit entdeckt worden, werden die Ergebnisse zu Clustern (Wortwolken) zusammengefasst und durch die Teilnehmer mit einer passenden Überschrift versehen. Das Anpinnen und anschließende Clustern dauert etwa 45 Minuten.

Schritt 4: Ideen auswählen und Erkenntnisse zusammentragen

Nachdem die Fülle an Ideen im Plenum bekannt ist, geht es daran, diejenigen Ideen auszuwählen, welche sich aus Sicht der Teilnehmenden in der zu erarbeitenden Vision wiederfinden sollen. Hierbei spielt der Erkenntnisgewinn auf Basis der Anregungen anderer Teilnehmer eine große Rolle. Folgende Fragen könnten durch diesen Prozess führen:

- *„Welche Ideen inspirieren Sie besonders, welche sind besonders erstrebenswert?"*
- *„Von welchen Gedanken fühlen Sie sich besonders angesprochen?"*
- *„Welche Anregungen würden Sie gern in der Vision wiederfinden?"*

Die Gedanken werden durch den Moderator auf dem Flipchart notiert. Ebenso wäre die Arbeit in Kleingruppen möglich. Wobei in beiden Fällen ein Abstrahieren der wesentlichen Aspekte nützlicher wäre als ein Verlieren in Details. Es ist also Aufgabe dieses Arbeitsschritts, aus der Fülle der Anregungen eine Reduktion auf den Kern eines Zukunftsbildes vorzunehmen. Dabei sollten immer wieder VAKOG-Fragen (vgl. S. 47) das Hineinspüren in diese Zukunft unterstützen. In der Folge dieses Prozesses ergeben sich wesentliche Inhalte der zu formulierenden Vision. Das Zusammentragen und Auswählen dauert etwa 50 Minuten.

Schritt 5: Vision formulieren (skizzieren)

In einem letzten Schritt in diesem Workshop geht es nun für etwa 60 Minuten um ein erstes Skizzieren der künftigen Vision. Das geschieht durch ein immer weiteres Schärfen und Reduzieren auf Kernaussagen. In der Praxis endet dieser Arbeitsschritt mit dem Formulieren von Elementen sowie der Benennung der wesentlichen Bestandteile einer Vision.

Die Ausformulierung als Dienstleistung für die Gruppe sollte im Nachgang durch einzelne wenige Freiwillige erfolgen. Erfahrungsgemäß gelingt dies zwei bis maximal drei Beteiligten eher als einem Plenum aus 12–15 Teilnehmern.

Es gibt zahlreiche eingeführte und erprobte Instrumente in der Visionsarbeit. Die Instrumente „Ein fiktives Interview in der Zukunft" oder „Das Titelblatt" sind beispielsweise dargestellt in „Die Moderation strategischer Initiativen", Lundershausen 2015.

Ein Leitbild entwickeln

In der Praxis ist die Arbeit an Werten eng mit der Leitbildentwicklung verwoben (vgl. Grafik auf S. 337). Leitbilder sind im Rahmen von Veränderungsprozessen von besonderer Bedeutung, weil anhand von Leitbildern die angestrebte Zukunft so bild- und gestaltgebend beschrieben werden kann, dass von ihr eine besonders motivierende Wirkung ausgeht. Die Leitbildentwicklung ist damit fester Bestandteil zukunftsgestaltender Prozesse.

Sowohl der Begriff des Leitbildes als auch dessen Einordnung wird von Autoren sehr unterschiedlich beschrieben. Weitere mit gleicher Intention verwendete Begriffe sind: „Unternehmensphilosophie", „Unternehmensgrundsätze", oder auch „Organisationsgrundsätze". In der Betriebswirklichkeit wird auch der englischsprachige Begriff „Mission Statement" synonym verwendet. Folgt man jedoch den Funktionen eines Leitbildes, so wird die Bedeutung klarer. Sein Nutzen kann folgendermaßen zusammengefasst werden: Leitbilder

Wirkung von Leitbildern

- bieten Orientierung und Fokussierung.
- bieten Kommunikationshilfen.
- sind eng mit dem Gedanken verbunden, die Entwicklung einer einheitlichen und geteilten Identität voranzubringen. Diese Identität ist an die externen und internen Stakeholder einer Organisation gerichtet.
- unterstützen Entscheidungen und lösen Zielkonflikte auf.
- unterstützen Priorisierung.
- bieten Reflexionsmöglichkeit auf dem Weg der Verwirklichung.
- sichern einen „roten Faden".
- verschaffen Klarheit über die das Handeln bestimmende Elemente „Vision", „Mission" und „Werte".

Das bedeutet, ein Unternehmensleitbild formuliert die angestrebte Identität eines Unternehmens und bietet damit eine übergeordnete Zieldefinition und Orientierung für die Unternehmensumwelt, die

Stakeholder, das Management, Führungskräfte und Mitarbeiter gleichermaßen. Damit sind Leitbilder Teil des sogenannten Normativen Managements und bilden den weiterführenden Rahmen für die Entwicklung und Umsetzung von Strategien, finden jedoch auch ihren Einsatz im operativen Handeln.

Das geschieht, indem ein Leitbild auf folgende Fragen Antwort geben kann:

Fragen, die Leitbilder beantworten

- Orientierungsfunktion – *„Wofür stehen wir?"*
  - *„Welche Werte sind uns wichtig?"*
  - *„Welchen Normen fühlen wir uns verpflichtet?"*
  - *„Welche Regeln und Paradigmen wenden wir an?"*

- Integrationsfunktion – *„Wer sind wir?"*
  - *„Welches Wir-Gefühl eint uns und was macht dieses aus?"*
  - *„Was macht uns aus und was besonders?"*
  - *„Was umfasst unsere Corporate Identity?"*

- Entscheidungsfunktion – *„Wie entscheiden wir?"*
  - *„Wie und auf welche Weise werden im Unternehmen Entscheidung vorbereitet und getroffen?"*
  - *„Welche Fehlerkultur leben wir?"*
  - *„Wie lösen wir Zielkonflikte auf?"*

- Kommunikationsfunktion – *„Wie kommunizieren wir?"*
  - *„In welchem Rahmen und auf welcher Wertebasis kommunizieren wir?"*
  - *„Wie wird die Kommunikation intern und extern gestaltet?"*

Denn Ziele werden am ehesten dann erreicht, wenn die Führungskräfte und Mitarbeiter wissen, für welche konkreten Ziele sie sich engagieren sollen. Menschen wollen den Sinn ihres Tuns einordnen und suchen darüber hinaus Identifikation. Leitbilder bieten diese Orientierung und ermöglichen den Organisationsmitgliedern eine gemeinsam geteilte Identität. Gerade diese Identität ist es, die Unternehmen auch in Krisenzeiten das Commitment der Mitarbeiter sichert. Unternehmensleitbilder vermitteln die Vision, machen die Werte des Unternehmens transparent und verstehen sich zugleich als Handlungsaufforderung und Grundlage für Handeln. In erster Linie sind es dementsprechend interne Stakeholder, wie die Mitarbeiter und Führungskräfte dieser Organisation, an die sich die Sinnstiftung und Orientierung durch das Leitbild richtet. Ein passendes Leitbild wirkt handlungsleitend und motivierend zugleich.

Leitbilder richten sich gleichermaßen auch an externe Stakeholder, wie beispielsweise Kunden, Lieferanten oder Kooperationspartner. In der Unternehmensumwelt soll ein Leitbild deutlich machen, wofür die Organisation steht. Es ist eine Basis für die „Corporate Identity" und beschreibt die Mission und Vision einer Organisation sowie die angestrebte Organisationskultur gleichermaßen.

Leitbilder als Grundlage für Entscheidungen

Über die weitere Konkretisierung in Strategien und Strategischen Programmen sind Leitbilder ebenso die Grundlage für künftige Vorgehensweisen, Aktivitäten und Entscheidungen. Spätestens dann, wenn Organisationen sich mit Management-Konzepten intensiver befassen, sind Leitbilder unverzichtbar. Im Rahmen von Qualitätsaudits beispielsweise werden Dokumente erwartet, aus denen die Vision, die Mission und das Leitbild erkennbar werden. Denn das Leitbild formuliert die angestrebte Identität des Unternehmens und ist Ausgangspunkt und Zieldefinition für alle anstehenden Veränderungen. Damit kommt Leitbildern in strategischen Prozessen eine besondere Bedeutung zu. Als elementarer Bestandteil solcher Prozesse bestimmen sie grundlegend den weiteren Werdegang. Dieses Buch geht davon aus, dass bereits eine Strategie entwickelt wurde, deren Verwirklichung ansteht (zur Moderation von Strategieentwicklung s. Lundershausen 2015). Insoweit ist zunächst zu prüfen, ob und in welcher dinglichen (dokumentierten) und partizipativen Qualität ein Leitbilderarbeitungsprozess bereits abgeschlossen ist. Im Folgenden wird nun aufgezeigt, wie der Prozess der Leitbilderarbeitung gestaltet werden kann und worauf zu achten ist.

Leitbildelemente: Vision, Mission, Werte und Versprechen

Um das organisationseigene Selbstverständnis aufzuzeigen, bildet ein Leitbild die bestimmenden Elemente der Unternehmensvision und der Unternehmensmission ab, ergänzt um die Identität der Unternehmung, also die Wertebasis. In der Praxis wird dieses Leitbild häufig zudem ergänzt um ein Versprechen. Eine Übersicht ist rechts zu sehen und ein konkretes Beispiel auf S. 340.

Abgrenzung der Begrifflichkeiten

Wie stehen nun diese einzelnen Begriffe zueinander? In der (internationalen) Literatur werden die Beziehungen der Begrifflichkeiten zueinander different abgebildet. Hier wird also eine mögliche Variation aus Sicht des Autors angegeben (vgl. Lundershausen 2015).

Vision	Mission	Werte
Langfristig angestrebt: – *Unser Bild der Zukunft!* – *Was wollen wir sein?* – *Was wollen wir erreichen?*	Unternehmenszweck: – *Warum gibt es uns?* – *Was ist unsere Existenzberechtigung?* – *Für wen sind wir da?*	Wertesystem: – *Was macht uns aus, was ist unsere Identität?* – *Wofür stehen wir ein?* – *Wie und nach welchen Maßstäben arbeiten wir?*
Versprechen	Vision und Mission auf den Punkt gebracht	

Abb.: Inhalte (Elemente) eines Leitbildes

Eine **Vision** ist eine abstrakte und dennoch hinreichende Vorstellung davon, wie die Organisation in Zukunft aussehen soll (vgl. S. 136). Visionen geben damit nicht nur ein übergeordnetes Ziel, sondern auch die Richtung vor und gehen damit inhaltlich-qualitativ und zeitlich über das sogenannte Tagesgeschäft hinaus. Die Vision könnte auch als übergeordnete und langfristige Zielkategorie beschrieben werden. Sie ist Grundlage jeden strategischen Handelns – „ohne Vision" ist folglich keine Option.

Die **Mission** ergänzt das langfristig angestrebte Zielbild einer Vision durch eine hinreichende Skizzierung des Unternehmenszwecks und um Aussagen zu Werten, Verantwortung, Kultur und Ordnungsrahmen. Sie ist damit der Ausdruck für die Existenzberechtigung einer Unternehmung und deren Tätigkeitsfelder. Folgende Inhalte bzw. Elemente bestimmen den Kern einer Mission (vgl. Dillerup/Stoi 2013):

Elemente der Mission

- Werte – im Sinne von Vorstellungen, Ideen, Normen oder Verhaltensweisen, welche in dieser Unternehmung als wünschenswert angesehen sind und daher Mitarbeitern und Führungskräften gleichermaßen Orientierung geben.
- Verantwortung – sie beschreibt, was die Unternehmung wie erreichen will und definiert damit die Verantwortung gegenüber allen Stakeholdern.
- Unternehmenskultur – als die Gesamtheit der gewachsenen und längerfristig geteilten Normen und Denkhaltungen im Umgang miteinander und gegenüber Dritten.
- Ordnungsrahmen – er gibt Auskunft darüber, wie Rechte sowie konstitutive und langfristig angelegte Regelungen und Verpflichtungen im Sinne einer Unternehmensverfassung zusammengeführt werden.

- Existenzberechtigung im Sinne eines Unternehmenszwecks – sie gibt Auskunft über die Existenzberechtigung einer Unternehmung und beschreibt deren Tätigkeitsfelder.

Die Mission ist dann gut formuliert, wenn sie künftig erforderliche Entscheidungen ermöglicht und unterstützt und insoweit hinreichend Spielraum für künftige Entwicklungen bietet. Sie ist idealerweise frei von Widersprüchen und zeigt bereits in der Gegenwart auf, wie die Vision im täglichen Tun tatsächlich verwirklicht werden kann. Adressaten sind Mitarbeiter, Führungskräfte und das Management genauso, wie beispielsweise Anteilseigner. Sie orientiert sich an den Erwartungen von Kunden und Eigentümern und wird im zeitlichen Verlauf bei vergleichbarer Schwerpunktsetzung an aktuelle Veränderungen insbesondere der Unternehmensumwelt angepasst.

Der Begriff „**Werte**" steht für Vorstellungen, Ideen, Normen oder auch Verhaltensweisen, welche für die jeweilige Organisation als wünschenswert und anstrebenswert angesehen werden. Sie dienen im Rahmen der Interaktion in Systemen der Orientierung. Wertvorstellungen sind Grundlage für unsere Denkmuster und Verhaltensweisen. Sie bestimmen somit sehr wesentlich unser Handeln und sind zugleich Antrieb für Tun und Unterlassen. Weiterführende Ausführungen finden Sie in diesem Kapitel auf S. 310 ff.

In der Praxis sind unter verschiedenen Überschriften wie „Unternehmensphilosophie" oder dergleichen mehr immer wieder auch **Versprechen** von Organisationen zu lesen. Diese richten sich an die Unternehmensumwelt, also beispielsweise an Kunden oder in Gänze an die Öffentlichkeit. Grundinhalt des Versprechens ist die Aussage von Vision und Mission für die Zielgruppe zugespitzt, also „auf den Punkt gebracht".

Leitbilder im Marketing

In der Außendarstellung finden Leitbilder auch noch weitere Ergänzungen, dies insbesondere unter Marketing-Gesichtspunkten: So werden beispielsweise Ergänzungen durch einen „Claim" oder einen „Slogan" vorgenommen. Ein „Claim" ist ein Satz (oder Satzfragment), der fest mit dem Unternehmens- oder Markennamen verbunden ist. Hierdurch wird der Claim auch Bestandteil des Logos und bildet so neben der Bildmarke eine Wortmarke. Ein Slogan hingegen vermittelt nicht selten nur zeitlich befristet zur Unterstützung von Kampagnen eine Aussage, welche die Wahrnehmung in der Öffentlichkeit gestalten soll. Ziel ist es, eine prägnante Aussage zu einer Marke bzw. einem Produkt hervorzuheben und so das Alleinstellungsmerkmal bzw. den besonderen Nutzen deutlich hervorzuheben. Beide Mittel aus dem Marketing möchte ich hier von der Entwicklung eines Leitbildes entkoppeln und in die Hände kreativer Marketing-Experten geben.

Leitbilder formulieren

Leitbilder zu formulieren, ist ein eigener kreativer Prozess, für den ein konkreter Workshop auf S. 346 ff. beschrieben wird. Im Allgemeinen beruht dieser Prozess auf dem Schärfen und Herausschälen der Kernaussagen zu den folgenden Fragestellungen:

Kernaussagen herausschälen

- Vision
  - *„Was ist unser Bild von der Zukunft?"*
  - *„Wo wollen wir hin? Wofür wollen wir uns engagieren?"*
  - *„Was wollen wir sein? Was wollen wir erreichen?"*
  - *„Wer sind unsere Kunden? Was sind unsere Zielgruppen?"*
  - *„Auf welchem Markt/welchen Märkten wollen wir tätig sein?"*
  - *„Was sind unsere herausragenden langfristigen Ziele?"*

- Mission
  - *„Warum gibt es uns? Was ist unsere Existenzberechtigung?"*
  - *„Wer sind wir?"*
  - *„Was tun wir?"*
  - *„Was ist unsere Aufgabe und wie sehen wir unseren Auftrag?"*
  - *„Womit verdienen wir unser Geld?"*
  - *„Wie wollen wir gesehen werden?"*
  - *„Wem nutzen wir? Für wen sind wir da?"*

- Werte
  - *„Was macht uns aus? Was ist unsere Identität?"*
  - *„Wofür stehen wir ein?"*
  - *„Wie wir es tun: Auf welche Art und Weise wollen wir die Vision umsetzen?"*
  - *„Wie wollen wir zusammenarbeiten?"*
  - *„Wie wollen wir miteinander umgehen?"*
  - *„Was sind unsere Führungsgrundsätze?"*
  - *„Welche (soziale) Verantwortung übernehmen wir?"*
  - *„Was bestimmt unser Handeln?"*

Die entwickelten Leitbilder weisen naturgemäß eine Bandbreite auf hinsichtlich: Umfang, Schwerpunkten und Akzentuierungen, textlicher und grafischer Aufbereitung sowie Formulierung und Pointierung.

Praxisbeispiel

Nachfolgend finden Sie ein fokussiertes, aussagekräftiges Leitbild der ESET Deutschland GmbH (*www.eset.com/de/about*, abgerufen am 05.07.2019). Für diesen Artikel wurde die dortige textliche Fassung entsprechend des Schemas auf S. 337 übernommen. Im Kopf findet sich wie vorstehend beschrieben noch einen Claim als Wortmarke. Unternehmensname sowie Claim sind urheberrechtlich geschützt.

Enjoy Safer Technology

Vision
Wir sorgen dafür, dass jeder **seine Möglichkeiten und die seiner Technologien** in einer **sicheren digitalen Welt voll ausschöpfen** kann.

Mission
Zusammen mit **integren und leidenschaftlichen Menschen** schaffen wir eine **sichere technologische Welt**, die jeder in vollen Zügen genießen kann. Unsere **Erfahrung** und unser Engagement in **Forschung** und **Entwicklung** machen dies möglich.

Werte

Mut
Wir gehen nicht den Weg des geringsten Widerstands. Wir durchbrechen immer wieder Grenzen und wollen viel bewegen.

Integrität
Bei allem, was wir tun, handeln wir fair, aufrichtig und nach ethischen Grundwerten.

Zuverlässigkeit
Wir legen großen Wert darauf, unsere Versprechen in die Tat umzusetzen und gute Beziehungen zu unseren Kunden aufzubauen.

Leidenschaft
Wir glauben an uns und an das, was wir tun. Wir arbeiten aus Überzeugung an einer besseren Zukunft für alle. Und das mit Leidenschaft.

Versprechen: Wir glauben an **Technologie** – und möchten, dass jeder sie **völlig sorgenfrei genießen** kann.

Abb.: Leitbild von ESET Deutschland

Eine ausführlichere und grafisch aufbereitete Fassung eines Leitbildes ist beispielhaft auf der Website der Forschungszentrums Jülich GmbH abrufbar: *www.fz-juelich.de/portal/DE/zentrum/selbstverstaendnis/leitbild/_node.html*. Über Suchmaschinen werden Sie, liebe Leser, schnell fündig und können auf Beispiele anderer Organisationen zurückgreifen.

Den Prozess der Leitbildentwicklung planen

Ein Leitbild entfacht die beschriebenen Wirkungen nicht allein aus seiner Existenz heraus. Ein durch die Führung des Hauses vorgegebenes Leitbild, veröffentlicht am „Schwarzen Brett" bzw. im Intranet, dürfte wohl nur unwesentliche Wirkung erzielen. Von Bedeutung ist die Entwicklung von Leitbildern, wenn Identitätsstiftung und Orientierung für Handlungen in Organisationen gegeben werden sollen. Denn erst eine partizipative Entwicklung sorgt dafür, dass die individuell empfundene Identität zu einem gemeinsamen, kollegial wahrgenommenen Bewusstsein erwächst. Die partizipierende Entwicklung eines Leitbildes gewährleistet:

Zweck der Partizipation

- Identifikation mit dem Ergebnis
- Commitment für die Anstrengungen auf dem Weg der Verwirklichung
- Verstehen der Inhalte im Sinne eines erwachsenengerechten Lernprozesses („so nebenbei")
- Erleichtert die Akzeptanz von darauf basierenden strategischen Programmen
- Vermittelt Sinn und Bedeutung des Instrumentes an sich
- Sichert den Austausch und die Veränderung tief verwurzelter Ansichten über Organisationseinheiten (vs. Silo-Denken) hinweg, schafft „so nebenbei" Vernetzung und eine bessere unternehmensinterne Kommunikation.

Dies darf ausdrücklich als Appell verstanden werden, möglichst alle Menschen einer Organisation direkt bzw. zumindest indirekt in die Leitbildentwicklung mit einzubeziehen, da sonst das verbindende Element des Gemeinsamen fehlen würde. Das Schicksal von Leitbildern aus dem „Elfenbeinturm" kann beschrieben werden, mit *„Ab in die Schublade"*, *„Was soll denn der Quatsch?"* oder *„Die da oben scheinen nicht zu wissen, was hier unten los ist!"*. Achten Sie also darauf, dass die Menschen einer Organisation in den Leitbildentwicklungsprozess aktiv eingebunden sind, dass sie verstehen, wofür dieser Prozess nützlich ist und wie sie sich konkret und aktiv einbringen können.

Die Ausgangslage

Die Entwicklung eines Leitbildes erfordert von den Beteiligten Engagement über eine gewisse Zeitdauer. Die Ausgangslage kann entscheidend sein für den weiteren Verlauf. Besteht erstmals die Absicht, ein Leitbild zu entwickeln – oder aber auch nur der Wunsch, den Nutzen daraus zu generieren? Existiert bereits eines der Elemente: „Vision", „Mission", „Unternehmenswerte"? Soweit existierend, wurden diese in der Strategieentwicklung bereits zu einem Leitbild zusammengeführt? Wenn bereits ein Leitbild vorhanden ist, wie lange existiert es? Inwieweit ist erkennbar, dass dieses auch gelebt wird?

Grundsätzlich darf die Erarbeitung eines Leitbildes als ein eigenes kleines Projekt gesehen werden. Die Dauer liegt üblicherweise zwischen drei und sechs Monaten und ist wesentlich davon abhängig, wie viele Workshops aufgrund der Unternehmensgröße unter dem Aspekt der intensiven Beteiligung der Organisationsmitglieder stattfinden werden.

Ablauf

Die Architektur für ein solches Projekt innerhalb eines Veränderungsprozesses könnte wie folgt aussehen (mehr zu Architekturen lesen Sie ab S. 249):

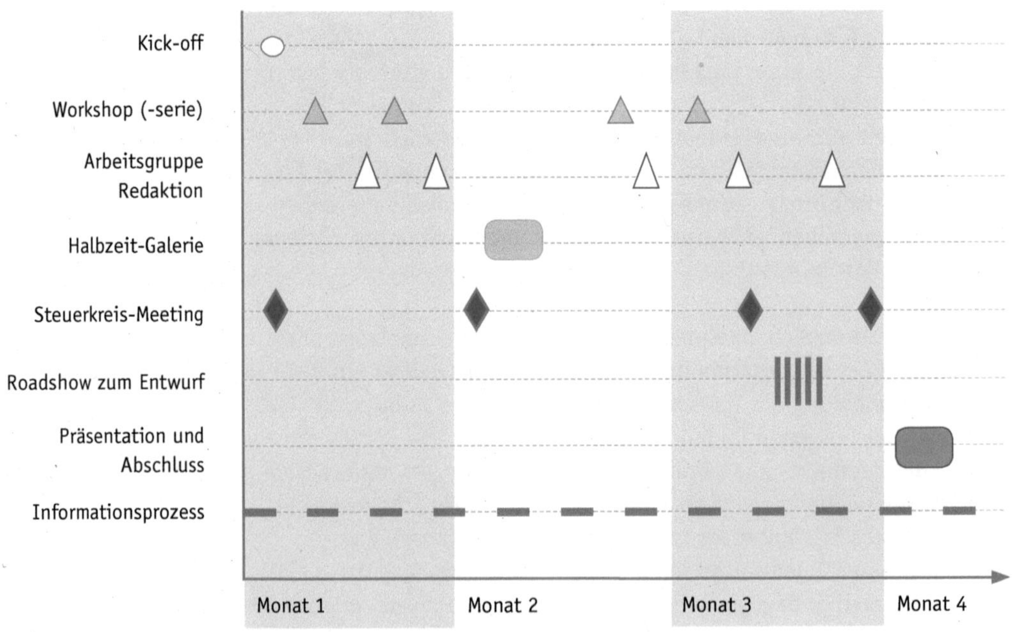

Abb.: Beispiel – Architektur einer Leitbildentwicklung

Architekturelemente der Leitbildentwicklung

Kick-off: In einer Auftaktveranstaltung werden die Mitarbeiter über die Ziele des anstehenden Erarbeitungsprozesses und den grundsätzlichen Nutzen des entstehenden Leitbildes informiert. Wesentlich ist dabei der Aufruf an alle Beschäftigten, sich aktiv einzubringen. Insoweit ist es auch Aufgabe der Geschäftsführung, deutlich zu signalisieren, dass sie hinter diesem Vorhaben steht. Das Projekt ist kurz vorzustellen, die zeitliche Abfolge ist aufzuzeigen sowie konkrete Beteiligungsmöglichkeiten sind zu benennen. Der Kick-off könnte beispielsweise in Absprache mit dem Betriebsrat auf einer Betriebsversammlung stattfinden, sodass eine möglichst hohe Beteiligung und damit eine umfassende Information für alle Beschäftigten gesichert werden kann. Da der Leitbildbegriff nicht immer als bekannt vorausgesetzt werden kann, empfiehlt sich beispielsweise eine kleine Galerie mit Leitbildern anderer, idealerweise bekannter Unternehmungen. Diese kleine Ausstellung mit Plakaten auf Moderationswänden lädt die Mitarbeiter vor und nach der Veranstaltung dazu ein, sich mit „Wesen und Statur" von Leitbildern auseinanderzusetzen.

Workshop (-serie): Es darf davon ausgegangen werden, dass es mehrerer Workshops bis zur Erarbeitung eines fertigen Leitbildes bedarf. Ab Seite 346 wird die Grundstruktur solcher Workshops auf Modulbasis dargestellt. Deren Aufgabe ist es, die entwickelten Ideen immer weiter so zu schärfen, dass am Ende als Extrakt die Leitbildinhalte entstehen. Die Teilnehmer haben sich im Idealfall selbst freiwillig angemeldet und bilden zudem repräsentativ die verschiedenen Organisationseinheiten des Unternehmens sowie die verschiedenen Hierarchie- bzw. Punktionsebenen ab. Je nach Größe der Unternehmung ist die Zahl der parallel stattfindenden Workshops innerhalb der Serie zur Schärfung der erwünschten Inhalte anzupassen.

Arbeitsgruppe Redaktion: Wer bereits einmal versucht hat, einen Text in einer großen Gruppe einvernehmlich redaktionell zu bearbeiten, dürfte auf gewisse Begrenzungen eines solchen Vorgehens gestoßen sein. Insoweit empfiehlt es sich, in einer Arbeitsgruppe alle Ergebnisse aus den verschiedenen Workshops entsprechend der dort entwickelten Schwerpunkte und Vorgaben sprachlich zusammenzuführen. So entstehen im Sinne einer Dienstleistung Formulierungsvorschläge für die Teilnehmenden aus den Workshops.

Halbzeit-Galerie: Die Halbzeit-Galerie ist grundsätzlich den Informationsprozessen zuzuordnen. Die Galerie-Methode (auch Vernissage oder Ideen-Kiosk) ist eine Moderationsmethode, in der Denkentwürfe vorgestellt und diskutiert werden. Ziel ist einerseits, einen weiteren Kommunikationsweg zu nutzen und andererseits auch Originalstimmen aus der Mitarbeiterschaft als wertvollen Input für die weitere Arbeit zu gewinnen. Die bisherigen Ergebnisse können beispielsweise im Foyer des Unternehmens oder an anderer geeigneter Stelle aufgestellt werden (zum Beispiel auf dem Weg zur Kantine) und so zur eigenverantwortlichen Information einladen. Idealerweise stehen Teilnehmende aus den Workshops, Mitglieder der Arbeitsgruppe Redaktion und gegebenenfalls des Steuerkreises an den ausgestellten Zwischenergebnissen zur Verfügung, laden zur Ansicht ein und nehmen Hinweise bzw. Anregungen auf.

Steuerkreis-Meeting: In den Steuerkreis-Meetings reflektieren Mitglieder des Berater- und Klientensystems den Erarbeitungsprozess, sichern den organisatorischen Ablauf und steuern konkrete Arbeiten, wie beispielsweise die repräsentierende Teilnahme sowie Informationsprozesse.

Roadshow zum Entwurf: Zu einem Zeitpunkt, in dem bereits ein Entwurf mit einem hohen Fertigstellungsgrad erreicht ist, werden die Ergebnisse in den Organisationseinheiten der Unternehmung so präsentiert, dass möglichst alle Mitarbeiter die Chance haben, diese Rohfassung ihres Leitbildes kennenzulernen und sich dazu austauschen zu können. Ohne dass an dieser Stelle der komplette Erarbeitungsprozess infrage gestellt wird, können noch vereinzelt wertvolle Hinweise aufgenommen und der „Arbeitsgruppe Redaktion" zur Verfügung gestellt werden. Insoweit gibt es eine letzte Besprechung dieser Arbeitsgruppe nach Abschluss der Roadshows.

Achten Sie bei den Instrumenten „Halbzeit-Galerie" und „Roadshow" auf besondere Bedingungen, wie etwa Schichtarbeit, damit auch alle Beschäftigten einen realen Zugang erhalten. Andernfalls finden sich hier bereits wieder Ursachen für Dissonanzen und fehlende Akzeptanz.

Abschluss Erarbeitungsprozess = Start Verwirklichungsprozess

Präsentation und Abschluss: Mit der Freigabe des Leitbildes endet der Erarbeitungsprozess. Die Ergebnisse werden nicht nur allen Beschäftigten vorgestellt, diese werden nun auch im Lichte der bisherigen aktiven Beteiligung angeregt, sich in die weitere Verwirklichung des Leitbildes engagiert einzubringen. Hinsichtlich der Art und des Rahmens dieses Abschlusses sind der Fantasie keine Grenzen gesetzt. Beispielsweise hat es in Unternehmen dazu bereits Sommerfeste unter Einbeziehung der Familie, Betriebsausflüge, Großveranstaltungen mit Rahmenprogramm, Besuche der Geschäftsführung in allen Organisationseinheiten oder dergleichen mehr gegeben. Zudem werden Leitbilder häufig in Form von ansprechend gestalteten Broschüren übergeben, möglich ist das aber auch mit einem symbolischen Gegenstand (zum Beispiel Baum, Würfel etc.). Die Abschlusspräsentation ist häufig der Auftakt weiterführender Programme, die eine Verwirklichung der Leitbildinhalte anschieben wollen.

Innerhalb eines Veränderungsprozesses stellt das Projekt zur Entwicklung eines Leitbildes eine leicht zu nutzende Möglichkeit dar, Erkenntnisse dieses Prozesses auf den gesamten Veränderungsprozess zu übertragen. Insoweit sind Instrumente wie „Lessons Learned" und „After Action Review" (vgl. ab S. 380 und S. 378) ausdrücklich für eine Anwendung im Abschluss dieses Prozesses empfohlen.

Informationsprozesse: Es hat sich bewährt, uneingeschränkt transparent zu arbeiten. So empfiehlt es sich beispielsweise, sämtliche Fotoprotokolle aus den Workshops zugänglich zu machen, Formulierungsvorschläge der „Arbeitsgruppe Redaktion" (unkommentiert/kommentiert) zu veröffentlichen und im Sinne eines Informationsangebotes den jeweiligen Arbeitsstand und die Resultate daraus zu kommunizieren. Im Idealfall steht ein unternehmensinternes Intranet zur Verfügung, vielleicht sogar mit einer interaktiven Beteiligungsmöglichkeit via Blog. Informationsinhalte sollten zudem Auskunft darüber geben, wann welche Veranstaltung mit welchen Teilnehmern aus welchen Arbeitsbereichen stattgefunden hat, wie die Auswahl erfolgte und welche künftigen Beteiligungsmöglichkeiten bestehen.

Workshop-Ergebnisse zusammenführen

In größeren Unternehmen wird die Erarbeitung einzelner Leitbildinhalte idealerweise durch mehrere parallel arbeitende Gruppen in Workshops stattfinden:

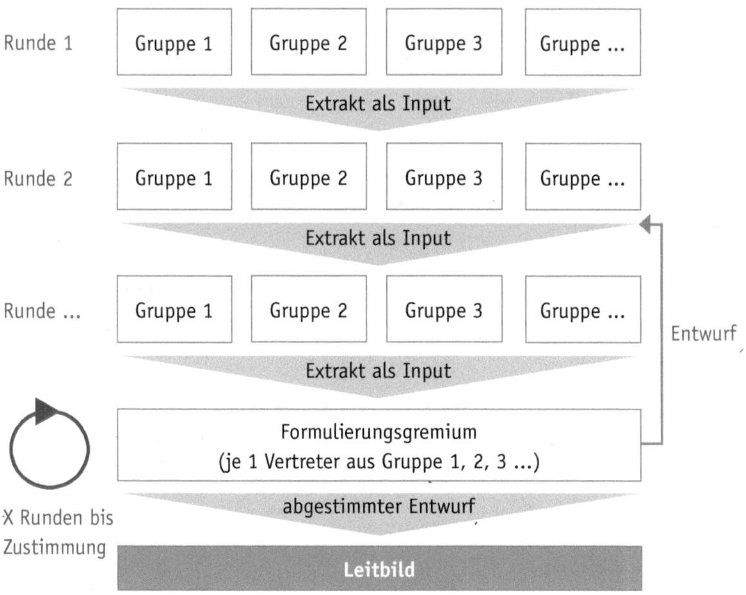

Abb.: Zusammenführen und Abstimmen im Leitbildprozess

Hieraus ergibt sich der Bedarf, die Ergebnisse einzelner Workshops als Input den jeweiligen Gruppen zur Verfügung zu stellen, sodass jeweils beim weiteren Schärfen der Inhalte die wertvollen Gedanken aus anderen Gruppen zur Verfügung stehen. Die Arbeit darf als iterativ verlaufender Feinschliff verstanden werden. Die tatsächliche Ausformulierung des Leitbildes, gern ergänzt um externe Experten mit Leitbild-Erfahrung, obliegt einer Kleingruppe, deren Zusammensetzung sich beispielsweise aus einem gewählten Vertreter der jeweiligen Teilnehmer von Workshops ergibt (s. „Arbeitsgruppe Redaktion", S. 343).

Für den Fall, dass ein Leitbild von Grund auf erarbeitet werden soll, zeigen die folgenden Seiten einen praktikablen Weg in der Form von modularen Workshops.

Workshop: Modulare Leitbildentwicklung

Da Leitbilder sich zusammensetzen aus der Vision, der Mission und der Wertebasis eines Unternehmens, bündelt die Arbeit an einem Leitbild diese drei Themen zu einem Ganzen. Das Ergebnis ist ein Dokument, gelegentlich ergänzt um ein greifbares symbolisches Objekt. Nachfolgend wird aufgezeigt, wie ein Leitbild von Grund auf entwickelt werden kann – in der Form eines Modulbaukastens. Die einzelnen Module können grundsätzlich unterschiedlich zusammengefügt, durch andere Interventionsdesigns aus diesem Buch ersetzt oder auch bedarfsweise ergänzt bzw. weggelassen werden. Die inhaltlichen Module umfassen „Vision", „Mission", „Werte" und jedes setzt jeweils einen eigenen Moduleinstieg und -ausstieg voraus. Damit ergeben sich insgesamt fünf Module:

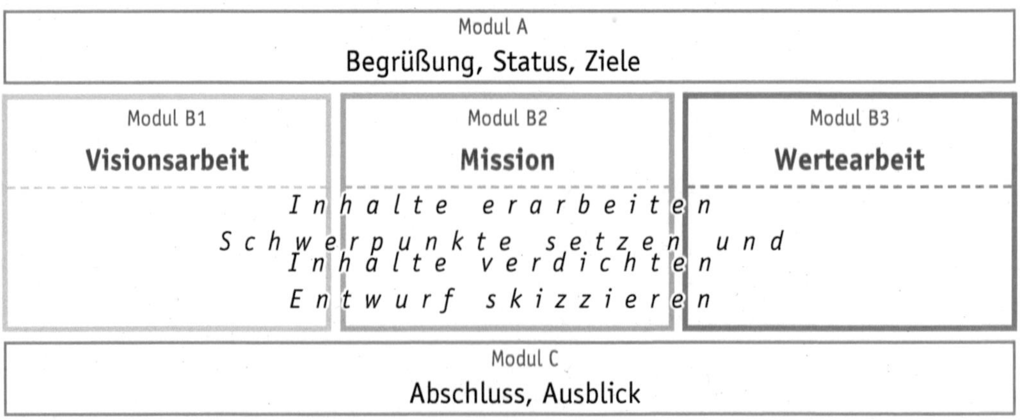

Abb.: Modulare Leitbildentwicklung

Ablauf

Modul A (wiederkehrend): Begrüßung, Status, Ziele

Der Start in die Bearbeitung der drei Inhaltsmodule beginnt stets mit einer Begrüßung im Plenum. Neben Informationen zum organisatorischen Ablauf und gegebenenfalls auch der Erarbeitung und Abstimmung gemeinsamer Arbeitsregeln, gibt es nun eine Einführung in jedes Modul. Diese Einführung beinhaltet auch Informationen zum gegenwärtigen Status. Diese umfassen Aussagen dazu, was bisher passiert ist und wie sich die heutige Veranstaltung in den gesamten Prozess der Erarbeitung eines Leitbildes einfügt. Zudem ist jeweils klar zu beschreiben, was genau heute passieren soll, es werden also die Tagesziele aufgezeigt. Dieser erste Teil zu Beginn jedes Inhaltsmoduls dauert etwa 15–20 Minuten.

Modul B1, B2, B3: Bearbeitung der Modulinhalte

Die inhaltliche Bearbeitung der Module dauert jeweils ca. 120–150 Minuten und verläuft stets in einer gleichen Abfolge:

1. Inhalte erarbeiten,
2. Schwerpunkte setzen und Inhalte verdichten,
3. Entwurf (als Extrakt) skizzieren.

Inhalte erarbeiten: Die Inhalte der Module B1 bis B3 werden anhand von Leitfragen bearbeitet. Diese orientieren sich konkret am jeweiligen Thema dieser Module und sie sind abgebildet in der Grafik auf der nächsten Seite. Die Erarbeitung der Inhalte erfolgt nach folgendem Schema:

1. Leitfrage(n) werden präsentiert.
2. Dazu erfolgt Einzelarbeit, die Überlegungen werden auf Moderationskarten festgehalten.
3. Jede Moderationskarte wird vorgelesen, Verständnisfragen werden aus dem Plenum gestellt und durch das Plenum beantwortet.
4. Anpinnen der Karten.
5. Cluster (Wortwolken) werden gebildet.
6. Finden einer gemeinsamen Überschrift für die einzelnen Cluster.

Modul B1 **Visionsarbeit**	Modul B2 **Mission**	Modul B3 **Wertearbeit**
– *Was ist unser Bild von der Zukunft?* – *Wo wollen wir hin? Wofür wollen wir uns engagieren?* – *Was wollen wir sein? Was wollen wir erreichen?* – *Wer sind unsere Kunden? Was sind unsere Zielgruppen?* – *Auf welchem Markt/welchen Märkten wollen wir tätig sein?* – *Was sind unsere herausragenden langfristigen Ziele?*	– *Warum gibt es uns? Was ist unsere Existenzberechtigung?* – *Wer sind wir?* – *Was tun wir?* – *Was ist unsere Aufgabe und wie sehen wir unseren Auftrag?* – *Womit verdienen wir unser Geld?* – *Wie wollen wir gesehen werden?* – *Wem nutzen wir?* – *Für wen sind wir da?*	– *Was macht uns aus? Was ist unsere Identität?* – *Wofür stehen wir ein?* – *Auf welche Art und Weise wollen wir die Vision umsetzen?* – *Wie wollen wir zusammenarbeiten?* – *Wie wollen wir miteinander umgehen?* – *Was sind unsere Führungsgrundsätze?* – *Welche (soziale) Verantwortung übernehmen wir?* – *Was bestimmt unser Handeln?*

Abb.: Leitfragen einer modularen Leitbildentwicklung

Schwerpunkte setzen und verdichten: Nicht jede einzelne Facette, die zuvor erarbeitet wurde, kann so auch übernommen werden. Nachdem die einzelnen Gedanken im Plenum gehört und ggf. hinsichtlich ihres Ansatzes besprochen sind, werden daher nunmehr Schwerpunkte gesetzt und die übergeordneten und verbindenden Gedanken aus Sicht der Teilnehmer identifiziert. Dies wird im Dialog moderierend erarbeitet. Die so gewonnenen Aspekte werden durch den Moderator auf einem Flipchart notiert. Dabei wird der Ansatz verfolgt, Wesentliches und gemeinsam Geteiltes zu abstrahieren, was auch das Loslassen von Details erfordert. Es ist hier die Herausforderung, aus den Anregungen einen Extrakt – das Wesentliche – festzuhalten.

Entwurf skizzieren: Ein weiterer Schritt ist es nun, die verdichteten Überlegungen sprachlich weiter zu schärfen und so einen ersten ausformulierten Entwurf zu verfassen. Hierbei spreche ich regelmäßig von „Entwurf" und „skizzieren". Dies auszudrücken halte ich deshalb für erforderlich, weil mit zunehmender Arbeitsdauer bereits eine hohe Identifikation mit den Ergebnissen entsteht. Es soll jedoch auch weiterhin Raum dafür bleiben, sprachliche Anpassungen und Verschärfungen zuzulassen. Dies insbesondere dann, wenn parallel in weiteren Workshops an den Themen gearbeitet wird.
Modul C: Abschluss und Ausblick

Zum Abschluss eines solchen Workshop(tags) gehört regelmäßig, d.h. nach jedem Inhaltsmodul, für etwa eine Viertelstunde einen Blick auf das Erreichte zu werfen und das Engagement der Teilnehmenden anzuerkennen. Ebenfalls ausdrücklich empfohlen sei, regelmäßig Feedbacks durch die Teilnehmenden einzuholen. Dies umfasst üblicherweise Rückmeldungen über die Zufriedenheit mit dem Ergebnis selbst und mit dem Verlauf der Veranstaltung, also zu der Frage, wie dieses Ergebnis gemeinsam erreicht worden ist. Zudem sinnvoll ist ein Ausblick: wie nachfolgend mit den Ergebnissen umgegangen wird, wie die Leitbildentwicklung weitergeführt wird und wie sich die Teilnehmenden auch weiterhin einbringen können.

Neben dem hier vorgestellten Vorgehen stehen Ihnen im Austausch auch die folgenden Instrumente zur Verfügung: B1 - Visionsarbeit: S. 330 ff., B3 - Werte: S. 316 ff., B3 - Werte-Diskurs, S. 327 ff.

Regeln entrümpeln: Kann das weg oder wird das noch gebraucht?

Praxisbeispiel

Die Controlling-Abteilung eines Unternehmens erstellt seit über 20 Jahren wöchentlich einen Report für die Geschäftsführung. Das mehrseitige Dokument enthält praktisch alle in Zahlen gefasste Erkenntnisse über das Unternehmen und wird unter einem hohen zeitlichen Druck zur Abgabe mittwochs bis 14:00 Uhr erstellt. Durch die Umstellung der Arbeitsabläufe in dieser Abteilung war mit der Geschäftsführung die Frage zu erörtern, ob und inwieweit der Abgabetermin auf Freitagnachmittag, 16:00 Uhr verlegt werden kann. Die überraschende Rückmeldung aus der Geschäftsführung lautete, der Report könne gänzlich entfallen und durch eine einfache Übersicht mit vier Kennzahlen einschließlich eines Trends ersetzt werden. Was war passiert? In der Vergangenheit wurde durch die Geschäftsführung der infrage stehende Report gemeinsam mit dem Controller zusammengestellt und terminiert. Inzwischen hatte es jedoch sowohl bei den Controllern als auch in der Geschäftsführung mehrere Personalwechsel gegeben. In der Controlling-Abteilung wurden die Reportregeln „vererbt", während die Geschäftsführung dazu überging, daraus mit etwas Mühe die gewünschten Daten einzelnen herauszusuchen.

Auch wenn diese kleine Geschichte zum Schmunzeln oder Kopfschütteln anregt, so zeigt sie doch, dass einmal eingeführte Regeln ein gewisses Beharrungsvermögen schon deshalb besitzen, weil sie nicht hinterfragt werden. Nachfolgend wird daher bewusst mit einem Instrument genau dieses „Entrümpeln von Regeln" bezogen auf den gegenwärtigen Bedarf vorgenommen.

Um es noch einmal kurz voranzustellen, Regeln sind nützlich, weil sie Verlässlichkeit in der Zusammenarbeit gestalten und damit Interaktionen vom Zufall befreien. Doch dies unterstellt bereits, dass Regeln bewusst ausgewählt und vereinbart worden seien. Dies ist jedoch beispielsweise bei stillschweigend gelebten Regeln nicht der Fall, jenen Regeln, die unausgesprochen als Ausdruck der jeweiligen Unternehmenskultur ebenfalls befolgt werden. Dem vorangestellten Beispiel kann gut entnommen werden, dass es hin und wieder nötig wird, sich von diesem Ballast zu befreien. Denn wenn formell oder informell existierende Regeln beachtet und beibehalten werden, die eigentlich entbehrlich sind, so hat dies in Teilen erhebliche Wirkungen. Es sind dann beispielsweise zu viele und gegebenenfalls wenig geeignete Stellen mit Fragen befasst, die auf Grundlage des vorhandenen Wissens auch direkt vor Ort entschieden werden könnten. Hierdurch werden Kapazitäten gebunden und es verlängert sich der Zeitraum bis zu einer Entscheidung. Darüber hinaus darf auch darüber philosophiert werden, welche Qualität eine Entscheidung hat, die fernab vom Geschehen getroffen wird. Effizienz, Kundenorientierung und nicht zuletzt auch Mitarbeiterzufriedenheit stehen auf dem Spiel.

Auf dem Prüfstand stehen daher Regeln auf Team-, Abteilungs-, Bereichs- und Organisationsebene. Entbehrliche Regelungen haben sich in der Vergangenheit besonders häufig an folgenden Stellen gezeigt:

Häufige, entbehrliche Regelungen

- Besprechungen und Meetings (deren Existenz überhaupt, Terminierung und Häufigkeit, Teilnehmerkreis etc.)
- Reports, Berichte, Statistiken, Auswertungen
- Protokolle (insbesondere deren Detaillierung und Umfang)
- das Prozedere zu Entscheidungen oder Freigaben etc. (z.B. beteiligende Funktionen über Hierarchieebenen hinweg im Widerspruch zu tatsächlich benötigten Befugnissen, vergleiche Kongruenzprinzip, S. 114 f.)
- Vordrucke (deren Existenz grundsätzlich sowie insbesondere im Hinblick auf sachlich bereits entfallene Aspekte)
- diverse sogenannte „ungeschriebene" Gesetze

Der Zeitaufwand kann mit etwa 180 Minuten angegeben werden. Das Instrument ist für den Einsatz in jeder Phase eines Veränderungsprozesses geeignet.

An Material wird benötigt: mindestens vier Moderationswände, Flipchart, Moderationskarten, -stifte, Pinns

Ablauf

Schritt 1: Regel-Ballast identifizieren

Nach einer kurzen Einführung in die Thematik im Plenum – gegebenenfalls auch anhand eines aktuell aufgespürten „Regel-Unsinns" – beginnt die Suche nach entbehrlichen Regeln, zum Beispiel:

- *„Welche Regelungen behindern Sie in Ihrem täglichen Tun?"*
- *„Für welche Regelungen können Sie bei bestem Willen keine vernünftige Erklärung finden?"*
- *„Welche ungeschriebenen Gesetze würden Sie gern auf den Prüfstand stellen?"*

Die Rückmeldungen aus dem Teilnehmerkreis werden auf Moderationskarten erfasst und angepinnt. Es sollte ein Verständnis dazu hergestellt werden, welche Aspekte mit den Karten konkret gemeint sind. Dieser Schritt dauert etwa eine halbe Stunde.

Schritt 2: Nutzen und Würdigung

Die im ersten Schritt erarbeitete Sammlung wird nun in Kleingruppen mit aller Ernsthaftigkeit auf deren Nutzen untersucht. Dabei müssen häufig mehrere Perspektiven eingenommen werden, da es sein kann, dass eine Regel zwar als lästig empfunden wird, sich jedoch aus der Perspektive Dritter sehr wohl ein Nutzen ableiten lässt. Darüber hinaus gibt es ja nicht nur die Option, Regeln ersatzlos zu streichen. In der Praxis findet sich gefühlt noch häufiger der Grundgedanke, Regeln zu vereinfachen bzw. zu aktualisieren. Insoweit ist jede auf den Prüfstand gestellte Regel zu beurteilen, für eine gründliche Prüfung sind ca. 20–30 Minuten je Regel erforderlich:

- *„Wofür bzw. für wen ist diese Regel nützlich?"*
- *„Welche Wirkungen bzw. Wechselwirkungen beobachten Sie?*
- *„Welche erstrebenswerteren Wirkungen könnten erzielt werden, wenn die Regel:*
  - *aktualisiert*
  - *durch eine andere bessere ersetzt*
  - *ersatzlos gestrichen würde?"*
- *„Wer (sofern heute nicht anwesend) sollte in die Veränderung bzw. Streichung der Regel eingebunden werden?"*

Wichtig: Soweit eine Stelle oder Organisationseinheit identifiziert worden ist, die an einer Veränderung oder Streichung einer Regel beteiligt werden muss, ist im Sinne einer To-do-Notiz festzuhalten, wer sich bis wann um diese Klärung kümmert.

Das Ergebnis der Kleingruppenarbeiten ist allen Teilnehmern bekanntzugeben. Gruppen neigen an dieser Stelle gelegentlich dazu, sich großzügig von unliebsamen Regeln zu befreien, ohne dies teamübergreifend abzustimmen. Daher ist eine abschließende gemeinsame Absprache zur Vermeidung neuer Reibung zwingend notwendig. Gegebenenfalls helfen hier Fragen aus dem Bereich System-Check-Perspektiven weiter (vgl. S. 69 ff.).

Schritt 3: Präsentation und Transfersicherung

Die zuvor in den Kleingruppen erarbeiteten Erkenntnisse werden im Plenum kurz vorgestellt und diskutiert. Das dauert etwa eine halbe Stunde. Dabei steht der Praxistransfer im Vordergrund, beispielsweise mit den folgenden Fragen:

- *„Was werden Sie jetzt ohne diese (mit geänderter) Regel anders besser tun?"*
- *„Was muss getan werden, damit die neue Regel im Arbeitsalltag auch tatsächlich ankommt?"*
- *„Wie können Sie sicherstellen, dass sich die alte Regel nicht wieder in den Arbeitsalltag einschleicht?"*
- *„Woran können Sie erkennen, dass die neue Regel gut funktioniert (bzw. dass sich das Streichen der Regel bewährt)?"*

Es empfiehlt sich, zu diesem Workshop ein Follow-up zu planen und die Regeländerung zunächst als befristete Testphase zu deklarieren. Auf der Agenda der Folgeveranstaltung stünden zum einen die Ergebnisse aus der Veränderung. Diese zu reflektieren und gegebenenfalls noch Anpassungen vorzunehmen, hat sich als unterstützende Intervention bewährt. Zum anderen kann im Nachgang auch ein „Lessons Learned" (vgl. S. 380 ff.) dazu beitragen, künftig frühzeitiger Regeln zu hinterfragen und bei Bedarf aktiv und abgestimmt anzupassen.

VII. Kapitel

Interventionen des Informations- und Lernprozesses

Inhalt des Kapitels

Instrumente im Informationsprozess ... 357

- Informationsflussmatrix ... 358
- Kommunikationsplan ... 359
- Pay-off-Matrix ... 360
- Town Hall Meeting ... 362
- Roadshow ... 364

Grundlagen und Instrumente im Lernprozess ... 367

- Bedingungen des Verhaltens ... 367
- Learning Log ... 373
- Learning Map ... 376
- Lernunterstützende Rückschau: After Action Review ... 378
- Lessons Learned ... 380
- Projekt-Fieberkurve ... 383

Instrumente im Informationsprozess

Veränderung wirkt als Störung

Veränderungsprozesse können aus Sicht der Stakeholder vielfach als Störung gewohnter Rahmenbedingungen betrachtet werden. Sie sind, zumindest aus Sicht der Beschäftigten, mit einer erheblichen Einschränkung versehen. Diese Störungen des Gewohnten beinhalten mitunter auch nicht Bekanntes, was Ängste verursacht. Zudem können neue Herausforderungen entstehen, die vielfach eher als Problem oder Belastung empfunden werden. Weil dies so (normal) ist, befasst sich die Disziplin Changemanagement sehr umfänglich damit, wie das Neue unter Berücksichtigung der Motivation und der Interessen der Stakeholder und unter intensiver Einbindung dieser entstehen und gestaltet werden kann.

Ein Dilemma der Veränderungsprozesse ist, dass die oben beschriebenen Zustände andauern, während erkennbare bzw. messbare Ergebnisse nur sehr spärlich zu Beginn zu finden sind. Dieses Dilemma wird idealerweise im Rahmen der Kommunikation von Veränderungsprojekten (bzw. dem „Projektmarketing") adressiert. Der Kommunikationsprozess hat einen sehr großen Einfluss auf die Motivation, ihm kommt eine besondere Bedeutung zu, weshalb er fest im Rahmen von Interventionsarchitektur und -designs verankert wird. Denn da Kommunikation nicht willfährig ist, sondern zweckgebunden, ist es förderlich, die Kommunikationsaktivitäten zu planen und in der Folge zu evaluieren. Damit wird Kommunikation auch „abrechenbar", das heißt, erfüllt oder nicht erfüllt. Inhaltlich stehen hinter dem Aufbau des Informationsprozesses zum Veränderungsprojekt Fragen wie:

Aufbau des Informationsprozesses

- Wer ist worüber wann in welchem Umfang zu informieren?
- Wie kann sichergestellt werden, dass alle wichtigen Informationen vernommen, übersichtlich zugänglich gemacht und wahrgenommen werden?
- Was wird in welcher Reihenfolge kommuniziert?
- Wer ist verantwortlich?
- Welche Medien werden eingesetzt?

Das nötige Werkzeug für eine entsprechend umsichtige Kommunikation im Changemanagement liefern die Instrumente, die nachfolgend beschrieben und dargestellt werden.

Informationsflussmatrix

In einem frühen Stadium von Veränderungsprojekten gilt es, den projektinternen Informationsfluss sicherzustellen. Dies sorgt für eine verlässliche Zusammenarbeit aller Beteiligten. Grundlage hierfür sind die Vereinbarungen, die insbesondere zwischen den Projektauftraggebern, der Steuergruppe und dem Berater in Bezug auf gegenseitige Informations- und Berichtspflichten getroffen worden sind. Da es für diese Regelungen unterschiedliche Quellen gibt, die zudem zu unterschiedlichen Zeitpunkten entstehen, ist es empfehlenswert, derartige Vereinbarungen in einer Matrix festzuhalten. Die hierdurch entstehende simple Übersicht unterstützt die direkt am Projekt beteiligten verantwortlich handelnden Akteure, den gegenwärtig verabredeten Status im Blick zu behalten.

Die Matrix (Abbildung auf der rechten Seite) wird im klassischen Projektmanagement durch den Projektleiter befüllt und an die Beteiligten verteilt. Im Veränderungsprojekt übernimmt der Prozessbegleiter bzw. der Change-Berater diese Rolle.

In der ersten Zeile sowie der ersten Spalte werden die beteiligten Personen oder Gruppen in gleicher Reihenfolge aufgeführt. Der Schnittpunkt der jeweiligen Person bzw. Gruppe bleibt frei (da man in der Regel nicht an sich selbst berichtet). Eine Ausnahme bilden Gremien bzw. Gruppen, weil es durchaus üblich ist, dass diese gegenseitig bestimmte fixe Termine bzw. Berichtspflichten abstimmen.

Die erste Spalte beinhaltet sodann in der Anwendung den Akteur (Wer). Die erste Zeile benennt den jeweiligen Adressaten (An wen). Die sich so ergebenden Schnittpunkte (Zellen) werden entsprechend der Vereinbarungen befüllt.

Im Projektverlauf ergeben sich regelmäßig Anpassungen, die dann in der Matrix ergänzt werden bzw. als dortige Eintragungen korrigiert werden können. Wichtig ist, dass das Hilfsmittel den entsprechenden Personen bzw. Personengruppen zeitnah und mit Erläuterung zur Verfügung gestellt wird.

Wer? \ An wen?	Berater	Steuergruppe	Auftraggeber	...
Berater	–	zweiwöchentliches Meeting, Mittwoch 14 Uhr	monatlicher Statusbericht	
Steuergruppe	wöchentlich freitags, sphärischer Bericht, Daten	–	keine Meldung	
Auftraggeber	Änderungsanträge	Entscheidungen	–	
...				–

Abb.: Beispiel einer Informationsflussmatrix

Kommunikationsplan

Im Rahmen von Projekten entstehen an verschiedenen Stellen der Definitions-, Planungs- und Umsetzungsphase Kommunikationsbedarfe. Auch in Veränderungsprojekten werden Kommunikationsbedarfe an unterschiedlicher Stelle erkannt, etwa im Rahmen der Stakeholder-Analyse. Wie mit diesen zahlreichen Anregungen effizient umgegangen werden kann, zeigt der Kommunikationsplan auf. Der Kommunikationsplan ist ein etabliertes Instrument im Projektmanagement. Er erfasst tabellarisch die wesentlichen Aspekte der Kommunikation aus den unterschiedlichen Quellen und bietet durch seine einfache Darstellung einen leichten Überblick über die beabsichtigte Projektkommunikation, im Projektmanagement der Disziplin Projekt-Marketing zugeordnet.

Die Tabelle erfasst dabei alle relevanten Aspekte, im Idealfall kurz und prägnant beschrieben. Erfasst werden als Erstes die zu kommunizierenden Inhalte. Danach wird festgehalten, mit welchem Ziel die Kommunikation stattfinden soll. Ebenfalls erfasst wird der Zeitpunkt der beabsichtigten Kommunikation. Dies können konkrete Termine bzw. Intervalle (Häufigkeiten, Wiederholungen) gleichermaßen sein. Wie für jede Maßnahmenplanung gilt auch für den Kommunikationsplan, dass die Verantwortung vergeben, also die ausführende Person bestimmt wird. Ebenfalls aufgenommen wird die Adressierung der Kommunikation. Hier wird die im Fokus stehende Zielgruppe benannt. Als letzter wesentlicher Baustein wird nun noch das Kommunikationsmedium erfasst. Dieses beschreibt hinreichend, in welcher Form die Kommunikation stattfinden soll. Ein Kommunikationsplan, wie voran beschrieben, könnte also wie folgt aussehen:

Was Inhalt	Warum Ziel	Wann Termine/ Häufigkeit	Wer Verantwortung	An wen Zielgruppe	Wie Medium/Form

Abb.: Kommunikationsplan

Zu beachten ist, dass ein solcher Kommunikationsplan ein sogenanntes „lebendes" Dokument ist. Das bedeutet, dass während des Veränderungsprozesses immer wieder Hinzufügungen, Streichungen oder auch Änderungen je nach Erkenntnisstand vorgenommen werden. Der Kommunikationsplan ist damit ein Instrument, auf das das Steuergremium und eventuelle Berater gleichermaßen zugreifen. Im Rahmen der Steuerkreis-Meetings sollte als fester Tagesordnungspunkt der Status zu Kommunikation und Beteiligung der Beschäftigten ermittelt werden. Dies umfasst beispielsweise die Frage nach den Themen, die die Mitarbeiter aktuell bewegen. In der Folge mögen Anpassungen erfolgen.

Pay-off-Matrix

Quick Wins überzeugen Betroffene

Die Pay-off-Matrix (auch „Erfolgsmatrix") ist zunächst einmal eine Vier-Felder-Matrix, die auf Veränderungsprojekte bei General Electric zurückgeführt wird. Sie folgt den Grundsätzen John P. Kotters in seinen „Acht Schritten" (vgl. S. 90 ff.). Dieser empfiehlt, schnelle Erfolge zu erzielen. Diese „Quick Wins" sollen allen Betroffenen deutlich machen, dass es mit dem Veränderungsprozess ernst gemeint ist und dass erste Anstrengungen auch tatsächlich bereits Erfolge abwerfen. Damit wird die Motivation der Beteiligten in einem sehr frühen Stadium gefördert, was positive Wirkungen auf das Commitment hat. Doch nicht nur dies. Zweifler werden gewonnen und erste Verbesserungen entziehen möglichen Gegnern des Veränderungsprozesses die Grundlage ihrer Argumentation, denn es gilt die Kraft des Faktischen. Insoweit sind erste Erfolge Wasser auf den Mühlen der Veränderung. Die Pay-off-Matrix richtet also im Hinblick auf die Projektkommunikation das Augenmerk auf Erfolge und die hierfür erforderlichen „Investitionen". Sie unterstützt dabei, nicht nur erste schnelle Erfolge zu generieren, sondern ermöglicht es mit dieser Fokussierung auch, eine zielgerichtete Kommunikation zu veranlassen.

	leicht zu implementieren	schwierig zu implementieren
großer Erfolg	**Geschäftsgelegenheiten** (Business Opportunities)	**Spezielle (besondere) Anstrengung** (Special Effort)
geringer Erfolg	**Schneller & leichter Gewinn** („Quick Win", „Early Win")	**Zeitverschwendung** (Time Waster)

Abb.: Pay-off-Matrix

Die Pay-off-Matrix stellt den Grad der Umsetzbarkeit (Anstrengung, um zu implementieren) auf der x-Achse dem Grad des Erfolges (Ausmaß des Zugewinns) auf der y-Achse gegenüber. Hieraus ergibt sich, dass die leicht zu implementierenden Aspekte mit einem geringeren Erfolg (in Bezug auf die Gesamtziele des Veränderungsprojekts) als „leichter Gewinn" („Quick Win") deklariert werden können. Es gilt also sicherzustellen, dass solche Quick Wins im Veränderungsprozess bewusst eingeplant, realisiert und sodann entsprechend kommuniziert werden (vgl. hierzu Vahs/Weiand 2010).

Die Matrix kann sowohl für Planungs- als auch für Steuerungszwecke verwendet werden. Sie kann sowohl individuell als auch moderiert in Gruppen genutzt werden (etwa auf einer Moderationswand). Die Vorteile aus einer Planung mithilfe dieser Matrix liegen auf der Hand: Die Erkenntnisse sind so auf eine faszinierend einfache Art darstellbar und die Abbildung zeigt auf, bei welchen leicht zu implementierenden Aktivitäten schneller und leichter zu gewinnen ist. Diese sollten priorisiert werden, insofern dient die Matrix strategischen Überlegungen. Solche Gewinne sollten dann entsprechend umfänglich im Rahmen von Veränderungsprojekten kommuniziert werden. Wird diese Matrix im Rahmen der Planung von Interventionen genutzt, so können maßgebliche Erkenntnisse in einen Kommunikationsplan (s. Grafik links) aufgenommen werden.
Und noch ein praktischer Ansatz: Bereits in einem frühen Stadium des Change-Projektes kann gemeinsam mit dem Auftraggeber auf Ergebnisse fokussiert werden, zum Beispiel bei der Arbeit mit dem Change-Canvas. Diese Ergebnisse lassen sich dann leicht auf dem Canvas im unteren Teil mit Terminen verbinden, im Sinne von sogenannten Meilensteinen.

Town Hall Meeting

In Veränderungsprojekten ist ein intensiver Austausch zwischen Betroffenen und Entscheidern von besonderer Bedeutung. Diesem Anliegen folgt das sogenannte „Town Hall Meeting". Im Zusammenhang mit Meetings ließe sich diese Besprechung etwa als „Bürgerversammlung" übersetzen. Die Bezeichnung als „Betriebsversammlung" wird hier bewusst vermieden, weil eine solche nach dem Betriebsverfassungsgesetz gesetzlich vorgegeben und gerahmt ist. Insoweit schafft der Anglizismus „Town Hall Meeting" weniger Verwechslungsgefahren.

Das Town Hall Meeting ermöglicht eine direkte und damit auch ungefilterte Kommunikation zwischen den durch Veränderungen betroffenen Mitarbeitern und Entscheidern. Dieses Vorgehen sichert auf der einen Seite, dass möglichst viele Mitarbeiter Statements der verantwortlich handelnden Führungskräfte im Originalton hören können. Auf der anderen Seite ist dieses Meeting auch dazu gedacht, Fragen aus dem Plenum zu beantworten. Die Führungskräfte müssen „Rede und Antwort stehen". Auch diese Ausführungen werden durch alle Teilnehmer gleichermaßen wahrgenommen. So wird schnell deutlich, wo die Betroffenen der „Schuh drückt". Grundsätzlich können diese Meetings mit mehreren hundert Teilnehmern durchgeführt werden, einzig Raumkapazitäten setzen Grenzen.

Das Town Hall Meeting wird mit einer Zeitdauer von 90 bis 120 Minuten geplant. Hierbei entfallen ca. 30 Minuten auf die Vermittlung von Informationen. Die weitere Zeit steht für Fragen aus dem Teilnehmerkreis zur Verfügung.

Neben einem ausreichend großen Meeting-Raum (Saal etc.) werden gebraucht: Beamer und Projektionsfläche (oder andere Visualisierungsmedien), ggf. Mikrofon für Führungskräfte, ggf. Saal-Mikrofone für Fragen aus dem Plenum, ggf. Lautsprecheranlage, Flipchart und Moderationsstifte

Ablauf

Phase 1: Präsentation

Das Meeting kann in zwei zeitliche Abschnitte unterteilt werden. Im ersten kürzeren Abschnitt wird das zu kommunizierende Thema vorgestellt, im Idealfall begleitet durch eine Visualisierung. (Zum Beispiel geht es um einen nächsten Schritt im Veränderungsprozess, begleitet durch Präsentation, Plakate etc.)

Phase 2: Fragen

Der zweite, zeitlich längere Abschnitt, dient der Beantwortung von Fragen. Zur Entlastung der Führungskräfte, welche die Fragen beantworten, empfiehlt sich eine begleitende Moderation zum Beispiel durch den Change-Berater. Diese Rollenverteilung ermöglicht es einerseits den Führungskräften, sich während des Einsammelns der Fragen durch den Moderator Notizen zu machen und mit etwas mehr Konzentration Antworten zu überdenken. Andererseits sichert der Moderator auch die Steuerung psycho-sozialer Prozesse, indem beispielsweise eine Rednerliste geführt, Verständnisfragen gestellt oder Beispiele zur Bebilderung erbeten werden.

Dem Moderator kann je nach Verständigung auch eine weitere Rolle zukommen: Im Sinne eines Vertreters des Plenums kann der Moderator auch „nachhaken" und weiterführende Fragen stellen, sodass Sachverhalte unabhängig von einer vielleicht vorsichtig gestellten Frage umfänglich beantwortet werden. In der Praxis hat es sich zudem bewährt, wenn ein zweiter Moderator die gestellten Fragen beispielsweise auf einem Flipchart visualisiert und die wesentlichen Aspekte aus der Antwort ebenfalls allgemein sichtbar mitschreibt.

Soweit Mitschriften der Redebeiträge auf Flipchart vorgenommen werden, empfiehlt sich die Erstellung und Bereitstellung eines Fotoprotokolls für die Teilnehmenden. Die im Meeting durch Fragen aufgezeigten Handlungsfelder fließen dabei regelmäßig als Überarbeitung in die Stakeholder-Analyse ein (vgl. S. 161 ff.) und sind Grundlage für die Entwicklung von geeigneten Interventionen (vgl. S. 139 ff., S. 239) auf Basis von Hypothesen (vgl. S. 234).

In der Literatur wird auch immer wieder angegeben, dass die Fragen aus dem Teilnehmerkreis bereits vorab eingesammelt werden sollen. Dieses Vorgehen dürfte für die handelnden Führungskräfte ein Stück weit mehr Sicherheit geben, weil eine gezieltere Vorbereitung insbesondere auch bei heiklen Fragen möglich wird. Ein solches Vorgehen hat jedoch auch Nachteile. Aus Sicht der Teilnehmenden dürfte mit Skepsis gerechnet werden, ob und inwieweit die Antworten dann noch glaubhaft und authentisch sind. Je nach gegenwärtiger Kommunikationskultur plädiere ich daher eher für eine offene Fragenrunde. Es steht im Übrigen den Antwortenden frei, Fragen zurückzustellen und diese im Nachgang zu dieser Veranstaltung schriftlich zu beantworten. Dabei zu beachten ist, dass diese Ausführungen allen Teilnehmenden zugänglich gemacht werden.

Ganz grundsätzlich gilt, dass die Teilnahme an einem Town Hall Meeting für die Mitarbeiter freiwillig ist. Im Gegenzug steht es den Führungskräften frei, sich auf die dort besprochenen Inhalte im weiteren Verlauf beziehen zu dürfen. Dass die Zeit dieses Meetings für alle Teilnehmer als Arbeitszeit gilt, davon wird hier ausgegangen.

Roadshow

In Veränderungsprojekten sind immer wieder Informationen zu präsentieren und ein erster Austausch im Sinne eines Diskurses zu gestalten. Dies folgt der Logik, dass eine echte und ernst gemeinte Beteiligung nicht nur zeitnahe und umfassende Information voraussetzt, sondern die zu transportierenden Aspekte auch tatsächlich diskutiert werden können. Für den Change-Begleiter bietet dies zudem die Möglichkeit, das Verstehen von Situationen und Verhalten zu sichern, Missverständnisse zu reduzieren und neben Anknüpfungspunkten für die Informierten auch die eigene Hypothesenbildung zu unterstützen. Für diesen Zweck empfiehlt sich das Format der Roadshow.

Roadshows sind nach ihrer Bedeutung zunächst einmal sogenannte mobile Marketing-Aktivitäten (sozusagen „Hausmessen"), um Kunden an verschiedenen Orten Produkte oder Dienstleistungen vorzustellen. Doch auch im Projektmanagement wird diese Form der Kommunikation häufiger eingesetzt, etwa dann, wenn neue Software in Unternehmen eingeführt werden soll. Dann „tingeln" die Projektmitarbeiter durch die einzelnen Organisationsbereiche des Unternehmens und stellen die neuen Funktionalitäten vor mit solchen Aspekten wie Arbeitserleichterung, Zeitgewinn, Automatisieren von Prozessen etc. Also im Grunde so, wie dies auch Projektinhalte erfordern.

Es ist naheliegend, das Roadshow-Format auch für weitere Themen zu verwenden. Ein typisches Beispiel wäre die Präsentation der Ergebnisse der Mitarbeiterbefragung (vgl. S. 199) oder der von Fokusgruppen-Workshops (vgl. S. 214). Weitere Anknüpfungspunkte in diesem Buch sind der Prozess der Leitbildentwicklung (vgl. S. 334) sowie die Kommunikation zu Architektur-Entwürfen (vgl. S. 249). Ziel ist es also, in Bezug auf die Belegschaft eine möglichst hohe Quote an (aus erster

Hand) informierten Beschäftigten zu erreichen. In Schichtbetrieben heißt das eben auch: Roadshow zu 23.00 Uhr oder 04.00 Uhr, je nach passendem Zeitfenster.

Grundlage einer jeden Roadshow ist ein zu transportierender Aspekt, idealerweise aufbereitet als Präsentation (meist PowerPoint, aber auch via Plakat, Film etc.). Die Roadshow ist faktisch der organisatorische Rahmen, um die Zielgruppe zu erreichen. Im Ergebnis einer Roadshow können sich Antworten auf Fragen ergeben, oder auch Sichtweisen nivelliert werden. Es gilt also: Der Austausch mit Menschen führt zu Erkenntnisgewinn.

Zeit: ca. 60–90 Minuten je Veranstaltung (gern auch kürzer)

Benötigtes Material: Präsentation (und Präsentationstechnik bzw. -medium), ggf. Mikrofonanlage, ausreichende Bestuhlung

Ablauf

Der dargestellte Ablauf hat schematischen Charakter, er ist auf die jeweilige Situation und den zu transportierenden Aspekt abzustimmen.

Schritt 1: Begrüßung, Eröffnung

Roadshows sind zunächst einmal Veranstaltungen, in denen etwas vorgestellt wird. Daher liegt der Redeanteil erst einmal bei einigen wenigen. Je nach Größe der Veranstaltung ist es empfehlenswert, diese durch einen maßgeblichen Entscheider im Veränderungsprozess eröffnen zu lassen. Ebenso sollte, auch wenn dies bereits in der Einladung geschehen ist, der Zweck der Veranstaltung noch einmal skizziert werden. Hier ist besonderer Wert auf Kürze und eine motivierende zukunftsorientierte Grundhaltung zu legen. Für die Eröffnung reichen ca. zehn Minuten.

Schritt 2: Präsentation

Die eigentliche Botschaft wird in rund 20–30 Minuten visualisiert vorgetragen. Hierbei empfiehlt sich der folgende Dreisatz:

- Rückschau: Was bisher war (und besser werden soll)
- Anlass und Ziele: Was wir jetzt aus welchem Grund tun (mit welchem Ziel und welchem Nutzen)
- Ausblick: Was als Nächstes kommt (und wie die Zuhörer sich einbringen können)

Dabei sind die üblichen Vortragsregeln hilfreich: Verwenden Sie eine zielgruppenorientierte Sprache und Beispiele aus der Praxis. Nutzen Sie kurze, einfache Sätze. Pointieren Sie und halten Sie sich insgesamt kurz. Der Aufmerksamkeitslevel nimmt zusehens ab, besonders bei Menschen, die Bewegung bei der Arbeit gewohnt sind. Insoweit ist die zeitliche Limitierung wichtiger, als jeden einzelnen Aspekt allumfänglich und ausgewogen darzustellen.

Schritt 3: Fragerunde

Mit Abschluss der Präsentation (seltener auch während dieser) haben die Zuhörer etwa eine halbe Stunde lang die Möglichkeit, Fragen zu stellen. Hierbei kann es nützlich sein, einige wenige allgemein interessierende Aspekte als Frage selbst einbringen zu können, wenn das Publikum eher zurückhaltend abwartet. Solche Fragen können auch (vorsichtig!) provozierend formuliert sein, sodass sich dann doch möglicherweise ein Austausch entwickelt.

Zum Abschluss der Roadshow sollten die Mitarbeiter noch einmal auf mögliche Beteiligungsoptionen hingewiesen und für eine Mitwirkung motiviert werden.

Die Fragen und die gegebenen Antworten werden mitgeschrieben, sodass im Nachgang über weitere Medien (zum Beispiel Intranet) der Zielgruppe noch einmal der gesamte Informationsstand zu Kenntnis gegeben werden kann. Dieses Vorgehen ist auch deshalb wichtig, weil unterschiedliche Fragen auf verschiedenen Roadshows eben auch zu einem differenzierten Informationsstand führen könnten. Das Ziel muss es jedoch sein, dass die Zielgruppe als Ganzes einen möglichst einheitlichen und auch umfassenden Informationsstand hat.

Grundlagen und Instrumente im Lernprozess

Auch wenn die Stakeholder bestmöglich motiviert sind, so ist es doch nicht Wille allein, von dem die Bewältigung von Herausforderungen abhängt. Es steht auch die Frage nach dem Können, den Kompetenzen, im Raum, und danach, wie hinzugelernt werden kann. „Wollen" und „Können" sind dabei nur zwei von mehreren Verhaltensbedingungen, die den Veränderungsprozess fördern oder hemmen können. Im Folgenden wird daher zuerst ein Modell der verschiedenen Verhaltensbedingungen vorgestellt. Diese wiederum sind häufig an das Vorhandensein von Kompetenzen geknüpft. Was genau hinter dem Kompetenzbegriff steht, wird daher ebenfalls differenziert erläutert. Hieran anschließend finden Sie etablierte Methoden der Lernbegleitung, die Projekte – und so auch Change-Projekte – förderlich unterstützen. Dabei sind ausdrücklich nicht allein Trainings gemeint, wie sie an vielen Stellen „eingestreut" werden. Erwachsenengerechtes Lernen findet vielmehr „nebenbei" statt. So sind Reflexionsschleifen und die Ermöglichung von Erkenntnisgewinn in ihrer Wirkung stärker als so manches Seminar (oder Training).

Bedingungen des Verhaltens

Das Verhalten von Menschen ist in vielerlei Weise beeinflusst. Gerade die Werbeindustrie nutzt diese Erkenntnisse auf faszinierende Weise und „verführt" beispielsweise zum Kauf. Autonomes, unbeeinflusstes Handeln mag man sich gern zuordnen, ein gewisser Zweifel an dessen realer Existenz sei aber angenommen.

Im juristischen Denken wird das Handeln stets auch flankiert vom Nicht-Handeln. Dies leuchtet ein, wenn beispielsweise Hilfeleistungen unterlassen werden, obwohl dies erforderlich und den Umständen nach zuzumuten wäre.

Nicht-Handeln

Unterlassene Hilfeleistung, § 323c Abs. 1 Strafgesetzbuch: „Wer bei Unglücksfällen oder gemeiner Gefahr oder Not nicht Hilfe leistet, obwohl dies erforderlich und ihm den Umständen nach zuzumuten, insbesondere ohne erhebliche eigene Gefahr und ohne Verletzung anderer wichtiger Pflichten möglich ist, wird mit Freiheitsstrafe bis zu einem Jahr oder mit Geldstrafe bestraft."

Etwas nicht zu tun, ist damit einem Handeln gleichgestellt, weil die Entscheidung zum Nicht-Handeln ebenso mit Folgen belegt ist wie aktives Handeln. In Absatz 2 des gleichen Paragraphen heißt es folglich: „Ebenso wird bestraft, wer in diesen Situationen eine Person behindert, die einem Dritten Hilfe leistet oder leisten will."

Insoweit sprechen wir von „Tun oder Unterlassen". Es sind beide Dimensionen maßgeblich, auch in Veränderungsprozessen. Es macht einen Unterschied, ob ein Rolleninhaber den Prozess aktiv unterstützt oder dies unterlässt und sich neutral verhält – ganz zu schweigen von der Ausübung mehr oder weniger aktiver Opposition oder Behinderung. Insgesamt wird das Verhalten von Menschen durch die folgenden Bedingungen gerahmt (angeleht an Comelli/Rosenstiel/Nerdinger 2014):

Bedingungen von Verhalten

- Wollen
- Können
- Dürfen
- Sollen und Müssen
- Möglich sein

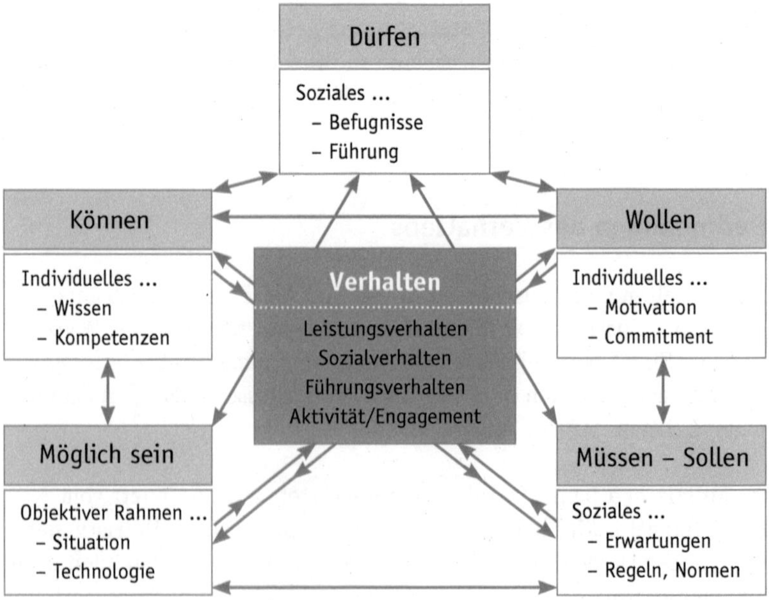

Abb.: Die fünf Bedingungen des Verhaltens

Eine positive Einstellung, ja ein Wunsch zu einem bestimmten Handeln ist förderlich, diese Handlung auch vorzunehmen, dabei geht es also um ein Wollen im Sinne von Motivation. In unternehmerischen (aber auch anderen) Kontexten wird Verhalten ebenso bestimmt durch rechtliche und soziale Regeln bzw. Normen zur Verhinderung von Aktivität beziehungsweise mit Anforderungen an Verhalten. So beispielsweise im Arbeitsschutz mit Ge- bzw. Verboten. Es soll oder gar muss (zwingend) etwas getan oder unterlassen werden. Ebenso eng verbunden mit Regeln bzw. Normen ist die Erlaubnis zum Handeln, also beispielsweise die Befugnis, über Ressourcen verfügen oder Anweisungen geben zu dürfen. Dies alles wird jedoch ebenso bestimmt durch die gegenwärtige Situation und ihre Rahmenbedingungen – das Mögliche. Ist eine Maschine auf eine Stundenkapazität von maximal 100 Einheiten ausgelegt, so stoßen Motivation und Expertise ebenso wie Erwartungen an ihre Grenzen.

Es ist leicht zu sehen, dass ein Handlungsergebnis durch die genannten Bedingungen gefördert oder eben auch behindert werden kann. Dabei ist es keinesfalls so, dass die genannten fünf Bedingen für sich allein ständen. Sie entfalten tatsächlich in ihrer Gesamtheit von Wirkungen und Wechselwirkungen das Verhalten abhängig voneinander. In Veränderungsprozessen sind daher alle fünf Bedingungen gleichermaßen maßgeblich zu beachten.

Die fünf Bedingungen für Verhalten bieten eine weitere wichtige Erkenntnisquelle im Changemanagement. Menschen reagieren in Veränderungssituationen nicht nur unterschiedlich, sondern auch mit Ablehnung oder gar Widerstand. Dies ist nach meiner Auffassung nicht nur natürlich, sondern ebenso Indiz für ein bislang nicht beachtetes Bedürfnis. Anhand des Modells können leicht beim Auftreten von Widerständen oder dergleichen die genannten Bedingungen daraufhin geprüft werden, inwieweit die zu geringe oder fehlende Gestaltung ursächlich sein kann. Wird das tatsächliche Verhalten anders wahrgenommen als vorhergesehen und beabsichtigt, so lassen sich dementsprechend folgenden Leitfragen zur weiteren Diagnostik gut einsetzen:

Leitfragen zur Diagnostik

- **Wollen**: Inwieweit und wodurch könnte die Motivation eingeschränkt sein?
- **Können**: Inwieweit könnte eine Lücke zwischen vorhandenen und benötigten Kompetenzen erkannt werden?
- **Müssen & Sollen**: Inwieweit könnte das Tun oder Unterlassen durch formale oder auch informelle Regeln und Normen förderlich oder behindernd beeinflusst sein? Was ist vorgegeben, erwartet oder untersagt?

- **Dürfen**: Inwieweit sind die (neuen) Befugnisse hinreichend geklärt und bekannt? Was ist erlaubt und was nicht?
- **Möglich sein**: Inwieweit haben die Rahmenbedingungen der Situation das Verhalten zugelassen oder behindert?

Kompetenz und Verhalten im Kontext Lernen

Können vs. Dürfen

Dem Begriff des „**Könnens**" soll nun mehr Aufmerksamkeit geschenkt werden, denn der hier verwendete Kompetenzbegriff bezieht sich auf ein „Können" und ist ausdrücklich abzugrenzen von einem Kompetenzbegriff, der sich auf ein „Dürfen" bezieht – diesbezüglich wird er in der Fachliteratur unterschiedlich und daher auch missverständlich verwendet. Ein „Dürfen" ist gemeint, wenn mir beispielsweise meine Organisation die Erlaubnis gibt, über Ressourcen zu verfügen oder Verträge zu unterzeichnen. In diesem Fall bezeichnet „Kompetenz" eine Zuständigkeit im internen Sinn und meint eine Befugnis in der Außensicht. Die auf das Können bezogene Kompetenz, die hier gemeint ist, definiert sich im Gegensatz dazu folgendermaßen:

> **Kompetenzen** stellen die Fähigkeiten und Fertigkeiten einer Person dar, Aufgaben- und Fragestellungen in offenen und unüberschaubaren, komplexen und dynamischen Situationen zu meistern (vgl. u.a. Erpenbeck/Rosenstiel 2003; Becker 2008; Bröckermann 2011). Es handelt sich bei Kompetenzen mithin um die Fähigkeit, in nicht erwarteten Situationen selbstorganisiert und kreativ handeln zu können (Erpenbeck 01/2012).

Handlungskompetenzen

Hinsichtlich der Differenzierung der Kompetenzen wird mindestens zwischen Fach-, Sozial- und Methodenkompetenzen unterschieden. Die Summe dieser Kompetenzen wird „Handlungskompetenzen" genannt. Dieses dreistufige Kompetenzmodell ist weit verbreitet.

Abb.: Dreistufiges Kompetenzmodell

Im Kontext von Führung lassen sich darüber hinaus fünf Kompetenzarten unterscheiden, welche Handlungskompetenz im personalentwicklerischen Sinn ausmachen. Unter „Führen" wird dabei die Verhaltensbeeinflussung zur Zielerreichung durch Kommunikation (oder besser: Kommunikationsprozesse) verstanden. Im Einzelnen sind dies:

Selbstkompetenz (Personale Kompetenz)	Fähigkeit, Entwicklungschancen, Anforderungen und Beschränkungen zu klären, zu durchdenken, zu bewerten, Stärken zu entfalten sowie sich zu entwickeln.
Sozialkompetenz	Die Fähigkeit zur erfolgreichen (störungsfreien) Zusammenarbeit mit Dritten und in Gruppen sowie Gestaltung von Beziehungen.
Fachkompetenz	Das Fachwissen und -können zur Bewältigung der täglich anfallenden Arbeiten, auch Sachwissen.
Führungskompetenz	Die Fähigkeit, mit anderen durch Kommunikation (bzw. Kommunikationsprozesse) verhaltensbeeinflussend Ziele zu erreichen.
Methodenkompetenz	Die gedankliche Vorwegnahme erforderlicher Arbeitsschritte durch die Fähigkeit, analytisch, konzeptionell und steuernd zu arbeiten sowie auf erwartete Ergebnisse gezielt und strukturiert hinzuarbeiten.

Tab.: Führungskompetenzen

Dabei treten unter Umständen aus der Führungsaufgabe heraus Kompetenzanforderungen hinzu, welche kaum bzw. keine Überschneidung zu den Kompetenzanforderungen der eigenen (Fach-)Aufgabe haben. Damit ist beispielsweise gemeint:

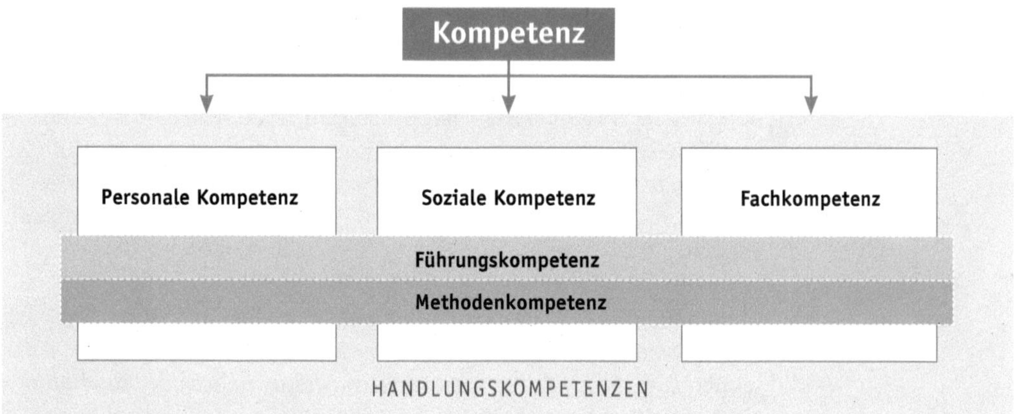

Abb.: Fünfstufiges Kompetenzmodell

Kompetenzarten

- **Selbstkompetenz (Personale Kompetenz)**: z.B. Selbstreflexion – beurteilungsfehlerfreier Umgang mit besonders sympathischen/unsympathischen Mitarbeitern und Vermeiden des „Nasenfaktors".
- **Sozialkompetenz**: z.B. Kritikfähigkeit – wie einerseits Kritiken angenommen und konstruktiv reflektiert werden und andererseits Kritik adressaten-, situationsgerecht und förderlich gegeben wird.
- **Fachkompetenz**: Fachwissen z.B. im Arbeitsrecht – wie Abmahnungen rechtssicher vorbereitet werden.
- **Methodenkompetenz**: z.B. Planen – wie ein Projekt geplant und gesteuert wird. Methodenkompetenzen zeigen Überschneidungen mit den weiteren Kompetenzen.

Ein ausgewogenes Lernen berücksichtigt die jeweiligen Anforderungen an die Mitarbeiter auf ihrer jeweiligen Stelle. So kann es in Veränderungsprozessen immer wieder vorkommen, dass sich die Ziele, die Verantwortung sowie auch die Aufgaben oder Befugnisse in einer Stelle verändern. Dies bedeutet eben nicht nur, darauf zu achten, dass etwaige Stellenbeschreibungen aktualisiert werden müssen.

Hinweis: In Veränderungsprojekten kommt es häufiger zu neuer Planung und nachfolgend auch zur Veränderung von Arbeitsverfahren, Arbeitsabläufen und/oder Arbeitsplätzen. Hier sind die Beteiligungs- bzw. Mitwirkungsrechte des Betriebsrates im Sinne von § 90f. BetrVG zu beachten.

Die Anforderungen sind jedoch nicht nur in der Gegenwart, sondern gerade auch in Veränderungsprozessen in Bezug auf künftige Anforderungen zu untersuchen. Die Herausforderung ist, sehr frühzeitig solche Lern- und Entwicklungsbedarfe zu erfassen und geeignete Lernformate im Sinne von Interventionen kreativ zu gestalten. In den nachfolgenden Formaten wird zudem auch deutlich, dass das Lernen womöglich bereits „so nebenbei" in Veränderungsprozessen stattfindet. Es ist daher ebenso vornehmliche Aufgabe, diese Lernprozesse durch Reflexion bewusst zu machen. Dies betrifft besonders die Kompetenzbereiche der Selbst-, Sozial- und Führungskompetenz, seltener die der Methodenkompetenz. Fachkompetenzen gehören eher in den Bereich, der durch Vermittlung oder Selbststudium erarbeitet werden muss.

Entdecke es in Dir

In der Lehre – der Wissensvermittlung – gibt es hier und da die Auffassung, dass es einen Wissenden gibt, der Wissen an jemand anderen weitergibt. Dies mag nützlich sein, insbesondere im Bereich der sogenannten Fachkompetenz. Jedoch ist in Veränderungen jede Darreichung von Wissen aus den anderen Kompetenzbereichen häufig nur halb so stark in ihrer Wirkung als die eigene Erkenntnis, die ins Bewusstsein gerückt wird. Ein *„Da hätte ich auch selbst drauf kommen können!"* ist mithin nicht nur Bestätigung, sondern vielmehr Ausdruck von Selbsterkenntnis. Es ist Aufgabe von Prozessbegleitern und Coachs, solchen Erkenntnisgewinn zu ermöglichen.

Learning Log

Das „Learning Log" (auch „Learning Journal") ist ein Instrument des selbst gesteuerten Lernens. Nüchtern übertragen ins Deutsche sprechen wir hier von einem Lerntagebuch, welches sich insbesondere im Kontext agiler Methoden einiger Beliebtheit erfreut. Es wird regelmäßig über längere Zeiträume geführt und unterstützt bereits durch seine Existenz, dass Veränderungen in der Wahrnehmung und im Verhalten oder der Bewertung von Situationen reflektiert und so bewusst wahrgenommen werden können.

Grundprinzip des Learning Logs ist die Übernahme der Eigenverantwortung durch den Lernenden und die Selbststeuerung für das Lernen auf Basis eines selbstreflektierenden Prozesses. Dementsprechend wird das Learning Log in seiner ursprünglichen Form vom Lernenden selbst geschrieben. Zunächst handelt es sich damit also um eine persönliche Aufzeichnung der Lernprozesse, -inhalte und Erkenntnisse. Diese kann textlich und/oder grafisch erfolgen, ganz nach individuellen Vorlieben. Darin können sich komplexe Texte, Aufzählungen, Mind Maps oder auch Grafiken und Tabellen wiederfinden. Leitfragen oder auch weitere vorgegebene Inhalte können das Führen eines Learning Logs unterstützen.

Diese Inhalte bleiben je nach Verwendungszweck entweder nur beim Eigner oder sie werden häufig geprüft – beispielsweise in der Lehrausbildung – oder aber sie werden in erwachsenengerechten Lernformaten mit Dritten geteilt. Die Erkenntnisse in gemeinsamen Reflexionsrunden zu teilen und so auch anderen zugänglich zu machen, kann eine Bereicherung sein, denn im Gegenzug erhält man selbst ebenso Anregungen aus den Gedanken Dritter, welche wiederum im eigenen Learning Log erfasst werden können. Nachfolgend wird eine entsprechende Variante vorgestellt, bei der mehrere Beteiligte partizipieren können und die sich für Veränderungsprojekte eignet.

Der Zeitaufwand ist gering und kann mit etwa 15 Minuten wöchentlich angegeben werden. In der Regel erfolgt der Lern- und Erkenntnisprozess im Nachgang zu einem Tag, einer Sequenz oder einer Situation. Es ist der Moment des Innehaltens und Überlegens. Für ein Learning Log in der hier präsentierten Form kann eine typische Periode für solche reflektierenden Überlegungen beispielsweise eine Woche sein. Jeden Freitagnachmittag können beispielsweise 15 Minuten für ein solches Lernen eingeplant werden. Dies passt insoweit gut, weil ohnehin eine Rückschau sowie Vorschau im Rahmen der Projektsteuerung angezeigt sein kann.

Die Dauer der Führung des Learning Logs wird durch die Dauer des Veränderungsprozesses bestimmt. Es wird empfohlen, das Führen im Kalender zu verankern, da es sonst schnell im Tagesgeschäft vergessen wird.

Material: Notizbuch mit Stift, z.B. ein Ringbuch oder ggf. ein Ordner, der Tagebuchseiten aufnimmt. Auch digitale Varianten sind möglich.

Ablauf

Phase 1: Einführung bei den Nutzern

Das Lerntagebuch wird in der Gruppe der späteren Nutzer eingeführt und mit der maßgeblichen Bedeutung und seinem Nutzen versehen. Die Nutzer oder besser Anwender des Lerntagebuchs sind die verantwortlichen Akteure in einem Veränderungsprojekt, also neben dem Prozessbegleiter die Mitglieder der Steuergruppe. Je nach Projekt kann es auch förderlich sein, die wichtigsten Entscheider oder Akteure zum Führen eines Learning Logs anzuregen (und zu einem gemeinsamen Austausch über die Erkenntnisse).

Phase 2: Persönliche Beschäftigung

Die Arbeit mit dem Learning Log erfolgt nun regelmäßig in den folgenden drei Schritten:

- Deklarieren, Wissen und Erkenntnisse in Worte fassen und strukturieren: *„Was ist Wichtiges oder Ungewöhnliches passiert und was hat das mit mir (oder anderen) gemacht? Welche vergleichbaren Situationen kenne ich oder könnte ich mir vorstellen?“*
- Evaluieren: *„Welches Verhalten war förderlich oder hinderlich in der Situation? Was hat gut oder weniger gut funktioniert?“*

- Transfer: *„Welches Verhalten will ich in künftigen Situationen unverändert beibehalten? Was will ich künftig anders besser machen? Weshalb, welchen Nutzen verspreche ich mir? Wer oder was kann mich dabei unterstützen? Was ist zu tun?"*

Der Learning-Log-Eigner notiert sich die maßgeblichen Aspekte, beispielsweise nach der Vorlage, die Sie unter den Download-Ressourcen zu diesem Buch erhalten.

Soweit bei der Bearbeitung Fragen auftauchen, die allein nicht beantwortet werden können, fließen diese in die Vorbereitung geeigneter Meetings oder aber als Notiz für den Austausch mit Experten ein.

Phase 3: Gruppe

Der folgende Schritt ist, das Lernen und den Erkenntnisgewinn zu teilen, um über diesen Weg weitere Lernprozesse zwischen den Beteiligten anzuregen. Hierfür eignen sich Meetings, die sowohl eine Rückschau als auch Vorausschau des Projektes beinhalten. Dies ist beispielsweise in den Meetings der Steuergruppe der Fall. Da der Austausch von Erkenntnissen mitunter bedeuten kann, dass man viel von sich selbst preisgibt, empfiehlt es sich, eine entsprechende Vertrauenskultur aufzubauen und den Nutzen für alle Beteiligten herauszustellen. Dies ist insbesondere deshalb wichtig, weil die Erkenntnis des einen für einen anderen entweder völlig klar oder aber auch völlig abwegig sein kann. Zudem kann es nützlich sein, Verständnisfragen zu stellen, sodass jeder die Chance erhält, sich die für ihn wichtigen Aspekte „mitzunehmen". Das Design einer solchen Sequenz sieht wie folgt aus: Der Moderator führt kurz in diese kleine Sequenz ein und erörtert die genannten Regeln sowie deren tieferen Sinn. Es sind die zwei einfachen Regeln, die auch aus dem Brainstorming bekannt sind, auf denen diese Sequenz basiert:

- Kritik oder Diskussion werden unterlassen,
- die Erkenntnisse aus der Runde können genutzt werden, um daran anknüpfend noch weitere Erkenntnisse zu formulieren.

Sodann erhält jeder aus der Runde die Möglichkeit, seine Erfahrungen und die jeweiligen Ableitungen vorzustellen. Dabei hat es sich bewährt, nicht der Reihe nach zu verfahren, sondern nach Wortmeldung vorzugehen. Jeder Teilnehmer berichtet in dieser Reihenfolge:

- Die Situation: *„Auf welche Situation oder Begebenheit beziehe ich mich?“*
- Erkenntnis: *„Welche Erkenntnis habe ich gewonnen und aus welchem Grund?“*
- Transfer: *„Was bedeutet dies für die weitere Arbeit* (den Veränderungsprozess etc.)?“

Unter Umständen ergeben sich To-dos, die dann entsprechend mit Verantwortlichkeit und Termin aufzunehmen sind.

Learning Map

„Learning Maps“ (Lernlandkarten) sind in erster Linie den „Lehrmitteln“ zuzuordnen. Sie werden dann verwendet, wenn eher komplexe Sachverhalte kurz und prägnant so abgebildet werden sollen, dass sie in Plakatform den jeweiligen Sachverhalt anschaulich darstellen. Dazu werden reduzierte Texte mit Grafiken verknüpft (Pfeile, Symbole, Icons, Sinnbilder, Diagramme, Darstellung von Zusammenhängen, Metaphern etc.). Durch die grafische Aufbereitung komplexerer Sachverhalte bieten sie die Möglichkeit einer Annäherung an Themen auch ohne davor damit befasst gewesen zu sein. Die Existenz einer Lernlandkarte ermöglicht es jedoch auch später im Prozess, immer wieder darauf zurückgreifen zu können. So manche Wand in Meeting-Räumen oder Büros kann durch ein solches Plakat gewinnen, dessen ständige Präsenz es unterstützt, dass dort bebilderte Aspekte leichter in Handeln übergehen.

Komplexes auf einen Blick vermitteln

In Veränderungsprojekten können Learning Maps verwendet werden, um für die Mitarbeitenden komplexe Sachverhalte – zum Beispiel eine Vision oder Strategie – grafisch so aufzubereiten, dass sie „auf den ersten Blick“ und ohne weitere Vorkenntnisse aufgenommen und verstanden werden können. Dabei stößt diese Methode eher bei den Entscheidern auf Skepsis, als dass Mitarbeiter damit nichts anfangen könnten. Der Vorteil liegt jedoch auf der Hand: Über ein Plakat wird ein direkter Austausch mit Mitarbeitenden gefördert. Diese werden je nach Unternehmenskultur auch interessierte oder kritische Fragen stellen, was wiederum den Austausch unterstützt. Learning Maps werden häufig im Rahmen von „Roadshows“ (vgl. S. 364 ff.) verwendet.

Doch nicht nur das Anbieten einer Lernlandkarte ermöglicht Lernprozesse. Auch ihre Gestaltung selbst unterstützt den Lern- und Erkenntnisprozess. Diese ist vergleichbar mit der Erstellung eines Flowcharts

(Flussdiagramms). Auch dieses ermöglicht, noch während der Skizze zu erkennen, welche Aspekte noch unklar oder nicht passend gedacht sind. Die Abbildung hilft also auch den Erstellern, sich in das Thema hineinzudenken.

Die Erstellung einer Learning Map ist ein kognitiver und zudem kreativer Prozess. Daher ist ausreichend Zeit einzuplanen. Je nach Thema können etwa drei Stunden angesetzt werden.

Material: Moderationswände mit weißem Packpapier bespannt, Moderationsmarker, diverse Farben (Keilspitz, Rundspitz, Buntstifte, Fasermaler, Wachsmalkreise (z.B. Blöcke für Schraffuren), Bilder und Grafiken (z.B. aus Magazinen), Schere, Klebestift, Pinnnadeln

Ablauf

Schritt 1: Einleitung

Nach dem Bereitlegen des Materials gibt es eine kurze Einführung im Plenum zur Erstellung einer Learning Map.

Schritt 2: Entwurf

Eine Visualisierung des Themas wird entworfen. Das kann im Plenum oder in Kleingruppen geschehen.

Schritt 3: Präsentation

Nun erfolgt das Präsentieren und Reflektieren der Ergebnisse. Hierbei kann es nützlich sein, typische Fragen der Adressatengruppe zu sammeln und auf dieser Grundlage zu prüfen, ob die Darstellung Antwort auf diese Fragen geben kann. Gegebenenfalls werden die aufgefundenen Lücken in einer weiteren Runde grafisch aufgegriffen und umgesetzt.

Schritt 4: Gegebenenfalls Form der Veröffentlichung

Möglich ist eine grafische Umsetzung, die in Druck gegeben wird. Dies geschieht häufig mit einem externen Partner, in größeren Unternehmen auch durch die Marketing-Abteilung mit eigenen Grafikern.

Schritt 5: Möglicher Einsatz der Learning Maps

Es werden ausreichend Learning Maps und Pinnwände benötigt. Darüber hinaus braucht es eine Moderationsskizze und im Idealfall einen Akteur oder Entscheider, der Fragen zum Thema beantworten kann. Das Verfahren selbst beruht auf der folgenden Abfolge:

1. Kurze Einführung in das Thema,
2. Entdecken(!) der Details der Learning Map durch die Teilnehmenden,
3. moderierter Austausch über die Inhalte einschließlich Beantworten von Fragen durch einen Experten (Entscheider, Akteur).

Der Einsatz der Learning Map als Visualisierungsinstrument ist eng verknüpft mit folgenden Formaten: Roadshow, Real Time Strategic Change, Galerie-Methode (Ideen-Kiosk) und Town Hall Meeting.

Lernunterstützende Rückschau: After Action Review

Die „After Action Review" bezeichnet ursprünglich ein kurzes Meeting, eine Nachbesprechung zu einem abgeschlossenen Aufgabenblock. Ziel ist es, aus möglichen Fehlern für künftige Einsätze zu lernen. Die Methode geht auf die US-Army zurück und wird dort seit 1993 für die Nachbesprechung von Einsätzen verwendet. Inzwischen hat sich die Methode in zahlreichen Disziplinen manifestiert und ist auch fester Bestandteil im Projektmanagement geworden.

Systematischer Erfahrungsaustausch

Kerngedanke ist der systematische Erfahrungsaustausch über abgeschlossene Arbeiten (Sprints, Prozesse, Aufträge). Diese Reviews – immer nach dem rechts unter Schritt 2 vorgestellten Schema – sollen daher eher kürzere Zeitabschnitte betrachten und daraus Erfolgspotenziale für künftiges Handeln erschließen. Der Erkenntnisgewinn ist folglich nicht für die Halde (oder Ablage) gedacht, sondern soll direkt in die nächste Aktivität als Erkenntnisgewinn einfließen.

Die Aufarbeitung des Geleisteten mit all seinen Aspekten wird als stetiges Element einer konstruktiven Fehlerkultur etabliert. Die Teilnehmenden reflektieren dabei nicht nur beobachtbare Handlungen, sondern auch ihre Stimmung, ihre Erwartungen und erlebten Gefühle. Gemeinschaftlich werden Ursachen für Erfolge oder Misserfolge in Bezug auf die zuvor anvisierten Ziele herausgearbeitet. Ergebnis ist eine Zusammenfassung im Sinne eines „Lessons Learned" (vgl. S. 380 ff.), welches konkret in Handeln übertragen wird. Das Vorgehen sichert folglich Entwicklungspotenzial. Bei erfolgreicher Praxis sorgt es zudem für:

Wirkung

- Offenheit gegenüber konstruktiver Kritik,
- Toleranz gegenüber Auffassungen Dritter,
- Entwicklung der Lern- und Reflexionsbereitschaft von Gruppen und
- Lösungsfokussierung,

da der inhaltliche Schwerpunkt nicht auf der „Manöverkritik", sondern vielmehr auf dem Erkenntnisgewinn für künftige Prozesse oder Projekte liegt. Ziel ist es, Fehler und Erfolgsfaktoren eines Problems für alle Teilnehmenden sichtbar zu machen und so Erkenntnisse für noch erfolgreicheres Handeln zu generieren.

Der Zeitaufwand kann mit etwa 45 Minuten beziffert werden, in seltenen Fällen, wenn (instrumentenuntypisch) ein längerer Zeitraum betrachtet wird, etwa 90 Minuten.

Material: Zwei Moderationswände oder Flipcharts, Moderationsstifte, ggf. Moderationskarten und Pinns

Ablauf

Schritt 1: Kurze Einführung in das Thema sowie die Regeln

Das Thema sowie der dazugehörende Zeitraum werden dem Plenum benannt. Zudem werden in ca. 5–10 Minuten ebenso die für eine konstruktive Arbeit erforderlichen Arbeitsregeln genannt, erläutert und vereinbart, beispielsweise:

- Wir starten mit den Erfolgen, weil sie uns zeigen, was wir künftig weiter und noch mehr davon machen werden.
- Entdeckte Fehler verstehen wir als Chance, besser zu werden.
- Wir benennen frei von Vorwurf oder Schuldzuweisung Aspekte, die künftig anders besser laufen sollten.
- Alle Fehler gehören auf den Tisch. Wir benennen alles „Suboptimale", denn nur dies versetzt uns in die Lage, zu lernen und besser zu werden.
- Wir konzentrieren uns stärker auf Lösungen als auf Vergangenes.
- Wir verankern unsere Erkenntnisse im konkreten Tun und vereinbaren nächste Schritte.

Schritt 2: Review

Im Plenum erfolgt in rund 20–30 Minuten eine Review in vier Schritten:

- **Soll-Zustand skizzieren**: Zunächst wird der ursprünglich geplante Soll-Zustand beschrieben. *„Welche Ziele waren zu erreichen? Welche Messkriterien für die Zielerreichung waren maßgeblich? Welche Prioritäten und Abhängigkeiten der Ziele können genannt werden?"*

- **Ereignisse beschreiben:** Es wird das zu reflektierende Geschehen möglichst chronologisch abgebildet. Maßgeblich neben den Aktivitäten sind auch solche Ebenen wie:
  - Erwartungen der Beteiligten
  - Gefühle und Emotionen während der Ereignisse
  - Schlüsselsituationen
  - Schwierigkeiten, Hindernisse, Abweichungen und aufgetretene Probleme.

- **Gap-Analyse:** Es werden mögliche Abweichungen zwischen Soll und Ist benannt und mögliche Ursachen für Misserfolge und Erfolge herausgestellt.

- **Erkenntnisse ableiten und Erfahrung manifestieren:** Erkenntnisse und sich manifestierende Erfahrungen aus dem Ereignis werden beschrieben und konkrete Schritte daraus abgeleitet, um die gewonnenen Erkenntnisse in künftiges Handeln zu implementieren.

Schritt 3: Weiteres Vorgehen

Im Plenum wird nun in etwa einer Viertelstunde eine To-do-Liste auf Grundlage der Erkenntnisse erstellt.

Lessons Learned

„Lessons Learned" (in etwa: „gewonnene Erkenntnis") zeigt auf, wie Erfahrungslernen institutionalisiert und für Entwicklungen verwendet werden kann – in einer im Projektmanagement etablierten Variante. Es handelt sich mithin um ein Instrument der Retrospektive, vergleichbar mit der „After Action Review" (vgl. S. 378 ff.) – jedoch eher über längere Zeiträume und gewonnene Erkenntnisse werden in die Organisation hinein geteilt. Lessons Learned basiert dabei auf der Verschriftung sowie dem systematischen Sammeln, Beurteilen und Extrahieren von Erfahrungen, Entwicklungen, Hinweisen, Fehlern und Risiken in Projekten, also auch in Change-Projekten.

Der Zweck der Methode ist es, aus dem bisherigen Geschehen Erkenntnisse abzuleiten, um künftig zweckdienlicher – effizienter und effektiver – handeln zu können. Kurz gesagt: Es geht darum, bekannte Fehler zu vermeiden und Erfolg versprechendes Handeln bewusst zu verstärken. Die Grundannahme ist, dass bewusst oder eben auch unbewusst Handeln erfolgreich (oder eben weniger erfolgreich) war. Was also hat dazu geführt, das etwas besonders gut funktioniert hat? Nur wenn das geteiltes Wissen ist, kann dies künftig bewusst und gezielt eingesetzt werden: Wenn etwas funktioniert, mach mehr davon! Aber auch „suboptimale“ Leistungen (um nicht von Fehlern zu sprechen) bergen Verbesserungspotenziale – soweit diese benannt werden und deren Ursachen beschrieben werden können. Hiermit verbunden sind Fragen danach, wie künftig andere bessere Ergebnisse erzielt werden können.

Lessons Learned als Nachbetrachtung bereits erfolgter Aktivität findet im Projektmanagement üblicherweise zur Abschlussphase eines Projektes statt. Die Grundidee des Erkenntnislernens bedeutet hier, Erfahrungen aus dem Projekt zusammenzutragen und Konsequenzen für künftige Projekte abzuleiten. Nach sich immer weiter verbreitender Auffassung kann jedoch empfohlen werden, eine solche Review auch projektbegleitend durchzuführen, also nach wesentlichen Sequenzen wie etwa nach erreichten Meilensteinen. Für Change-Projekte gilt gleichermaßen, dass eine Rückschau zur Ableitung von Erkenntnissen prozessbegleitend als erwachsenengerechte Lernform bewusst in den Ablauf eingebaut wird.

Ein solches Vorgehen setzt voraus, dass die Fehlerkultur entwickelt ist. Doch auch als Einstieg in die Gestaltung einer konstruktiveren Fehleranalyse und -bearbeitung ist das Vorgehen geeignet. Es ist daher Aufgabe, eine auf Vertrauen beruhende konstruktive Arbeitsatmosphäre zu schaffen. Einen Grundsatz möchte ich hierbei noch anbieten: Es muss nicht schlecht gelaufen sein, um es dennoch beim nächsten Mal noch besser machen zu wollen.

Die Leitfrage im Lessons Learned lautet: *„Was würden wir heute anders besser oder mehr machen, wenn das Projekt noch einmal beginnen würde?“* Lessons Learned läuft grundsätzlich nach diesem Schema ab:

Grundlegender Ablauf

- Rückschau und Bewertung
- Identifizieren und Beschreiben der förderlichen/hinderlichen Aspekte
- Analysieren möglicher Ursachen
- Ableiten geeigneter Handlungen.

Der zeitliche Aufwand für ein prozessbegleitendes Lessons Learned kann mit jeweils etwa 60–90 Minuten beziffert werden.

Material: Mindestens zwei Moderationswände, Flipchart, Moderationskarten, -stifte, Pinnnadeln

Ablauf

Schritt 1: Einführung im Plenum

In einem ersten Schritt wird in ca. 10–15 Minuten in die Arbeit einer Review eingeführt und der zu betrachtende Zeithorizont skizziert. Hierbei kommt es darauf an, dass eine förderliche, konstruktive Grundstimmung aufgebaut wird. Als mögliche Regeln könnten vereinbart werden:

- *„Wir machen uns erfolgreiche Aspekte bewusst, weil sie uns zeigen, was wir künftig weiter machen werden."*
- *„Wir verstehen Fehler als Chance, besser zu werden."*
- *„Wir verzichten auf Vorwürfe oder Schuldzuweisung."*
- *„Alle Fehler gehören auf den Tisch."*
- *„Wir konzentrieren uns stärker auf Lösungen als auf Vergangenes."*
- *„Wir verankern unsere Erkenntnisse im konkreten Tun und vereinbaren nächste Schritte."*

Schritt 2: Fragestellungen durchgehen

Im Plenum wird nun für etwa eine halbe Stunde das erkenntnisbasierte Lernen mit folgenden Stufen gestaltet:

- Rückschau und Bewertung: *„Welche Ereignisse waren hinsichtlich ihres Verlaufs oder der Ergebnisse bemerkenswert? Was hat das Projekt entscheidend beeinflusst: positiv, wie negativ?"*
- Identifizieren und beschreiben der förderlichen/hinderlichen Aspekte: *„Was hat gut funktioniert? Was sollte beim nächsten Mal anders besser funktionieren?"*
- Analysieren möglicher Ursachen: *„Was genau hat dazu geführt, dass ... funktioniert/noch nicht so gut funktioniert hat?"*
- Ableiten geeigneter Handlungen: *„Was werden wir konkret tun, um künftig noch erfolgreicher zu agieren?"*

Schritt 3: Weiteres Vorgehen planen

Gemeinsam wird auf Grundlage der Erkenntnisse eine To-do-Liste erstellt: *„Was muss jetzt durch wen veranlasst werden?"* Das dauert etwa 15 Minuten.

Schritt 4: Festhalten der Workshop-Ergebnisse

Die Erkenntnisse aus dem Workshop werden schriftlich und verknüpft mit den abgeleiteten Konsequenzen allen Beteiligten zur Verfügung gestellt.

Lessons Learned wird an anderer Stelle häufig auf die zwei Fragen reduziert *„Was war gut? Was war schlecht?“*. Ich empfehle ausdrücklich, das zuvor beschriebene Verfahren mit den entsprechenden Fragen zu nutzen. Die Frage nach „schlecht“ führt je nach Fehlerkultur zu Diskussionen und zu Verteidigung, wenn denn die Themen überhaupt benannt werden. Eine Antwort wie „Eigentlich ist doch alles gut gelaufen“, ermöglicht nicht den erwarteten Erkenntnisgewinn. Insoweit sind konstruktive auf die Zukunft gerichtete Fragen nützlicher.

Projekt-Fieberkurve

Es hat sich in Projekten bewährt, auf die Stimmung der Projektbeteiligten zu achten. Dies umso mehr, wenn es sich um das Projektteam im engeren Sinne handelt, d.h. bei Change-Projekten um die sogenannte „Steuergruppe“ (vgl. S. 250 f.). Durch das Instrument der Projekt-Fieberkurve werden bewältigte Herausforderungen visualisiert und so bewusst gemacht und diskutierbar. Die Kurve ist damit Ausgangspunkt für einen Diskurs zu Verhaltensmustern innerhalb bzw. durch die Gruppe, bietet jedoch auch darüber hinaus Erkenntnisgewinn in Bezug auf Vergangenes im Sinne eines Erkenntnislernens. Der Einsatz des Instrumentes ist auch außerhalb der Steuergruppe in jeder anderen Gruppe und Situation denkbar, um gemeisterte Zeitabschnitte zu reflektieren.

In der Literatur wird das Instrument der Projekt-Fieberkurve mit variierender Methodik beschrieben, die nachfolgenden Ausführungen sind angelehnt an Königswieser und Exner (2008). Hierbei kommt die Methodik der Retrospektive zum Einsatz, es erfolgt also eine Rückschau auf herausgehobene Ereignisse. Diese Ereignisse werden in Bezug gesetzt zur Stimmung (in) der Gruppe. Die Fieberkurve ist damit eng verwandt mit den Instrumenten „Lessons Learned“ (vgl. S. 380 ff.) und „After Action Review“ (vgl. S. 378 ff.).

Es empfiehlt sich, die Fieberkurve im Rahmen einer längerfristigen Zusammenarbeit etwa alle drei Monate einzuplanen. Der zeitliche Umfang kann mit etwa zwei bis drei Stunden angegeben werden.

An Material werden benötigt: Mindestens eine Moderationswand je Kleingruppe, zzgl. eine Moderationswand für To-dos, Moderationskarten und -stifte, Pinns, Flipchart

Ablauf

Schritt 1: Einführung in das Thema und Auftragserteilung

In ca. zehn Minuten wird das Instrument im Plenum vorgestellt und Arbeitsgruppen werden eingeteilt (je ca. 3–4 Personen). Es wird auf zeitliche und örtliche Bedingungen hingewiesen.

Schritt 2: Prägnante Ereignisse bewerten

Innerhalb der eingeteilten Gruppen notieren die Teilnehmenden auf einer Zeitleiste (X-Achse) zunächst die maßgeblichen Ereignisse der letzten Wochen. Hierbei sind Stichworte ausreichend, soweit diese die Situationen hinreichend beschreiben. Die so aufgezeigten Ereignisse werden sodann durch die Teilnehmenden auf der Y-Achse hinsichtlich der „Hochs" und „Tiefs" im Change-Projekt bewertet. Das dauert etwa 45 Minuten. „Hochs" und „Tiefs" stehen als abstraktes Wortpaar stellvertretend für beispielsweise Stimmung, Erfolge, Feedback, Gefühl, Forderung/Überforderung, Ausgeglichenheit/Unruhe, Sorge/Optimismus etc. Das Ergebnis könnte wie folgt aussehen:

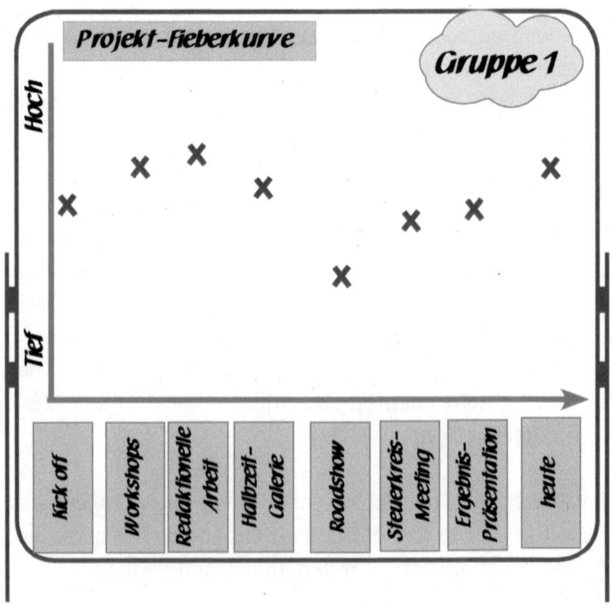

Abb.: Projekt-Fieberkurve (Beispiel)

Schritt 3: Präsentation und Diskurs

Die Gruppen stellen im Plenum ihre jeweiligen Ergebnisse vor. Mit Sicht auf die Fieberkurven aus allen Gruppen werden die Ergebnisse diskutiert. Die Leitfrage lautet: *„Welche Gemeinsamkeiten und welche Unterschiede sehen Sie? Wie interpretieren Sie diese?“* Das dauert insgesamt etwa 30 Minuten.

Schritt 4: Muster erkennen und Erkenntnisse ableiten

Die Erkenntnisse aus der Plenumsdiskussion werden in Gruppenarbeit in circa 45 Minuten vertieft und die Ergebnisse werden in den Gruppen visualisiert. Hierbei ist es förderlich, in dieser zweiten Gruppenphase die Gruppen verändert zusammenzusetzen. Die Leitfragen lauten:

- *„Welche Muster, Besonderheiten oder Auffälligkeiten erkennen Sie?“*
- *„Was könnte dies für die weitere Projektdurchführung bedeuten?“*
- *„Welche konkreten Vorschläge oder Anregungen haben Sie für die zukünftige Arbeit/Zusammenarbeit?“*

Schritt 5: Ergebnispräsentation, Abgleich und ggf. To-do

Die Gruppenergebnisse werden in ca. 20–30 Minuten vorgestellt und im Plenum diskutiert. Gegebenenfalls werden konkrete Veränderungen in einer To-do-Liste festgehalten. Auch eine Nivellierung der bislang gewählten Interventionen ist denkbar (durch den Change-Berater im Nachgang zu diesem Workshop).

In der ursprüngliche Version der Projekt-Fieberkurve (Königswieser/Exner 2008) wird eine bestimmte Zusammensetzung der Kleingruppen empfohlen. Für die erste Gruppenphase sollen die Teilnehmenden mit gleichen Sichtweisen zusammenarbeiten, während in der zweiten Gruppenphase unterschiedliche Sichtweisen in der Gruppe vereint sein sollen. Eine zu offensichtlich von außen gesteuerte Gruppengestaltung wird jedoch regelmäßig argwöhnisch betrachtet, sodass ich davon abrate. Ich habe Gruppenzusammensetzungen mehrfach sowohl gemäß als auch wider der genannten Vorgabe getestet. Ein signifikanter Unterschied war nicht feststellbar. Da es in der Moderation einen Grundsatz der Freiwilligkeit für die Teilnehmenden gibt, lasse ich diese für beide Gruppenarbeiten in eigener Verantwortung frei wählen. Für die zweite Gruppenarbeit setze ich jedoch die Regel, dass die Gruppen zu mindestens 50 % verändert besetzt werden sollen als in der ersten Gruppenphase. Diese durch die Gruppen selbstgesteuerte Zusammensetzung funktioniert reibungslos.

Literatur

A Arnold, R. (2006): Personalentwicklung – Eine Grundlegung, Studienbrief PE0110 (unveröffentlicht). Kaiserslautern.

B Backhausen, W./Thommen, J. P. (2017): Coaching: Durch systemisches Denken zu innovativer Personalentwicklung. 4. Aufl. Wiesbaden. Springer Gabler.

Bamberger, I./Wrona, Th. (2012): Strategische Unternehmensführung. Strategien, Systeme, Methoden, Prozesse. 2. Aufl. München. Vahlen.

Bea, F. X./Haas, J. (2013): Strategisches Management. 6. Aufl. Konstanz und München. UTB.

Becker, M./Labucay, I. (2012): Organisationsentwicklung. Konzepte, Methoden und Instrumente für ein modernes Change Management. Stuttgart. Schäffer-Poeschel.

Becker, M. (2005): Personalentwicklung – Bildung, Förderung und Organisationsentwicklung in Theorie und Praxis, 4. aktualisierte und erweitere Aufl. Stuttgart. Schäffer-Poeschel.

Bergmann, R./Bungert, M. (2012): Strategische Unternehmensführung. Perspektiven, Konzepte, Strategien. 2. Aufl. Berlin Heidelberg. Springer Gabler.

Berner, W. (2010): Change! 15 Fallstudien zu Sanierung, Turnaround, Prozessoptimierung, Reorganisation und Kulturveränderung. Stuttgart. Schäffer-Poeschel.

Berner, W. (2012): Culture Change. Unternehmenskultur als Wettbewerbsvorteil. Stuttgart. Schäffer-Poeschel.

Bonsen, M. zur (2008): Real Time Strategic Change. Schneller Wandel mit großen Gruppen. Stuttgart. Schäffer Poeschel.

Bröckermann, R. (2007): Personalwirtschaft: Lehr- und Übungsbuch für Human Resource Management, 4. überabeitete und erweiterte Auflage. Stuttgart. Schäffer-Poeschel.

Büchler, J.-P. (2014): Strategie entwickeln, umsetzen und optimieren. Hallbergmoos. Pearson.

C Clark, C. H. (1973): Brainstorming. Methoden der Zusammenarbeit und Ideenfindung. München. Moderne Industrie.

Claßen, M. (04/2017): Stakeholder Mapping, in: Changement Ausg. 04/2017.

Claßen, M. (06/2017): Premortem-Technik, in: Changement Ausg. 06/2017.

Claßen, M. (07/2017): Change Monitoring – Teil 2, in: Changement Ausg. 07/2017.

Comelli, G./Rosenstiel, L. v./Nerdinger, F. W. (2014): Führung durch Motivation. Mitarbeiter für die Ziele des Unternehmens gewinnen. 5. Aufl. München. Vahlen.

Daenzer, W. F. (1989): Leitfaden zur methodischen Durchführung umfangreicher Planungsvorhaben. Zürich. Industrielle Organisation. **D**

Dillerup, R./Stoi, R. (2013): Unternehmensführung. 4. Aufl. München. Vahlen.

DIN (2009-01): DIN 69901. Projektmanagement – Projektmanagementsysteme. Berlin. Beuth.

DIN-Fachbericht (2004): ISO 10006 (Qualitätsmanagementsysteme – Leitfaden für Qualitätsmanagement in Projekten. Berlin. Beuth.

Doppler, K./Lauterburg, Ch. (2014): Change Management. Den Unternehmenswandel gestalten. 13. Auf. Frankfurt/New York. Campus.

Ehrmann, H. (2006): Strategische Planung. Kompakt-Training. Ludwigshafen. Kiehl. **E**

Ehrmann, H. (2013): Unternehmensplanung. 6. Aufl. Herne. Kiehl.

Ellebracht, H./Lenz, G./Osterhold, G. (2011): Systemische Organisations- und Unternehmensberatung. 4. Aufl. Wiesbaden. Gabler.

Erpenbeck, J./Rosentiel, L. v. (2003): Handbuch Kompetenzmessung. Stuttgart. Schäffer-Poeschel.

Eschenbach, R. (1996): Controlling. 2. Aufl. Stuttgart. Schäffer-Poeschel.

Eschenbach, R./Eschenbach, S./Kunesch, H. (2008): Strategische Konzepte. 5. Aufl. Stuttgart. Schäffer-Poeschel.

ESET Deutschland GmbH (o. D.): https://www.eset.com/de/about (zuletzt abgerufen am 05.07.2019).

Fink, D. (2009): Strategische Unternehmensberatung. München. Vahlen. **F**

Foerster, H. v. (1984): Wissen und Gewissen. Versuch einer Brücke. Frankfurt/Main. Suhrkamp.

Fischer, H. P./Stettler, K. (2008): Die Toolbox für den Weg in die Zukunft, in: Haldemann, P. u.a. [Hrsg.]: Neben die Spur treten – Neues wagen. Zürich. Versus.

Foerster, H. v./Pörksen, B. (2013): Wahrheit ist die Erfindung eines Lügners. Gespräche für Skeptiker. Heidelberg. Carl-Auer.

Freimuth, J. (2010): Moderation. Reihe: Praxis der Personalpsychologie, Bd 22. Göttingen. Hogrefe.

Freimuth, J./Barth, Th. [Hrsg.] (2014): Handbuch Moderation. Konzepte, Anwendungen und Entwicklungen. Göttingen. Hogrefe.

Funcke, A./Havenith, E. (2019): Moderations-Tools. Anschauliche, aktivierende und klärende Methoden für die Moderations-Praxis. 6. Aufl. Bonn. managerSeminare.

Gälweiler, A. (2005): Strategische Unternehmensführung. 3. Aufl. Frankfurt/New York. Campus. **G**

Giernalczyk, Th./Lohmer, M. [Hrsg.] (2012): Das Unbewusste im Unternehmen. Psychodynamik von Führung, Beratung und Change Management. Stuttgart. Schäffer-Poeschel.

Glasl, F./Houssaye, L. [Hrsg.] (1975): Organisationsentwicklung. Bern/Stuttg. Haupt.

Glasl, F./Kalcher, T./Piber, H. [Hrsg.] (2014): Professionelle Prozessberatung. Das Trigon-Modell der sieben OE-Basisprozesse. 3. Aufl. Bern. Haupt.

GPM (2012): Kompetenzbasiertes Projektmanagement [PM3].

Graeßner, G. (2013): Moderation – Das Lehrbuch. Gruppensteuerung und Prozessbegleitung. 2. Aufl. Augsburg. Ziel.

Grant, R. M./Nippa, M. (2006): Strategisches Management. Analyse, Entwicklung und Implementierung von Unternehmensstrategien. 5. Aufl. München. Pearson Studium.

H

Haake, K./Seiler, W. (2010): Strategie-Workshop. In fünf Schritten zur erfolgreichen Unternehmensstrategie. Stuttgart. Schäffer-Poeschel.

Hartmann, M./Rieger, M./Funk, R. (2012): Zielgerichtet moderieren. Ein Handbuch für Führungskräfte, Berater und Trainer. 6. Aufl. Weinheim und Basel. Beltz.

Hillebrand, M./Sunuc, E./Königswieser, R. [Hrsg.] (2006): Essenzen der systemischen Organisationsberatung. Konzepte, Kontexte und Kommentare. Heidelberg. Carl-Auer.

Hochreiter, G. (2006): Choreografien von Veränderungsprozessen. Die Gestaltung von komplexen Organisationsentwicklungen. 2. Aufl. Heidelberg. Carl-Auer.

Hungenberg, H. (2014): Strategisches Management in Unternehmen. Ziele – Prozesse – Verfahren. 8. Aufl. Wiesbaden. Springer Gabler.

J

Johnson, G./Scholes, K./Whittington, R. (2011): Strategisches Management. Eine Einführung. 9. Aufl. München. Pearson Studium.

K

Kaplan, R./Norton, D. (2009): Der effektive Strategieprozess. Frankfurt/M. Campus.

Kerth, K./Asum, H./Stich, V. (2015): Die besten Strategietools in der Praxis. 6. Aufl. München. Carl Hanser.

Kindl-Beilfuß, C. (2013): Fragen können wie Küsse schmecken. Systemische Fragetechniken für Anfänger und Fortgeschrittene. 4. Aufl. Heidelberg. Carl-Auer.

Klaußner, St. (2016): Partizipative Leitbildentwicklung. Grundlagen, Prozesse und Methoden. Wiesbaden. Springer Gabler.

Klebert, K./Schrader, E./Straub, W. G. (2009): Moderations-Methode. Das Standardwerk. 3. Aufl. Hamburg. Windmühle.

Klebert, K./Schrader, E./Straub, W. G. (2003): Kurz-Moderation. Anwendung der ModerationsMethode in Betrieb, Schule, Hochschule, Kirche, Politik, Sozialbereiche und Familie, bei Besprechungen und Präsentationen. Hamburg. Windmühle.

Klein, G. (2007): „Performing a Project Premortem" Harvard Business Review. http://hbr.org/2007/09/performing-a-project-premortem (zuletzt abgerufen am 23.02.2019).

König, E./Volmer, G. (2014): Handbuch Systemische Organisationsberatung. 2. Aufl. Weinheim und Basel. Beltz.

Königswieser, R./Exner, A. (2008): Systemische Interventionen. Architekturen und Designs für Berater und Veränderungsmanager. 9. Aufl. Stuttgart. Schäffer-Poeschel.

Königswieser, R./Hillebrand, M. (2013): Einführung in die systemische Organisationsberatung; 7. Aufl. Heidelberg. Carl-Auer.

Königswieser, R./Sonuc, E./Gebhardt, J. [Hrsg.] (2006): Komplementärberatung. Das Zusammenspiel von Fach- und Prozess-Know-how. Stuttgart. Schäffer-Poeschel.

Königswieser, U./Burmeister, L./Hillebrand, M. (2012): Komplementärberatung in der Praxis. Schnelle Optimierung bei nachhaltiger Entwicklung. Stuttgart. Schäffer-Poeschel.

Kotter, J. P. (2011): Leading Change. Wie Sie Ihr Unternehmen in 8 Schritten erfolgreich verändern. München. Vahlen.

Kotter, J. P. (2015): Accelerate – Strategischen Herausforderungen schnell, agil und kreativ begegnen. München. Vahlen.

Kreikebaum, H./Gilbert, D. U./Behnam M. (2011): Strategisches Management. 7. Aufl. Stuttgart. Kohlhammer.

Krizanits, J. (2015): Einführung in die Methoden der systemische Organisationsberatung. 2. Aufl. Heidelberg. Carl-Auer.

L

Leão, A./Hofmann, M. [Hrsg.] (2009): Fit for Change Band I & II. Bonn. managerSeminare.

Leppert, I. (2008): Die Entwicklung von Unternehmensleitbildern. Praxisbuch zur Konzeption, Implementierung und Analyse von Leitbildern. Saarbrücken. VDM.

Levy, A./Merry, U. (1986): Organizational Transformation: Approaches, Strategies and Theories. New York. Praeger.

Lewin, K. (1947): Frontiers in Group Dynamics: Concept, Method and Reality in Social Science; Social Equilibria and Social Change. Human Relations. 1. https://doi.org/10.1177/001872674700100103 (zuletzt abgerufen am 23.02.2019).

Lipp, U./Will, H. (1996): Das große Workshop-Buch. Konzepte, Inszenierung und Moderation von Klausuren, Besprechungen und Seminaren. Weinheim/Basel. Beltz.

Lipp, U./Will, H. (2004): Das große Workshop-Buch. Konzepte, Inszenierung und Moderation von Klausuren, Besprechungen und Seminaren. 7. Aufl. Weinheim/Basel. Beltz.

Lundershausen, S. (2013): Strategien entwickeln und formulieren. CD-Trainingskonzept. Bonn. managerSeminare.

Lundershausen, S. (2020): Die Moderation strategischer Initiativen. Strategie-Workshops und Klausuren erfolgreich moderieren. 2. Aufl. Bonn. managerSeminare.

M

Macharzina, K./Wolf, J. (2012): Unternehmensführung. Das internationale Managementwissen. Konzepte – Methoden – Instrumente. 8. Aufl. Wiesbaden. Springer Gabler.

Matzler, K./Müller, J./Mooradian, T. (2011): Strategisches Management. Wien. Linde.

Miller, D./Hartwick, S. (2002): Spotting Management Fads. In: Harvard Business Manager. 21. Jg., Nr. 10.

Mintzberg, H. (2003): Five Ps for Strategy in: Mintzberg, H. et al. [Hrsg.] (2003): The Strategy Process. Concepts, Contexts, Cases. 4. Aufl. New Jersey. Pearson Education.

Müller-Stevens, G./Lechner, Chr. (2011): Strategisches Management. Wie strategische Initiativen zum Wandel führen. 4. Aufl. Stuttgart. Schäffer-Poeschel.

Mussnig, W. (2007): Strategien entwickeln und umsetzen. Wien. Linde.

Mussnig, W./Mödritscher, G. [Hrsg.] (2013): Strategien entwickeln und umsetzen. Speziell für kleine und mittleständische Unternehmen. 2. Aufl. Wien. Linde.

N

Nagel, R. (2009): Lust auf Strategie, Workbook zur systemischen Strategieentwicklung. 2. Aufl. Stuttgart. Schäffer-Poeschel.

Nagel, R./Wimmer, R. (2009): Systemische Strategieentwicklung. Modelle und Instrumente für Berater und Entscheider. 5. Aufl. Stuttgart. Schäffer-Poeschel.

Nagel, R./Wimmer, R. (2015): Einführung in die systemische Strategieentwicklung. Heidelberg. Carl-Auer.

Neuland, M. (2003): Neuland-Moderation. 5. Aufl. Bonn. managerSeminare.

O

O'Connor, J. (2005): NLP – das Workbook. 4. Aufl. Freiburg. VAK-Verlag.

Oetinger, B. v. [Hrsg.] (2003): Das Boston Consulting Group Strategie-Buch. Die wichtigsten Managementkonzepte für Praktiker. 8. Aufl. München. Econ.

Olfert, K./Pischulti, H. (2013): Unternehmensführung. 6. Aufl. Herne. Kiehl.

Orthey, F. M. (2013): Systemisch Führen. Grundlagen. Methoden. Werkzeuge. Stuttgart. Schäffer-Poeschel.

Osterwalder, A./Pigneur, Y. (2011): Business Model Generation: Ein Handbuch für Visionäre, Spielveränderer und Herausforderer. Frankfurt a.M. Campus.

P

Paul, H./Wollny, V. (2014): Instrumente des strategischen Managements. Grundlagen und Anwendung. 2. Aufl. München. De Gruyter Oldenbourg.

Pichel, K./Lüthi, E. (2014): Strategie und Diversität. Moderationsmethoden, Erfahrungen, Workshopdesigns. Bern. Haupt.

Porter, M. E. (2009): Wettbewerbsstrategie. Methoden zur Analyse von Branchen und Konkurrenten. Frankfurt/Main. Campus.

Probst, G./Wiedemann, Ch. (2013): Strategie-Leitfaden für die Praxis. Wiesbaden. Springer Gabler.

Project Management Institute (2018): A Guide to the Project Management Body of Knowledge (PMBOK Guide). 6 Aufl. London. The Stationary Office.

R

Radatz, S. (2011): Beratung ohne Ratschlag. Systemisches Coaching für Führungskräfte und BeraterInnen. 7. Aufl. Wien. Verlag systemisches Management.

Radatz, S. (2006): Einführung in das systemische Coaching. Heidelberg. Carl-Auer.

Rahn, H.-J. (2012): Unternehmensführung. 8. Aufl. Herne. Kiehl.

Reineck, U./Anderl. M. (2012): Handbuch Prozessberatung. Weinheim/Basel. Beltz.

Reisinger, S./Gattringer, R./Strehl, F. (2013): Strategisches Management. Grundlagen für Studium und Praxis. München. Pearson.

Revers, A. (2009): Woran Workshops scheitern. Reihe: Moderation in der Praxis, Bd 9. Hamburg. Windmühle.

Riekhof, H.-Ch. (2010): Die sechs Hebel der Strategieumsetzung. Plan – Ausführung – Erfolg. Stuttgart. Schäffer-Poeschel.

Roehl, H./Winkler, B./Eppler, M. J./Fröhlich, C. [Hrsg.] (2012): Werkzeuge des Wandels. Die 30 wirksamsten Tools im Change Management. Stuttgart. Schäffer-Poeschel.

Roehl, H./Asselmeyer, H. (2017): Organisationen klug gestalten. Das Handbuch für Organisationsentwicklung und Change Management. Stuttgart. Schäffer Poeschel.
Rothauer, D. (2014): Vision & Strategie. Strategisches Denken für kreative Köpfe. Basel. Birkhäuser.

S

Sackmann, S. A. (2006): Messen – Werten – Optimieren. Erfolg durch Unternehmenskultur. In Bertelsmann Stiftung [Hrsg.]: Messen, werten, optimieren – Erfolg durch Unternehmenskultur. https://www.bertelsmann-stiftung.de/de/publikationen/publikation/did/messen-werten-optimieren/ (zuletzt abgerufen 14.04.2019).
Schein, E. H. (2010): Prozessberatung für die Organisation der Zukunft. 3. Aufl. Bergisch Gladbach. EHP.
Schein, E. H./Schein, P. (2010): Organisationskultur und Leadership. 5. Aufl. München. Vahlen.
Schein, E. H. (2017): Organisationskultur. 3. Aufl. Bergisch Gladbach. EHP Edition Humanistische Psychologie.
Schermann, M. P./Siller, H./Volcic, K. (2010): Strategische Managementpraxis in Fallstudien. Wien. Linde.
Scheuss, R. (2008): Handbuch der Strategien. 220 Konzepte der weltbes-ten Vordenker. Frankfurt/Main. Campus.
Schiersmann, Ch./Thiel, H.-U. (2010): Organisationsentwicklung. Prinzipien und Strategien von Veränderungsprozessen. 2. Aufl. Wiesbaden. VS.
Schlippe, A. v./Schweitzer, J. (2012): Lehrbuch der systemischen Therapie und Beratung I. Das Grundlagenwissen. 2. Aufl. Göttingen. Vanderhoeck & Ruprecht.
Schmid, B. [Hrsg.] (2014): Systemische Organisationsentwicklung. Change und Organisationskultur gemeinsam gestalten. Stuttgart. Schäffer-Poeschel.
Schnelle, W. (2006): Diskursive Organisations- und Strategieberatung. Quickborn. Metaplan.
Schnelle-Cölln, T./Schnelle, E. (1998): Visualisieren in der Moderation. Eine praktische Anleitung für Gruppenarbeit und Präsentation. Hamburg. Windmühle.
Schreyögg, G./Koch, J. (2007): Grundlagen des Managements. Basiswissen für Studium und Praxis. Wiesbaden. Gabler.
Schulz von Thun, F. (2008): Miteinander reden: 3; Das „innere Team" und situationsgerechte Kommunikation. Reinbek bei Hamburg. Rowohlt TB.
Seifert, J. W. (2004): Besprechungen erfolgreich moderieren. 11. Aufl. Offenbach. Gabal.
Seifert, J. W. (2009): Moderation & Kommunikation. Gruppendynamik und Konfliktmanagement in moderierten Gruppen. 7. Aufl. Offenbach. Gabal.
Seifert, J. W. (2009): Visualisieren Präsentieren Moderieren. 27. Aufl. Offenbach. Gabal.
Shazer, S. de (2009): Worte waren ursprünglich Zauber: von der Problemsprache zur Lösungssprache. Heidelberg. Carl-Auer-Verlag.
Simon, F. B. (2014): Einführung in die (System-)Theorie der Beratung. Heidelb. Carl Auer.
Simon, F. B. (2018): Einführung in die systemische Organisationstheorie. 6. Aufl. Heidelberg. Carl Auer.
Simon, H./Gathen, A. v. d. (2002): Das große Handbuch der Strategieinstrumente. Frankfurt/Main. Campus.

Simon, W. (2008): Kursbuch Strategieentwicklung. Analyse – Planung – Umsetzung. München. Redline.

Simon, W. (2011): Gabals großer Methodenkoffer der Zukunft. Konzepte, Methoden, Instrumente. Offenbach. Gabal.

Staehle, W. (1999): Management. 8. Aufl. München. Vahlen.

Steinkellner, P. (2012): Systemische Interventionen in der Mitarbeiterführung. 3. Aufl. Heidelberg. Carl-Auer.

Stegmaier, R. (2016): Management von Veränderungsprozessen. Göttingen. Hogrefe.

Steinle, C. (2005): Ganzheitliches Management. Wiesbaden. Gabler.

Stolzenberg, K./Heberle, K. (2009): Change Management. Veränderungsprozesse erfolgreich gestalten Mitarbeiter mobilisieren. 2. Aufl. Heidelberg. Carl-Auer.

Stöger, R. (2010): Strategieentwicklung für die Praxis. 2. Aufl. Stuttg. Schäffer-Poeschel.

Streich, R. K. (1997): Veränderungsmanagement, in: M. Reiß, L. von Rosenstiel, A. Lanz [Hrsg.]: Change Management (S. 237-254). Stuttgart. Schäffer-Poeschel.

T

Tarlatt, A. (2001): Implementierung von Strategien in Unternehmen. Wiesbaden. Gabler.

Tichy, N. M. (1995): Regieanweisung für Revolutionäre: Unternehmenwandel in drei Akten. Frankfurt a.M. Campus.

Tomaschek, N. (2009): Systemische Organisationsentwicklung und Beratung bei Veränderungsprozessen. Ein Handbuch. Heidelberg. Carl Auer.

U

Ulrich, D./Kerr, St./Ashkenas, R. (2002): The GE-Work-out. How to Implement GE's Revolutionary Method for Busting Bureaucracy and Attacking Organizational Problems – Fats! New York. McGraw-Hill.

Ungericht, B. (2012): Strategiebewusstes Management. Konzepte und Instrumente für nachhaltiges Handeln. München. Pearson.

V

Vahs, D. (2015): Organisation. 9. Aufl. Stuttgart. Schäffer-Poeschel.

Vahs, D./Weiand, A. (2010): Workbook Change Management. Methoden und Techniken. Stuttgart. Schäffer-Poeschel.

Venohr, B. (2007): Grundlagen des strategischen Managements. Economics of Strategy. http://yumpu.com/de/document/view/ 21996751/grundlagen-des-strategischen-managements-economics-of-strategy/41 (letzter Abruf 21.11.2014).

Venzin, M./Rasner, C./Mahnke, V. (2003): Der Strategieprozess. Frankfurt/M. Campus.

W

Weigand, A./Krause, St. (2010): Strategische Unternehmensführung. Konzepte – Prozesse – Instrumente. Krummesse. Erasmusverlag.

Welge, M. K./Al-Laham, A. (2012): Strategisches Management. Grundlagen – Prozesse – Implementierung. 6. Aufl. Wiesbaden. Springer Gabler.

Wilson, I. A. (1983): The Benefits of Environmental Analysis, in: Strategic Management Handbook. Albert, K. [Hrsg.]. New York.

Witte, E. H. (2012): Gruppen aufgabenzentriert moderieren. Theorie und Praxis. Göttingen. Hogrefe.

Stichwortverzeichnis

72-Stunden-Regel ... 73

A
Ablaufplan ... 143, 243, 265
Acht-Schritte-Modell ... 90
After Action Review ... 263, 345, 378
Aktivierung ... 135
Ängste ... 82, 87, 92, 98, 107
Annahmen ... 45, 167
Appreciative Inquiry ... 262
Arbeitspakete ... 245, 265, 267
Arbeitsregeln ... 195
Architekturelemente in Change-Prozessen ... 249
Auflistung aller Interventionen & Modelle ... 11
Auftragsklärung ... 92, 111, 119, 229
Ausgangssituation ... 159, 234

B
Background für Prozessbegleiter ... 12
Bedarf zur Veränderung ... 98, 114
Befähigung zur Veränderung ... 114
Befund-Workshop ... 250
Beratersystem ... 26, 122
Beratungskonzepte ... 39
Bereitschaft zur Veränderung ... 114
Betriebsklima ... 291
Beziehung ... 37, 195
Bilder ... 38
Bodenanker ... 269, 271, 321

C
Change-Canvas ... 122, 123, 124, 129, 261
Changemanagement ... 82, 83, 98
Changemanagement-Prozess ... 105, 111
Change Monitoring ... 84, 258
Change-Projekte ... 81
Change Roadmap ... 264
Coaching ... 256
Commitment ... 96, 169, 220, 260, 280, 335, 360
Controlling ... 84, 111, 228, 258, 260, 261

D
Definitionen ... 11
Denkmuster ... 124
Design ... 244
Diagnose ... 100, 106, 152, 229, 249
Dissoziierende Fragen ... 59
Download-Ressourcen ... 11
Drei-Phasen-Modell ... 89
Dringlichkeit ... 134, 144, 158

E
Einstieg ... 154, 159, 195
Emotion ... 35, 59, 94
Erfolglosigkeit ... 84, 114, 260
Evaluierung ... 257

F
Feedback-Runden ... 262
Fokusgruppe ... 214, 298, 299
Fokusgruppen-Workshop ... 214, 262, 364
Fragebogen ... 212
Fragebogenkonstruktion ... 204
Fragen ... 39
Fragen-Klassiker ... 67
Fragen nach dem Problemnutzen ... 56
Fragen nach Unterschieden ... 57
Freiwilligkeit ... 37
Frust ... 57
Führung ... 99, 297

Führungsgrundsätze ... 222, 299
Führungskräfte ... 248, 255

G

Galerie-Methode ... 343
Gap-Analyse ... 229, 293, 307, 327
Gefühle ... 57
Gegenfragen ... 68
Geschlossene Fragen ... 41
Glasl, Friedrich ... 100
Großgruppenformat ... 252, 278
Gruppengrößen ... 12, 31

H

Haltung in Moderation und Prozessbegleitung ... 35, 46, 68
Hypothesen ... 72, 152, 216, 227, 234, 294, 298
Hypothetische Fragen ... 62

I

Informationsflussmatrix ... 358
Informationsprozess ... 105, 109, 345, 357
Instrument ... 240
Interne Projektleitung ... 256
Intervention ... 12, 40, 88, 139, 145, 147, 222, 229, 239, 245
Interventionsarchitektur ... 100, 243, 261, 265
Interventionswirkung ... 29
Ist-Zustand ... 293, 307

K

Klatsch und Tratsch ... 72
Klientensystem ... 26, 33, 35, 39, 49, 92, 122, 124, 147, 194
Kommunikation ... 88, 99, 139, 240, 357
Kommunikationskompetenzen ... 27
Kommunikationsplan ... 168, 359
Kommunikationsprozess ... 27, 357
Kompetenz ... 92, 108, 367, 370
Kongruenzprinzip der Organisationslehre ... 248
Kongruenzprinzip im Changemanagement ... 114
Königswieser, Roswita ... 236, 240, 244
Kotter, John P. ... 90, 360
Kraftfeldanalyse ... 190, 279
Kultur ... 99, 266
Kulturanalyse ... 223
Kulturcheck ... 221
Kulturcheck-Workshop ... 226
Kulturdiskurs ... 226, 291
Kulturradar ... 223, 291
Kulturveränderung ... 296
Kunden ... 231

L

Lage-Check ... 157, 229
Learning Log ... 373
Learning Map ... 376
Leitbild ... 99, 102, 107, 128, 222, 301, 334
Lernformate ... 108
Lernlandkarte ... 376
Lernprozess ... 27, 82, 105, 108, 222, 367
Lessons Learned ... 263, 345, 353, 380
Lewin, Kurt ... 89, 190
Lösungsoptionen ... 59, 60, 62
Lösungsorientierte Fragen ... 37, 52

M

Magic Estimation ... 268, 323
Maßnahmenplan ... 168, 186
Materialaufwand ... 11
Meinungsverschiedenheiten ... 35
Meilensteine ... 143, 245, 264, 267
Mini-Interventionen ... 12
Misserfolg ... 84, 114, 260, 380
Mission ... 99, 102, 107, 128, 226, 301, 336
Mitarbeiterbefragung ... 199, 247, 260, 298, 364
Modell der sieben Basisprozesse ... 10
Moderation ... 21
Moderationsformate für Gruppen ... 12
Moderator ... 22, 29, 32, 33, 39, 72, 227
Monitoring ... 261
Motivation ... 74, 83, 109, 134, 260, 279, 299, 330, 357, 360

N

Nachhaltigkeit ... 92
Negative Ziele ... 51
Nicht anwesende Dritte ... 176, 271

Nicht-Ziele ... 50, 123
Nutzungshinweise ... 9

O
Offene Fragen ... 41
Öko-Check ... 70
Organisationsdiagnose ... 151
Organisationsentwicklung ... 26, 105

P
Paradigmenwechsel ... 86
Paradoxe Fragen ... 63
Partizipation ... 88, 139, 168
Pay-off-Matrix ... 360
Perspektivenwechsel ... 53
Phasen-Modelle ... 85
Piktogramme ... 11
Premortem-Technik ... 187, 261
Priorisierung ... 110, 127, 185, 268, 326
Problematische Situationen ... 35
Problemlösung ... 33, 62
Problemverhaftung ... 59, 60
Projekt ... 81
Projektabschluss ... 263
Projekt-Fieberkurve ... 262, 383
Projektmarketing ... 109, 357
Projektplanung ... 141, 145, 243
Projektplanungs-Dimension ... 245
Projektrisiken ... 181
Projektrollen ... 245
Projektstart ... 144
Projektstatusgespräche ... 256
Projektumfang ... 142
Projektumfeldanalyse ... 231
Psycho-sozialer Prozess ... 27, 105, 107
PUMA ... 231
Perspektivwechsel ... 161, 172, 176
Prozessbegleitung ... 25, 29, 32, 33, 39

Q
Qualitative Verfahren ... 183
Quantitative Verfahren ... 183
Quick Wins ... 109, 360

R
Ratschläge ... 29, 69
Real Time Strategic Change ... 278
Real-Time-Strategic-Change-Konferenz ... 248
Reframing ... 60
Regeln ... 350
Resonanz-Workshops ... 255
Ressourcen ... 55, 75, 82, 142, 232
Ressourcenorientierte Fragen ... 55
Retropolation ... 331
Rhetorische Fragen ... 46
Risiken ... 142, 181
Risiken und Nebenwirkungen ... 11
Risikoanalyse ... 142, 161, 181, 183, 233
Roadshow ... 248, 344, 364
RTSC-Konferenz ... 278

S
SAGA-Dimensionen ... 124
Schätzmethoden ... 268
Schein, Edgar H. ... 222
Schulz von Thun, Friedemann ... 155
SCORE-Modell ... 283
Sieben Basisprozesse ... 105, 168, 265, 277
Sieben-Phasen-Modell ... 92, 124
Sieben Wesenselemente von Organisationen ... 100
Situationsmodell ... 154
Skalierung ... 202
Skalierungsfragen ... 57
Soll-Zustand ... 230, 259, 263, 293, 300, 307
Sounding Board ... 250, 252, 262
Stakeholder ... 162
Stakeholder-Analyse ... 127, 161, 164, 233
Stakeholder Empathy Map ... 172
Stakeholder Mapping ... 169
Stakeholder-Portfolio ... 164
Steuergruppe ... 10, 141, 142, 250, 358, 383
Steuerkreis ... 247, 261, 344
Stimmungsbarometer ... 262
Stopp ... 36
Strategie ... 80, 99, 107, 128, 222, 247, 266
Strategieentwicklung ... 79
Streich, Richard K. ... 92

Suggestivfragen ... 46
System-Check ... 69
Systemische Fragen ... 42, 123, 192, 226
Systemische Grundannahmen ... 30
Systemische Prozessbegleitung ... 27
Systemische Schleife ... 151, 235
Systemisch-konstruktivistisches Denken ... 28

T

TCP-Matrix ... 126
Technik ... 239
Teilnehmer ... 31
Teilnehmerzahl ... 12
Time Line ... 287
Tipps ... 11
Town Hall Meeting ... 362
Training ... 257

U

Umsetzung ... 74
Umsetzungsmanagement ... 83, 109
Umsetzungsprozess ... 105
Unangenehme Situationen ... 38
Unternehmensvision ... 80
Unternehmenskultur ... 221, 291, 350

V

VAKOG ... 47, 286, 331, 333
Veränderungen erster Ordnung ... 85
Veränderungen zweiter Ordnung ... 85
Veränderungsarchitektur ... 245
Veränderungslandkarte ... 264
Veränderungsprojekte ... 81
Verhaltensanker ... 300
Verhaltensmuster ... 222
Verrückte Fragen ... 66
Vertrauen ... 72, 73, 195
Vertraulichkeit ... 73
Verzeichnis der Interventionen, Methoden und Modelle ... 12
Vision ... 99, 102, 107, 128, 136, 230, 247, 278, 301, 330, 336
Visionsarbeit ... 330
Vogelperspektive ... 59
Vorausschauende Einsicht ... 187
Vorgeschichte ... 158
VUKA ... 112

W

Wahrnehmung ... 32
Wandel erster Ordnung ... 86
Wandel zweiter Ordnung ... 86
Warum-Frage ... 45
Werte ... 135, 222, 301, 336
Wertearbeit ... 310
Widerstand ... 55, 69, 82, 92, 95, 96, 163, 369
Workshop ... 108, 253, 343
Workshop Fragen-Fächer ... 205, 247

Z

Zeit ... 11, 76
Zeitaufwand ... 76, 266
Zeitliche Dimension ... 143
Zeitraum ... 76
Zeitressourcen ... 55, 75, 244
Zielbild ... 144, 334
Ziele ... 136, 222
Zielformulierung ... 50
Zielklärungsprozess ... 52, 70, 121, 123
Zielkonflikte ... 70
Zielorientierte Fragen ... 49
Zielsetzung ... 158
Ziel und Nutzen ... 11
Zirkuläre Fragen ... 64
Zukunftsgestaltende Prozesse ... 275
Zukunftsgestaltungsprozess ... 105, 107